“十三五”江苏省高等学校重点教材（编号：2018－1－134）

环境资源会计学

袁广达　姜　珂　著

中国财经出版传媒集团

经济科学出版社
Economic Science Press

图书在版编目（CIP）数据

环境资源会计学/袁广达，姜珂著．—北京：经济科学出版社，2020.11

ISBN 978－7－5218－1955－7

Ⅰ．①环…　Ⅱ．①袁…②姜…　Ⅲ．①环境会计－教材
Ⅳ．①X196

中国版本图书馆CIP数据核字（2020）第193077号

责任编辑：周胜婷
责任校对：靳玉环
责任印制：王世伟

环境资源会计学

袁广达　姜　珂　著

经济科学出版社出版、发行　新华书店经销

社址：北京市海淀区阜成路甲28号　邮编：100142

总编部电话：010－88191217　发行部电话：010－88191522

网址：www.esp.com.cn

电子邮箱：esp@esp.com.cn

天猫网店：经济科学出版社旗舰店

网址：http：//jjkxcbs.tmall.com

北京季蜂印刷有限公司印装

787×1092　16开　20.5印张　530000字

2020年12月第1版　2020年12月第1次印刷

ISBN 978－7－5218－1955－7　定价：56.00元

（图书出现印装问题，本社负责调换。电话：010－88191510）

序

环境资源成本管理功能的环境会计认知

中国特色社会主义建设和生态文明的时代背景，对我们深刻认识和充分理解环境资源会计具有非常重要的意义。为此，我们需要应用经济学、管理学和环境科学的基础理论，通过逻辑推演和因果分析，对环境资源成本管理的环境资源会计功能进行理论阐述，重新认识环境资源会计的历史使命、目标要求、基本属性和主要内容，并就环境会计的信息价值、经济实质、技术工具、核算模式、文化内涵、治理作用和基础信息支持进行理性分析。

一、引言

认知是指认识客观世界的信息加工活动，并按照一定的关系组成一定的功能系统，从而实现对认识活动的调节作用（戴维·迈尔斯，2016）。继党的十八大提出将生态文明作为我国经济社会发展的战略纳入中国特色社会主义建设的"五位一体"总体布局后，党的十九大又进一步强调生态文明建设的重要任务和具体措施，明确提出到2035年基本实现美丽中国目标，到2050年生态文明全面提升。就此广泛意义的认知，既包括生态文明理念的树立、生态资源价值的认识，还包括环境社会责任意识的形成、生态环境道德的提高，更包括对生态治理各种管理方法与技术的学习。

环境问题一直困扰着我国社会、经济和生态的可持续发展，表现在生态破坏与维护同经济发展之间的不平衡和不充分，生态文明顶层理论设计与实践探索还有相当大的距离，具有生态资源价值的自然资源资产增长缓慢与资源耗减负债增长较快矛盾十分突出，这也是我国目前现代化建设中亟待解决和重视的问题。过去的环境状况表明，在当前甚至未来相当长的时间内，我国经济发展面临资源环境的压力依然巨大，环境对经济建设的抑制还没有从根本上得到切实解决，典型脆弱生态地区的环境保护和生态治理的任务还十分艰巨。而从全球来看，据南方财富网2017年11月报道，忧思科学家联盟（Union of Concerned Scientists）的《世界科学家对人类正式警告：第二次通知》对近20年（1995～2015年）近地球环境的持续大数据研究结果，更惊人地表明，环境形势变得更加令人担忧，人类正走向一条不可持续的道路，有些问题不是以后可以弥补的，而是永久的伤害。可见，环境生态问题不只是一国的而是全球性的，生态环境保护事关当代，更及未来，关乎人类生态命运共同体的建立。

从20世纪80年代开始的中国环境保护事业历经30多个春秋，但中国当今环境并不尽如人意，个中原因尽管多种多样，但笔者以为，长期以来由于缺少起码的环境会计认知，整个社会环境政策决策层和管理者，在进行环境管理政策设计与制度安排时，并没有触动环境管理的引擎——环境会计，以至于环境管理的真实效果差强人意，即便中国近五年来环境治理取得了不小进步，但毋庸置疑的事实是中国环境欠债较多，因为科学界知道的东西与人们普遍存在的认识之间会存有很大差距，认识不足又缺乏参与热情。在2016年国家重点研发计划重点专项“典型脆弱生态修复与保护研究”20个招标研究项目，均为自然资源资产负债表编制、生态损害价值核算、生态修复技术和管理、环境价值评估、测算与评价方法、生态文明承载力评价，但中国会计审计界整体缺位，少有问津。而2017年中国博士后基金62期24个项目，无一项属于环境会计财务审计主题申报立项。但生态文明早在党的十八大就确定为国家五项建设工程战略之一，并在党的十九大报告中再次得到确立。又因为我国环境会计历史较短，所以环境会计理论和实务研究进程与生态文明建设对会计要求还有较大距离。这种差距表现在：重复研究较多，高度不够并和政策脱轨；数据不足且难以获取，有效环境信息市场发展不充分；研究方法简单，理论与实际脱节，思维显得狭窄；随意滥用实证，很难从根本上解决现实问题。在生态文明建设现已成为国家“五位一体”总体布局的今天，业内和业外对环境会计的认知，与生态文明建设对会计要求还有较大距离。

认识上的资源环境重要性比污染治理行为更为重要。认识从思想开始，以行动结束，这是认知的基本泉源和最佳路径，它表明理论与实践同样重要。认知理论告诉我们，人的认知特点对于社会经济状况有显著的影响，增强认知能力已经被发现与财富增长有关。资源环境的约束直接制约经济发展，过度消耗又影响社会稳定、人身健康和生态环境承载力。面对中国长期累积下来的过重的环境负荷，有必要通过会计方法和手段对其进行有效的治理，将环境价值核算和管理控制渗透到环境保护的各个层面，创新环境管理机制，采取合理利用和有效保护资源环境举措。资源环境价值性和管理技术现代化，为污染控制的会计行为提供了较好思路，也为未来环境会计学科发展和学术深入研究提供了良好的条件。

二、环境会计天生就具有资源环境成本管理的功能

人类从洪荒年月到20世纪60年代就没有“环境保护”这个词，征服大自然而非保护并与之和谐相处的意识一直延续到现代工业革命的到来。但现代工业的大发展为人类社会创造丰富物质财富的同时，也带来了严重的环境污染。长期以来，环境污染已经给人类带来了不计其数的现实和潜在灾难，迫使人们不得不从环境的角度关注自己赖以生存的家园。

尽管人们从工程、技术、法理上对此问题早有深刻认识和研究，但从社会经济角度进行剖析，则是20世纪中后期的事，环境会计正是由此而诞生。1971年英国《会计学月刊》刊登了比蒙斯撰写的《控制污染的社会成本转换研究》，1973年刊登了马林的《污染的会计问题》，揭开了环境会计研究序幕。1990年罗布·格雷（Rob Gray）的报告《会计工作的绿化》是有关环境会计研究的一个里程碑，它标志着环境会计已成为全球学术界关注的中心议题之一。20世纪90年代美国环境保护协会首次提出了环境管理会计学（EMA），它在传统管理会计的基础上结合环境自身的特殊性而形成。单纯从传统会计的财务指标无法从根本上实现生态平衡可持续发展。因此，环境管理会计的存在具有巨大的现实意义。

中国环境会计研究最早始于20世纪90年代中期，又以2001年6月中国会计学会环境会计专业委员会成立为里程碑。在此之前，除国际绿色会计感召外，就是1994年《中国21世纪议程——人口、资源和环境白皮书》中可持续发展基本战略的提出，到如今，生态文明理论成为它的精神支柱。

（一）成本管理思想实践上的启蒙和发展

在实践上，会计系统综合地核算环境要素，源于会计所处的客观历史环境。人类农耕时代的自给自足经济和以手工工厂为主并不发达的近代工业经济，不可能对环境会计有所需求。它的产生主要源于西方20世纪70年代前后现代工业的迅猛发展，自然资源遭到极度开采，废弃物质大量排放，使人类的生存环境日益恶化，空气污染日益严重，自然灾害频繁发生，全球气候变暖，生态系统失去平衡。这一切引起人们普遍关注，一些国家采取大量措施，投入大量的人力、物力和财力来遏制资源、环境、生态的进一步恶化。同时，中国经济界、环境界、法学界和会计界也逐渐关注这一领域，部分会计学者在分析了传统会计理论和方法局限性的基础上，将环境问题纳入微观实体的企业会计研究范畴，认为公司会计应当计量由于其生产经营活动所造成环境污染的外在成本，并应将这些成本内在化，由反映经济成本信息转变到包括环境成本在内的社会价值；在宏观上，则是将政府会计对国内生产总值（GDP）的核算改进成绿色GDP（GGDP）统计核算（王立彦，1998；杨世忠，2016），并编制自然资源资产负债表。所有这些推进了企业“经济人”转换成“社会人”、会计则由“资本会计”转向“环境会计”。这种会计思想演进的结果，就是把环境作为一个考虑对象纳入企业伦理和政策中，从而推动了环境成本核算。之后，环境会计思想又融入以环境成本与效益的投资和融资决策中，开启了环境财务管理新模式，同时对受托环境保护责任进行检查、鉴证的环境审计也随之产生并得到快速发展。环境会计逐步得到发展并形成体系。

（二）成本管理理论上的形成与归纳

在理论上，环境会计自然要秉承传统会计基本原理和方法，同时又要面对环境现实问题并加以研究和总结，进而形成体系完整的环境成本核算和成本管理的系统理论和方法。可持续发展理论、资源价值理论、机会成本理论、环境经济核算理论固然是环境会计理论与方法的基础，但最重要的理论还是外部性理论和环境管理理论，它促成环境会计围绕着“环境成本控制”而展开，从而衍生出一系列新的会计计量、财务评价和审计鉴证等特殊方法的创新，推动成本管理理论发展。所谓“环境成本”是指本着对环境负责的原则，为管理企业活动对环境造成的影响而被要求采取的措施成本，以及因企业执行环境目标和要求所付出的其他成本。前者指环境污染损失价值和为生态保护应该付出的代价，后者为保护环境而依法实际支付的价值。在微观实体，环境成本特指企业在某一项商品生产活动中，从资源开采、生产、运输、使用、回收到处理，解决环境污染和生态破坏所需要的全部费用；在宏观领域，环境成本直接指向一国国民财富增长极限的阈值测定、国民经济核算体系技术修正（原自萨缪尔逊的“经济净福利调整”）和对整个自然资源资产负债的列示方法。

可见，会计核算与资源生态价值管理有着密不可分的关系，而环境会计天生就具有资源生态环境管理的功能。它在对资源环境价值核算的基础上，进行资源环境价值的预测、决策、分析、评价与考核。从唯物主义角度讲，哲学是研究自然、社会和思维发展的最一般规律的科学，“天人合一”是环境会计最基本的哲学思想。生态文明建设的哲学基础就是社会关系以及建立在这种关系基础之上的人与自然的关系。那么，以成本管理为核心的环境会计哲学，就是应用哲学的原理和方法研究自然生态和人文生态（社会生态）的合理组合及其平衡规律，这既丰富了现代管理哲学内涵，又指导环境会计实践，并由此产生人类对自然资源有效管理的思想与行动，达到环境成本管理的最终目标。

总之，环境会计是对自然与生态进行的价值管理会计，其成本管理的属性非常明确，外部性理论直接反映了资源环境成本管理的基本思想和污染成本控制对会计的基本要求。环境会计将环境学、经济学和管理学相结合，以自然、生态与人类的和谐统一为基准，用会计的方法计量与记录环境污染、防治和开发的成本费用，同时对环境的维护和开发形成的效益进行合理计量与报告，从而综合评估环境绩效及环境活动对财务成果的影响，达到协调经济发展和环境保护的目的。按照“可持续发展”理论的诠释，环境会计源于对人类社会生存的环境因素的考虑，国家责任和企业社会责任首先是环境责任，生态文明与经济可持续发展成为环境会计的最终追求。

三、资源环境成本管理功能需要环境会计来完成

成本管理会计当属于管理会计。按照利益相关者理论，会计分为财务会计和管理会计。同样，环境会计内容本身也包括环境财务核算和环境价值管理两个会计意义上的范畴，两者的结合形成有机统一体。尽管环境财务会计报告的目的是反映一定时期有关环境资源分布和环境成本、损耗、收益及效益方面的信息，但这些信息是人类对资源环境管理行为的价值表现，它支持并支撑了理性决策者科学的环境管理决策，反映了人类生态文明的努力过程及其行为结果。

然而，一切管理的最终目的还是价值形态的增值，或说包括效益、效率和效果的绩效提高，其中包含的成本降低、收益增大因素最具杠杆效应，成本是收益的最终函数。在环境管理会计中，环境财务成本核算结果既能提供总成本和成本数值信息，又为环境成本管理与控制提供了最原始和最直接的基础性资料。如同成本会计具有双重目标——既为财务会计计算盈亏，也为管理会计考核业绩一样，环境成本信息既服务于环境财务会计也服务于环境管理会计，从而使环境会计信息真正能够为管理决策服务。可见，环境财务会计与环境管理会计存在着密切的关系，其信息的目标高度一致，由此构建了环境会计信息系统的两个方面，即：环境会计核算信息系统和环境管理控制信息系统。一切环境经济活动和环境管理活动的信息的质与量均集成于此，它反映了人类环境活动的整个过程，既包括人力、物力、资金、信息等要素的消耗数据，也包括道德、责任、行动和效果等考量资料。正是从这个角度讲，环境管理离不开环境会计，环境管理会计也离不开环境财务会计。

（一）组织环境成本核算和实施环境成本价值管理

生态与环境资源是社会经济持续发展的基石，环境会计产生的社会动因就是整个社会的可持续发展。环境活动是经济活动的表现形式之一，其价值形态就是会计计量工具。环境问题的解决必然要求决策层重视并主动利用环境会计信息，充分认识会计、审计乃至财务控制。就环境会计本身而言，组织环境成本核算和实施环境成本价值管理，是会计现代功能拓展和考量企业社会责任的自觉要求和必然结果，因为会计是对组织进行观测、分析以及管理财务和资产活动的中心，其内容就包括污染防治的料工费支出、能源消耗以及生态与自然资源的存量与流量等。尽管以对外报告为目的的环境财务会计侧重于历史，但会计系统经过适当调整，便能够在支持前瞻性的决策制定中起到重要作用，更何况环境资源的价值性和使用消耗、人为损耗环境资源及其结果的持续性、潜在性和不确定性，决定了会计预测、控制、分析方法在环境管理方面的独特优势。一旦会计触及资源环境要素，其环境成本管理的巨大优势就会凸显出来。

（二）环境问题解决需要环境成本管理的会计行为

以人为中心的环境活动就是经济活动，会计以反映经济活动为对象并以价值计量为主要手段，应当承担起保护环境的责任。因为环境问题是发展问题，但就其本质还是“经济问题”，是人类社会经济发展和环境保护之间矛盾冲突的再现。经济问题的解决从来没有也不可能离开会计簿记系统，环境问题的解决当然也不例外。一方面，企业经营存在着环境问题，也就存在着环境管理行为，具体表现为预防行为、治理行为和改善行为。这些行为与结果的价值反映不仅构成环境会计信息的重要内容，而且能够体现人们对环境治理的努力程度和环境管理控制属性，由此需要会计手段到位。另一方面，作为现代管理工具，会计特质能够在任何管理领域都有贡献潜能和价值体现。同样，会计信息可以与包括环境信息在内的任何学科信息系统进行集成，以对管理产生特殊功效，何况会计功能就在于创新社会治理，会计本身的属性就是管理。至于如何集成及集成程度，取决于所要集成对象的特点、科学发展与发现程度以及新兴会计学科的扩展程度。

会计不只是对经济活动描写，更是一种管理平台和管理工具，可用于一切社会科学和自然科学所能产生价值影响的各个领域和各个层面。在分析现状与预测未来、风险评估与绩效评价、方案实施与流程控制、战略决策与目标定位、权力约束与组织治理等方面，会计均具有其独特的优势。全面认识和应用现代会计是成就优秀管理者的必然选择，也是科学管理思想、精神、智慧和能力的良好体现。

（三）环境成本信息需求促成环境成本管理活动的开展

环境会计信息是会计信息系统的组成部分，并与环境信息系统相交叉，系统通过对污染物产生、排放和控制过程的数据资料进行系统的分类、归集和分配，再经过加工、处理和转换，使其对环境经营和决策系统具有利用价值。现代会计认为，会计的目标是向会计信息使用人提供以财务为主的经济信息，而提供哪些信息主要取决于信息使用者的需求。既然环境活动是一项经济活动，环境活动又始终围绕着环境问题而展开，那么经济活动中包含着可以纳入会计信息系统的环境成本信息就是环境会计信息。这些信息通过环境会计报告，反映会计主体环境经营与管理的结果和状态，比如环境资源的来源与占用、成本与损耗、收益与效益、价值与实物流动情况等。通过环境财务会计报告及其分析，环境资产的所有者、管理者或经营者均可以基于企业生命周期成本控制的立场去了解企业的环境资源利用、保持、维护和增值情况，生态的破坏、修复与承载程度，清洁生产的运作状态、环境管理绩效状况，并由此作出合理决策，以进一步促进环境成本管理活动的有效开展。不仅如此，环境成本管理信息是公司利益相关者进行绿色融资、绿色经营和绿色消费的重要依据，通过它来彰显对自然资源的认识进步和对生态的文明、理性、睿智与旷达。

总之，环境会计究其实际应用意义，应当就是环境成本管理会计，也是环境核算的动因。从传统会计要素上讲，任何形式的环境资产使用、消耗和减损都是环境成本的表象；任何形式的环境负债都是尚未承兑环境成本责任的背书，是尚未付出但又需要承担的偿还现实和潜在义务的环境成本；环境收入是未作环境负荷和环境成本扣除的虚拟环境收益，环境权益就是环境资源产权归属者对需要环境资源的消费者承担支付责任的环境成本的要求权。不仅如此，环境成本管理成为任何环境资源使用者用以环境资源节约、环境财务改善和环境管理绩效提升的唯一枢纽，并是彰显实体环境形象、市场价值增加的名片。所以，环境成本不仅是环境财务会计，也是环境管理会计核心内容。

四、环境会计实质是基于资源环境成本基础上的价值形态管理

（一）环境会计方法作用于资源生态系统并实施价值管理

就成本管理方法而言，环境会计存在的价值在于能够将环境问题造成的外部不经济性纳入会计核算体系。环境外部不经济性是指那些由排污者的生产经营活动引起的、尚不能确切计量或由于各种原因而未由其承担受害者损失的不良环境后果。其实，不良环境后果界定、

责任方认定和责任承担方式，尤其对公共领地的污染事件应急处置，并非只有环境会计能够解决，更应由环保法律、法规和政策加以规定，包括完善、科学和可执行的一整套环境质量标准和道德原则所构成的“生态环境责任”约束性规范。然而，企业是利益相关者的契约集合体，环境管理会计的逻辑起点就是传统意义上的委托代理责任所引申出来的环境责任，并将这些责任进行品质细分、物化和货币化。所以，所有环境保护的法规、政策和措施的制定和实施，不应该也不太可能离开为之服务的环境数据支持，否则环境成本管理将会是空中楼阁。环境会计就是人为作用于资源生态系统，并借助于信息技术支持实现对环境价值管理的目标。

在各种新技术不断涌现的今天，人工智能、大数据平台及云计算、物联网、区块链技术为此环境价值管理开辟了广阔的天地，比如环境会计指数建立、环境财务绩效评价、环境信贷和保险信用评级、环境责任审计认定、生态补偿额度确定、自然资源资产价值衡量，等等。与此同时，环境会计发展及其对环境成本核算和控制实践，又会强烈地推动甚至倒逼环境法律法规、政策和标准的完善及环境会计准则和应用指南的出台，以法律和法规形式规定环境会计的地位和作用，由此促使人们依法进行环境管理。诸如对生态环境的污染者承担、开发者养护、利用者补偿、破坏者修复，都是环境责任最基本的法制原则，而对履责过程发生的支出、损失、成本和费用的处理方法选择，是环境会计价值管理最基本的内容。所有这些，都应当加以规范，确保环境成本内部化的措施实施。

（二）环境成本管理会计从属于环境影响负外部性价值管理

从成本属性来讲，环境负外部性核算和价值补偿获得需要环境管理会计支持。外部性理论从经济学意义上揭示了污染问题的外部性质，说明环境行为没有实现资源的最优配置状态，其根本原因是由于存在外溢环境成本。这为后人采用经济手段来解决环境问题奠定了理论基础，也为生态价值补偿标准量化、排污权交易价格制定、环境收益核算考核、环境税率调整、环境责任的鉴定以及应对气候变异资源整合，提供了较好的会计思路。比如，雾霾对环境破坏和人体健康的影响，这种以危害自然环境产生的社会成本，有必要通过会计手段，对生产者造成的自然资源损耗成本、生态环境降级成本、环境治理成本和环境保护成本，进行会计合理估值和正确核算。对消费领域的负外部性进行会计控制，需要对造成污染的消费者征收环境税、缴纳资源补偿费、弃置物处置费，使消费行为的负外部性内部化。同理，随着全球绿色观念的兴起和中国“一带一路”倡议的实施，促使环保设计、清洁生产、绿色采购与消费、环境金融以及废弃物回收循环再利用的管理手段和资金投向，都应建立在融入环境成本管理会计基础之上；新城镇和新农村建设、供给侧改革、产业布局和结构调整、生产方式转换、低碳循环发展等诸多关系国计民生的政策设计，无不与环境成本管理关联。

（三）跨界和代际环境管理扩大了环境成本价值管理视域

就环境影响特点而论，环境问题的外部性不仅具有跨界性，而且具有代际性，其中，大气污染和水污染表现得尤为明显。比如，气候变异最终还是人为造成的，因气候变异导致的成本溢出效应，最终影响整个社会经济的协调发展，从企业到社区、从地域到区域、从一国到他国。不仅如此，更为严重的是当代人某些看似能够避免当前环境污染或促进现时经济发展的行为，有可能在后代造成严重的危害，从而产生代际环境成本。解决此问题离不开经济方法，经济方法中最重要的手段就是会计。

总之，环境成本在环境会计中是个非常重要的概念。环境会计是对环境负外部性的管理，实质是基于环境成本基础上的环境价值管理，实际应用工具就是环境成本管理会计方法。1993 年联合国发布的国际会计和报告标准《环境成本与负债的会计与财务报告问题》的基本框架和 2005 年日本《环境会计指南手册》中主体方面的内容几乎全是关于环境成本。大卫·格洛弗（2011）指出，环境为人们提供了可贵的服务，对政策和投资项目的成本及其收益进行评估时，这些服务的价格必须考虑进去 。

显然，环境成本基础上的环境价值管理的目的是为决策服务，环境管理会计的最终目的是环境收益。环境收益表现在两个方面。其一，宏观方面是生态自然直接价值与潜在价值的增加，微观方面是企业因环境保护和环境治理而带来的直接价值（利润），如政府奖励、税收减免、社会形象提升以及商品附加值增加等（如达到欧美与 ISO 相关标准带来的出口增加、股票市值上涨等）。不仅如此，基于生态文明的考量，环境成本管理绩效成为任何环境资源使用者用以评级和衡量环境资源节约、环境财务改善和公司综合绩效提升的最重要内容。其二，对潜在环境风险管理就是对环境成本管理，其管理的目标就是减少隐性环境成本发生概率，间接提高环境收益。所以，环境成本不仅是环境财务会计内容，也是环境管理会计核心要件。

因此，一切服务并服从于环境成本管理的政策、程序和技术，都是从不同切入点为实现有效决策和有用信息的环境管理工具和管理方法。例如，绿色作业成本、产品生命周期成本、资源价值流与物质流成本、环境成本费用效益分析，以及对传统会计收益公式修正为绿色利润、融入生态型战略管理的绿色固定成本的量本利分析和环境预算执行差异控制、清洁生产成本法实施。再如，应用于环境成本管理并创造价值的现代统计方法、信息与电子技术、数据集成与处理系统、成本控制的网络平台等。

五、环境会计提供了资源环境成本问题解决的独特方法

古代会计核算就是以自然资源为对象的，人与自然的关系表明，历史的变迁并没有改变会计本源及其规律的认识，紧贴本源才能更清楚地认识会计作用，环境会计就是这一现象回归。所以，经济活动中有环境活动，任何企业也都有环境成本发生，只不过比重有别。如制造业和非制造业、重污染企业与非重污染企业、同样产品生产但不同生产工艺和流程的企业，即便是同一企业不同生产经营阶段，环境成本发生频率也有差异。那么，如何嵌入环境会计视角去组织和应用各种成本管理工具并使之科学化？这就需要我们选择恰当的方法，借以实现环境保护目标。在传统的会计核算模式下，环境成本信息不可能直接根据现有的会计系统产生，原因在于系统存在环保缺失、环保过度、环保不足，从而导致企业的成本不实，收益虚增，可持续风险较大。这里所谓的缺失、过度和不足，是指传统会计缺失企业存在的环境污染治理活动、环境预防活动和环境改善活动对环境资源、环境成本、环境收益的确认和计量，忽视生态环境自我修复功能可给企业提供资源循环利用带来成本节约的机遇，无视企业对自然环境资源的过度使用或向环境排放污染物应予承担但没有承担或很有限承担的补偿责任。因此，现代会计要求企业将自然环境因素纳入会计报告体系，建立新型的会计核算模式。环境会计恰恰提供了环境问题解决的一个崭新视角，其应用范围广泛，方法新颖独特。

在此，不妨从科学技术支持、生态补偿标准、绿色 GDP 核算、碳排放权交易四个方面联系起来加以说明。

（一）科学技术支持

环境成本核算所以复杂，源于污染诱因复杂导致经济后果难以确定，但它可以也能够在自觉利用现代科技成果的基础上，不断完善和丰富自身的理论，创新解决环境问题的方法。比如，温室效应成因于人类不合理的生产，尤其重污染的工业企业，因而进行工业上的温室气体治理是解决气候变异的根本。首先，国有国界、省有省界、市有市界、区有区界，只要建立了污染数据电子监测系统，排污和受损各方主体就能够得到清晰的界定，因为排污和受污各方，都已经被锁定在特定的地域和空间范围。其次，用现代科技手段，如污染源统计和大数据处理平台、损害程度的遥感技术、环境物理与化学测量方法以及现代管理技术，能够寻找到气候变异成因、变异程度和损害实物量。

诚然，生态补偿政策的核心是补偿标准，且这个标准需要通过价值量化，尽管量化手段比较复杂，但也可以通过会计计量方法加以解决，关键是要确定好影响受害方具有同质性的因素（比如企业为利润、健康为治疗费等），其补偿金额既是改进会计系统利润核算方法应包含内在化环境支出的依据，又是环境管理系统中环境成本控制中枢。为此，葛家澍（1992）对传统会计收益公式改进为“收入－费用－环境成本＝环境利润”，就是基于环境成本的考虑。基于此，我们也不妨将生态环境信息嵌入会计信息系统，以寻找排污量、污染等级、生态治理成本与环境利润关系，借以确定生态价值补偿标准。进一步研究表明，生态补偿政策为生态环境损害成本计量和环境成本核算提供了全新思路，可以解决生态补偿制度设计中最核心且是最关键的问题。可见，在生态补偿标准设计中引入会计元素，既促进了会计与其他学科的融合，扩展了现代会计功能并深化了会计计量理论，又为环境损害价值核算和环境审计评价提供了技术支撑和较新方法，在理论上和实践上都具有特殊意义。不过，环境会计计量是一项较为复杂的技术和程序，在此过程中，基础性的财务工具，如市场价值法、机会成本法、支付意愿法、恢复防护费用法、影子工程法、人力资本法、旅行费用法、调查评价法、比例系数法和工资差额法等，为解决会计计量、收益评估和绩效评价提供了强有力技术支撑。

（二）生态补偿标准

按照边际成本理论，标准排污量是边际成本等于边际收入时的最大收益排污量。不难理解，排污方对外超标排污一旦超过生态自净能力和永续使用能力，就会影响生态质量，造成生态（大气、水体和土地）的破坏，并导致受害方遭受外部性伤害或利益受损。除此，大气污染、水污染和固体废弃物污染又会通过影响其他要素的机制进行传导，带来连锁反应，最终一定会反映为收益（地区生产总值、企业利润）的下降。显然，超标排放造成的污染引起收益下降，而这部分下降了的价值量正是要确定的生态污染补偿金额，也是最低的生态补偿价格或标准。由此，用会计视角建立以“损害成本”的生态补偿标准和补偿执行机制，就能够实现排污方内部化环境成本，促使排污方从整体利益考虑环境成本增加后的最佳生产量和排污量；无论是政府还是企业，污染成本会计计量迎刃而解，环境会计的宏观价值和微观作用都达到了实现。

（三）绿色 GDP 核算

基于会计平衡思想，为使生态效益、经济效益和社会效益达到均衡，从而促进社会经济全面可持续发展和人与自然的和谐统一，我们可以在充分考虑“环境成本”因素的基础上，推演传统会计理论，将传统的微观层面的企业会计收益计算模式“利润＝收入－费用”进行改进，形成绿色利润的新企业会计计量模式“绿色利润 = 综合收益 - （费用 + 环境成本）”，以此解决人为破坏环境的野蛮行径造成对生态文明的冲突，并将现代会计计量理论和生态损害程度有机组合，通过环境成本理论分析和实证检验，提出环境生态损害成本补偿价值标准。显然，上述这种平衡思想与宏观层面的国民经济核算模式改进到绿色GDP的考虑一脉相承，也是我们经济发展对资源环境承载力考虑的必然的和最终的追求。我们知道，现行作为衡量经济发展指标之一的国内生产总值（GDP）在核算时并没有扣除环境成本。事实上，污染防治和环境改善活动通常需要耗费投入，但在国民经济账户中却表现为国民收入，而环境损失却未计入在内，直接的后果是虚增资产总量和经济发展速度，夸大社会经济福利。同时，国民会计核算体系缺乏应用具体的或货币单位的形式来描述对自然资源的消耗，不管这种自然资源是可再生的还是不可再生的。环境成本报告的最大特点，是能够提供有关环境资源的耗减资料，包括实物量和价值量，满足环境经济综合核算体系的需要。为此，定期编制的宏观环境成本报告，为编制环境经济综合核算体系奠定了可靠的基础。同样，政府编制《自然资源资产负债表》的要求，也是为了促成资源环境与经济发展的平衡需要，其目的还是为了提高环境治理的效果，由此将企业管理会计延伸到政府管理会计的更广领域。

（四）碳排放权交易

碳排放交易会计制度设计的重点内容是碳排放权确认和交易价格。首先，环境“公共产品”属性决定碳排放权也具有“公有产权”性质，排污企业获取的碳排放权有政府无偿拨付和市场有偿交易两种来源，但其初始获取均是通过政府行政许可授予特定排污实体一定当量环境容量使用权，产权的归属应为代表全民的国家，并由产权方委托或赋予排污方管理、使用或转让出售。无偿获取的碳排放量最初不是通过生产交易，而是由政府在环境可承载容量内加以核定，排污方在规定的期间（一般为一年）应当使用完毕，一般不会有结余，尚且碳排放权制度设计初衷并非为了交易，而是为了直接进行排放量的控制，其交易的实质是碳成本的转移支付。只有在排污方通过自身技术革新、流程再造和节能减排有剩余的情况后，才有对外进行投资、交易的可能，从而间接起到控制排放量的作用。基于此，会计上确认碳排放权不应为投资性的金融资产，不应以交易为前提，而以有节约才对外投资或交易为例外，尤其是在我国目前还没有成熟的碳交易市场和公允价值还难以取得情况下，会计核算时应将其作为环保“超级基金”的来源被占用在“碳排放权资产”上更为恰当，理论上它符合环境资源公共产权性质，其超额排放肯定为成本无疑，需要排污者承担补偿责任或通过政府财政转移支付。其次，企业在处置非节约的无偿取得碳排放时，其收入应视为一项环境负债，其债权人为国家，如果将其留用只作为环保专用基金。这种基金反映了使用国家环境资源具有的特定用途，从而区别于政府拨付给排污实体的其他补助收入。由此会自然而然将政府和碳排放企业导向产业合理布局、生产方式转变、产品结构调整和技术创新之道，以通过减少排放获取正常收益的正途，并在取得政府环境补助、减少环境税费和处罚成本方面做出努力，这也应是设计碳交易会计制度的基本思想。最后，生产者排污是天经地义的正常行为，但超标排放也可以通过碳排放权交易市场实现。显然，对有正当结余以及有偿获取的碳排放量进行交易性投资是没有异议的。因为这种交易既符合环境产权价值性和可交易性，又可以对社会产生激励作用。但长远来看，我国碳排放权初始配额今后也会走向市场机制，且由于资源禀赋的差异，清晰产权有助于市场均衡和政府对环境的“无为而治”，这样会产生强大的社会经济协调作用，促使企业不断产生创新动力，有利于产业协调发展。

基于上述，气候变异影响应对、损害补偿标准量化、绿色 GDP 核算、碳排放权交易会计设计，都面临着环境成本控制问题的解决。可见，在传统成本管理的基础上，将环境成本纳入经营成本的范围，并通过有组织、有计划地进行预测、决策、控制、核算、分析和考核等一系列的环境成本管理工作，体现了管理会计基本思想。而从生产、技术、经营和产品生命周期成本管理的角度来看，这又是一种对环境成本实施的全方位和全过程系统管理，从产品的诞生到进入坟墓。在此过程中，现代管理的信息技术、控制手段、系统观念，在环境会计中得到了充分体现。

六、资源环境成本管理功能实现的首要条件是环境会计文化的形成

（一）生态文化修养是生态治理成本的第一步也是最重要一步

环境成本管理思想是有关污染控制和灾害预防与治理的意识、觉悟和观念，它客观存在并反映在人的意识中的环境保护道德、伦理和修养，并经过思维活动而产生结果。长期以来，在环境决策和管理中，不重视环境成本因素成为中国人的固有思维方式，其巨大代价和潜在与隐形后果可想而知。其原因多种多样，但归根结底还是中国环境会计教育和环境文化的缺失，说到底是人们对环境会计文化的认知稀缺。会计文化传承、学术升级和实务发展与会计教育紧密关联。中国环境会计步履蹒跚，异常的艰难，亟待政策制定者和决策人改变对会计记账和算账的传统认识，看到现代会计在管理变革中的作用和效能。以牺牲环境为代价的发展往往不是我们没有聪明才智，而是缺少了政治家的远见贤明，其根源是缺少道德的力量，这个力量就是环境文化。而环境会计教育最能有效促进环境文化的建立，进而带来环境管理价值提升、环境资源合理流动和优化配置，最终促使整个社会成本降低和社会财富增长、财富创造。认知原理表明，对事物的重视程度会体现在参与者的受教育程度，因而倡导和传播环境管理的会计思想是环境启蒙的第一步，也是构筑环境文化的高台。环境会计文化包括环境会计文化教育，是将环境生态信息知识转化为思想和智慧，并进而将这些思想和智慧转化为治理环境的能力，可以想象，当生态文明和环境承载力成为公众的热议话题，当环境会计成为环境政策制定者和管理者必选项目之一时，环境治理的自由天空将会是一片光明，那时的人们将不会再惦记《寂静的春天》，不会再现“公地悲剧”尴尬，不会再有“搭便车”效应。美国海洋生物学家蕾切尔·卡逊（Rachel Carson）1962 年出版的《寂静的春天》是标志着人类首次关注环境问题的著作，它引发了全世界环境保护事业。1968 年英国加勒特·哈丁教授（Garrett Hardin）首先提出“公地悲剧”理论模型，意指公共物品（原指环境资源）因产权难以界定而被竞争性地过度使用或侵占是必然的结果。

可以说，生态文化的修养是解决生态治理的第一步也是最重要一步，它对中国环境会计的建立与发展、环境成本管理思想的形成和传播、会计人员跨届学习能力的提高、成本管理系统的完善与创新，将会起到重要影响，进而会提升和延缓会计手段治理环境成本的进程。

（二）环境会计教育最能有效促进环境文化建立并助力环境成本控制

中国的环境会计教育落后于西方 50 年甚至更远。西方发达国家在大学教育中侧重公司社会责任意识的培养和教育，尤其是美英等国家环境会计教育到目前已经初具规模，教育体系已逐步形成，工商管理学院独立开设环境会计、环境审计已成为大学的必然选择，但在我国寥寥无几，以至于对自然的贪婪享受远远大于对文化的传承，而环境文化的形成又依赖于环境教育。环境教育是对环境管理技术和环境文化的教育，环境文化特别是其文化价值的选

择是检验增长和发展目标是否合理的基础。文化的核心问题是“人”（杨兴龙、夏青，2016），内容是科学和人文。“以人为本”的会计文化是环境文化的基本内容，规定了会计道德操守的选择。环境文化特别强调人与环境相互关系的优化和人对自然行为的科学化，是环境会计管理思想得以确立的前提条件。它包括环境管理的文化价值、科学精神、伦理道德、保护观念、风险意识和公众参与等方面，借以引导企业维护保护环境的政策和法律，唤起关心社会公共利益与长远发展意识，并将环境管理要求变成企业自觉遵守的道德规范。教育是环境保护的根本大计，是促进可持续发展和提高人们解决环境与发展问题能力的关键。社会经济的可持续发展，客观上要求会计教育也要实现可持续发展，因为包括环境会计教育在内的环境教育是全社会持续发展的重要条件之一。不仅如此，进行必要的环境会计知识和环境文化教育，是教育服务经济建设、培养和造就卓越会计人才的需要，也是环境保护和助力污染控制必不可少的一项前置性的思想管理工作，更是落实生态文明的教育行动。

（三）可持续发展的环境文化理念在环境管理领域的生动实践

环境保护也是生产力，它已经成为左右未来经济变局的重大主题。企业，作为市场经济体系的活力之源，在贯彻可持续发展战略中，负有更多的责任。生产制造和消费过程中对有限资源的消耗和对生态环境功能日益严重的破坏，迫切需要企业在计划、生产、营销和投资等环节注重环境政策设计、执行和管理，采取得力的方法和措施，转变经济发展方式，调整优化经济结构，节能减排。将企业层面的环境信息纳入企业经营管理、会计核算和审计监督中，并从环境管理政策设计和安排上，探求企业实现可持续发展和环境保护的路径，是一项特别紧迫又特别需要我们共同努力的事业，也是科学发展观在环境管理领域的生动实践。中国政府已经清醒地认识到，当前中国环境状况和环境保护对于社会和经济发展的重要性。为此，已经将生态文明建设作为一项历史任务和“五位一体”的国家发展战略，这是顺应国际绿色循环低碳发展潮流、实现科学发展做出的必然选择。

近年来，中国党和政府制定和实施了旨在保护和改善环境，防治污染和其他公害，保障公众健康，推进生态文明建设，促进经济社会可持续发展的一系列政策和措施，并为此采取了坚定的行动。比如，新《环境保护法》颁布；加快推进生态文明建设意见；生态红线规划；生态补偿条例起草；干部任期内损害生态环境终身追责制度试行；环境信息公开制度；自然资源资产负债表的探索编制；全民所有自然资源资产有偿使用制度改革推进；环境保护税法推出；排污权有偿使用和交易试点；应对气候变化的《巴黎协议》执行措施和步骤安排；等等。所有这些无一例外都与环境会计息息相关，也是拓展现代会计内涵与外延，促进中国会计发展，培养卓越会计人才的最好契机。环境政策设计、环境成本核算、环境绩效评价、环境风险控制、生态价值补偿机制确立、环境经济责任鉴证，都离不开环境会计这一独特的手段支持，当然也离不开管理环境的会计方法，更离不开环境会计教育。

七、现代环境治理能力取决于对资源环境成本基础性信息的掌控

（一）环境成本信息是现代环境治理能力的重要工具

中国特色社会主义进入新时代，我国社会主要矛盾已经转化为人民日益增长的美好生活需要和不平衡不充分的发展之间的矛盾。其中，满足人民的生态需求，就需要加大环境治理，进行环境成本控制。因为“中国梦”的实现，包含着生态文明建设工程任务的完成和对呼吸新鲜空气、喝上清洁水和享受灿烂阳光的具体而现实的追求。这其中包括环境成本管理信息在内的环境会计信息对现代经济、社会发展的重要性毋庸置疑，况且在全球信息手段和技术高度发达的今天，经济发展很大程度取决于对经济信息的掌控。资本市场的信息是资源有效配置的基础，但又是企业追名逐利的动因。环境信息作为一种特殊商品，可以通过资本市场中介服务于供需双方，成为市场要素。然而，资源环境产品的公共性决定了环境信息有别于其他信息的一个显著特征：公共信息，不以获取利益为唯一目的，有时甚至一度会带来财富缩水、收益递减，进而产生负影响，但它对可持续经营和管理的功能性与不可替代性，以及对生态系统维护和促进，乃至对生态文明建设与发展和对整个社会财富的增长，无疑能起到牵引作用。从理论上讲，公有产权环境投资者的行为与企业追逐利益最大化目标是一致的，但如果两者出现了背离，国家就会代表全体公民通过一定的手段来矫正。因为生态与经济双赢的社会福利增加，才是人类最终的共同追求。不仅如此，环境会计直接任务就是向市场提供环境信息，在现代环境治理体系中，担负着非常重要的使命。朱光耀（2017）指出，会计作为一项基础性工作具有重要价值，会计是各行各业经济活动管理的基础，更是现代治理体系和治理能力的基础。

会计是古老中国文化经典，是经济活动管理的基础，也是国家治理、社会安定、公司整合和个人行为规范的有效工具，而环境会计及其成本信息是环境治理的基础，环境治理的目的是实现自然生态系统和人类社会及其种群系统的有机和谐统一。环境会计通过资源环境成本科学有效地核算和提供环境信息，为环境治理开辟了新的途径。一方面，国家治理和社会治理需要环境成本会计信息，并以此为基础进行政策设计，以实现国家对环境的法制和良治，进而达到善治和勤制，保证环境资源分配的公平与正义。其信息的来源主要通过政府绿色 GDP 核算、自然资源资产负债表编制、区域环境承载力评价、环境会计指数建立、环保基金制度、环境会计报告和信息披露、资源环境责任审计等手段和方法。另一方面，根据资源消耗的价值量和实物量等基础性信息，进行环境资产、环境负债和环境权益要素确认与双重计量，将核算结果报告给公共环境资源产权所有者——公民，借以促进人类对环境生态关注、资源永续利用以及社会共同财富创造，也为政府环保事业发展提供依据，并对完善环保法规、政策和标准提供有力支撑，最终实现对环境成本的有效管理、资源的合理利用以及经济与环境的同步发展。总之，随着社会效益、经济效益与生态效益的综合评估逐渐成为未来经济活动决策的重要趋势，环境会计作为一种计量工具被纳入环境成本管理领域，人类所面临的诸多环境问题都需要借助会计核算为其提供数据信息支持。

（二）环境成本信息市场是发挥现代环境治理能力的有效手段

要发挥环境会计对环境治理能力的上述作用，需要搭建环境会计嵌入管理的平台，进而提升环境管理成本高度并扩展环境成本管理的宽度，这个平台就是环境信息披露市场。公司治理、组织治理和企业重组需要环境成本等信息，通过环境会计信息决定投融资行为，履行环境的法律责任、道德责任、经济责任和社会责任。现代企业成本制度设计的进步性突出表现在将组织的目标由“以资为本”转变到“以人为本”的基础上，会计的视角也从“单位利益主体”转移到“全民利益主体”，实现会计全民利益功能，环境会计及其成本管理就是有效发挥这一功能的手段，也是中国特色社会主义进入新时代后人民日益增长的美好生活需要和不平衡不充分的发展之间的矛盾解决在环境方面的表现。它能够促使公司在会计确认与计量、会计政策选用以及会计报告内容上，将环境信息的财务会计报告进行充分揭示和披露，并通过它实现公司资本增值、声誉增值和形象扩大，由此带来公司治理行为改变、组织变革和技术与方法革新，从而以保护环境的积极姿态维护公司利益相关者的环境契约。为此，一些重要的为利益相关者关注的环境财务指标随之会进行创造性设计，比如环境完全成本、环境收益、环保专用基金、环境所有者权益、或有环境负债等。而在独立报告、强制披露环境信息的方式下，改进传统的会计核算信息系统，设置和编制能够充分反映这些环境财务指标的环境资产负债表和环境利润表就成为必然。不仅如此，更为重要的是公司环境成本管理的财务预测、决策、控制与考核的职能发挥会随之变得日益充分，并在财务投资、融资过程中，会将企业经营对环境影响放在一个重要的地位加以考虑。同时对环境活动及其管理行为进行系统、全面和客观的鉴证、评价和考核的环境审计也将得以建立和发展。

八、研究总结

环境资源会计是财务会计理论和管理会计理论指导下的，具有财务会计和管理会计等多个学科属性的理论体系和实践体系，但从根本上来说，其目的和任务都集中于资源环境成本管理。郭道扬（1997）曾经指出，会计本质上是由人参加的管理实践活动，会计人员本身便是管理者。杨纪琬和阎达五（1982）也曾提醒，如果离开经济活动形式诸如反映、监督（控制）以至于预测、决策等这些管理职能，会计倒是变得“捉摸不定”了。当生态文明置于新时代中国特色社会主义现代化建设“五位一体”总体战略布局、环境保护成为全球共同一致追求新时代的今天，会计功能必定会扩展到资源环境成本管理，并由此功能的发挥反映环境会计的目标、方向、内容和方法。对此，环境政策制定者、环境实务工作者及环境会计理论研究者都应当有个清晰的认知。

具体来说：

第一，资源生态环境管理的落脚点是资源生态环境价值管理，它包括资源环境生态的破坏的价值、修复的价值、补偿的价值、交易的价值、开发的价值等。

第二，环境会计或环境资源成本会计管理的本质是价值管理，包括环境的价值确认、价值计量、价值控制、价值分析、价值评估、价值分配等。

第三，环境财务会计和环境管理会计各有其理论体系，实现两者的融合是环境会计追求的目标。而环境成本管理或环境成本管理领域，为财务会计和管理会计的融合提出理论前提和现实可能。

第四，基于财务会计理论和管理会计理论，服务于资源生态环境管理的、以服务资源生态环境成本管理为目标的环境会计理论体系和实践体系的形成，需要创新特有的会计方法、充分的信息支撑和始终坚持生态治理宗旨。

第五，环境会计教育产品价值是人的精神与思想的成长与提高，表现在意识上是具有社会环境责任的心理成熟和强大意识的形成，进而认识到资源生态环境的稀缺性、价值性和效用性，自觉践行环境价值管理、价值核算和价值考评，以实现发挥环境会计在现代环境治理能力上的主动性和积极性。

第六，环境治理也是国家治理的一个重要方面，并体现国家的意志。同时，保持社会经济可持续发展，满足国民日益增长生态物质和生态文化的需求，是当今中国乃至全球最基本的任务，更是生态文明造福于人类的集中体现，成为全人类共同追求和普世价值。

笔者以为，按照国际组织环境会计的定义和已有环境会计实践总结，生态环境的社会价值管理属性表现得十分明显，也是其显著的特点。环境会计内涵直接指向资源环境成本管理并以环境成本控制为主要目标，由此衍生出资源环境成本管理会计方法并在实践中不断得到创新和发展，事前环境污染危机预防、事中生态环境维护和事后环境破坏治理，都是以增进宏观社会经济福利和微观环境经济价值的价值管理。资源环境成本管理成为环境会计最基本的功能，由此也是其产生和发展并得到不断重视的根本动力。总之，环境会计属性就是对资源环境成本进行价值管理和价值控制的会计，在现代环境治理和成本控制过程中，会计担负着艰巨的环境管理之责。笔者相信，本书对进一步探索中国环境会计的研究领域、方向、内容与方法具有现实指导意义，并将对环境决策层和管理者的环境行为产生重要影响，有助于提高中国环境管理的科学性、针对性和效率性。

由此，中国环境成本管理会计理论探索和应用实务，应以生态文明建设战略为目标和宗旨，贴近国家环境治理、环境政策规划和环境经济管理，为国家环境成本政策与制度的制定提供决策支持。同时，应以环境宏观经济配套政策和微观环境治理措施为主要内容，侧重于环境成本核算和价值管理，回归会计基础理论与方法，融合环境管理学和环境经济学等多学科方法和技术集成。这是因为：其一，宏观经济政策影响微观企业财务行为和会计决策，而微观企业行动又影响宏观经济政策走向，环境政策的制定和实施与企业环境行为存在着密切的关系；其二，以微观为落脚点的成本理论与实务研究，能更好地满足宏微观两层面的理论与实践工作的需求，提高研究成果的质量和贡献，服务生态文明建设。所以，中国环境政策的制定者和管理者以及会计人当然都不应置身之外。当然，环境会计并非是万能的，但科学的环境管理，不应该离开环境成本管理。

袁广达

2020 年 11 月 28 日

目　　录

第 1 章

环境会计概述

【学习目的与要求】

1. 理解环境、资源、经济与会计的关系，熟悉和掌握环境资源会计的定义和特征；

2. 理解和掌握环境会计的理论基础；

3. 理解和掌握环境会计的目标、职能和原则，掌握环境资源会计的假设、对象和要素；熟悉和掌握环境会计信息质量；

4. 理解我国环境会计建立的必要性、可行性及障碍；

5. 了解国外环境资源会计发展阶段、研究与实践以及共同经验。

1.1 环境会计基本概念

现代工业的大发展，为人类社会创造了丰富的物质财富，同时也带来它的副产品——环境污染。长期以来，环境污染已经给人类带来了各种各样现实的和潜在的灾难性后果，促使人类不得不从环境的角度关注自己赖以生活和生存的家园。尽管人们从技术角度、管理角度和其他角度对此问题早有深刻认识和研究，但从社会经济的角度，对此问题进行反映和揭示，则是 20 世纪中后期的事，环境会计正是由此而诞生。为了系统、综合地核算环境要素，首先应根据环境会计所处的环境，研究其理论基础，以便指导环境会计的核算。环境会计作为会计学的一个分支，自然要继承传统会计（包括财务会计、管理会计等）的基本原理和方法；同时，环境会计作为会计学的一个新兴分支，又面临许多新的理论问题，创新潜力较大。环境会计特有的理论与方法体系的建立必须要具有一定的理论基础，包括可持续发展理论、外部性理论、环境价值理论、机会成本理论、环境管理理论与环境经济核算理论等。

1.1.1 资源与环境

（1）自然资源。资源是指一国或一定地区内拥有的物力、财力、人力等各种物质要素的总称。分为自然资源和社会资源两大类。前者如阳光、空气、水、土地、森林、草原、动物、矿藏等；后者包括人力资源、信息资源以及经过劳动创造的各种物质财富。

自然资源系统是指在一定的地域空间范围内由若干个相互作用、相互依赖的自然资源要素有规律地组合成具有特定结构和功能的有机整体。自然资源系统是客观存在的，是整个自然界的一部分，当然也就从属于广义的生态系统。研究它的特征、结构、功能和演化，不仅能揭示自然资源系统的本质，而且对合理开发与综合利用自然资源具有宏观的理论指导意义。

自古以来，人们可以按照某种研究对象的特性和所要达到的目的，对所研究的客体人为地做出不同的分类，对自然资源的分类也同样如此。①按其在地球上存在的层位，可划分为地表资源和地下资源。前者指分布于地球表面及空间的土地、地表、水生物和气候等资源，后者指埋藏在地下的矿产、地热和地下水等资源。②按其在人类生产和生活中的用途，可分为劳动资料性自然资源和生活资料性自然资源。前者指作为劳动对象或用于生产的矿藏、树木、土地、水力、风力等资源，后者指作为人们直接生活资料的鱼类、野生动物、天然植物性食物等资源。③按其利用限度，可分为再生资源和非再生资源。前者指可以在一定程度上循环利用且可以更新的水体、气候、生物等资源，亦称为“非耗竭性资源”，后者指储量有限且不可更新的矿产等资源，亦称为“耗竭性资源”。④按其数量及质量的稳定程度，可分为恒定资源和亚恒定资源。前者指数量和质量在较长时期内基本稳定的气候等资源，后者指数量和质量经常变化的土地、矿产等资源。

（2）生态资源。在人类生态系统中，一切被生物和人类的生存、繁衍和发展所利用的物质、能量、信息、时间和空间，都可以视为生物和人类的生态资源。生态资源与自然资源是两个在含义上十分相近的概念，有时人们将其混用，但严格说来，生态资源并不等同于自然资源。自然资源的外延比较广，各种天然因素的总体都可以说是自然资源，但只有具有一定生态关系构成的系统整体才能称为生态资源。仅由非生物因素组成的整体，虽然可以称为自然资源，但并不能叫作生态资源。从这个意义上说，生态资源仅是自然资源的一种，二者具有包含关系。严立冬（2008）指出，生态资源是能为人类提供生态服务或生态承载能力的各类自然资源。生态资源是生态系统的构成要素，是人类赖以生存的环境条件和社会经济发展的物质基础，是人类经济活动的起点，一切经济活动起源于人们认识自然和利用自然的过程。本书中环境资产的分类建立在是否属于资源的基础上，将环境资产分为非资源性环境资产与资源性环境资产。环境会计中的资源主要是针对自然资源与生态资源，是狭义上的资源划分。本书中的自然资源是特指天然存在的（不包括人类加工制造的原材料）并有利用价值的自然物，如土地、矿藏、水利、生物、气候、海洋等资源。而将其余能够为人类提供生态服务或生态承载能力的各类资源界定为生态资源，如热带雨林、湿地等。当然，难以明确区分自然资源与生态资源时，就需依靠环境会计、审计人员的职业判断能力。

（3）环境与资源。环境由广义的自然资源构成，自然资源存在于环境之中，环境由环境因素组成，而环境因素则是一定区域内具有生态联系的一切能为人类所利用的各种天然的和经过人工改造的物质和能量（即自然资源）。离开了具体的物质和能量，环境就无从形成。环境会计中所指的“环境”一般是指人群空间及其可以直接、间接影响人类生活的各种自然和社会因素总和。凡能够被人类生存和生活利用的一切自然资源和生态资源集合体均是环境会计中的环境，亦即“人类环境”。

环境与自然资源的关系相互联系又相互区别。

两者的联系表现在：第一，两者是一损俱损，一荣俱荣的关系，侵害环境或自然资源的任何一方必然会损害另一方。比如对环境排放超标的水污染物，不仅会对水环境的生态功能产生负面的影响，还会对水资源的品质、渔业资源的产量和质量产生副作用；再如大规模的林木砍伐活动，不仅破坏了林木资源，还会使作为环境因素之一的森林的防风固沙、涵养水土、吸收温室气体和净化空气的生态功能丧失或下降。保护环境或自然资源的任何行为必然会有利于另一方的保护。比如保护了每一根林木，森林生态环境就能够得到保全和改善。第二，两者均具有经济价值。众所周知，自然资源尤其是稀缺的自然资源是具有经济价值的，而环境也具有经济价值，比如排污权交易实质上就是有偿地转让环境的自然净化功能。

两者的区别表现在：第一，两者所反映的动静关系不同。在一定的时空范围和缺乏生态联系的条件下，资源表现为各种相互独立的静态物质和能量，而环境不仅是静的自然资源的组合，还是动的统一体，它是由处在一定时空范围内的一定数量、结构、层次并能相似相容的物质和能量所构成的物质循环与能量流动的统一体。第二，两者的形态不同。自然资源要么看得见，要么能为人类所直接感知，而环境则是看不见、摸不着的无形体，由各种无形的生态功能组成。第三，两者强调的侧重点不同。自然资源强调的是林木、风、地热等物质实体或能量的天然性和有用性，有用性强调的是它们的财产价值，即经济价值和使用价值。环境强调的侧重点则是一定区域内的一定类型生态系统所表现出来的整体生态功能价值，这些生态功能不是通过实物形态为人类服务，而是以脱离其实物载体的一种相对独立的功能形式存在。第四，两者经济价值的性质不同。自然资源的经济价值属于有体财产；而环境的经济价值则是以环境的一些看不见、摸不着的生态功能的使用或可利用价值（如可以排污）为基础，其价值核算与自然资源的经济价值的核算方式、方法也不同。

1.1.2 低碳经济与资源环境保护

人类社会和经济发展离不开对资源的开发和利用，但也不得不考虑资源使用的合理和节制，走低碳经济发展之路。开发低碳经济是低碳产业、低碳技术、低碳生活等一类经济形态的总称。它以低能耗、低污染、低排放、低碳含量和高效能、高效率、优环境为基本特征，以应对气候变暖影响为基本要求，以实现经济社会的可持续发展为基本目的，其实质是能源高效利用、清洁能源开发、可持续发展的问题，核心是能源技术和减排技术创新、产业结构和制度创新以及人类生存发展观念的根本性转变。相对于高碳经济，发展低碳经济关键在于降低单位能源消费量的碳排放，提高能效，实现低碳发展；相对于化石能源为主的经济发展模式，发展低碳经济关键在于改变人们的高碳消费倾向，通过能源替代，抑制化石能源消耗量，实现低碳生存的可持续消费模式。

低碳经济是应对环境危机的根本途径，是实现绿色环保和经济增长的重大引擎。低碳经济具有以下几个特点：

（1）低能耗。在低碳经济三个基本特点中，低能耗是最基本的，也是其区别于其他传统经济模式的最主要特点。能源是人类赖以生存和发展的物质基础，世界经济和人类社会的发展都离不开能源的开发和利用，能源的改进和更替也不断地推动着人类文明的发展。而传统的经济发展模式都是建立在高能耗的基础上，经济得到发展的同时也消耗了大量的物质资源和人力资源。随着低碳经济的提出以及低碳能源技术的不断发展，人类在不久的将来能逐渐摆脱对于传统能源的依赖，建立一种全新的低碳经济增长模式和低碳社会消费模式，将低能耗体现在生产、生活中的各个环节。

（2）低排放。传统积极发展模式十分依赖化石能源，而化石能源充分燃烧或者燃烧不完全都会向空气中释放出大量的温室气体，因此传统的经济发展模式向来都是温室气体“高排放”的代名词。低碳经济则正好相反，低碳经济发展的关键在于如何解除经济增长与能源消费连带的高碳排放之间的联系，实现两者错位增长，最终达到此长彼消的状态。随着低碳经济的发展，低碳能源无疑会在能源市场上大放异彩。低碳能源是一种含碳分子量少或者完全不含碳分子结构的能源，燃烧的时候可以减少温室气体在空气中的排放，低碳能源具有可再生并且可持续应用、高效并且适应环境性能强、节能减排效果显著等特点。因此，如今的低碳经济无疑是“低排放”最佳的代名词。

（3）低污染。随处可见的生活垃圾、臭气熏天的河流、不断恶化的空气质量是工业发展给环境带来严重污染和破坏的真实写照。人类总是热衷于关注自己的生活空间是否干净、整洁，而不太在乎整个地球生态系统是否清洁、无污染。因此，低碳经济的提出，给人类敲响了沉痛的警钟，地球家园因人类活动而变得千疮百孔。低碳经济所倡导的高效、节能的生产方式和节约、简单的生活方式，能将人类活动所带来的污染降到最低值。低碳经济所提倡的低碳能源更是低污染的“主力军”，其中的太阳能和风能在利用的过程中甚至可以达到零污染。

1.1.3 环境、资源与经济价值

环境经济价值以哲学、经济学、环境科学和会计学理论为基础，以企业履行社会责任、承担环境责任为出发点，对环境的服务价值及其效用进行核算。环境价值构成包括根据效用价值论判断自然存在环境的自然价值和社会劳动再生产的社会价值。

（1）环境经济价值的哲学观。人和环境之间的价值关系，体现在现实的人同环境的相互作用过程中，即在社会实践中确立。人对环境价值的认知只有通过社会实践，即人与环境相互作用，才能认识、了解和掌握环境及其属性对自己的效用，并自觉地建立起同环境之间现实的价值关系。人类在社会实践活动中，探索、认知、研究环境属性的使用方式，使环境服务于人，以为人所需要的形式为人们所占有，亦使它们的价值得以实现。

（2）环境经济价值的经济观。西方经济学中的效用价值论认为效用是物品价值的来源，是形成商品价值的一个必要条件，有用性和稀缺性共同构成商品价值的基础。环境要素固有的属性多种多样，可以满足人们不同的效用。有些环境属性的效用在自然而然地满足人们的需要，由于不具有稀缺性而没有价值体现；有些环境属性的效用由于还没有为人类所认知，所以，这些环境属性也没有价值体现；有些环境属性的效用为人类所认知，但未能掌握它们的使用方式，那么它们也无法得到价值体现。只有那些为人类所认知，并能够为人类所利用的稀缺性环境要素属性才具有价值。

（3）环境经济价值的管理观。传统经济核算和财务分析并没有给予环境应有的价值体现，环境损害行为和环境保护与建设行为没有得到市场经济的制度保障，导致破坏者得不到惩罚，保护者得不到激励，在环境问题上违法成本低、守法成本高。以资源环境和生态的保护与合理利用来维持社会和经济可持续发展就成为管理的重要任务，而会计是实施环境管理活动必不可少的重要手段，其管理环境会计依据真实性原则，真实确认、计量、记录、核算与报告经济社会组织的环境影响行为及其结果。

总之，随着人口增长、现代社会和科技与经济发展，在许多地方，人类的经济社会活动开始超越环境的承载能力，环境资源也无法满足人类日益多样化的福利需求。从此，人类必须开展保护环境和科学开发利用环境资源的管理活动，而环境会计是人类进行环境管理的社会实践活动。

1.1.4 环境、资源、经济与会计

生态资源环境是社会和经济持续发展的基础，环境问题就其实质是经济问题，也是会计问题，因为环境活动是经济活动表现形式之一。环境会计产生的主要社会经济动因为可持续发展，它必然要求决策层应当从环境管理视角重视并主动利用环境会计信息，充分认识会计、审计乃至财务控制在公司经济活动过程、节能降耗以及解决与生态环境治理直接相关的“三废”排放控制方面的基础管理作用。从会计本身而言，参与并组织环境价值核算和价值管理，是现代会计功能拓展和践行会计社会责任的自觉要求与必然结果。会计是组织进行观测、分析和管理财务及资产活动的中心，其中就包括材料、能源和生态自然资源等。尽管以对外为目的的报告侧重于历史，但当环境会计系统经过适当的调整后，这些系统能够在支持前瞻性的决策制定中起到重要作用。正是生态环境问题经济性和生态环境活动的特点，决定了会计方法在环境管理方面的独特优势和重要作用。

（1）环境资源的变迁使环境资源会计被重视。环境资源的状况会影响企业存货的保存、设备的物理性能、生产资料的自然损耗，这些都会直接或间接地在会计上得到反映。此外，由于企业生产对社会环境的破坏和影响，相应地提出了企业承担社会责任的要求，从而新的会计分支——社会责任会计出现，环境会计得以重视和展开研究。

（2）环境资源会计的发展，使企业对自然资源的保护程度增大。环境会计是从社会利益角度计量和报道企业、事业机关等单位的社会活动对环境影响及管理情况的一项管理活动。企业会计如果考虑企业行为对环境的影响，就必然会涉及环境保护这个方面。如今，很多企业已经实施一定改进环境行为的措施，不少企业也在努力地将环境管理行为系统化。环境会计通过对环境成本的加工处理，可以为不同的决策提供相关信息，并通过将环境业绩融入综合业绩评价体系，保证环境目标和财务目标的实现，并促进企业的可持续发展。

（3）自然资源是环境会计基本核算内容之一。自然资源和生态资源是人类生存和经济活动的基础，人们可以从对其开发和利用中获得直接与间接的效益。环境会计的核算范围既包括人们所得到的这些效益，也包括由于开发、利用自然资源而减少资源数量的耗减费用，由于废弃物的排放造成生态资源的降级费用，以及由于保护环境发生的人力、物力、财力耗费等。环境资产、环境负债、环境所有者权益、环境收入、环境费用、环境利润等作为独立环境会计要素，就构成了环境会计核算的基本内容。

（4）经济发展在环境资源与会计之间起到桥梁纽带作用。经济发展离不开对自然资源与生态资源的利用，合理利用环境资源能促进经济快速发展，过度利用环境资源虽然能获得较大的短期经济效益，但也会导致环境污染问题，即外部不经济。而经济的发展体现在其获得的价值量上，如何量化这一价值就需要进行会计核算。引入会计核算，环境保护起到的环境效益以及环境污染造成的生态损失就都能得到量化。

1.1.5 环境会计

（1）环境会计的定义。所谓环境会计，又称绿色会计，它是以经济可持续发展战略目标为指导，运用会计学的基本理论与方法，采用多元化的计量手段和属性，对企业和其他组

织对环境产生影响的经济活动的过程及其结果，进行连续、系统、分类和序时核算与监督，为企业内部有关的会计信息使用者的决策提供数量化的和其他形式的信息的一种管理信息系统。

环境会计是以自然资源耗费如何补偿为中心展开的会计，通过会计特有的方法，对企业给社会资源环境造成的效益及损失进行计量、报告和控制，以协调企业与环境的关系，其目的在于改善社会资源环境，提高社会总体效益。绿色会计的提出和实践对传统会计产生了深刻的影响，并极大地丰富了传统会计的内容。

（2）环境会计的特征。确认、计量、记录和报告环境信息是环境会计的主要任务和基本方法。为此，从会计信息利用者的角度，环境会计可分为环境财务会计和环境管理会计；从会计信息所及范围的角度，环境会计可分为宏观环境会计、中观环境会计和微观环境会计。

第一，作为会计的一个新分支，环境会计以货币为主要的计量手段，辅以其他多重非货币计量手段，以环境保护法规、条例、标准为依据，以现代管理理论和技术为支撑，研究经济、社会发展与环境之间的关系，反映环境经济活动及其相关环境管理活动的价值状况和经济效益信息，是环境科学、会计学和管理学交叉渗透而形成的综合性现代应用学科。

第二，从学科上来看，按照国家规定的学科归类，环境会计属于管理学科中会计学科，它基本具备会计学一切应有的特性。会计学科目前是工商管理一级学科下的二级学科，环境会计学科归属于三级学科。目前在我国，将会计学科升为与工商管理平行的一级学科呼声很大，专家意见和报告也递交到国家相关部门。如果会计学科升为一级学科，环境会计则可以定为二级学科。但因为绿色会计需要经济学和环境学知识的支撑，在技术层面要运用化学、工程学、数量统计、模糊数学等学科作为其运行工具，又兼有理科和工科特性，故其交叉性是显而易见的。为此环境会计在未来成为其他大学科（非管理学科），如理科和工科的二级科学也是有可能的。同时，环境会计更多的是企业管理会计，至少目前是这样的。环境会计课程在美国大多数大学的工商管理专业开设就是例证。因此，环境会计应定位于一门文理交叉的现代工商管理会计学科，其本质属性是一项环境经济管理活动、环境管理方法和环境管理工作。

第三，宏观环境会计导向微观环境会计。绿色会计宏观和微观并重是其发展的趋势，并以宏观会计为导向，这是绿色会计最高目标也是它的重要特点，因为公共性的环境资源是绿色会计价值的重要内容，而我们每一个单位和组织都会是绿色资源的消耗者和环境污染的排放者，只不过轻重程度不同而已。所以，绿色会计实施需要政府给予鉴定并赋予政策支撑，包括环境会计准则制定和核查。可见，从发展的观点来看，绿色会计的主体有三种：一是属于宏观层面的政府；二是微观层面的企业；三是微观层面的其他单位或组织。这样可将各会计主体置于环境系统中，从而将环境资源的价值消耗与补偿纳入绿色会计核算系统，共同体现环境的可持续发展的思想。

1.2 环境会计理论基础

1.2.1 可持续发展理论

可持续发展的概念是在环境问题危及人类的生存和发展，传统的发展模式严重制约经济发展和社会进步的背景下产生的，是人们对传统发展观的反思和创新。1987 年世界环境与发展委员会发表的《我们共同的未来》将“可持续发展”概念定义为“既满足当代人需要，又不对后代人满足其需要的能力构成危害”。“可持续发展”是环境会计赖以产生和成立的理论支柱，并为环境会计的理论研究和实践应用指明了方向。

可持续发展涉及可持续经济、可持续生态和可持续社会三方面的协调统一，要求人类在发展中讲究经济效率、关注生态和谐和追求社会公平，最终达到人的全面发展。这表明，可持续发展虽然缘起于环境保护问题，但作为一个指导人类走向 21 世纪的发展理论，它已经超越了单纯的环境保护。它将环境问题与发展问题有机地结合起来，已经成为一个有关社会经济发展的全面性战略，成为环境会计的最核心的理论支撑。

（1）经济可持续发展。可持续发展鼓励经济增长而不是以环境保护为名取消经济增长，因为经济发展是国家实力和社会财富的基础。但可持续发展不仅重视经济增长的数量，更追求经济发展的质量。可持续发展要求改变传统的以“高投入、高消耗、高污染”为特征的生产模式和消费模式，实施清洁生产和文明消费，以提高经济活动中的效益，节约资源和减少废物。从某种角度上，可以说集约型的经济增长方式就是可持续发展在经济方面的体现。

（2）生态可持续发展。可持续发展要求经济建设和社会发展要与自然承载能力相协调。发展的同时必须保护和改善地球生态环境，保证以可持续的方式使用自然资源和环境成本，使人类的发展控制在地球承载能力之内。因此，可持续发展强调了发展是有限制的，没有限制就没有发展的持续。生态可持续发展同样强调环境保护，但不同于以往将环境保护与社会发展对立的做法，可持续发展要求通过转变发展模式，从人类发展的源头和根本上解决环境问题。

（3）社会可持续发展。可持续发展强调社会公平是环境保护得以实现的机制和目标。可持续发展指出世界各国的发展阶段可以不同，发展的具体目标也各不相同，但发展的本质应包括改善人类生活质量，提高人类健康水平，创造一个保障人们平等、自由、教育、人权和免受暴力的社会环境。这就是说，在人类可持续发展系统中，经济可持续是基础，生态可持续是条件，社会可持续才是目的。21 世纪人类应该共同追求的是以人为本位的自然—经济—社会复合系统的持续、稳定、健康发展。

1.2.2 外部性理论

外部性理论是由英国福利经济学之父庇古提出的。所谓外部性是指某个微观经济主体即居民或企业的经济活动对其他微观经济主体的利益或成本产生影响，即边际净私人产品与边际净社会产品（包含外部成本）差额部分，并且这种影响没有通过市场价格机制反映出来。该理论揭示出在理想的或完全竞争市场条件下，环境经济行为没有实现资源的最优配置状态，即没有实现帕累托最优配置状态的根本原因，是由于环境经济行为外部性的存在。外部性理论从经济学意义上揭示了污染问题的外部性质，从而为后人采用经济（或基于市场）手段来解决环境问题奠定了理论基础。

外部性理论包括外部正效应（也叫外部经济）和负的外部性（也称外部不经济）。在经济活动中，如果某厂商无须付出代价就给其他厂商或整个社会造成损失，就是外部不经济。这种外部不经济造成了企业私人成本和社会成本的差异。依外部性理论，在市场经济运行中，由于自然环境提供的服务不能在市场上进行交易，因此市场机制无法对经济运行主体在生产和消费过程中可能产生的副产品——环境污染和生态破坏发挥作用。这种以危害自然环境为表现形式的外部性成本（也称社会成本）发生在市场体系之外，庇古称之为“负的外部性”。

随着全球经济一体化趋势，环境问题的外部性不仅具有了国际性，而且具有了代际性。一国的环境污染问题可能会以各种形式向别国扩散。更为严峻的是，当代人的某些看似能够避免当代环境污染或促进目前经济发展的行为有可能在后代造成严重的环境危害，从而对后代造成外部成本。为了克服“负的外部性”所带来的私人成本和社会成本之间的差异，政府应当负责任地进行干预，把污染者的外部成本内部化。对于高于企业私人成本的这一部分边际外部成本，企业理应对此进行价值补偿，使其面临真实的私人成本和收益，从而抑制或减少污染量，实现资源的优化配置。

1.2.3 环境价值理论

环境价值理论创立于20世纪50年代。环境资源所包括的土地、森林、空气、阳光等有形物质实体和环境容量、环境自身调节能力等对人类的使用价值是不容置疑的。环境价值理论是企业进行环境核算的理论基础，为企业在进行环境会计核算时正确进行环境资源的计量和计价提供了指导。目前，经济学领域对环境资源进行价值评估的理论依据主要有以下两个：

（1）效用价值论。19世纪70年代，西方经济学家提出了效用价值理论，认为只要人们的某种欲望或需要得到满足，人们就获得了某种效用。所有的生产都是创造效用的过程，但是人们不一定必须通过生产的方式来获得效用。人们不仅可以通过大自然的赐予获得效用，还可以通过自己主观感受获得效用。

价值起源于效用，效用是形成价值的必要条件，又以物品的稀缺性为条件，效用和稀缺性是价值得以体现的充分条件。根据效用价值理论，很容易得出环境具有价值的结论，因为自然资源和环境是人类生产和生活不可缺少的，无疑对人类具有巨大效用。此外，人类社会的扩张性发展导致环境资源日益稀缺，环境满足既短缺又有用的条件，因此它具有价值。

（2）劳动价值论。马克思在吸收借鉴古典经济学劳动价值理论的基础上，完成了对价值的质与量的统一，构建了完整科学的马克思主义劳动价值理论。马克思的劳动价值论认为物化在商品中的社会必要劳动量决定商品价值。运用劳动价值论来考察环境价值，关键在于环境中是否凝结着人类劳动。人类为了使经济发展适用环境的要求，在保护环境的工作中投入了大量人力、物力，现在的生态环境已经不再是自然造化之物，它凝结了人类劳动，从价值补偿的角度看，环境具有价值，其形成是为了补偿环境消耗与使用的平衡所投入的劳动。

结合上述两种价值理论，企业作为环境资源的主要使用者，必须树立环境价值的观点，明确环境价值理论的内涵：一是环境具有效用性，它具有满足人类的生存和发展的效用。二是环境具有稀缺性，存在着如何合理有效地使用环境资源的问题和用途上的选择。稀缺是经济学的核心，环境会计也是建立在稀缺规律的基础上。由于对环境资源的需求和排放物超出了自然环境所能承受的阈值，良好的自然环境资源随着人口、经济和社会的发展而成为经济学意义上的稀缺资源。当稀缺的环境资源成为经济资源时，使用环境资源就必须付出相应的费用，环境资产、环境成本、环境负债、环境损失等概念应运而生。环境会计通过对其确认、计量、记录和报告，为合理开发与利用稀缺的环境资源提供信息。三是环境包含有人类的一般劳动。因为当废弃物排放超过环境自净能力，造成了环境污染，就必然要消耗一定人力、物力来治理和保护环境，这一过程就凝结着人类的一般劳动。

1.2.4 机会成本理论

边际机会成本理论是环境会计核算最直接的理论与方法基础，它解决了环境成本和效益的确认、计量问题，从理论上论证了环境会计核算的基本原理和方法依据。机会成本法认为自然环境资源的使用存在多种互斥被选方案，某种有限资源选择一种使用机会就将放弃其他使用机会，也就不能从其他方案中获得效益，故将其他使用方案中获得的最大经济效益作为所选方案的机会成本。在无市场价格的情况下，资源使用的成本可以用所牺牲的替代资源的收入来估算。如禁止砍伐树木的价值，不是直接用保护资源所得到的效益来衡量，而是用为了保护资源而牺牲的最大的替代选择的价值去测量。再如，土地多种使用、水资源短缺，以及废弃物占地等原因造成的经济损失计量，也可采用这种方法，在比较时大都会用边际成本法来计算。

（1）机会成本内涵。由于经济外部性的存在，现实中经济活动同自然资源之间存在着相互影响、相互作用的负反馈机制，任何一项经济活动的成本代价，不仅包括对各种生产要素的消耗，而且也应包括由于其外部不经济而对自然所造成的代价。由经济活动带来的资源环境代价可归为两大类：一类是由于经济活动对资源的过度开发使用而造成的自然资源破坏，主要指实物资源在量上暂时或永久地耗尽，比如某种矿产的消失；另一类是由于经济活动而造成的自然环境生态等方面的损失，其中包括由于经济活动对资源的过度开发使用而造成的生态破坏（这里生态系统破坏主要指环境生态功能的部分或全部丧失，如森林的砍伐使其周围涵养水源、保护土地、调节气候、制造氧气等环境生态功能部分或全部消失）和由于经济活动中所产生的污染物向外界排放而造成的生态破坏（如由 SO_x，NO_x 带来的生态系统破坏，这里生态系统破坏主要指环境资源的削减，即环境服务质量下降，如大气臭氧层的破坏等）。

同时，针对经济活动同外在资源环境存在着的这种负反馈机制，当经济活动对自然造成负面影响而反过来这种影响又作用于经济活动本身时，为了保持整个经济的正常运行，人们逐渐意识并主动开展了保护环境的活动。这类活动按目的不同亦可大致分为两类。其一，污染治理。通过污染治理（如废水、废气净化、废渣治理等），达到消除污染物、净化环境、保持高效的环境服务质量的目的。其二，资源恢复。通过对消耗资源的恢复（如矿产资源普查与勘探、土壤改良、耕地的恢复、采种育林、育草、水产育苗等），使自然资源不断更新、积累。

为了能够全面刻画经济活动所带来的外部不经济性，现代边际机会成本（MOC）基于资源与环境经济学观点，从经济角度对外部不经济（资源有所枯竭，环境退化）后果和从社会角度对经济活动后果进行抽象和度量。边际机会成本理论认为任何一项经济活动的成本代价，不仅包括对各种生产要素的消耗，而且也应包括由于其外部不经济而对自然所造成的代价。理论上任何经济活动的单位成本应等于其边际机会成本，低于边际机会成本会刺激过度开发利用资源环境，而高于边际机会成本则会抑制合理消费。

（2）机会成本构成。由总成本的概念及边际机会成本的含义，可以确定边际机会成本由三部分组成：

①边际生产成本。边际生产成本（mpc）是指经济活动生产过程中所直接支付的生产费用。

②边际使用成本。边际使用成本（muc）是指经济活动中，由于今天对资源的使用，导致未来使用者无法再使用而造成的损失（资源耗竭）。

③边际外部成本。边际外部成本（mec）则主要指由于经济活动而造成的环境生态等方面的损失（生态功能破坏、环境污染）。

实践中，对于不同自然资源，mpc、muc、mec 具体含义不完全相同，而且随着社会的发展，价值判断标准的变化，其各部分内涵可能随之变化，由于其各具体成本的货币指标形成受到其货币化及数据采集可能性的限制，在有关环境成本计量上，一般从具体资源的主要方面来确定。

1.2.5 环境管理理论

现代企业进行环境管理通常采用的是 ISO14000 环境管理体系，它是采用戴明管理运行模型，把一个完整的管理过程分解为前后相联系的 P、C、D、A 四个阶段。我国有三大环境政策，即“预防为主，防治结合”“污染者付费” 和 “强化环境管理政策”。同时，我国还制定了一系列环境保护法律、法规，逐渐形成环境保护法规体系。以上环境管理制度均要求企业重视环境保护，否则，企业会遭受经济上的损失。

环境管理促使企业环境会计的产生，以满足其信息需要，同时也提出企业环境会计当前迫切需要解决的一些问题。根据前面所述的环境管理理论，环境管理使企业面临着一种新的决策因素——环境成本。传统的会计制度并没有很好地为管理者提供有关的环境成本信息，环境成本的某些内容被合并到制造费用当中，以粗疏的方法在产品和生产步骤中进行分摊，有些则根本不计入企业成本当中。

环境会计是协调企业与环境之间关系的一种管理工具，它利用会计方法对企业在生产经营活动中发生的环境成本进行计量、分析、监测，为企业正确决策提供信息。加深对环境成本的理解、加强对环境成本的合理控制是增加企业利润的有效途径，同时也能避免由于环境管理不当造成企业额外的经济损失。因此，环境会计对于企业加强环境管理具有十分重要的作用。具体可以归纳为以下几个方面：

（1）为企业合理选择原材料提供决策信息。企业采购部门在选购原材料时一般选择同等质量中价格较低的品种，以节约成本，但往往忽略了非环保型原材料在使用时对生态环境产生破坏性影响，造成污染或资源枯竭性消耗。当产生的环境成本计入企业成本时，企业盈利自然会受到影响，当环境成本不计入企业成本时又会产生外部不经济。在逐步加强的宏观经济调控政策下，外部不经济逐渐转化为企业内部不经济是必然的。因此，在原材料的选择过程中需要环境会计参与辅助决策。

（2）为企业合理进行投资决策提供信息。不同的产品在生产过程中带来的环境污染程度各不相同，环境污染发生以后可以转化为不同形式对企业生产经营产生影响。因此，环境会计应正确计算出环境成本的大小，并与投资收益进行比较，提供投资决策信息，也可为企业产品定价提供信息。故准确计算出产品所包含的环境成本对制定合理的产品价格具有十分重要的意义。

（3）为企业选择废料成本管理办法提供信息。企业“三废”是环境污染的重要原因，从眼前利益出发，企业决策者往往不顾环境承受力大小处理废料，而环境会计应站在全社会的角度，从生态环境本身的状况出发计量环境成本，分析企业远期经济效益，计算最佳废料处理办法，使之既符合企业利益又不影响生态环境，并将此信息提供给决策者。

1.2.6　环境与经济综合核算理论

我们知道，传统国民经济核算体系（SNA 核算体系）中包括生产资产和非生产自然资产，人造环境资产包括在生产资产中，如人造森林、新开垦的耕地等属于生产资产价值的一部分。人造资产凝结着人类劳动，历来作为国民经济核算的内容。非生产自然资产是自然界赐予的资产，如矿产、水等资源，虽然在 SNA 核算体系中包括有非生产自然资产，但计算国内生产净值时并不考虑，并且 SNA 核算体系没有将生态环境因素（如环境污染和生态破坏的损失等）纳入其核算体系，这些因素一方面致使国民经济的虚假繁荣，另一方面导致环境资源的加速耗竭。为了调整 SNA 体系所提供的经济指标，环境与经济综合核算体系（SEEA 核算体系）应运而生。SEEA 核算体系与 SNA 体系最大的区别是 SEEA 体系加入了生态环境因素，并通过生态环境因素调整国内生产总值，其调整式为：$GNP' = GNP - X - Z - P$。其中，GNP'为调整后的国内生产总值，GNP 为包括环境产业产值和防治费用中形成固定资产的那部分产值的国内生产总值，X 为自然资源耗减损失，Z 为环境污染和生态环境破坏的损失，P 为防治环境污染和生态破坏的费用中，未形成固定资产的那部分纯消耗的费用。

依据上述调整模型，在 SEEA 核算体系中，专门列示了环境成本，用以调整国民经济核算指标。这里的环境成本包括资源耗竭损失、环境污染和生态破坏的损失、防治环境污染和生态破坏的费用。同时 SEEA 核算体系按照环境成本与劳动的关系，将环境成本分为两种类型，即虚拟成本和实际成本。虚拟成本主要是指资源耗竭成本和环境污染与生态破坏损失成本，这类成本的特点是它的发生不能以人类劳动凝结的价值来衡量，如果从会计核算的角度出发以货币衡量时，应按照环境资产的效用性减少的价值来估算。实际成本主要是指防治环境污染和生态破坏的成本，这类成本中，已经形成固定资产的部分在 SNA 核算体系中已经包括，在 SEEA 核算体系中就不再需要扣除；这类成本的特点是能够以凝结人类劳动的价值来衡量其支出，按照劳动价值理论计量其发生额。由此可见，SEEA 核算体系的设计为环境成本的计量奠定了基础，要求按照其体系进行环境成本的宏观计量，以便能够调整 SNA 核算体系的国民经济指标；同时按照其分类进行明细分类核算，详细地反映环境成本的发生。

1.2.7　环境库兹涅茨曲线

20 世纪 50 年代，美国经济学家库兹涅茨。研究发现，收入不均现象随着经济增长先升后降，呈现倒 U 形曲线关系，学界将此曲线称作库兹涅茨曲线（KC）。90 年代初，美国经济学家格鲁斯曼等人，通过对42个国家横截面数据的分析，发现部分环境污染物（如颗粒物、二氧化硫等）排放总量与经济增长的长期关系也呈现倒U形曲线，就像反映经济增长与收入分配之间关系的库兹涅茨曲线那样。当一个国家经济发展水平较低的时候，环境污染的程度较轻，但是随着人均收入的增加，环境污染由低趋高，环境恶化程度随经济的增长而加剧；当经济发展达到一定水平后，也就是说，到达某个临界点或称"拐点"以后，随着人均收入的进一步增加，环境污染又由高趋低，其环境污染的程度逐渐减缓，环境质量逐渐得到改善，这种现象被称为环境库兹涅茨曲线（EKC）。

环境库兹涅茨曲线反映了人均收入与环境污染指标之间的关系，说明经济发展对环境污染程度的影响，即在经济发展过程中，环境状况先是恶化而后得到逐步改善。那么，究竟如何解释这种曲线关系呢？经济学家从三个方面给予解释：一是经济规模效应与结构效应；二是环境服务的需求与收入的关系；三是政府对环境污染的政策与规制（见图1－1）。显然，环境库兹涅茨曲线为环境成本补偿、损害成本管理和价值计量，以及污染损失核算和治理方法确定，提供了有效的决策依据。

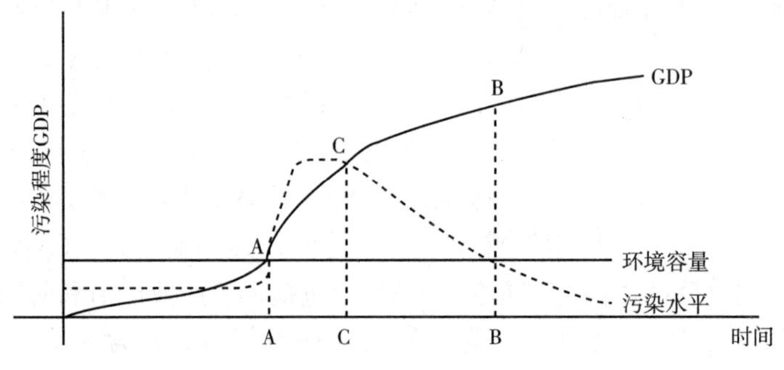

图1－1　环境的库兹涅茨曲线

注：A是重化工业时代起点；B表示工业化基本完成；C点被称为生态拐点，也就是随着经济发展，从环境恶化到环境改善的临界点。

1.3　环境会计的概念框架

1.3.1　环境会计的目标

（1）环境会计总体目标。反映履行环境责任情况，提供环境会计信息是环境会计的最终追求，也是环境会计的目标。

环境资源是一种"公共物品"，稀缺性是它最显著特征。公共物品，就是指整个社会共同享有的、不具备具体明确的产权特征，消费时不具备专有性和排他性物品。许多环境物品，比如大气质量、河流、公共土地等都是公共物品，利用或使用不当会造成对它的损耗和浪费。公共物品的价值应由边际效益和边际费用的平衡点来确定。同时，环境资源具有使用价值，有用性决定了人类生存、生产和生活又离不开它，而自然环境资源的合理使用和开发不仅能为人类创造极大的物质财富，而且能为人类带来更为舒适和丰富的精神生活。显然，利用环境资源最大程度地满足人类自生的需求与有限的资源存量之间是矛盾的，并且人类对资源的使用、开发、再加工又会导致环境破坏、污染排放、资源浪费和灾害频发，进而影响人类生存的环境。无节制地消耗环境资源，又不采取环境保护和污染的治理，不仅威胁当代人的利益，也影响到后代人的利益。可见，当代人承载着合理使用有限自然环境资源，并积极采取措施消除环境隐患、保护环境的责任，以维持满足当代人和后代人对资源的存量和持续使用的最低需求，保持生态自然的恢复能力，这个责任我们称之为环境责任。环境责任内容载体可以是国家通过环境法律、环保制度和环境标准等形式加以安排，也可以是从社会公德方面加以体现。又因为公共物品的环境资源有明晰的产权界定，环境资源的使用者通过契约、合同等形式购买、转让、租赁、债务、交易等方式，从环境资源委托方获得了一定量的环境资源的使用、经营或代管理权利，实际上也就确立了受托使用、经营、保管环境资源之责。因此，环境责任对环境资源使用者而言就是环境受托责任，环境资源受托者——企业向资源所有者提供履行的环境受托责任信息就成为必然。环境资源的产权或管理权与环境资源经营权或使用权的清晰明了，环境经济责任和环境管理责任明确，是环境会计目标确立的前提条件。

我们知道，会计目标是指会计系统运行的必然趋势，是会计系统运行的出发点和归结点，表现为预期应达到的目的。会计目标是提供有助于人们进行经济控制和经济决策的财务信息和其他有关信息，实现经济效益、环境效益和社会效益的多目标协调。作为会计分支的环境会计自然也遵循这样的目标。根据“谁开发谁保护，谁污染谁治理”的原则，企业和各地政府部门是环境保护投资的主体。企业投资的目的是将其对环境的污染控制在环保规定指标之内，而各地政府部门投资的目的是使污染治理达到可接受水平。同样，绿色投资者、绿色信贷者、绿色贸易者、清洁生产者、绿色消费者以及环境评估和环境管理者与控制者，无一不需要环境会计提供的绿色会计信息。

（2）环境会计目标的两个层次。根据人们对绿色会计的要求，作为绿色会计行为指南的目标可分为两个层次，即基本目标和具体目标。

绿色会计的基本目标是促进政府、社会团体、企事业单位在行政、经贸、文化、生产经营管理过程中高度重视科学技术、生态环境和物质循环规律，合理开发利用自然资源，力争做到经济效益、生态效益和社会效益的统一。传统会计理论只强调提高经济效益的单目标决策，不仅导致了环境效益和社会效益下降，也对经济效益的未来可实现性产生了危机，社会环境问题层出不穷，经济增长也难以持续。因而各个目标之间的联系不可忽略，在经济决策时应考虑社会和环境问题，在解决环境问题时考虑经济和社会的实际要求，有时甚至可以用法律、行政的手段来实现环境保护。从微观上来看，环境会计就是要为企业应当具有的经济与社会的双重性质进行正名，从而矫正只顾眼前利润而不顾长远社会利益的错误认识。由此可见，环境会计的基本目标不适宜定为单项目标，但其也不是多项目标的简单相加，而是注重各个目标之间的交互作用，达到多目标协调一致。

绿色会计的具体目标是组织相应的会计核算，确认和计量会计在一定期间的环境经济效益和经济损失，尽可能为社会提供环境目标、环境政策、环境规划以及对环境保护的义务、贡献等方面的信息。企业环境披露的有关信息，为各决策单位实施经济和环境决策提供帮助。环境会计应披露的信息主要有：绿色成本；绿色负债；与绿色负债和成本相关的特定会计政策；在其报表中确认绿色负债和成本的性质；与某一实体和其所在行业相关的环境问题的类型；等等。当然，随着环境会计的不断完善，其提供的信息也会不断丰富与发展。本书将在第5章加以论述。

总之，基本目标从其宏观角度来讲，它制约和驾驭着具体目标的方向，而具体目标的实现有助于基本目标的完成。可见，绿色会计的最终目标是改善社会资源环境状况，提高社会总体效益，从而达到经济利益、社会利益和环境利益三个目标的平衡发展。

1.3.2 环境会计的职能

会计目标是会计信息使用者向会计信息系统提出的主观要求，但会计目标的提出不能脱离也不能超越会计的职能。会计的职能是会计固有功能本质的体现，作为一个会计信息系统，现代会计的职能一般包括：核算经济业务、监督经济活动过程、评价经营业绩、预测经营前景、提供决策依据和进行风险管理控制六个方面。其中，会计的核算（反映）和监督（控制）职能是会计的基本职能。从根本上讲，社会的可持续发展，本身就包括企业的可持续发展，企业的可持续发展与社会经济的持续增长相互联系、相互促进。我国多数企业，尤其是企业的管理层的环境意识和保护环境的自觉性还很薄弱，为了企业自身利益而不惜牺牲环境、浪费资源的现象屡有发生；改善直至杜绝这种现象的发生，在很大程度上依赖于企业成员整体素质的极大提高，同时，充分发挥环境会计的功能也是重要措施之一。因此，在社会可持续发展的条件下，我们认为环境会计的职能的内涵应该进一步拓展，从而促进企业环境意识的极大提高，促进环境会计理论体系及其制度的建立健全。

（1）环境会计的核算职能。会计的核算职能是以货币为主要计量单位，从价值量的角度反映经济活动的全过程；会计核算具有连续、系统、全面、综合的特点。环境会计主要确认和计量会计主体在一定时期的环境会计要素，组织相应的会计核算，通过必要的计算、分析、汇总和加工，全面系统地反映环境成本和效益、资源利用成本和效益，为控制资源的合理利用、评价环境保护的效果提供必要的依据，也为预测环境保护和资源利用带来的未来效益提供参考依据和决策资料。

（2）环境会计的监督职能。根据“谁开发谁保护，谁污染谁治理”的原则，环境会计的监督职能是：通过会计来计量、反映和控制环境保护和资源利用，引导企业的经营活动按照环境会计预定的目标和要求进行，保护和改善环境，节约和合理利用资源，保证企业的可持续发展，实现企业经济效益、自然生态效益和社会效益的同步优化。

企业取得和使用环境资源是否符合国家各项环境保护及经济方针、政策、法律法规和制度，是一个严肃的纪律问题。这是关系到国家可持续发展战略目标能否得以实现的原则问题。因此，监督环境资源的使用以及监督补偿环境资源的耗费，是环境会计的一项重要的职能，也是环境管理深入持久地开展下去的一项重要保证。

（3）环境会计的评价职能。发展并非只等于经济增长，确立可持续发展战略就是要从根本上走出“发展即经济增长”这一认识误区，倡导在协调人与自然关系、保持生态平衡的基础上，促进经济增长，这同时也对环境会计的评价职能提出了新的要求。会计的评价职能是通过会计报表的分析和对企业的经济活动整体评价来实现的。环境会计要求报告企业资源利用控制和资源成本计算、生态效益等环境会计信息，通过分析，从环境会计的角度评价企业经营活动的成败得失；促使企业在经营管理取得经济效益的同时，高度重视生态规律，合理开发和利用自然资源，努力提高生态效益和社会效益。

（4）环境会计的预测职能。环境会计利用具有预测价值的环境信息预测企业的经营前景与环境的关系。预测是指运用科学的方法预计推断客观事物未来发展必然性或可能性的行为。环境会计发挥预测环境资源前景的职能，就是按照国家的有关环境资源法规、制度以及企业未来的总目标和经营方针，充分考虑经济规律的作用和环境资源的经济条件约束，选择合理的计量模型，有目的地预计和推测未来企业的环境成本和环境收益的变动趋势与水平，为企业经营决策提供第一手信息。在西方国家，这种预测信息通常在财务报表以外的其他财务报告中揭示。在我国，类似于其他财务报告的财务情况说明书也会对整个企业未来的发展前景做出描述。

（5）环境会计的决策职能。决策是一个过程，从收集数据、提供信息、讨论各种备选方案，直到最后做出选择最优方案的全过程。在这个过程中，环境会计提供信息的活动是其中的一部分，因此其具有参与决策（提供决策支持）的职能。

（6）环境会计的风险控制职能。企业风险具有偶然性和必然性，无论是来自企业内部或外部的风险，企业会计都可以利用财务及非财务的预警功能及时识别、发现风险，提供确切、可靠的预警信息用以管理、控制风险。环境资源会计信息及其信息管制政策为环境风险评价提供基础性数据和标准，也为环境风险控制提供了前提条件。环境风险控制，是指根据环境风险评价结果，按照恰当法律、政策与方法，选用有效的管理技术，削减风险费用并进行效益分析，确定可接受风险度和可接受的损害水平，并考虑社会经济和政治因素，决定适当的控制措施并付诸实施，以降低或消除风险，保证人类健康和生态系统安全。

1.3.3 环境会计的原则

会计原则是会计理论体系的重要组成部分，是从事会计工作的规范和准绳，也是衡量会计工作质量的标准，会计原则体现了社会对会计核算的基本要求，可直接用于指导会计实务。环境会计的最终目的是对外披露企业环境会计信息，因此环境会计也应遵循基本原则。

（1）传统会计的基本原则应当坚持。传统会计中的原则体系主要包括三类：第一，用于总体上指导会计信息质量的原则，即会计信息的质量特征，包括相关性（可从中分出及时性）、可靠性、可比性（可从中分出一致性）、可理解性、重要性。第二，用于会计要素的确认、计量和报告的原则，主要是充分披露原则、权责发生制原则、配比原则、历史成本原则、划分资本支出和收益支出原则、稳健原则。第三，作为上述一般原则应用中的约束条件的修订性管理，包括成本与效益的均衡、实质重于形式。

新兴的环境会计必然有一个对历史经验继承的问题。对于第一、第三两类原则都应该是在环境会计中全面继承的原则。至于第二类原则，只要有可能应用，这些原则都应该继续贯彻。事实上，在反映环境问题导致的财务影响时，环境会计必须全面严格贯彻这些原则。

（2）环境会计需要确立的特有原则。环境会计面临着许多传统会计所没有接触过的新问题，它在诸如研究对象、环境目标、会计假设等基本理论问题上与传统会计有所差异，在程序和方法上也有自身特点，因此，除继承财务会计的基本原则外，它还具有自己特有的会计原则。这些特有原则主要体现在以下三个方面。

第一，经济效益与环保效益统筹协调的原则。现代企业已不仅仅是一个单独追求经济效益而忽视环境保护的组织，它在努力实现盈利性经济目标的同时，还必须按照现行环境法规的要求处理好与保护环境的关系，提高资源利用效率，降低污染废弃物排放，将环境保护与经济效益统筹起来。因此，环境会计的内容必然要同时兼顾经济与环境这两个效益，确认、计量和报告环境财务和环境管理这两方面的信息，尤其是在环保效果的计量方面，需要标准化计量单位，报告环境污染程度对企业财务状况及经营结果的影响。环境会计信息披露的内容和形式必须按照这样的要求确定，环境会计参与内部管理也必须按照这样的思路开展。

第二，外部影响内部化原则。外部影响的内部化实际是修订前后的会计主体假设的要求。企业在从事自身生产经营活动的过程中会产生两类多种外部影响，包括外部不经济（负外部性）和外部经济（正外部性）。然而，传统会计对外部性是不予考虑的，因为外部性并不直接对企业的业绩指标产生任何影响，但是环境会计由于坚持可持续发展的思想，同时注重经济与环境效益，那么，通过对外部影响予以考虑来综合考察企业的效益就是很有必要的了。因此，环境会计必须采取一定方法（诸如产品使用的环境损害赔偿、产品使用后废弃物的回收处理等的成本费用）对外部影响予以确认和计量，并在信息披露和管理中适当纳入外部影响，完整对待企业的效益和业绩。

第三，强制与自愿相结合原则。强制是指会计按照统一的规则运作；而自愿则是指会计人员根据自己的主动性和所在企业的运行情况，主动披露企业的社会责任标准和环境义务履行情况。强制与自愿的区分主要是对会计信息披露工作而言的。传统会计在信息披露上偏爱强制性，而对自愿披露的应用较少，这自然与传统会计已基本定型有较大关系，但是，鉴于环境会计尚处于构建的初期，且环境会计信息披露存在着较大的复杂性和多样性，目前尚缺乏一定的披露规则，故强调环境会计信息披露的强制性与自愿性相结合就显得十分必要。

1.3.4 环境会计的假设

（1）会计主体假设。在会计学中，会计主体假设是指会计工作的空间范围，具体指单独进行生产经营或业务活动，而且在经济上独立或相对独立的企业、事业、机关、团体等单位。环境会计主体既包括会计主体的一般含义，同时由于其核算对象和内容的改变，环境会计主体又被赋予了新的含义。例如，由于环境会计核算的对象是企业的环境活动，突出了要核算会计主体生产经营活动对环境的影响，强调要将企业生产经营活动对环境不利影响纳入会计核算范围，要求会计主体在努力提高自身经济效益的同时，更注重社会效益和环境效益。

在传统会计中，会计核算以会计主体为核心，确认、计量、记录和报告该主体发生的经济活动和由此带来的经济效益。但由于环境会计产生和发展的决定性因素是为了解决环境污染问题，因此，环境会计更注重会计主体的行为特性，而不是所有权特性。环境会计要求对相关的环境活动，如环境污染成本及因污染而取得的社会效益和环境效益在会计报表中进行充分的披露，环境会计不仅要考核和报告会计主体自身的经济利益，而且还要报告该会计主体的生产经营活动对社会环境的影响。也就是说，虽然会计主体界定了会计核算和报告的范围，但由于企业在其生产经营活动中对环境造成了不利影响，企业应当将这种由其经营行为所产生的外部不经济纳入会计核算体系。随着环境保护知识的普及，越来越多的国家认识到需要制定法律和行政法规对外部不经济性加以限制，因此，在环境会计中应用会计主体假设，应当充分考虑企业环境经济活动对外部的影响，在环境会计核算中不仅要计量、考核和报告会计主体自身的经济性，而且还要计量、考核和报告会计主体对外部的不经济性。

（2）可持续经营假设。传统的持续经营假设或连续性假设认为，一个经营主体将持续它的经营活动直到实现了它的计划和受托的责任为止。这是基于市场经济条件下，各会计主体之间为了追求自身利益的最大化，存在着激烈的竞争，企业面临着极大的经营风险，从而导致会计主体存续期间的不确定性提出的。

与一般企业相比，对环境破坏越严重的企业，其未来经营活动的不确定性越大。因此，环境会计也应以持续经营假设为前提，其含义与传统会计持续经营的一般含义相同。因为只有持续经营的主体，才能承担相应的社会责任，才能支付和计算各种环境支出，如果不能持续经营，会计主体就丧失了承担社会责任的能力。但是在环境会计中强调持续经营应与可持续发展相匹配，应合理利用环境资源，维护公众利益，维持生态平衡，讲求生态效益。只有环境资源和生态资源持续的存在和发展，才谈得上经济的可持续发展，也才谈得上企业的真正持续经营。环境会计将环境问题作为会计的对象之一，仅仅以会计主体自身的生产经营活动的持续性作为核算前提是不够的，应提出以可持续发展作为环境会计的核算前提。可持续发展既要满足当代人的需求，又不对后代人满足其自身需求的能力构成危害，它是对传统经济增长模式和经济社会发展模式进行的修正。它既包含了持续经营前提的意义，同时又考虑到环境问题对企业经济活动的影响。在可持续发展前提下，各会计主体之间的竞争不再是传统意义上的经济利益最大化的竞争，而是兼顾经济、生态和社会三大效益的全方位的竞争，这种竞争加大了各主体的经营风险和不确定性。因此，可持续发展包括的内在要求是环境会计得以建立的前提，也是构建环境会计理论和方法体系的根本性制约条件。可以说，没有可持续发展的要求，环境会计就失去了基本的理论支持，就没有了存在的意义。

（3）会计分期假设。会计分期是指将会计主体持续不断的生产经营过程，划分为若干个较短的间隔相等的期间，以便定期结算账目，编制会计报表，及时反映会计主体的财务状况、经营成果及现金流量，向使用者提供会计信息。环境会计是以可持续发展为前提的，它假定不仅会计主体在可预见的将来不会破产清算，而且环境资源作为人类生存和发展的基础，能够在不断补偿的前提下实现良性循环。为了使环境信息得到及时反映，必须把会计主体的环境活动划分为较短的期间，定期对会计主体日常生产经营活动中对自然资源和生态资源的消耗、补偿及治理情况，以及与环境相关的收入、支出等进行分类、确认、计量、记录和披露，以考核和评价会计主体对环境责任的履行情况，满足信息使用者的需求。应当说明是，为了便于及时反映环境问题，必要时环境会计可以打破传统会计的会计期间，适当缩短会计期间间隔，以便快速地传递和报告环境信息。

（4）多重计量假设。由于环境会计的特殊性，环境会计中应该同时采取货币和非货币两类计量形式，其中非货币计量形式包括实物计量、劳动计量、混合计量等多种计量形式。在披露环境信息时，使用单一的货币计量不能客观地反映会计主体的环境状况，使用非货币计量产生的各种结果能够给人们提供更加直观、形象和易于理解的信息，而且有助于人们对货币指标的理解。多重计量假设还体现在计量形式内部也应该同时采用多重计量属性。比如对资源资产进行会计核算和会计报告，编制价值量和实物量两种形式的报表就显得十分重要。在现行会计惯例中，使用货币计量形式时，计量属性主要有历史成本、现行成本、现行市价、可变现净值和未来现金流量净值五种，这些货币计量属性对于环境会计核算而言，都是可以交叉使用的。

1.3.5 环境会计的对象

会计对象是会计核算和监督的内容，即会计所涉及的范围。传统会计对象注重的是资金运动和与企业资金运动有关的经济事项，是能够用货币表现的经济活动，一般它只包括资金进入企业、资金周转和资金退出企业三个部分，并不考虑生态环境。而环境会计则必须考虑企业除资金之外的周围环境，以及资金循环之外的社会生产消费循环和生态环境循环。环境会计对象是企业对环境资源的不断损耗和不断补偿的循环过程。环境资源损耗是指由于资源消耗失控、重大事故、“三废”排放等造成的环境污染、生态恶化的损失，以及企业生产、储运、销售过程对自然资源的超定额消耗。环境资源的补偿是指企业治理污染、改善环境，以及以排污费、罚款和赔偿等形式上缴国家或他人用以保护环境的费用。这些对象与传统会计的对象基本相似。但从资金运动环境因素考虑，这两者也有一些不同。

（1）资金运动和非资金运动。环境会计对象首先是资金，由于资金不断地循环，所以资金运动就是会计的对象。例如，在工业企业，由于环境资源的损耗付出的补偿，再由对环境资源的投入而获得经济利益。从这样的资金循环可以看出，绿色会计的对象也是与企业资金运动有关的经济事项。货币是资金的一般表现形态，因为资金是自我生成、运动和增值的价值，是用来创造和实现新价值的，它的本质是交换和实现价值增值的社会经济关系。由此可看出，资金运动论的会计对象仅包括那些能够计量且能够用价格计量以及用价格交换的东西。

环境会计的对象有其独特之处，原因在于它不仅仅限于资金及运动，还包括非资金运动。它突破了传统会计资金运动的范畴，考虑的是整个资源环境、社会生产消费以及生态循环的价值，提供一种追踪、计量环境资源成本计算方法，为各方相关利益者提供所需的环境信息。因此，环境会计考虑企业除资金以外的周围环境，以及资金循环之外的社会生产信息的循环和生态环境的循环。比如，在企业资金运动之外但又是在生产经营过程中产生的废弃物对生态环境的破坏、对自然资源的消耗，企业对污染的综合治理情况以及环境法律法规的执行情况。

（2）价值和非价值。从环境资源循环基础方面来考虑，资源作为一种社会财富，它具有生态和经济两种功效，因此也就存在生态和经济上的两种循环，只有这两种循环的顺利进行，才能使它们的功效得以等效且平衡地发挥。在这两种循环中，环境资源循环只是其表现形式，其循环的基础和价值体现是经济循环。环境资源的循环可分为形成、开发、配置、应用、储存、保护、综合利用和再生几个阶段，环境资源经济循环是资金的价值运动，它需经过投资、生成、使用、耗费、收回、补偿、分配具体环节的经济活动，而对这些环节的经济活动的核算和管理，就成为现代环境管理会计的主要内容。环境资源的存量统计核算和环境资源的经济价值核算构成环境会计的两大内容。因此，环境会计应从价值方面和管理方面去解决环境资源耗竭、污染排放、损害成本等环境问题以及替代、利用、补偿、保护、控制环境资源的办法与措施。

（3）治理活动和保护活动。环境会计所要反映的不仅包括环境损害事件引起的资金运动，还要反映环境保护事项引起的资金运动。环境会计通过自己的活动来促进资源的合理开发、合理利用、保护资源和生态环境免遭污染和破坏，使环境与经济、社会发展相协调，并最终实现经济与社会的可持续发展（肖序，2007）。因此，对污染治理成本与环境保护支出的核算是环境会计核算内容。一般说来，在环境对企业财务产生影响的事件或事项中，环境会计的对象就包括了环境问题和环境保护活动对企业财务状况、经营成果的影响方面。

1.3.6 环境会计的要素

会计要素可以理解为会计处理对象的具体化，即把会计对象用会计特有的语言加以表达。环境会计要素是基于会计环境的存在而又服从于环境会计目标的需要而产生的。影响环境会计的经济因素、自然环境资源因素以及环境管理的内容决定了企业环境会计的会计环境，环境会计的会计环境决定了某一会计主体会产生什么样的环境事务，环境事务的货币表现形式决定了环境会计的核算对象，而对会计核算对象的进一步分类则构成了环境会计体系的基本支撑点——环境会计要素。

（1）环境资产。环境资产是指由过去的、与环境相关的交易或事项形成的，能够用货币计量的，并且由企业拥有或控制的资源，该资源能够为企业带来经济利益或社会利益。应当强调的是，环境资产为企业未来带来的经济利益有时是不确定的，可能是经济利益，也可能仅仅表现为社会利益。其带来的经济利益可能是直接的，但更多情况下是间接的，即通过改善其他资产状况获得。

环境资产有狭义和广义之分。狭义环境资产是指对企业生产经营活动和环境活动发挥有效作用的企业环境资产，它符合两个标准：一是环境资产的所有权或使用权归企业所有；二是环境资产的存在对企业是必要的，能对企业生产经营活动和环境活动发挥有效作用。广义的环境资产还包括对本企业不构成特别影响的其他环境优势，如水资源供应优势、交通便利优势、空气质量优势、城市绿化优势等。

（2）环境负债。环境负债是由过去的、与环境有关的交易、事项形成的现时义务和推定义务，履行该义务时会导致经济利益流出企业。环境负债具有以下特征：一是环境负债是与环境费用相关的义务，构成未来的环境支付；二是环境负债的产生与企业经营活动对环境的破坏有直接或间接的关系；三是环境负债是由环境保护法律法规强制实施的义务；四是大多数情况下环境负债难以确切计量，但是可以合理估计；五是环境负债具有较强的追溯性，由于环境污染造成的危害涉及范围广、影响大，许多国家的立法中都对环境污染的责任采用追溯原则。

（3）环境成本。我国《企业会计制度》中对费用和成本的定义为：费用，是指销售商品、提供劳务等日常所发生的经济利益的流出；成本，是指企业为生产产品、提供劳务而发生的各种耗费。从上述定义可以看出，我国会计中的成本和费用是有区别的，费用可以理解为归属于特定会计期间的支出，成本则是归集到某一产品或服务上的对象化的费用。西方会计中，成本和费用则泛指企业在生产经营活动中所发生的全部实物和劳动的消耗。本书将企业在环境活动中所发生的一切支出统称为环境成本，即以“环境大成本”或是“环境完全成本”概念来解释，它不仅包括自身的环境全部支出，还包括对社会环境成本的负担。理由是，建立独立的且客观的核算和评价环境利润体系，使用环境完全成本与环境大收入的配比来衡量环境业绩，实在是必由之路。

基于“环境完全成本”概念，环境成本是指企业因预防和治理环境污染而发生的各种费用和已消耗的环境资产价值，以及由此而承担的各种损失，是企业在环境活动中所发生的经济利益的流出。如果某项环境支出将在未来的会计期间为企业带来效用，应将其资本化形成环境资产，并分期摊销，计入当期损益。如果某项环境支出不产生未来效用或者根本不产生效用，应确认为环境成本，直接计入当期损益。由于环境污染而造成的损失也属于环境成本，这种费用计量比较困难，但是可以合理预计。

环境成本在环境会计基本要素中居核心地位，其他环境会计要素的产生都是以环境成本为前提的。环境资产的减值要以增加环境成本支出为标志；环境资产的计价要以环境成本的资本化为前提；环境负债的形成是一种未来支出，仍以环境成本的确认为条件；环境收益的产生更是以环境成本的投入为基础。

（4）环境收益。环境收益是指在一定时期内，企业进行环境保护和环境治理形成经济利益的净流入，它是采取环境保护措施所得到的经济利益减去环境支出后的结果。具体讲，环境收益指在一定时期之内，环境资产给人类带来的已经实现或即将实现的，能够用货币计量的效用，以及由于企业环保行为而获得的收益。一项环境效用能否确认为环境收益，一般来说应当符合以下标准：符合环境收益的定义；计量结果的准确性和可靠性；计量信息的相关性；未来经济利益流入企业的现实性。

（5）环境权益。环境权益是环境会计主体享有的对环境资源的所有权、使用权和管理权。它既包括环境资源的所有权和环境收益、环境基金的所有权，也包括环境资源所有者赋予环境管理者对环境资产的使用权和管理权。一般来说，企业用于环境治理、改造和维护的设备、设施、物品和商品及技术资本具有所有权，对权属归属于国家但通过法规和契约形式在一定时期赋予企业管理和使用的自然资源和生态资源也具有权益。研究环境会计中的环境资源、环境资产会计确认和计量，始终离不开产权归属。产权归属也是环境会计对资源环境价值分类和性质界定的核心，并进而是衡量环境资源、资产使用者对环境资源、资产的应用者的环境保护贡献率的砝码和尺度。

1.4 环境会计信息质量

企业对外提供的环境会计信息必须满足一定的质量要求，这些要求体现为环境会计信息的质量方面所应该具备的基本特征。环境会计信息作为企业财务报告的组成部分和必要补充，对财务报表的信息质量特征进行适当的修订并将其应用于环境会计信息的披露，将有助于提高企业环境会计信息的有用性或相关性，而且还可以减少环境会计信息的编制人员和使用者的信息成本。从这一点来说，环境会计信息披露符合成本效益原则。从信息有用的观点出发，企业环境会计信息也必须具备上述基本质量特征，且其信息质量亦受到成本效益和重要性的约束。本书将环境会计信息的质量特征界定为以下几个方面。

1.4.1 相关性

相关性指环境会计信息要和信息使用者的信息需要相关。一般而言，环境会计信息使用者的需要体现为通过所能接触的信息了解企业的环境绩效和与环境有关的财务信息，并以此做出与企业有关的决策，至少是能够了解受托责任的履行情况。作为相关性的信息，必须具备三个基本要素：第一，信息具有反馈价值，能够反映和说明企业过去一段时间内与环境有关的各种业绩问题，能够有助于理解和判断过去决策的正误；第二，信息具有预测价值，能够据以对企业未来的情况做出基本的推断和预测，以帮助未来的决策；第三，信息具有及时性，即在信息失去有效价值之前要到达使用者的手中，为此人们可以对环境会计信息的披露规定一个时间界限，企业披露的环境会计信息应明确表明披露的期间以及选择该期间或披露频率的理由。

1.4.2　可靠性

所谓可靠性是指确保信息能免于错误及偏差，并能忠实反映意欲反映的现象或状况的质量，避免倾向于预定的结果或某一特定利益相关者集团的需要。在环境会计中，履行可靠性的要求与传统会计可能出现不一致。传统会计中对于会计信息的披露，严格按照经济业务的实际发生情况和交易价格确定信息的内容和数量。无疑，只要有可能，这种思路在环境会计中依然要坚持，但问题在于，环境会计中有些情况与传统会计不一样。比如，某一时间的环境事项尚未真正发生或尚未全部完成；再如，金额可能无法用交易价格确定甚至是根本无法用货币金额衡量，那么可靠性的要求就很难严格按照传统会计的要求去做。在环境会计信息披露中的可靠性，主要强调的是事实和有法律支持的逻辑推断，是实物或者说时间的性质，高度精确性是可以不考虑或者说不能严格要求的。无论是承担搜集和提供信息之职的企业会计人员还是承担审核验证之责的审计人员，都应按照这样的思路行事。

就企业环境会计信息披露而言，信息的可靠性必须具备以下四个相互关联的属性：

第一，有效的描述。信息的描述方式对于使用者理解信息相当重要。这一点对于那些具有技术特征的企业环境会计信息而言尤为重要。比如，在企业环境会计信息披露的实务中，不同的环境会计信息披露在描述废弃物、废水排放或大气排放时常常存在差异，导致概念混乱，从而影响信息的可靠性，因此，应就大气排放、废水排放以及废弃物类型之间的共同特征制定有效的描述方式指南。

第二，反映真实性。所谓反映真实性，是指一项计量或叙述与其所要表达的实质和现实一致或吻合。反映真实性要求企业应披露环境影响的实质和现实而不只是严格的法定形式，因为企业的环境影响的实质并不总是与其法定形式一致。例如，某个企业在一个地区倾倒废弃物可能是合法的，但是在另一个地区这种行为却是被禁止的。如果某个企业将其拥有的某个场地所有权转让给其他企业，根据双方达成的协议，转让人可以在该场地倾倒有害废弃物。在这种情况下，有关场地转让的数据通常是正确的，但却没有反映环境影响的实质。

第三，谨慎性。企业应当认识到许多环境事项或情形具有不确定性。例如，环境事故和非控制性排放的可能或潜在后果都具有不确定性。谨慎性要求在存在不确定的条件下进行估计决策时必须考虑谨慎度。企业应在披露环境会计信息的同时披露这种不确定性的性质和程度。在企业环境会计信息披露方面设置一个谨慎度，将能够保证不合理的环境影响不被淡化，避免过早报告不确定的环境影响和误报有利的环境因素。

第四，完整性。全面的环境会计信息有助于披露保持其中立性和减少偏见的风险。漏报可能导致信息失真或误导，从而影响信息的可靠性。因此，环境会计信息披露应包括任何具有重大影响的环境事项，如报告企业的间接或直接的环境影响。完整性要求所有与评价某个主题的环境绩效相关的重大信息都应予以报告。完整性包括三个方面：经营界限、范围和时间。经营界限是指有关某个主体收集信息的广度，可以通过财务控制、法定所有权、企业关系或类似情况予以确定。范围是指报告的可持续活动的具体方面。时间是指企业的活动时间以及影响，应在其发生或确定的期间报告。

1.4.3 可比性

可比性是指面对同样的情况或时间，会计上所做的反映和披露应该是相同的。企业环境会计信息的使用者需要了解和比较企业过去的环境绩效，以便对其未来趋势进行估计。此外，企业环境信息的使用者还希望就不同企业之间，特别是同一行业内的企业环境会计信息进行比较，以便对不同企业的环境绩效以及环境活动的变化情况进行评价。纵向和横向的双重可比性是保证环境会计信息真正有用的一个重要质量特征。为了保证不同企业之间的环境信息或同一企业不同期间的环境信息可以相比较，使环境信息更具有用性，企业环境会计信息的内容、披露的形式和期间、环境绩效的评价指标的一致性是必不可少的。一致性意味着企业在不同时期应采用同样的方法和方式报告同一环境会计信息。但一致性并不妨碍在必要的情况下采用新的方法或方式披露企业环境会计信息。当然，企业应提供进行这种改变的原因以及可能产生的影响。同样，为了达到标准化和可比性，企业应尽量在同一期间编制财务报告和披露环境会计信息。

1.4.4 可理解性

可理解性又称明晰性，它是指企业披露的环境会计信息应该让使用者容易理解。这是保证信息可以为使用者充分使用的一个基础。信息能否对使用者有用，取决于使用者能否理解所活动的信息以及信息本身是否易于理解。因此，可理解性在环境会计信息披露中具有较之传统会计更为重要的作用。环境会计信息作为企业会计的一个新兴分支，许多信息项目是使用者过去所未接触过的，尤其是在披露环境绩效信息时，涉及一些技术性很强的概念和术语，那么，在披露这些信息时，对一些专业术语和概念包括它们本身的含义、与经济和财务情况之间的关系进行一定的解释是必要的。

1.4.5 可验证性

可验证性是指由独立的第三方采用相同的标准、方法能对环境会计信息做出相同或相近的评价。为了使环境会计信息披露具有可验证性，由独立的第三方对该信息进行验证和核实是对外披露的必要条件。这说明企业环境会计信息披露中的信息以及独立的第三方对该报告的意见必须具备可验证性特征。一些财务报告准则的制定机构曾尽量把审计财务报表的内容集中在财务性定量化且客观确定的数据上，因为这种数据要比非财务价值导向的信息更具可验证性。由于企业环境管理体系提供的实际数据的客观性日渐增加和具备可验证性，企业环境会计信息披露技术目前正开始朝这方面发展。独立审计师出具的审计报告应明确表明审查的范围和运用的审计标准，以使使用者了解未经过审计的数据。

1.5 环境会计的国际发展

1.5.1 环境会计的萌芽与形成时期

20世纪70年代初至80年代末，是国际环境会计的萌芽与形成时期。英国古典经济学家庇古在分析福利经济学时认为，空气是自由财产，工厂可自由排放废弃污染物，而该工厂不承担因生产而污染空气的环境责任，导致了企业只确认生产过程中的内部成本，而不确认外部成本。政府可采用强制性的经济手段，通过加大企业的税收，将企业污染环境的成本加到产品中。庇古的这一构想可以看作是环境会计理论的萌芽。国外的环境会计研究始于20世纪70年代初期。以1971年比蒙斯（F. A. Beams）发表在《会计学月刊》（*Journal of Accounting*）上的《控制污染的社会成本转换研究》和1973年马林（J. J. Marlin）发表在该期刊上的《污染的会计问题》两篇文章为代表，揭开了环境会计研究的序幕。但此时的研究主要是在社会责任会计的框架中进行的，研究的重点是环境信息的披露。实证研究主要是关注财务报告中的环境信息披露问题，主要围绕披露企业环境活动方面的作用、环境问题的本质以及报告类型进行；而规范研究所提出的模型主要是考虑外部性的计量、计价和披露问题。1972年，联合国通过了《环境宣言》，提出人类只有一个地球的口号，呼吁各国重视和改善人类赖以生存的环境。随后在20世纪70年代环保革命时期，许多国家政府纷纷采用严厉的法律手段和经济手段对企业滥用资源的行为进行干预，制定了一系列环境管理制度。企业对股东、员工、政府、管理者、供应商等众多利益关系人的责任开始得到重视。这一时期由于环境问题的严重性，人们在社会责任会计的研究中更加突出了环境会计的地位，环境会计逐渐从社会责任会计中脱离出来，形成了独立学科。

1.5.2 环境会计的发展时期

20世纪90年代初至今，是国际环境会计发展时期，各国陆续开展环境会计研究。环境会计的理论研究和在实践中的应用，都是从环境信息的披露开始的，20世纪80年代的英美等西方经济发达国家的会计学家对环境会计做了大量深入的科研探讨，形成了一些初步的理论框架。1987年世界环境与发展委员会发表了著名的长篇报告《我们共同的未来》，首次提出了可持续发展概念，该概念的提出使人们更进一步认识到环境与发展之间的辩证关系。发展必须以环境保护为前提，而环境保护则需要经济发展和科技进步提供的资金和技术支持。在可持续发展背景下，环境会计得到迅猛发展，并出现了与各相关学科和研究领域交叉互补的趋势。1998年，联合国国际会计和报告准则政府间专家工作组（IASR）通过了《环境会计和报告立场公告》，这是目前国际上第一份关于环境会计和报告的系统而完整的指南。后来又相继颁布了《环境成本与负债的会计与财务报告》《企业环境业绩与财务业绩指标的结合》等一系列的指南，为各国进行环境会计理论研究和相关事务工作提供了参考依据。在这些指南的指引下，各国的环境会计发展也出现了各自不同的特点。

1.5.3 国外环境会计的共同经验

（1）社会各界对环境会计的高度重视。国外的环境会计之所以能够得到迅速的发展，与各个国家社会各界对环境会计的高度重视是分不开的。政府部门制定一系列与环境有关的环境法律法规以促进环境会计的发展，同时社会组织也在积极开展对环境会计的研究，在理论和实践方面取得巨大进展。越来越多的企业在环境保护和企业自身的发展上进行权衡，组建环境管理部门，针对生产经营中产生的环境问题进行有效的管理。

（2）制定专门的环境会计准则。在对西方国家和地区环境会计产生和发展的比较研究中，我们不难看出环境会计的发展都是在建立了完善的环境会计制度的基础之上的。美国、加拿大、欧盟、日本都制定了一系列的环境会计制度，这些环境会计制度包括了环境会计的概念、环境会计的要素、环境会计的信息披露内容和形式、环境会计的核算体系、环境会计的审计等方面，这些内容规范了环境会计的发展，为企业在对环境会计进行披露时提供了可操作的环境会计准则和环境业绩报告规定。

（3）环境会计信息披露的内容全面。由于各个国家和地区环境会计的准则对环境会计的信息披露有着严格的规定，企业在对环境会计进行信息披露时内容全面。美国企业的环境会计信息的披露主要针对环境政策、环境成本和环境负债三个方面的内容。加拿大则要求企业披露其环保因素限制及对策、环境政策的目标、环境治理和污染物利用情况、环境质量情况。欧洲各国环境会计信息披露虽然没有统一的规范，但是主要包括以下内容：公司的环境政策及环境管理系统，导致公司重大环境影响的所有重大的直接和间接因素并对其做出解释，环境目标及其与公司重大环境问题的关系，有关公司环境业绩连续多年的主要数据及在重大环境影响方面的法规遵循情况等。日本的环境会计信息披露的内容主要是企业的环境保护成本、环保收益、环保活动所产生的经济效益等企业所有的经济活动对环境的影响。这些规定基本涵盖了环境会计的各个方面，企业从而形成了完整的环境会计报告。同时，大部分企业都必须进行环境会计信息披露。

（4）建立与之相配套的环境会计核算体系。在环境会计中，环境成本的核算是难点和重点之一，可以说，解决环境成本计算的具体方法是深化环境会计研究与推广应用环境会计。以美国为例，美国的环境会计主要有补偿成本会计和控制预防成本会计两种处理方法，环境补偿成本是指一旦某一公司被确认为主要责任人，那么其潜在的环境责任就已存在，但其确切的补偿数量将依照未来事件的发生而确定，包括向国家环保局支付的清理费用及同其他责任人分摊费用等。控制预防成本在本质上说是先于补偿费用产生的，涉及企业成本会计及资本预算系统中治理设备成本和维护成本，并要求在会计和预算体系中将其反映出来。两种处理方法都是要求将与环境污染预防相关的直接费用和间接费用在企业成本会计系统中予以计量和确认，并以此作为对公司生产产品征税的标准。

1.6　中国环境会计制度的建立

1.6.1　环境会计的产生

（1）中国会计学会环境会计专业委员会。在中国，直到20世纪90年代中期才开始认识到环境会计的重要意义。首先是1992年葛家澍等少数会计专家学者将西方环境会计思想通过《会计研究》等学术媒体介绍到中国；然后是陈毓圭教授于1998年参加联合国《环境会计和报告立场报告》的讨论和形成，并将这份报告介绍到中国，以后在中国会计准则与审计准则的制定中，逐步体现会计对环境的考虑。具有里程碑意义的是，中国于2001年3月成立了“绿色会计委员会”，后经财政部批准，2001年6月，该委员会重组为中国会计学会第七个专业委员会——环境会计专业委员会，标志着中国环境会计研究进入新的阶段。2001年11月，中国会计学会环境会计专业委员会的成立大会和首届中国环境会计专题研讨会的召开，是中国环境会计起始的标志。中国可持续发展首席科学家、中国科学院院士牛文元任第一届中国会计学会环境会计专业委员会主任。

自2001年以来，中国一大批会计理论与实务工作者进行了中国环境会计审计的开拓性研究，就环境会计的计量方法、信息披露、绩效评价指标和评价方法、环境风险控制以及环境信息架构、环境成本构成体系和生态环境损害补偿标准、环境会计制度设计等研究领域提出了富有远见的设想。在此期间，中国会计学会、中国审计学会和中国环境科学学会，也多次举办环境会计、环境审计、环境价值核算、环境成本管理、自然资源环境资产负债表编制等国内和国际专题学术会议，众多具有国际视野和中国特色的环境会计、环境审计新成果影响广泛，意义深远。

（2）中国可持续核算的环境会计时代。可持续发展理论是环境会计得以建立的非常重要的理论。牛文元在中国环境会计专业委员会成立大会和环境会计专题研讨会上的主题报告中，就曾依据该理论将人类社会经济发展划分为“前发展阶段、低发展阶段、高发展阶段和可持续发展阶段”（牛文元，2001），而人类文明也依次进行了“从白色文明、黄色文明、黑色文明到绿色文明”的历史转变（孙兴华，2008）。

从世界范围内环境会计产生的简单历程来看，我们不妨从社会学和发展经济学的角度，将核算和反映资源消耗与管理信息的会计划分为四个时代：实物核算和反映为主的会计时代，价值核算和反映为主的会计时代，综合核算和反映为主的会计时代，可持续核算为主的会计时代。会计也因此可分类为实物会计、财务会计、管理会计、环境会计。显然，国际会计目前已经进入了可持续发展时代，这一时代的重要特征就是环境会计的出现。进入20世纪后，人类发展产权经济中的自由放纵造成了由“增长极限”与生态环境急剧恶化而引起的可持续发展危机。这一重大变化促使“第三历史起点”的形成。未来会计改革将围绕由以“产权为本”向以“人权为本”的思想转变展开，会计将在参与解决全球社会可持续发展危机中发挥基础性控制作用（郭道扬，2009）。显然，会计思想发展告诉了我们，经济发展既要“白猫”“黑猫”，也要“绿猫”，经济发展要达到人口、资源、环境和社会的和谐发展，经济效益、生态效益、环境效益和社会效益同时并重。

1.6.2 建立我国环境会计的必要性

（1）国民经济发展，需要环境会计。社会进步和经济发展，一方面从环境中索取资源，改善其周围环境，另一方面也向环境中释放一定的废弃物，对环境造成一定的污染和破坏。这就要求我们在利用好现存环境的同时，还需要对环境采取一定的保护措施，以免环境被无限制地破坏。因此，会计作为一种经济管理活动，应适应社会发展的需要和现代经济理论的变迁，把环境看成是有价值并能被计量的经济资源，同时将其资本化为环境资产，改变传统会计单一追求经济利益的成本核算办法，综合评价企业效益和社会经济发展的代价和得失，兼顾经济利益、社会利益和环境利益的平衡发展，以促进社会经济的可持续发展。

21 世纪中国经济发展最重要的因素将是自然资源。然而，由于对资源开发强度过大，造成环境污染，水土流失，耕地面积减少，资源耗竭速度加快，大量物种濒临灭绝等环境问题；伴随我国经济持续快速增长而来的是资源开发不合理、利用不充分、浪费严重及由此带来的生态环境的破坏和恶化等问题。严重的环境问题在很大程度上制约了经济的发展和人民生活水平的提高。我们实施可持续发展基本战略，要求人们在发展经济的过程中，以资源、环境、生态保护为前提，制定适当的发展步骤，以使社会与自然协调发展。这种发展模式将促使人们更加关注资源、环境和生态，准确核算相应的投入与产出，要求人们建立一套完整的环境会计理论，并融合到会计核算体系中。为此，建立一种将环境因素考虑在内的新的会计核算模式已势在必行。

（2）企业经济发展，需要环境会计。首先，建立绿色会计，是企业自身发展的需要。传统的企业发展模式是高投入低产出，自然资源消耗高，利用率低，废弃排放物多，环境污染严重。这些粗放的生产方式严重损害了企业经济发展的环境基础，造成过度开发消耗资源，生态环境的再生和补偿能力严重滞后，这些都阻碍着企业自身进一步的发展。同时，在当前，我国企业不仅面临着激烈的国内竞争，而且必须接受世界经济环境的挑战。在全球环保潮流和污染日趋严重的双重压力下，企业的环境成本与费用与日俱增，产品定价不能不考虑环境影响，投资决策中考虑环境因素已是势在必行。因此，从长远的角度来看，企业只有增加环保方面的投入，重视绿色会计，才能在减少环境恶化的同时，减少企业发展阻力，使企业在竞争中处于优势地位。具体又表现在三个方面：一是，绿色会计通过核算企业的社会资源成本，能够准确地反映国民生产总值和企业生产成本，促使企业挖掘内部潜力，维护社会资源和环境；而传统会计则无法为企业管理者和社会提供环境因素影响下的成本、产品价格的正确信息。从发展的观点来看，企业自身也要求逐步树立起对环境会计的重视。二是，绿色会计能够正确核算企业经营成果，准确分析企业财务风险，全面考核经营管理者业绩。在利润表中计算经营成果时，只有将企业对环境影响的耗费作为收入的减项反映，才能正确核算企业的经营成果；只有在负债总额中加上企业因对环境造成危害而形成的环保负债额，才能得出真实可靠的资产负债率，才能准确分析企业的财务风险。绿色会计揭示企业履行社会责任的信息，可从社会的角度而不是仅仅从企业的角度来全面考核经营管理者的业绩。三是，绿色会计是企业责任向社会扩展的必然结果。随着经济的发展，人们需求也日趋多样化，不仅是对物质方面的需求、精神生活和文化生活的需求，而且还要求有良好的生活环境。这就要求企业将过去单纯追求经济发展速度和效益，转变为追求经济、社会、自然环境协调发展，同时必须承担社会责任，对与企业有关的资源环境、废弃物以及生态环境等进行反映和控制，计算和记录企业的环境成本和环境效益，向外界提供企业社会责任履行情况的信息。这样，我国企业才能更好地参与国际竞争，适应国际社会的要求。

其次，建立环境会计，是全面反映企业业绩的需要。在市场经济条件下，企业在追求自身利益最大化的同时，往往过度开发和污染自然资源，从而加剧了我国资源与环境的恶劣形势。而现实生活中，人们的环境保护意识不断增强，越来越要求企业提供更多的绿色产品。企业立足自身经济利益，也应增强环保意识，增大环保投入，降低能源消耗，细化环保投入和产品的计量，计量取得的环境资源、负有的环保责任和发生的环境费用，确认取得的环境收益或损失。这样，才能全面地衡量企业的效益状况，为企业目标的实现提供真实、可靠的信息。

再其次，建立环境会计，是使企业顺应国际潮流，增强自身竞争力的需要。加入WTO后，企业不仅要面对国内竞争，更要应对残酷的国际竞争。传统会计只核算人类劳动消耗的成本补偿，并据此制定产品价格，计算盈亏。但是，国际上对环保日益重视，要求企业将自然资源的损耗进行核算，计入损益。企业要适应国际形势，增强竞争力，就需要建立相应的环境会计，在进行产品定价时，考虑有关环境因素的影响，从而更充分地参与国际竞争。同时，环境会计有助于我国合理利用外资。伴随着资本的国际流动，环境污染密集产业也通过国际直接投资而产生国际转移。因此，为防止在引进外资的同时引进污染，也有必要建立环境会计核算及披露体系。

最后，建立绿色会计，是建立和完善企业资源管理制度的需要。绿色会计的建立，有利于敦促各企业转变过去“无偿使用”资源的错误观念，建立一套行之有效的资源利用制度，并通过环境资源会计内部管理制度，实现污染的治理、环境的保护、资源的利用等多个目标，发挥环境管理制度的最大效应。

（3）中国会计事业发展，需要环境会计。首先，建立绿色会计，是我国会计改革和发展的需要。在市场经济下，会计不仅要为微观经济服务，而且要有助于宏观经济调控；不仅要考虑企业自身利益，而且要兼顾社会效益。环境会计是一种微观自主、宏观顾及的“微观宏观共振型”的会计模式，符合市场经济的要求，有助于会计改革和发展。其次，建立绿色会计，是弥补传统会计在信息披露方面缺陷的需要。传统会计中的企业成本忽略对社会资源的无偿占用和污染，导致企业以牺牲环境质量为代价换取局部利益，从环境会计的观点来看，它所披露的会计信息必然成本不实，利润虚增。绿色会计的建立就弥补了传统会计在披露内容上的局限性，绿色会计的信息内容不仅包括能够以货币计量的，而且包括不能以货币计量的会计信息；不仅为了满足个体或局部经济目的，而且更侧重于强调宏观利益、长远利益和社会整体利益。最后，建立环境会计，是提高会计人员执业水平的需要。国际会计准则和我国目前执行的企业会计准则，有相当成分体现了环境要素内容，提出了许多对生态资源和自然资源会计确认、计量和核算方法及会计政策应用原则，比如公允价值、或有事项核算、披露等方面。公允价值不仅适用于金融工具的计量，还适用于生物资产等非金融工具的计量，对一些环境资产与环境负债等项目也是适用的；而公允价值和环境负债的具体会计政策的应用需要会计人员较强的专业判断能力。环境会计给予的会计判断空间会更大，它的建立对会计人员专业判断能力的提高无疑是个“加速器”（向乐乐，2005），而深刻理解和执行现行的会计准则相关资源环境的内容需要会计人员较强的执业能力。

【辅助阅读1-1】

交运集团青岛温馨巴士的绿色发展

交运集团青岛温馨巴士有限公司的“温馨巴士”起源于2000年开通运营的31路公交线，是集城市公交客运、汽车租赁和超市班车等业务为一体的城市公用事业类服务企业。在环境管理方面，公司分别荣获了“全国公交运输节能减排优秀贡献企业”“青岛市环境友好车队”“青岛市‘十百千’环境友好标兵车队”荣誉称号，上海质量体系审核中心为其颁发了“环境管理体系认证证书”。公司在推进节能减排、承担社会责任等方面已经形成良好的管理机制。

一方面，公司积极培育企业环保文化，秉承“社会需要交运，交运奉献社会”“绿色交运，低碳发展，营造和谐”的使命，创新品牌管理，以社会责任感积极履行企业环保义务并打造温馨环保公交，开展环境友好型企业创建活动。

另一方面，公司构建了包括计划、执行、检查、改进的完整的PDCA环境管理体系并建立绿色交运体系。“绿色交通”强调城市交通的“绿色性”，要求合理利用资源，减轻交通拥挤，减少环境污染，其本质是建立维持城市可持续发展的交通体系。公司从发展低碳运输、构筑新能源供应网络、开展环保运输项目等多方面进行改进，实现了企业绿色交运体系的构建。

同时，公司引进环保创新技术，购置新型绿色环保维修设备，使用远红外烤漆、超声波清洗、无尘干磨等新型绿色维修技术，实现车辆绿色维修。重视现代信息技术应用，创新车辆运输管理模式，为车辆配备GPS定位系统、视频监控系统等，推进车辆集约化，以合理调配车辆，提高车辆实载率，达到了节能、降耗、减排的目的。

正是环境资源会计内部管理机制的积极践行，使得高投入低产出的粗放经营模式转变为清洁运营模式，发展绿色交通的清洁运营模式大大降低了公司的经营成本，提升了企业的经营业绩，在激烈的市场竞争中保持竞争优势。环境资源会计理念的践行使得公司积极承担绿色环保责任，进一步提升了公司形象。

——范英杰，迟甜甜. 环境会计的企业内部管理机制研究［J］. 经济师，2014（4）.

1.6.3 建立我国环境会计的可行性

（1）政府的高度重视，为环境会计发展指明了方向。保护环境、维护生态平衡是我国的一项基本国策，是环境会计实行的政策基础。随着经济的发展和环境问题的日益突出，我国政府也越来越重视环境和资源的保护，在政策法规中予以体现。我国国民经济“十一五”规划中进一步强调，在现代化建设中，必须把实现可持续发展作为一个重大战略，把控制人口、节约资源、保护环境放到重要位置，使人口增长与社会生产力的发展相适应，使经济建设与资源、环境相协调，实现良性循环。按照建立和谐社会，树立和落实科学发展观的要求，我国将进一步致力于发展循环经济、优化产业结构、调整生产力布局、改善生态环境，以实现可持续发展。

（2）改革开放为我国实行环境会计提供了理论基础和环境条件。近几年来，我国会计的基础规范工作逐渐完善，新的《企业会计准则》更能反映新经济形势下的会计特点，这一切将为建立环境会计奠定良好的基础，能够更好地构建环境会计体系。环境会计所要研究的环境问题是一个全球问题，我国的改革开放使我国的会计制度向国际惯例靠拢，并加入会计国际化的行列。这些理论基础与环境条件为我国环境会计建立提供了可能。

（3）相关学科技术的成熟，为环境会计的发展提供条件。环境会计是环境学与会计学相互交叉渗透而形成的应用型学科，它主要运用会计学和环境学的理论和方法，辅之以其他学科的理论方法，对经济发展和环境保护进行协调。它的具体应用需涉及自然、经济、技术各方面，不仅直接与会计学、环境学相关，更与数学、经济学、生物学、技术科学、管理学等诸多学科在内容与研究领域上交叉渗透，从而产生多元化的理论方法体系。而这些相关学科在我国已发展得比较成熟，能够适应建立环境会计的需要。

（4）绿色国民经济核算体系的建立，为推动环境会计的建立打下了良好的宏观基础。国内生产总值作为政府对本国经济运行进行宏观计量与诊断的重要指标，是衡量一国经济、生态与社会进步状况的最重要的标准。随着各国对可持续发展的深入认识，传统 GDP 暴露出许多缺陷，不能真实地反映全球、国家或区域的发展情况。因此，为了经济的可持续发展，我国初步建立了绿色国民经济核算体系，并在国内一些省份和地区初步试点。绿色 GDP 体系的建立和进一步完善，对环境会计建立打下了良好的宏观基础。同时，编制自然资源资产负债表以反映对环境资源的占有、使用和管理情况，考核一个环境保护主体的资源环境保护经济责任履行也需要环境会计。

（5）企业技术创新和改革，为环境会计创造了条件。从企业自身发展和社会责任来看，在推选清洁生产过程中适时引入绿色会计，反映和控制企业与生态环境的关系，计算和记录企业的环境成本和环境效益，向外界提供企业社会责任履行情况的信息，将有利于企业健康发展。企业发展过程中，减少对环境的影响成为企业技术创新和改革一项重要任务，环境技术创新、成熟为环境标准建立和完善提供引领，也为环境会计的建立创造了条件。

1.6.4 我国建立环境会计的主要障碍

我国仍处于社会主义初级阶段，制度和法制还不健全，理论和实际很大程度上相脱节，经济高速发展的同时，没有及时处理好与环境的相互协调，使我国环境会计的发展面临着很大的困难。

（1）制度不完善，缺乏可操作性的会计准则和统一的标准。虽然环境会计的重要性得到越来越多人的认同，环境会计的理论研究也日渐完善。然而，由于环境会计核算对象的复杂化、具体核算内容界定难于明确、相关法律法规的不健全、环境资产及负债难于计量等原因，导致环境会计发展进程相当缓慢。尽管我国一些企业已经意识到了环境会计的重要性，也有披露环境信息的动机，但遗憾的是，环境会计研究还停留在学者们的书斋里，还未形成具备可操作性的会计准则，还不能满足实务工作的要求。标准方面，我国资源、环境、生态方面的法律法规还不是很完善，全国范围内只有废水、废气排放物等几项国家标准。虽然有关部委已下达通知要求尽快制定规章制度，推进“三绿工程”，但与环境会计的要求仍有较大差距。制定有关资源、环境、生态方面的全国统一标准是一项复杂的工作，我们既要考虑国家的实际环境状况，又要尽量与国际标准相一致，需要相当长的时间。

（2）缺乏环境会计人才。环境会计由环境学、会计学、生物学等多种学科交叉渗透而成，在具体应用过程中要运用到多门学科的原理、方法和手段，尤其是对于一些专业性很强的学科，如环境学、生物学等，如果没有扎实、全面的基础知识，应用起来将出现很多问题。而传统会计和信息披露工作对会计人员知识结构的要求是在基本掌握经济管理知识的基础上，熟练掌握会计和财务技能。如果面对环境会计问题，无论是处理环境问题的财务影响还是处理环境绩效问题，会计人员都必须更新其传统的知识结构，学习并掌握环境科学和环境经济学的知识，了解企业生产业务与环境之间的关系。没有这样的一个知识结构，会计人员将无法适应环境会计的要求，这必然影响到环境会计的推广和执行。我国培养会计人员还是以传统会计为标准，大多数会计人员只对本专业知识掌握得比较好，相关专业即使有所了解也只是在审计、税务、财政方面等，很少有在环境、生物方面有所研究的。

（3）环境会计理论与实务还很不完善。其一，环境会计目标不明确。环境问题涉及面广，需要社会采取多种有效措施予以优化，如鼓励替代能源、改革管理体制、发挥市场功能等，只有这样才能有效控制改善环境资源。关于环境会计的目标较有代表性的观点认为，环境会计就是用会计来计量、反映和控制社会环境资源，以改善整个社会与资源问题。其二，企业对环境会计确认、计量的认识不全面。有些企业不明确哪些事项属于环境会计所要考虑的对象，这种经济业务何时发生，应该在什么时间把它纳入环境会计信息系统中以及归入何种会计要素中；在环境会计要素计量方面，因为企业对环境资源的计量可采用多种形式和方法，有些计量方法有一定的主观性，企业往往忽视它对决策的有用性。其三，我国环境会计信息披露尚难真正实施。目前，我国企业在环境会计信息披露问题上正进行艰苦的探索，但还存在许多问题。总体来说，环境会计理论在我国还处于初级发展阶段，没有得到广泛的推广和应用。会计界对环境会计重视度不够，我国环境会计研究相对落后，缺乏科学权威的环境会计研究机构，导致环境会计信息披露尚难真正实施。

（4）研究方法单一，理论研究滞后。总体来看，目前我国会计界对环境会计的研究仍是以规范性研究为主，尽管近两年也有了部分实证研究成果，但实证研究仍可谓凤毛麟角。我们认为，如同其他的经济研究一样，环境会计既要回答“应当怎样”的问题，也要回答“是怎样”的问题，因此，实证研究和规范研究同等重要。另外，我国当前环境会计研究中还存在定量研究不足的缺憾，有关环境会计计量方法、环境业绩评价指标的研究还不够深入，可操作性不强。

本章练习

一、名词解释

1. 自然资源　　2. 生态资源　　3. 低碳经济　　4. 环境会计
5. 可持续发展　　6. 外部经济　　7. 外部不经济　　8. 机会成本
9. 边际成本　　10. 环境风险控制　　11. 环境会计主体　　12. 环境会计分期
13. 持续经营假设　　14. 环境资产　　15. 环境负债　　16. 环境成本
17. 环境收益　　18. 环境权益　　19. 环境库兹涅茨曲线

二、简答题

1. 简述环境、资源、经济、会计的内在关系。

2. 简述环境资源会计的内涵。
3. 简述环境资源会计的理论基础。
4. 简述环境资源会计要素的主要内容。
5. 环境会计的含义、目标、信息使用者、职能、原则、假设及基本要素是什么？
6. 简述环境资源会计假设。
7. 简述环境资源会计信息质量特征内涵及要求。
8. 中国会计学会环境会计专业委员会在推进中国环境会计理论发展方面主要有哪些贡献？
9. 环境会计的国际发展值得我们借鉴的经验有哪些？

三、阅读分析与讨论

（一）环境会计与管理

任何组织在发展组织的环境敏感性过程中都没有单一的、理想的模式。每一个组织都可以选择一个不同的路径。一些组织可以从环境政策出发，一些组织可以从环境审计和环境管理系统的发展开始，其他的一些组织可以从环境报告入手。然而组织没有必要独自发展其环境的敏感性。而同各个环保组织建立联系是一个非常重要和经济的起步方式，它可以使我们在充满艰辛的增强组织环境敏感性的道路上前行。

——罗伯·格瑞. 环境会计与管理［M］. 王立彦，耿建新，译. 北京：北京大学出版社，2014.

人类会计思想演进的"第三历史起点"：由以"产权为本"向以"人权为本"的转变，这一根本性转变，对实现人类社会可持续发展具有重大意义与深远影响。

进入21世纪后，研究人类社会可持续发展问题依然停留在上层，其议题局限于宏观方面，所发布的决议也是从战略方面提出的，尚未从切实的方位去考虑全球社会基础层面的控制问题。同时，除联合国之外，全球社会的决策层还根本上没有认识到会计、审计乃至财务控制，在对公司经济活动过程控制、在节能降耗方面，以及在解决与生态环境治理直接相关的废水、废气、废料排放控制方面的基础管理作用。而全球会计界却在20世纪90年代思想认识转变和参与解决生态环境治理问题研究成果的基础上，确立了会计思想演进的"第三历史起点"，把参与解决全球性可持续发展问题，放在未来会计控制思想与行为变革的重要方面。

——郭道扬. 人类会计思想演进的历史起点［J］. 会计研究，2009（8）.

讨论要点：

（1）根据上述文字内容，你从中解读出哪些环境会计方面的信息？

（2）人类会计思想第三次演进的历史起点，预示着什么？

（二）国外大学环境会计教育现状

了解西方发达国家，特别是美、英两国大学环境会计教育的现状，对于研究我国目前条件下开设大学环境会计课程、设置科学的教学内容和采用合理的教学方法是必要的。同时，我们也可以从中反思教育如何为人类进步、社会发展做出贡献这一重要而长远的教育指导思想。

目前，国外一些发达国家在环境会计教育方面已取得了初步成效，环境会计理论基础和实务操作相对国内较为成熟，环境会计教育体系正逐步形成。

1. 环境会计教育在西方发达国家已经初具规模

在英美两国大多数大学的会计系均讲授环境会计。在教学大纲中规定环境会计内容的大学会计系在英国为71%，并呈一种上升的趋势；而在美国学校有开设独立的环境会计课程，名称如"环境会计""政府、商业和自然资源""环境会计过程""环境会计高级专题研究"等课程（袁皓，2006）。美国的工商管理学院中，至少有60所进行了与环境保护有关的教学和科研活动。其中，72%的工商管理学院开设了环境管理方面的选修课，47%的工商学院开设两门或两门以上的包括环境会计、环境管理等选修课（厉以宁，

2004)，尤其是工商学院为企业培养管理人员。其讲授环境会计内容已成为大学会计系的必然选择，这些学校均在一些课程中设置了与环境会计相关的内容，课程名称和内容仍反映出环境会计的丰富内涵。不单独开设环境会计课程的大学，大部分的环境会计内容是融合在其他会计学课程中讲授，最常见的涉及环境会计的科目课程包括：财务会计、管理/成本会计、会计信息系统等。由此可见，国外大学讲授环境会计的立脚点是环境会计对传统会计学分支的影响以及如何将环境会计的内容有机地融入现有的教学框架。

2. 内容体系比较完整

美、英大学会计系讲授的环境会计内容从总体上可以划分为三个部分：一是环境会计概述，主要是与环境会计有关的基本概念和理论，如环境问题对企业经营的潜在影响、可持续发展观念的兴起及其内容、政府环境法律与政策及其与企业经营之间的关系等；二是环境管理会计，也就是如何使用环境会计信息支持企业内部决策；三是环境财务会计，即环境会计信息的对外呈报。根据相关资料研究，美、英两国大学所教授的环境会计涉及如下具体内容：

（1）环境会计概述的教学内容。主要包括：①可持续性发展战略的内容及其评估方法；②企业环境政策概述；③企业环境发展和监控系统的构建；④企业经营对环境影响的评估；⑤公司环境审计与评估。

（2）环境管理会计教学内容。主要包括：①垃圾处理、污染及资产废置的会计问题；②环境问题预算与绩效评估；③环境投资评估；④与环境有关的研发、预测和设计会计；⑤产品生命周期与环境成本研究；⑥企业并购与环境成本、效益分析。

（3）环境财务会计教学内容。主要包括：①财务报告中的环境问题；②独立的环境财务报告研究；③与环境有关的或有负债及会计差错更正问题；④与环境有关的支出与承诺的会计处理问题；⑤与环境有关的借款、所有者权益及保险问题；⑥审计报告中可能涉及的环境问题研究；⑦与环境有关的资产（如存货、土地等）价值评估问题。

3. 环境管理会计教育具有较强的前景

英、美两国大学环境会计教育的内容、现行环境会计教育重点和环境会计教育的未来趋势具有许多的相似性。首先，环境会计概述在两国均不是重点教学内容；其次，与环境管理会计相比，环境财务会计的教学受到更大的重视，而且对环境财务会计的重视程度在未来会进一步得到加强，这是由于各种利益相关者对更多的环境信息披露和呈报施加了越来越大的压力后的结果。

4. 环境会计教育目标明确

发达国家大学环境会计教育的基本目标，主要是使学生理解会计在支持公司实现其环境目标中的职能以及如何实现这些职能和会计的各个分支与环境会计之间的紧密联系两个方面。为实现上述目标，在环境会计教学中，将讲授的内容紧紧围绕学生具备理解并参与制定公司的环境事务战略能力方面，且这些环境事务战略应当使公司在环保日益受到各利益相关者重视的社会中具备竞争优势。

——袁广达．中国大学环境会计教育之路［J］．会计之友，2010（7）．

讨论要点：

（1）你所知道的中国大学环境会计教育现状如何？

（2）中国大学工商管理学科和专业教育应如何为人类社会进步、经济发展做出贡献？

第2章

环境会计制度

【学习目的与要求】

1. 熟悉和掌握环境会计制度、会计准则的概念，了解环境会计制度设计的必要性、环境会计制度设计的原则；

2. 了解我国环境会计制度存在的问题和中外环境会计制度发展存在差距的原因；

3. 理解环境会计核算组织系统；

4. 熟悉和掌握环境会计核算信息系统的账户设置和报表设计；掌握环境会计账户核算内容和核算要点，并应用这些账户进行基本业务处理；

5. 理解和掌握环境会计核算业务系统的确认、计量、记录、报告四大环节；

6. 理解“环境完全成本”和“环境大收入”的基本思想，熟练应用和掌握其具体的核算方法，初步掌握基本的环境会计报表编制方法；

7. 了解环境会计法律、法规和政策，环境会计准则、标准和实施办法；理解环境会计制度保障。

2.1 环境会计制度建立与发展

2.1.1 国际会计组织对环境会计制度的建立与发展

环境会计从20世纪90年代以来已受到国际社会的广泛关注。联合国国际会计和报告准则政府间专家工作组（ISAR）、国际会计师联合会（IFAC）等对环境会计研究起到重要的推动作用。ISAR推动了企业对外披露以及如何披露相关的环境信息，IFAC从管理的角度出发，通过有效搜集企业的环境信息支持内部决策。全球报告倡议组织（GRI）在推动企业的可持续发展报告方面，发布了《可持续发展报告指标》（简称G3），注重将环境因素如资源消耗、环境负荷的产生纳入可持续发展报告中进行信息披露。世界银行也积极建议修改会计体系，增设环境账户，以真实反映经济增长业绩。国际标准化组织（ISO）陆续颁布了ISO14000系列环境管理标准，涉及许多财务上的问题，为协调各国在环境会计制度建设方面起到重要作用。

（1）联合国国际会计和报告准则政府间专家工作组。联合国国际会计和报告准则政府间专家工作组（ISAR）是联合国系统唯一的致力于全球范围内对各国的会计和报告实务进行协调的政府间工作机构。该机构自1983年开始，每年召开一次专门的会议，针对会计专题进行比较和研究，并形成一定的指导意见来推进国际会计事务的协调。ISAR 从 1989 年开始从事环境会计报告问题的研究。1990 年，在挪威和印度两国的倡议下正式立项环境会计和报告项目，1990 年、1992 年和 1994 年分别对世界各国的环境会计实施情况进行了三次国别调查，取得了大量的一手资料，进行了大量的环境会计信息问题的披露。1998 年，通过的《环境会计和报告立场公告》后来成为联合国国际会计和报告标准《环境成本和负债的会计与财务报告》。此报告包括了环境会计的定义、环境成本和负债的确认、计量、环境成本与负债的披露，是第一份比较完整的环境会计和报告的国际指南，为各国政府、企业及其他利益集团改善环境会计和报告质量，实现环境会计领域的协调提供了指导。2002 年此报告进行了再次修改。2004 年 ISAR 发布了《生态效率指标编制者和使用者手册》，生态效率指标将环境业绩与财务业绩指标结合起来，衡量企业在生态效率和可持续发展方面的进步。2007 年又发布了《关于年度报告的企业责任指标指南》，明确指出企业披露自身的环境问题是企业所有的责任。

第一，《联合国国际会计和报告标准》。1995 年，ISAR 第 13 次会议专门讨论了环境会计问题。在这次会议上，专家工作组指出，尽管大量的研究工作已经在进行，但仍需要做出进一步的努力来研究和评估所提供的信息，以便确认什么是适合用于各国政府和其他有关各方的最恰当的指南。专家组的结论是：提供这样的指南是很重要的。随后，各成员国政府很快发现，他们不得不与其他成员国就其各自的会计标准和程序的差异问题进行协调。于是，在世界银行的资助以及特许注册会计师协会和加拿大注册会计师协会的专家以个人身份所提供的技术援助之下，ISAR 对其原来的指南进行了补充，使其更加明确，同时考虑到了各国的最佳实务处理。其目的是向关心什么是财务报告的环境交易与事项的最佳会计处理的企业、立法者和会计准则制定机构提供帮助。

第二，《环境会计和报告立场公告》。1998 年在日内瓦召开的联合国国际会计和报告准则政府间专家工作组会议，通过了《环境会计和报告立场公告》。这份立场公告的重点是，企业管理部门对委托管理的与企业活动有关的环境资源所涉及财务影响的受托责任。正如专家工作组在 1989 年公布的《财务报表的目标与概念》中所指出的，财务报表的目标是报告企业的财务状况，以便有利于决策者据此做出决策，并可用来衡量管理部门对委托资源的受托责任的履行情况。而对于许多企业而言，环境是一种重要的资源，所以，无论是从公司还是社会利益的角度出发，它均应有效地加以管理。

这份公告所涉及的是有关环境成本和负债的会计处理和报告。这些环境成本和负债或者可能影响企业的财务状况与经营成果，从而要在财务报表中报告。对于那些不由企业负担的成本和事项的确认与计量并不涉及。公告对环境、资产、负债、或有负债、环境成本、环境资产、环境负债、资本化、义务等概念进行了定义，又对环境负债、环境成本的计量与确认、信息披露、通则等方面做了相关规定。

（2）国际会计师联合会。国际会计师联合会（IFAC）对环境会计研究主要是从管理会计的角度出发。1998 年，IFAC 发表了《组织中的环境管理：管理会计的作用》，该报告定义了环境管理实践、环境会计、EMA 等术语，简要概括了在可持续发展的框架下企业环境管理的主要挑战和目标，讨论了会计人员在企业环境管理中的作用。2005 年，IFAC 发布了《环境管理会计指南》，指南梳理了环境管理会计的定义、作用及应用，消除了环境管理会计的混乱，有助于会计师和审计师审计财务报告及其他报告中与环境有关的信息。该指南在整合各国环境管理会计应用案例的基础上制定，汲取了联合国可持续发展委员会（UNDSD）2001 年出版的《环境管理会计——程序和原则》中的精华部分，具有较强的综合性和包容性，许多建议普遍适用于各国企业的环境管理会计实践，并为今后制定环境管理会计的正式指南奠定了坚定基础。

2.1.2　发达国家环境会计制度的建立与发展

（1）美国。美国从 20 世纪 70 年代以来着手研究企业环境会计信息披露，在此过程中，美国的众多部门联手工作，国家行政命令与各方监管同时作用，在保护环境的同时，为美国的环境会计制度建立和发展做了很大的贡献。美国环保署、财务会计准则委员会、证监会、注册会计师协会等政府机构和专业团体发挥了很大的作用。

自 20 世纪 80 年代以来，美国企业、会计界和会计信息使用者越来越重视环境负债问题，这种情况的出现缘于 70 年代以来，美国政府颁布了一系列与环境保护有关的法律法规，这些法律法规对企业的环境污染预防和治理提出了严格的要求，产生了一系列环境成本与债务。例如，按照法律的要求开展持续的环境保护活动导致的成本、支出和债务；按照法律的要求对已污染项目进行清理或清除导致的成本和债务；其他个人或组织由于人身健康和安全或者财产受到企业排放污染物的损害而索赔导致的成本和债务；违反环境法律受惩罚而导致的成本和债务，等等。这些成本和债务有些情况下数额特别巨大，对企业财务状况和经营成果的影响越来越大，所以应当对其规范化核算以及以合理的方式披露。

美国企业的环境会计信息披露属于法规披露项目，对特别是大规模的重污染行业上市公司环境会计信息的披露要求更加严格，美国上市公司在连续几年的年报中均要对环境信息做较为全面的披露，可见公司管理层对环境信息披露的重视程度。其具体的做法有：①环境信息披露位置。美国上市公司主要是在年报管理层讨论分析部分披露环境信息。②环境信息披露的内容。从影响企业财务的角度，美国上市公司主要考虑环境政策、环境成本和环境负债三个方面的内容。首先，环境政策的披露。美国上市公司披露公司环境政策目标，并且只要与环境负债和成本相关的特定会计政策都予以披露，有的公司还披露政府就环境保护措施给予的鼓励。其次，环境成本的披露。美国上市公司披露公司的环境成本，并将环境投资和环境费用分别列示，对研究、再利用、环境健康管理等方面有一定的描述。最后，环境负债的披露。美国上市公司披露公司的环境负债，对与环境有关的可能债务予以定量的披露；对越来越严格的未来法规所导致的潜在债务予以说明；对与环境有关的债券和金额等予以披露。③披露的具体形式。美国上市公司对环境信息主要采取定量形式披露，定性描述为辅。美国的环境会计法律制度较为成熟。究其原因，首先是美国制定了较为全面的环境法律法规。美国上市公司遵守的环境法规包括《清洁空气法》《清洁水法》《资源保护和回收法》《综合环境反应、补偿和债务法》《超级基金法》等。其次，与之对应的会计准则较为完善。美国要求上市公司在财务会计和报告以及财务分析中考虑环境问题导致成本增加对公司财务产生的影响，要求定量披露环境成本和负债，并有相应的清晰的指导。

有关的职能部门主要有：

美国环保局。1992 年，美国环保局专门设立了环境会计项目，研究向企业外部利害关系者披露环境信息的问题，并组织编写了《环境会计导论：作为一种企业管理工具》，书中不仅对环境会计的概念进行了界定，澄清了环境会计的含义，而且在环境成本计算、环境成本分配、环境会计信息披露和应用方面为企业提供了技术指南。1995 年，美国环保局发布了“鼓励自我监督：发现、披露、改正和防止违法”的政策，鼓励企业自愿发现、披露、改正其环境违法行为，对那些按规定自愿发现、披露、改正其环境违法行为的企业给予减免法律处罚的优待。该政策通常又被称为“审计政策”。2000 年，该政策进行了修正。“审计政策”使那些按该政策自愿披露、改正其违法行为的企业获得减免法律处罚的优待。

美国财务准则委员会。1989 年，该委员会建立专门的工作小组，研究环境事项的会计处理，主要集中在负债和支出两个方面，要求企业依据 1975 年第 5 号准则《或有负债会计》处理环境负债问题，该文件主要涉及的是如何确认和计量或有负债与损失并同样可以适用与环境问题所引起的或有负债，还颁布了第 14 号解释公告《损失金额的合理预计》，该文件是用于计量的指南。因其主要针对一般或有负债，故在确认和计量环境负债方面显得并不具体。于是，专门针对环境事项的会计处理，又陆续颁布了第 89 – 13 号公告《石棉清理成本的会计处理》、第 90 – 8 号公告《处理环境污染成本的资产化》和第 93 – 5 号公告《环境负债会计》。前两个公告对环境费用的资本化条件进行了说明，环境污染的处理费用一般都应作为当期费用计入当期损益，只有满足三个条件时，才允许资本化处理：一是延长了资产使用寿命，增大了资产的生产能力，或改进其生产效率；二是可以减少或防止以后的环境污染；三是资产将被出售。后一个公告则要求企业将潜在的环境负债项目单独核算，并与其他或有负债分开列示。

美国证券交易委员会。其关于环境问题信息披露的规定主要有：S – K 条例第 101 项、第 103 项和第 303 项条款；第 36 号财务报告公告；1979 年的解释公报；第 92 号专门会计公报。1993 年 6 月专门就环境会计与报告问题发布的第 92 号会计公告，要求上市公司对现存或潜在的环境责任进行充分及时的披露，对于不按照要求披露环境信息的公司，将被处以 50 万美元以上的罚款，并在媒体上予以公示；另外环保局还及时向证监会提供存在潜在环境负债的企业名单，使证监会关注企业的环保责任和环保风险。

美国注册会计师协会。1996 年，该协会发布了《环境负债补偿状况报告》，为特定环境负债的确认、计量、披露提供了可供参考的相关方针。它提出了公司报告环境补偿责任和确认补偿费用的基本原则，同时也提供了对补偿责任进行揭示的不同方法。

（2）加拿大。加拿大是较早研究和实施环境会计的国家，其环境会计理论和实务一直处于世界前列。在加拿大推行环境会计的初期，与企业生产时间相结合过程中遇到了来自企业特别是传统会计的巨大阻力。但最终越来越多的企业还是看到环境会计对经济效益提高的好处，都纷纷在企业会计核算中加入环境会计核算，使加拿大环境会计得以发展。近年来，由于环境污染和环境破坏问题日益严重，加拿大政府陆续颁布了一系列法律法规，如通过连接环境资源统计与国家会计账目的关系，来确定清洁污染的经济成本，对企业的生产经营活动进行限制。理论界和实务界积极开展环境保护方面研究的同时，会计界也开展了对环境会计和审计的研究与探索。加拿大的环境会计在国际上处于领先地位，这和加拿大各行各业对环境问题的普遍重视分不开。其中加拿大特许会计师协会的贡献巨大，其在环境会计和审计方面的许多努力及其成果都具有国际影响。

加拿大特许会计师协会（CICA）是加拿大特许会计师的一个全国性组织，是加拿大最大的会计师职业团体。1993 年加拿大特许会计师协会的可持续发展专门小组发布了一项报告，分析了人们在环境问题上所面临的挑战后，提出了会计职业界在环境问题上努力的方向和应该采取的行动。到目前为止，加拿大特许会计师协会已经完成并正式出版了以下几份有价值的研究报告：

《环境成本与负债：会计与财务报告问题》。该报告主要解决如下问题：在现有的财务报告框架内，环境影响的效果应该如何被记录和报告，在当期确认环境成本应该采取何种处理的方式，未来的环境支出应该在何时确认为负债。该报告涉及的基本议题是：环境成本与损失的认定以及资本化或列为当期费用的问题；环境成本、债务、承诺与会计政策的披露问题；未来环境支出与损失的披露问题等。

《环境绩效报告》。这一报告是加拿大会计师协会与加拿大标准协会、国际可持续发展协会、加拿大财务经理协会于 1994 年共同合作完成的，它为公司如何提供环境绩效信息提供指南。该报告涉及的主要内容是：在企业决定对外报告环境绩效时应该考虑哪些因素，单独的环境报告和年度报告中的环境部分应该如何列示和披露。该报告还确定了与企业环境报告有关的几类主要关系人，分析了他们不同的信息需要，讨论了环境报告中必要的信息内容，并提出了一些可供参考的选择模式。

《加拿大的环境报告：对 1993 年度的调查》。公司对环境事务绩效的报告越来越多，股东们以及其他有关方面也越来越想了解公司的年度报告中是如何报告这方面的信息的，鉴于此，加拿大 CICA 组织了一次调查报告，并予以公布。该报告主要涉及的问题是：加拿大公司如何报告它们的环境业绩，在环境成本、负债、风险的会计与报告中目前的实际操作如何。该调查报告所选取的样本包括 863 家公司的年度报告和 18 家公司的专门报告，对该年度各公司关于环境成本、负债、风险和环境绩效的会计与报告做了比较详细的调查，这份报告对于会计实务界和理论研究人员都是很有参考价值的。

除此，还有《环境审计与会计职业界的作用》和《废弃物管理系统——执行监督与报告准则》等几份有价值的研究报告。这些报告对于指导公司环境会计实务处理及信息披露起了很大的作用。另外，加拿大 CICA 在 1995 年开始了一项关于完全成本环境会计的研究课题《基于环境视野的完全成本会计》。它的正式会刊《特许会计师》杂志也在环境会计、审计方面不断地做了大量的工作。该杂志发表了许多关于环境会计、审计、管理方面的论文，并及时报道关于环境方面的新闻和消息，为协会的会员提供多方面的帮助。鉴于环境问题越来越重要，从 1994 年 1 月起，该杂志成立了专门的部门处理环境问题方面的稿件及其他有关事务。加拿大 CICA 于 1993 年创立了一个特别小组，定期举办关于环境问题的研讨会，并就环境会计、管理与审计事务向其会员提供信息和技术上的帮助。为了更好地搞好环境方面的有关事务，CICA 还成立了一个名为可持续发展咨询委员会的机构，以便为协会主席和理事会提供各种各样的咨询和建议。此外，CICA 积极加强与有关各方的联系，例如与加拿大全国环境与经济论坛及有关政府机构保持联系，以促使大家为环境会计、审计等协同努力。

（3）日本。日本环境会计的发展在亚洲最具有代表性。日本环境会计的研究起步较晚，但发展很快。日本政府从 20 世纪 90 年代开始，提出“循环性经济社会”的发展战略，并大力倡导企业引进环境会计的基本理念，其环境省①在推动环境会计实施和环境信息披露方

---

① 日本环境厅于 2001 年更名为环境省。

面起了不容忽视的作用。日本关于环境会计报告的研究是从20世纪90年代开始的，与ISO14000系列认证为主的环境管理体系在日本企业中得到推广关系密切。

1993年，环境厅发布了《关注环境的企业的行动指南》，第一次提出环境报告书的概念；1998年发布了《关于地球温暖化对策》，要求企业公开发布其二氧化碳的排放量和控制方法；1999年颁布《关于环保成本公示指南》，将环境会计核算问题提到政府法规层次，许多上市公司按照指南的规定披露环境会计信息，并陆续发表环境报告书。自此，日本的环境会计走上了规范化发展的道路，1999年也被日本会计界称为环境会计元年。

环境部门为了建立环境会计体系、发挥环境会计的作用，进行了大量的调查、研究和探讨。2000年3月，在总结《关于环境保护成本的把握及公开的原则》的基础上，环境厅发布了《关于环境会计体系的建立（2000年报告）》，对环境治理效益和环境收益进行了探讨，并确定了对环境费用和环境收益进行计量的相关方法。该文件不仅对环境费用，而且对环境效果的计量进行了详细的说明。为统一环境业绩评价指标，环境厅于2000年发布了《企业环境业绩指标准则（2000年版）》，其主要内容包括：准则制定的宗旨；制定环境业绩指标的目的；准则之间相互关系；环境业绩指标应具备的条件；环境业绩指标的结构；环境业绩指标的评价；与经营指标相关联的指标；环境业绩指标和今后的任务等。2001年2月，环境省发布了《环境报告书准则（2000年度版）》，其主要内容包括：关于准则的发布，制作环境报告书的原因；环境报告书的模式；环境报告书的内容；准则的不断完善及资料汇编。2001年5月，环境省在原《环境会计导入准则（2000年版）》的基础上，发布了《环境会计指南II》，该指南重点说明了环境会计信息披露的现实情况，以及有关环境会计的内部机能的认识和调查研究事例。2002年3月，日本环境省编写并出版《环境会计指南手册（2002）》。该手册主要包括4个方面的内容：第一，环境会计的定义、功能和作用、基本特征及环境会计的结构要素（即环境保护成本、环境保护效益和与环境保护活动相关的经济收益）；第二，基本环境成本要素；第三，环境会计三结构要素（即环境保护成本、环境保护效益和与环境保护活动相关的经济收益）的定义、分类及其核算；第四，环境会计信息的披露。其中对环境会计要素的核算做了大量细节性的规定。手册中还规定，当企业发生的环境修复成本超过它的保险索赔款时，超过部分应确认为环境保护成本。从发展趋势来看，日本的内部环境会计的成本研究也呈现新的变化，开始研究和探讨企业的上游成本和下游成本，也逐步开始了企业产品的生命周期研究。

不过，环境省的环境会计指南对企业没有强制力，环境会计的使用、公布均由企业自主决定，但用环境报告书公布环境会计信息的企业仍趋于不断增加。环境报告书包括企业可持续发展报告书和企业社会责任报告书等。很多公司把环境会计信息作为环境报告书的一部分，包括环保投资和环保活动效率等内容，甚为企业决策层所重视。日本于2005年4月1日开始实施的《环境友好行动促进法》规定，行政部门和公共单位等必须公开环境报告书，民间部门虽没有公开的义务，但受到该部法律的影响今后也应该会进一步得到普及。

【辅助阅读2-1】

日本L集团的分层环境资源会计体系

L集团的环境会计体系建立之初分为企业环境会计和各层次环境会计两个层面。企业环境会计是在符合日本环境部门环境会计方针的前提下，用于对关注相关信息的公众提供信息的一种工具。L 集团从生态平衡数据中选取必要的部分计算基于其自设的公式和指标的环保措施成本和效益（以自然量和价值量形式）。经第三方机构核实后，这些计算结果将向公众披露。L 集团继续提高披露信息的精确度，并做出积极努力使得这些信息能够与已有的标准文件（例如财务报表）取得更大的一致性。

各层次环境会计是一种内部环境会计工具。用于选择一个所有操作流程中与环境保护相关的投资方案或项目，以及用于评估其一段时期内对于环境的影响。对于环保投资影响的计算将基于投资回报的概念，计算结果将在企业内部使用。

2002 年度 L 集团建立了生态平衡环境会计，这使得环境管理指标的计算变为可能。集团积极探索基于各产品的环境成本和收益的环境管理指标的进一步精确性和准确性，这些指标被数字化，从而从环境会计角度评价这些产品是否足够环保。

2005 年度生态平衡环境会计正式更名为事业领域环境会计，中心意义不变，只是范围更为广阔。各事业领域开展众多的环境活动，是把握该环境活动对实业领域的环境经营情况做出什么贡献的指标。事业的特性因事业领域不同而各不相同，因此需要不断探索适合各种事业的个性化指标。

从 L 集团对环境会计分层方面的改进我们也可以看到，随着日本环境省每年出台的对环境报告的政策要求的提高，L 集团方面也相应做出了调整，使之更适合于政府标准，且与时俱进。

——罗喜英. 从环境会计看环境经营的有效性 [J]. 中南大学学报，2009（10）.

（4）韩国。韩国的环境会计研究起步于 20 世纪 90 年代中期，随着环境污染预防成本的增加，一些公司开始研究环境会计，这主要是因为环境污染预防成本的增加使得企业产品成本不断持续升高，严重影响了市场竞争力。另外由于政府环保法规的规制力不断增强，金融机构等外部债权人更关注企业环境风险和业绩，迫于压力的公司不得不寻找成本效益化方法来提高环境业绩。基于这一因素，许多公司已开始意识到事前的环境管理战略和环境业绩报告的重要性，但实践却处于初级阶段。为了促进韩国环境会计实践，韩国环境部于 2000 年 1 月引进了一个由世界银行资助的关于“环境会计体系和环境业绩指标”的特别项目。这个项目的完成提供了一个准确地估计一个公司的环境成本和业绩的工具，并为企业引进环境会计和业绩评估方案提出全面的方法框架。同时，这个项目也考虑了在发展中国家建立一个能够被利用的环境会计指南，并且推荐了一些能将这些工具更容易引进经营实践的政策选项。2001 年，韩国会计协会（KAI）出台了一个覆盖了环境会计相关范围的《环境成本和负债的会计标准》，其目的在于提供理论基础及在韩国引起环境会计的相关方法，主要包含环境会计的定义和领域、环境会计的概念框架、环境会计在韩国的实践和环境会计标准草案。2002 年韩国环境部颁布了环境报告指南，以帮助公司发布环境信息，鼓励公司在经营过程中实施环境管理。

（5）英国。英国是世界上环境信息披露比较早的国家之一，英国的环境报告一直是作为企业社会责任报告的一部分对外披露，而社会责任报告是英国企业对外提供会计信息的重要组成部分。1975 年，英国会计准则指导委员会颁布的《公司报告》首次使用了企业对社会公众的受托责任概念，而这些责任中很大一部分与环境责任有关。20 世纪 90 年代以后，由于环境保护理念深入人心，政府和社会公众开始关注企业经营行为对环境的影响，对企业提出了环境信息披露的要求。

1992 年，英国政府颁布了《环境管理制度 BS7750》，它是世界上第一部由政府正式颁布的环境保护法规，该法规要求污染企业必须在报表中反映其在环境保护中采取的措施，并对企业环境管理系统的开发、实施和维护提出了明确要求，促使企业为实现所确定的环境目标而努力。这部法规对促使大公司进行环境信息披露起到了很大作用。虽然众多公司编制和披露环境信息，但在当时却没有公认的专业标准。鉴于此，为了规范企业环境信息的披露，英国环境部于 1997 年颁布了题为《环境报告与财务部门：走向良好实务》的报告文件，它适用于所有企业，虽然并不强制企业必须遵守，但作为政府部门的一份文件，客观上起到了规范环境会计的作用。

英国特许公认会计师协会（ACCA）多年来一直积极开展关于环境会计的研究，于 1991 年推出了环境报告奖励计划以鼓励企业披露环境信息，2001 年 11 月英国环境、食物和农村事务部会同英国贸易与工业部等发布了《环境报告通用指南》，指导各类组织编制环境报告。

（6）德国。德国在研究和实践企业内部环境会计方面具有比较明显的优势。早在 1982 年下半年，约瑟夫·克洛克（Josef Kloock）就提出了环境成本的计算，其实质在于从已经制度化的成本计算体系中将其中的环境成本分算出来，从而形成环境成本和通常成本两种成本并行处理的计算。受这种理论的影响，1996 年德国环境部编撰了《环境成本计算手册》，该手册是在集中了众多研究人员、产业界代表、顾问公司意见的基础上编撰的，该手册的发表对德国产业界产生了很大的影响。德国的环境会计体系主要包括五大类：物质能量流动会计、土地会计、环境评估会计、环境保护支出会计和可持续发展成本会计。

（7）法国。1978 年法国开始建立环境会计体系，以实物量和货币量单位计量该国自然资源的存储量和变化量。当时法国的自然资源有很多是前人遗留下来的，体现了生态的可持续发展观，因此，人们要求该国的环境会计体系可以就生态、经济和环境之间的相互作用加以评价。在建立环境会计体系的初期，人们便认识到将环境会计与国家会计联系起来的诸多益处，而这也成为发展环境会计的主要动力。然而，建立环境会计体系的目的除了得到一个可以更准确地反映社会财富的经济总量之外，更重要的是可以合理地分析出生态、经济和环境之间的相互影响。像绝大多数国家一样，法国的国家资产负债表也是以货币单位计量该国所有固定资产和流动资产的价值。而该国环境会计的核算对象已经扩展到土地、底层土和森林在内的自然资源。从 1986 年开始，法国开始计量环境保护方面的支出。

（8）澳大利亚。澳大利亚作为大洋洲地区最为典型的国家，其环境会计的发展代表了其所在地区的情况。澳大利亚最初发展环境会计是为了支持其国家生态可持续发展战略。人们一直在致力于确认自然资源的市场价值这项工作，这些自然资源包括森林、水、鱼类、土地和地层土等。它们可以反映出澳大利亚自然资源的富足程度。与其他使用货币进行计量的会计一样，澳大利亚的环境会计体系仅对具有经济价值的资产进行估价，而不包括生物多样性或者空气这样没有市场价值的因素。澳大利亚环境会计体系的核算内容主要包括：自然资源的货币量估价；各部门环境保护支出的估价；能源等自然资源实物量的估价；各部门对环境影响的压力指标的计算；环境污染和资源消耗的货币估价等。澳大利亚的国家会计系统被分解成若干部分以反映其自然资源的使用情况。这样，受影响的主要包括两个方面：一是资产负债表。当自然资源被消耗或有所增长时，要分别加以确认；二是对投入产出会计的估价。具有保护环境目的的支出被单独分离出来，以核算某项经济活动的环境保护成本。

2.1.3 我国环境会计制度

（1）我国对建立环境会计制度的研究。我国对环境会计的介绍与认识始于 20 世纪 90 年代初期，其成就主要体现在理论方面。不少学者开始将其作为热点进行不同深度和广度的研究。虽然还尚未形成统一的认识，但不可否认，30 年来，我国会计理论界对环境会计制度的理论研究已取得了一定的成果。

乔世震编著的《漫画环境会计》中提出，环境会计的核算对象是企业应当承担责任的环境活动，凡是与企业财务活动相关的环境活动都应当纳入环境会计的复式记账系统，并保持与现行财务会计核算体系的兼容。复式记账中主要设置环境支出、环境收益、环境资产、环境负债四个主账户，并根据公司环境活动所涉及的内容设置明细分类账户；凡是与企业财务活动无关或者暂时无关的环境活动，则需要组织有目的的单式记账。

徐泓在其《环境会计理论与实务的研究》中提出，环境会计作为会计的一个分支，其基本程序应与财务会计一样包括确认、计量和报告。通过确认、计量和报告，将环境事项确定为一项环境会计要素，并用货币确定其金额，最后编制环境会计报告。她认为，从环境要素方面分析，实务中应当建立环境资产会计、环境费用会计、环境效益会计。

肖华在其《企业环境报告研究》一文中提出，企业环境报告是企业对外披露其环境信息的载体，其披露的信息应符合企业环境报告的目标和信息质量特征。可以说，企业环境报告的内容是企业环境报告目标的具体化。根据企业环境报告目标的要求，企业环境报告应包括以下四个方面的内容：①企业环境报告的范围；②企业的环境影响；③企业的环境业绩；④企业环境活动的财务影响。除此之外，一份完整的企业环境报告还必须包括对该报告的审计鉴证。目前常见的企业环境报告方式主要有两种：一种是在财务报告中增加环境报告部分，其根据环境报告内容的详细程度，又可进一步划分为文字叙述式和增加报告式两种具体方式；另一种是编制独立环境报告，根据环境信息的详细程度，也可以将其划分为两种具体方式——综合式环境报告和具体式环境报告。

袁广达在《环境会计与管理路径》和《中国上市公司环境审计理论与运用》中，对环境会计、环境审计方面的研究主要表现在以下六个方面：①提出了中国环境会计的基本走势和企业环境经济信息系统的两大组成内容——环境会计核算信息系统和环境管理控制信息系统，并从政府、企业、专业会计师和社会多方博弈机理上就其具体信息的组成进行了系统归类；同时，在此基础上提出并架构了由环境财务会计和环境管理会计所构成的企业环境会计组成内容。②建立了中国上市公司环境会计信息披露的基本模式，改进企业财务会计报告，并对信息披露质量提出了审计方略。③构建了公司环境风险审计评估的管理策略。企业环境风险评价首先是建立在评价者充分理解和掌握环境披露政策标准的前提下，在对企业环境风险认知的基础上，运用恰当的评价方略，对企业环境状况实施评价分析，并提出公允的评价结论和评价意见。④以资源稀缺为前提条件，以公平补偿和发展可持续性为目标和衡量标准，建立公平和可持续的生态污染价值补偿制度和环境损害成本计量标准。在此基础上提出建立注册会计师为主导的环境会计信息审计鉴证机制，以及对企业环境成本的会计控制和管理控制基本思想和基本方法。⑤提出了在我国上市公司环境审计的基本方式与方法和相关支持系统，架构了生态文明系统下企业环境财务绩效评价指标体系，并与传统的财务分析评价指标融为一体。⑥设计了民间会计主导下的企业环境审计理论构想和运作机制，包括理论体系、内容体系和支持体系等。

（2）我国环境会计制度存在的问题。理论的研究与现实总是有一定差距的。虽然理论上环境会计核算要求企业对所有的环境业务进行专门的、详细的反映和披露，但从我国会计核算实务来看，环境会计核算和对外报告方面尚未采取专门的和具体的行动，只是在日常的会计处理中，将与环境有关的财务影响作为常规的财务会计问题进行处理。所以，中国环境会计理论还没有走向实务。

我国现行用于指导企业会计和报告事务的法规主要是由财政部和中国证监会制定的，包括财政部发布的会计准则和财务通则一系列的行业会计制度和财务制度，以及中国证监会发布的公开发行股票公司执行的信息披露规则和准则。总体来看，这些法规制度和相应的会计与报告实务对于环境会计信息披露规定基本上处于空白，导致会计理论界讨论热烈，而实务界应用冷淡的矛盾不断发生。从 20 世纪 80 年代中后期开始，国家统计局和国家环保部门要求企业要向国家编制报送关于企业环境基本情况的统计报表，同时我国企业也规定了一些环境支出的日常会计处理。但总体来说，我国对环境会计的核算仅在一般会计科目中反映，没有单独有效地揭示；对环境会计要素的确认、计量标准、科目设置、报告流程、披露规范以及如何协调处理环境会计与现行财务会计的兼容性与相对独立性关系等方面，尤其是涉及环境会计制度建立的诸多关键问题研究，尚未获得实质性突破。例如，我国于 2006 年 2 月颁布的《企业会计准则》中，虽然对环境事项的确认、计量和报告等要求已经在增加预计环境负债、考虑固定资产弃置费用、披露石油天然气资源储量、明确公益性生物资产和天然起源生物资产的确认和计量四个方面得到了体现，但未形成专门的环境会计准则，其有关环境会计的规定仍散见于不同准则之中，统一性差，并未具备一个完整的解释、预测和指导会计实务功能的概念框架，更缺乏具体的可操作执行的细则和办法，可见其缺乏系统性和实践指导意义，不利于实用推广，与日益增加的环境保护需求不相适应，与建设美丽中国的需要相差甚远。

【辅助阅读 2 -2】

我国环境会计信息披露现状

我国强制环境会计信息披露效果不明显，以钢铁行业为例，证监会规定上市公司必须在其招股说明书中披露有关环境会计信息的内容，大部分企业都会在“环保风险因素”和“环保风险对策”这两个方面披露环境信息。而且多是以“由于环保已经成为一种世界性的趋势，而且我国钢铁行业的环保标准低于发达国家水平，如果政府今后进一步提高环保标准则可能提高公司的经营成本”这类内容为主进行披露，对利益相关者来说没有太大的参考价值。其他的披露内容也是大同小异参考价值不大，比如“本公司各项环保设施齐备，符合国家环保法规、政策，达到国家环保要求，近几年来未发生过违反环保法律、法规的行为，××省环境保护部门已就本公司环境保护执行情况出具达标证明文件”“本公司配备专职的环保监督人员，建立环保监督体系，配备完善的环保设施和环保治理系统，以保证各项指标达到国家规定的标准。本公司环保守法情况已得到××市环境保护局的证明。”虽然部分公司采用独立报告的形式披露环境信息，但信息质量好的公司仍只占很小的比例。同时从公司的年报上可以看到，其审计报告中也未涉及环境信息披露方面的内容，也没有相关部门或机构的环境信息鉴证和说明，所以不能保证其信息的可靠性。这种情况不利于社会公众和有关部门对企业环境责任的履行情况进行监督。

——卢少青. 我国重污染行业环境会计信息披露研究［D］. 河北经贸大学，2014.

2.1.4 中外环境会计制度发展存在差距的原因

（1）环境法律法规的不完善和执行的不严格。目前，我国在环境保护领域已经建立了以《中华人民共和国环境保护法》为基础的法律法规体系，有7部国家颁布的环境保护专业法律和一系列相关的资源生态保护法律、几十部国务院颁布的环境保护法规、上百部部委规章；在会计领域上，已建立了以《中华人民共和国会计法》为核心的法制体系。但没有针对环境会计的专门法规或者明确的规定，即便涉及的一些规定也存在内容笼统、操作性不强的问题，与实务操作之间有很大距离。同时，相关环境法律执法力度方面也有所欠缺。很多公司仍然一味地追求经济利益的最大化，而忽视环境的保护，只管生产经营，把环境污染的治理工作看作是政府和环境保护部门的事，认为环境污染的治理与公司本身没有多大关系，因此治理污染不积极，投入不大，甚至不投入，以致污染更加严重。还有很多公司为了降低生产成本，追求最高利益，应付有关部门的检查和逃避应受的惩罚，在治污设施建设后并不按照相关的规定正常运行，而仅仅是在环保部门来检查时才运行，检查完后，就停止运行。

（2）环境会计的理论研究与实务操作仍很不成熟。环境保护是一项宏观性、综合性、社会性的事业，需要多种措施并举，仅靠会计手段很难奏效。从理论研究的角度看，科学合理、系统完整并符合中国国情的企业环境会计理论和方法体系尚未建立起来。我国现有的环境会计理论研究对目标定位过高，脱离了基本国情，影响了环境会计理论框架的构建。从实务方法看，我国企业并没有建立起完整的环境会计信息系统，企业环境报告信息披露严重不足且缺乏可比性和可靠性。目前，我国企业环境报告在目标方面过于狭隘，在内容和方式方面缺乏可理解性、相关性、可靠性、可比性和透明度。因此，在环境会计的理论和实务都不成熟的情况下，环境会计制度也就难以建立和执行。

（3）利益相关者对环境会计信息需求较少。环境会计信息的利益相关者包括投资者、债权人、政府部门以及社会大众。但目前企业环境资料信息使用者主要是政府部门。他们利用这些信息，制定相关的政策与法律、税收等规定，以改善环境。但如果只靠法律力量，而其他的利益相关者还没有意识到环境会计信息的重要性，没有感到公布环境信息对自身有何益处，就不易于从根本上去实行环境会计制度。而国外的贷款机构、金融家以及投资者已经认识到环境问题能严重影响一个机构及其资产的价值，重视环境会计为企业带来利益，为环境会计制度的执行提供了保障。因此，只有社会公众对环境问题的关切度日益增强，对环境信息的需求日益迫切，才能推动我国环境会计制度的建立。

（4）我国企业的环境责任意识不强。我国众多企业环境责任的道德观念不强，“重经济、轻环境”思想以及“先污染、后治理”等非持续发展的行为较为普遍。在激烈的市场竞争中，企业面临的压力很大，一心要降低成本，考虑环境的支出无疑会增加企业的成本，所以企业不愿意考虑环境方面的问题。这就造成了企业只顾眼前利益，环境保护观念淡薄，对环境会计工作没有给予充分的重视，没有认识到环境会计在建立健全中国环境信息公开化制度中的重要作用。由于缺乏强制性的法律规范，大多数企业并不愿主动披露环境信息，或者即使披露了一些，也无相关标准去衡量其信息质量，不能取信于社会公众。因此，企业缺乏环境保护意识，没能使保护环境成为企业的自觉行为，也就无法为环境会计制度的建立创造良好的主客观环境。

(5) 缺乏相应的环境会计专业人才。环境会计的知识结构包括了会计学、环境学、生态经济学、工业生态学和可持续发展理论等方面的知识，以解决跨学科的“经济与环境”问题。环境会计工作需要环境技术人员和财会人员的共同参与，技术人员负责环保或治理措施的选择，财会人员则以财会指标加以经济评价，对会计人员的要求非常全面，但是我国的会计人员基本上由会计、财务、审计和其他相关专业的人员组成，缺乏相应的环境、生态、工业、可持续发展等方面知识，制约了环境会计的有效发展。

2.1.5 环境会计制度设计的原则和初步构想

(1) 环境会计制度设计原则。环境会计制度的最终目的是对外披露企业环境会计信息。因此，环境会计制度应遵循的基本原则，其实就是环境会计制度要反映的环境会计信息应遵循的基本原则，即环境会计信息质量要求。除本节 1.4 节所述相关性、可靠性、可比性等信息质量要求外，还要满足重要性信息质量要求，其中，重点考虑相关性和重要性。

重要性是指在对所有与环境会计有关的信息进行全面反映的基础上，对于重要的信息应该详细揭示。判断某项目重要与否，不仅要依据该项目的金额大小，还要依据该项目所起的作用。如果遗漏某项信息会影响到使用者所做的决策，那么该信息就是重要的。比如会计政策、会计估计变更及其资产负债表日后事项对涉及企业环境财务状况、经营成果和现金流量变动的会计信息，都应按照重要性原则进行揭示和披露。这其中特别要重视环境或有事项的调整和信息披露。

(2) 环境会计制度设计构想。从系统论的角度分析，会计是一个以提供财务信息为主的经济信息系统。美国注册会计师协会（AICPA）下属的会计原则委员会（APB）在 1970 年对会计下的定义是：“会计是一项服务性的活动，它的职能是提供有关经济个体的数量信息，主要是财务性质方面的。这些信息，在企图做出经济决策时肯定是有用的。”然而，会计的职能往往不能自发实现，它需要会计制度提供保证，这就构成了会计制度的动因。

一个会计信息系统需要利用信息技术对会计信息进行采集、存储和处理，完成会计核算任务，并能提供为进行会计管理、分析、决策使用的辅助信息。作为会计信息系统的一个组成部分，环境会计要继承会计信息系统的基本特征，在制度构建时应遵循继承、借鉴与创新的原则，实现环境会计的基本职能，满足对企业经济活动进行控制和经营管理的需要。

构建环境会计制度应满足完整性和系统性的要求。所谓“完整性”是指会计制度应包括和覆盖全部会计实务，使每一会计行为、每一会计事项都有相应的制度予以规范；所谓“系统性”是指会计制度应是在会计目标统一约束下，由相互联系、相互依存的多分支、分层次的会计制度构成的有机体系。环境会计制度框架的构建，要从三个方面入手，即环境会计数据输入、环境会计业务处理和环境会计信息输出，如图 2-1 所示。

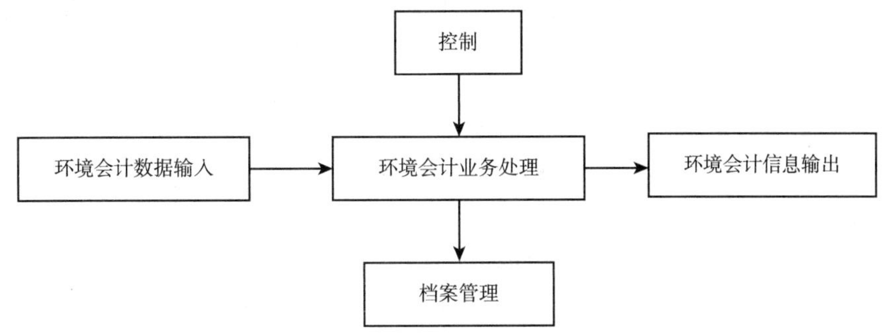

图 2-1　环境会计制度框架

第一，环境数据输入设计。本阶段的设计，主要解决环境会计要素及会计科目的确定问题。会计要素是对会计核算对象的具体分类。环境会计的核算对象是企业所发生的与环境有关的所有活动。这些活动大致可分为两类：单纯的环境活动和与环境有关的经济活动。单纯的环境活动并不直接地涉及财务状况和经营成果，主要包括：企业的环境目的、环境政策、员工的环境教育和环境素质的提高；企业排放的各种污染物及其数量情况；企业参与外部环境活动的态度等。与环境有关的经济活动是由环境问题引发，能够以货币表现，直接涉及财务状况和经营成果的环境活动，如环境污染交纳的税费和罚款、环境管理支出、环境投资评估与分析、由于环境活动可能引发的或有负债与损失等。

对于会计要素，目前多数学者认为应依据复式记账法原理进行设计，国内主要有“三要素论”“四要素论”“五要素论”和“六要素论”几种观点。但基于目前我国对环境会计理论和实务研究的现状，本书将环境会计要素定义为五个，即环境资产、环境负债、环境权益、环境成本（费用）、环境收益，这样不需要打破传统会计的理论体系，也便于会计人员接受和理解，在实际操作中具有较强的可行性。

第二，环境业务处理设计。只有对产生环境影响的财务事项予以合理地确认、计量和记录，并进行相应的账务处理，才能有效地进行定期的披露（信息输出）信息。环境会计业务的发生必然依附于特定的会计主体。与会计主体的活动有关的信息是大量的、多方面的，信息使用者所关心的信息是多种多样的，而会计所能提供的仅是与会计的本质特征有关的信息，即以财务信息为主的反映资金运动的信息。

随着环境因素的介入，企业从直接利润和损失，到与市场机会成本效率有关的竞争优势，再到资产价值、或有负债和环境风险等事项的核算，都会受到一定的影响，因而在设计环境会计核算内容和方法时，除了保留传统财务会计的核算内容和方法外，还要特别关注以下内容：对或有负债和风险的核算；对资产重估和资本计划的核算；对能源、废弃物和环境保护等关键领域的成本分析；对环境因素投资评估的核算；采取环境改善措施的成本和效益的核算；等等。对这些业务处理方法进行设计时，我们可以借鉴国际上的研究成果，如联合国 ISAR 的《会计指南——环境财务会计草案》（1997）中对环境成本、环境负债的确认和计量方法，加拿大特许会计师协会（CICA）对本期内环境成本的分类和计量方法等。

第三，环境信息输出设计。环境会计信息输出的设计，也就是环境会计报告的设计，主要解决如何确定报告内容和报告模式的问题。环境会计产生于可持续性发展的思想，环境会计信息是企业环境行为和环境工作及其对财务影响的信息。环境会计信息表现形式具有多样化：既有定性信息，也有定量信息；既有货币信息，也有以实物、技术等指标表示的非货币信息。环境会计报告的内容除了涵盖财务信息外，还应包括环境问题影响及治理的相应环境对策。联合国国际会计专家工作组对企业环境会计信息披露提出三方面的要求：一是企业为减少和防止或者治理污染以及恢复环境而发生的成本费用支出；二是因污染环境而支付的费用；三是因污染而发生的社会成本和应承担的社会责任而付出的代价。

环境会计报告模式有补充报告模式和独立报告模式可供选择。补充报告模式是在原有财务报表基础上加入有关环境会计的核算数据资料，再辅之以报表附注、文字说明等来揭示企业基本的环境会计信息，以此满足社会各方面的需要。可见，补充报告模式可以起到弥补现行财务报告中环境信息披露不足的作用。而独立报告模式是当前西方国家普遍采用的环境报告模式。这种报告模式要求企业对其承担的环境受托责任进行全面的报告，它是根据有关会计记录以及其他环境资料单独编制环境报表，向信息使用者提供企业在环境问题上的人力、物力和财力资源方面投入产出的情况。可见，独立报告模式可以弥补我国企业现行环境报告的不足，使我国现行的财务报告更加满足会计信息使用者对环境信息的需求。

2.2 环境会计制度基本内容

一个完整的环境会计制度应当包括环境会计核算制度和环境会计管理制度。环境会计核算制度主要包括环境会计核算组织系统、环境会计核算信息系统、环境会计核算业务系统。环境会计管理制度包括环境会计法律、法规和政策，环境会计准则、标准和实施办法。

2.2.1 环境会计核算制度

(1) 环境会计核算组织系统。组织是由诸多要素按照一定方式相互联系起来的系统。通俗地说，组织就是指人们为实现一定的目标，互相协作结合而成的集体。它具有整体性、统一性、结构性、功能性、层次性、动态性和目标性等属性。组织的本质特征是分工与合作，以获取专业化优势，实现个人力量所无法达到的目标。对于某个企业来说，组织也就是其下属的不同部门，它们是企业的细胞和基本单元，甚至可以说是其运行的基础。而对于环境会计来说，它的实施不仅需要其基本理论作指导，同时还需要具备一些客观的因素，才能保证环境会计能够并且顺利地在企业运行。

首先，在实施环境会计之前要确保企业管理层充分认识到环境会计能够给企业自身带来的好处，企业管理层的重视和支持必不可少。实施环境会计的好处主要有以下几个方面：改善资源使用效率，降低成本，增加利润；帮助企业取得环境认证；确立良好的企业形象，增大企业产品的市场份额；识别和降低企业的环境风险；设计和实施企业环境管理系统；满足对外披露环境信息的需求。

其次，需要加强企业会计部门同其他部门，特别是生产部门和环境部门之间的联系和沟通。环境会计的实施涉及企业生产、财务、环境影响等多个方面，仅靠企业的会计人员显然无法完成。企业生产部门的员工对水、能源和材料等使用较为了解，而环境部门的员工对企业的环境影响较为清楚，但是生产部门和环境部门的员工使用的技术语言又不同于会计语言，无法把他们所知的企业环境问题反映到会计账簿中，因此需要企业的会计、生产和环境等部门的通力协作，才可确保环境会计的顺利实施。

最后，当然环境会计发展到一定程度时，建立相应的环境会计机构并配备适当的会计人员是非常有必要的。因为环境会计机构和环境会计人员是进行环境会计工作的重要承担者，在加强环境会计的基础工作中起着十分关键的作用。环境会计机构，一般指专门主管环境会计工作、组织环境会计核算、办理环境会计事务的机构，它是一个单位内部组织和从事环境会计工作的职能部门，同时也是环境会计制度的主要执行机构。

环境会计核算组织系统设计的任务主要包括：设置环境会计机构、划分环境会计岗位、建立岗位责任制、实行内部控制、配备环境会计人员、制定环境会计管理制度等。但是要注意明确岗位权责、配备合格人员、培养环保意识、通过技能培训等提高技术水平等问题。

对环境会计核算重要的行业或大型企业，环境会计工作岗位可以一人一岗、一人多岗或一岗多人，但是应符合内部牵制的要求，坚持不相容职务相分离。环境会计工作应有计划地实行岗位轮换制度，以促进环境会计人员全面熟悉业务，不断提高业务素质。常见的环境会计工作岗位设置有：总环境会计师、环境会计机构负责人或环境会计主管、出纳、稽核、总账报表、税务、合并报表，当业务庞大时也可进一步划分各类明细账登记的岗位。

（2）环境会计核算信息系统。上述的组织系统是整个核算系统的前提，而信息系统则是环境会计核算系统的基础。环境会计信息系统主要包含：账户设置、凭证设置和报表设置三个方面。这里主要就账户设置和报表设置进行分析与讨论。

第一，环境会计账户设置。需在传统会计核算体系中设一套环境会计要素账户，即增设一些一级环境会计科目，或者在原有会计科目下增设或改设若干明细科目。

①增设“环境资产”账户。“环境资产”一级账户属于资产类账户，主要用于核算企业环境资产的增减变化。其借方反映环境资产的增加，包括现有人工环境资产存量的增加、资源资产存量的增加以及人工培育的资源资产的转入等；贷方反映环境资产的耗用和非耗用性的减少（如报废、毁损或转让等）。企业可以按照环境资产的类别设置“环境流动资产”“环保证券性投资”“环境固定资产”“环境无形资产”“环境递延资产”“在建环境工程”“其他环境资产”和“资源资产”二级明细科目。

环境资产除资源资产外，其他都是非资源资产。为此设置“资源资产”二级账户核算资源资产的增加或减少。在“资源资产”二级账户下又可再设置“自然资源资产”和“生态资源资产”两个明细科目。

②增设“环境负债”账户。“环境负债”一级账户属于负债类账户，主要用于核算企业由于以往的经营活动或其他事项对环境造成的破坏和影响而应付给其他企业、组织或个人的款项。“环境负债”科目下设“环境流动负债”“环境长期负债”二级科目核算，也可直接按照环境负债的种类下设“应付生态补偿款”“应交环境税费”“应交资源补偿费”“应付环境资产租赁款”“应交排污费”“应付环境赔款”“应付环境罚款”二级明细科目进行核算。上述环境负债科目只核算确定性的现时义务的环境负债。

对于预计未来支付的环境负债等和或有环境负债，基于谨慎原则加以考虑，视同一项或有义务进行核算。在“环境负债”一级科目下，可再设置“预计环境负债”等二级明细科目。

③增设“环保专用基金”等环境权益类账户。“环保专用基金”一级账户属于环境权益账户，专门核算政府财政拨付的环境治理各项财政补助专款、节省的政府划拨排污权指标交易收益、各种渠道来源有指定性用途的环境捐赠款，以及按照一定的政策标准计提而列支到成本费用中的企业应承担生态环境损害给付责任的生态环境受损补偿准备金。为此要设置“政府环保补助基金”“无偿获取排污权交易收益基金”“环境捐赠收益基金”二级科目进行核算。以上三项环保专用基金发生时作为环境收益核算，待期末再从环境利润总额中扣减转入“环保专用基金”账户。

企业当年从成本费用中列支的生态环境补偿基金直接通过“生态环境受损补偿基金”二级科目核算，但这项基金不属于环境收益范畴，而是一种负债，即具有债务性质的基金，除非计提数和清偿数有结余则可纳入“环保专用基金”账户。另外，企业在税后利润分配时，如果有规定需要提取环保基金的，就纳入“环保专用基金”账户核算。

环境权益类账户不仅专指“环保专用基金”一级账户，还包括“环境资本”“环境利润”和“其他环境权益”一级账户。环境资本是企业环境股权类投资形成的应有的环境权益份额，环境利润是环境收益、收入和环境成本、费用配比后的结果。环保专用基金应当实行专款专用原则，除经过一定程序可以转增企业资本和弥补环境亏损（即环境净利润为负数）外，不得随意挤占。

需要说明的是，在实际会计核算时，对于上述“环境资产”“环境负债”一级账户和环境所有者权益类账户，以及后面将要叙述的“环境成本”“环境收益”“环境费用”等一级账户，如果核算需要，或是为了独立编制环境会计报表，在不影响一级或二级会计账户所要反映的会计信息的前提下，可以将二级科目当作一级科目直接使用，其优点是简化会计核算、更清楚地提供环境会计信息和方便编制独立环境会计报表。本书对环境资产、环境权益核算内容，就是按照这个方法列举的，在此说明，以后就不再赘述。

④增设“环境资产累计折旧折耗”等调整账户。“环境资产累计折旧折耗”一级账户是“环境固定资产”和“环境无形资产”的备抵账户，由此，该账户下设“环境固定资产累计折旧”“环境无形资产累计折耗”二级明细科目，分别属于是“环境固定资产”和“环境无形资产”的调整账户，用于反映环境固定（无形）资产计提的累计折旧（折耗）数额。

增设“资源资产累计折耗”一级账户，核算自然资源资产和生态资源资产降级而计入“环境成本——资源降级成本”的折耗，它是“资源资产”的调整账户，用于反映企业拥有或控制的自然资产的累计折耗数额。贷方登记计提的折耗及其他原因增加的自然资产折耗，借方登记减少的自然资产折耗，贷方余额为现存自然资产已提折耗的累计数。

增设“环境资产减值损失”账户，属于损益类账户，主要用于核算环境资产的可收回金额相对于其账面价值发生的减值。在此一级科目下增设“环境流动资产减值”和“环境长期资产减值”二级明细科目，分别核算环境流动资产和环境长期资产发生的减值。

⑤增设“环境成本”账户。“环境成本”一级账户属于成本类账户，主要用于核算企业预防、维护、治理、管理环境发生的各项支出和因环境污染而负担的损失。在此一级科目下

设置“资源耗减成本”“资源降级成本”“资源维护成本”“环境保护成本”二级科目。“资源耗减成本”“资源降级成本”和“资源维护成本”主要核算的资源资产的耗减成本、降级损失和维护成本。

环境成本中最频繁发生的是环境保护成本，其主要核算的是非资源资产成本。为此在“环境保护成本”二级科目下设若干明细科目，比如“环境保护成本”下分设“环境监测成本”“环境管理成本”“污染治理成本”“环境预防成本”“环境修复成本”“环境研发成本”“环境补偿成本”“环境支援成本”“环境事故损害损失”“其他环境成本”“环境费用转入成本”等明细科目。其中：“环境成本——环境补偿成本”一般采用预提形成企业的一项负债，其结余就是企业一项环保专用基金，用于支付生态环境受损方的环境损失。所以，这项环保专用基金具有债务基金的性质。

关于环境成本科目的结转，予以资本化的环境成本转入“环境资产”账户，费用化的环境支出在“环境管理期间费用”“其他环境期间费用”相应损益类科目反映。“环境管理成本”账户核算计入成本中的管理费用，而“环境管理期间费用”“其他环境期间费用”是一种环境期间费用。除此，“环境成本”到期末转入“本年利润”账户，结转后本账户无余额。

⑥增设“环境费用”账户。“环境费用”账户属于损益类账户，主要核算暂不列入环境成本而计入环境期间费用、资源“三废”销售成本、损失成本和环境营业外支出的环境成本，下设“环境管理期间费用”“其他环境期间费用”“资源‘三废’产品销售成本”“环境营业外支出”二级账户。其中：“环境管理期间费用”核算企业独立环保管理部门发生的费用，“其他环境期间费用”核算企业零星环境处罚支出。这两个科目要与“环境成本——环境管理成本”相区别。“资源和‘三废’产品销售成本”核算企业出售资源产品和“三废”产品销售成本，与“环境收益——资源和‘三废’产品销售收入”相对应。“环境营业外支出”一般是核算环境对外捐赠支出，与“环境营业外收入”相对应。

“环境费用”到期末要转入“环境成本——环境保护成本——环境费用转入成本”中，构成环境成本的一部分，目的是能够反映企业一定时间发生的环境完全成本，并体现环境成本、费用与收益、收入的配比原则；如果需要，也可采用“表结账不结”形式处理。两者选择其一，但在环境利润表中应单独列示“环境成本”和“环境费用”各项目。

⑦增设“环境收益”等环境大收入账户。“环境收益”一级账户属于损益类账户，主要用于核算企业因资源资产产生的环境收益和进行环境保护和治理环境污染产生的环境收益，包括资源性收益和非资源性收益。资源性收益包括自然资源收益和生态资源收益；非资源性收益包括环境保护收益、资源和“三废”产品销售收入、其他环境收益和环境营业外收入。

对于资源性资产收益，通过对企业所拥有或控制的自然资产（自然资源资产和生态资源资产）进行开发、利用、配置、储存、替代等实现的环境收益，可设置“资源收益”二级账户进行核算，并在其下设置“自然资源收益”和“生态资源收益”明细账户。

对于非资源性收益，可设置“环境保护收入”二级账户反映企业因环境保护和治理环境污染而取得的环境收益和其他收益，下设“政府环保补助收入”“排污权交易收入”“环境受损补偿收入”“环境退税收入”等明细科目。此外，还需设置“资源和‘三废’产品销售收入”“其他环境收入”“环境营业外收入”二级账户。其中：“资源‘三废’产品销售收入”核算废气、废渣和废水合理利用形成产品产生的收入；“其他环境收入”主要核算的是环境咨询服务收入、环境奖励收入等；“环境营业外收入”一般核算的是获得的各种未来的环境捐赠收入，如果有指定环境保护具体用途的捐赠应当视同一项基金收入，结转到环保专用基金。

“环境收益”各账户贷方登记平时发生的各种环保收益，形成了包括资源收益、环境保护收入、环境营业外收入、其他环境收入和从外部获取的各种环保专用基金的“环保大收入”。期末将全部大收入结转到“本年利润”。同时，对“政府环保补助收入”“无偿获取排污权交易收入”和“有指定用途环境捐赠收入”账户，还要再从“环境利润”科目结转到“环保专用基金”账户，也可采用“表结账不结”形式处理，两者选择其一。环境利润表中要用单独项目各列示环境收益、环境收入和环保专用基金。

至于企业从成本费用中列支的生态环境受损补偿基金，直接作为企业的一项负债，应支付给污染受损方。如果该项负债采用预提时，则直接通过“环保专用基金——生态环境受损补偿基金”核算，但这项基金毕竟具有负债性质，并不作为企业的环境收益，当然也不必从环境利润中结转。环境受损方，即生态环境补偿基金受益方在获得这项收入时，将其作为环境收益。

表 2－1 列示了主要的环境会计账户。

表 2－1　　环境会计主要账户

<table>
<tr><th>一级账户（要素账户）</th><th>二级账户</th><th>三级账户（明细或说明）</th></tr>
<tr><td rowspan="15">环境资产</td><td rowspan="2">资源资产</td><td>自然资源资产</td></tr>
<tr><td>生态资源资产</td></tr>
<tr><td>环境流动资产</td><td></td></tr>
<tr><td>环保证券性投资</td><td></td></tr>
<tr><td>环境固定资产</td><td></td></tr>
<tr><td>环境无形资产</td><td>如：排污权、环境专有技术</td></tr>
<tr><td rowspan="2">在建环境工程</td><td>自营环保工程</td></tr>
<tr><td>出包环报工程</td></tr>
<tr><td>环境递延资产</td><td></td></tr>
<tr><td>其他环境资产</td><td>如：环境工程物资</td></tr>
<tr><td>资源资产累计折耗</td><td>如：自然资源资产折耗、生态资源资产折耗</td></tr>
<tr><td rowspan="2">环境资产累计折旧折耗</td><td>环境固定资产累计折旧</td></tr>
<tr><td>环境无形资产累计折耗</td></tr>
<tr><td rowspan="6">环境负债</td><td>应交资源补偿费</td><td>如：矿产资源补偿费。可分长期和短期，下同</td></tr>
<tr><td>应付生态补偿款</td><td></td></tr>
<tr><td>应交环境税费</td><td>应交环境税费、应交环保债务基金</td></tr>
<tr><td>应交排污费</td><td></td></tr>
<tr><td>应付环境赔款</td><td></td></tr>
<tr><td>应付环境罚款</td><td></td></tr>
</table>

续表

一级账户（要素账户）	二级账户	三级账户（明细或说明）
环境负债	应付环境资产租赁款	
	预计环境负债	如：计提环境保险基金、预计环境损失准备金
	环保专项贷款	
	其他环境负债	
环境权益	环境资本	
	环境利润	
	环保专用基金	政府环保补助基金
		无偿获取排污权交易收益基金
		指定用途环保捐赠基金
		环境退税
		生态环境受损补偿基金结余
		税后提留环保基金
	其他环境权益	
环境成本	资源耗减成本	自然资源耗减成本
	资源降级成本	生态自然降级成本
	资源维护成本	自然资源维护成本
		生态资源维护成本
	环境保护成本	环境监测成本
		环境管理成本
		污染治理成本
		预防“三废”成本
		环境修复成本
		环保研发成本
		环境补偿成本
		环境支援成本
		环境事故损失成本
		其他环境成本
		环境费用转入成本
环境收益	资源收益	自然资源收益
		生态资源收益
	环境保护收入	政府环保补助收入
		环境受损补偿收入
		排污权交易收入
		环境退税收入
	资源和“三废”产品销售收入	废气、废渣、废水利用形成的产品及资源产品
	其他环境收入	如：环保咨询服务收入、环保奖励收入
	环境营业外收入	如：环境捐赠收入

续表

一级账户（要素账户）	二级账户	三级账户（明细或说明）
环境费用	环境管理期间费用	如：专职环保行政机构费用
	其他环境期间费用	如：零星处罚支出、环境诉讼审计费用
	资源和“三废”产品销售成本	如：资源产品销售成本、“三废”产品销售成本
	环境营业外支出	如：环境捐赠支出
	环境资产减值损失	如：环境流动资产减值、环境长期资产减值

第二，环境会计报表设计。

①环境会计报表在设计时有两方面的考虑。一方面是理论和原则上的考虑，另一方面是实践和应用上的考虑。

从理论和原则上讲，设置环境会计核算指标，首先要搞清哪些财务信息是环境会计重要信息和环境信息使用者需要哪些环境信息两个问题，这是设计指标的出发点。环境财务指标设计思路是基于利益相关者理论和会计重要性原则。环境会计信息有市场需求并关系到股东环境权益。企业提供的会计信息应当反映与企业财务状况、经营成果和现金流量等有关的所有重要交易或者事项，重要环境财务指标是生态文明战略时代最重要的会计信息。重要性要求是指会计核算在全面反映的财务状况和经营成果的同时，对于影响经营决策的重要经济业务应当分别核算，单独反映，并在财务报告中作重点说明。判断某一会计事项是否重要，除了严格按照有关的会计法规的规定之外，更重要的是依赖于会计人员结合本企业具体情况所做出的职业判断。环境成本、环境收入、环境绩效、环境权益和环境准备基金（环保专用基金和债务性环境基金）就是重要的环境会计信息。

从实践和应用上讲，设置环境会计核算指标，要着重解决如何理解环境会计信息和如何报告环境会计信息两个问题，这是环境财务指标设计的根本目的。环境会计核算指标要能够清晰反映环境经营业绩，完整地体现企业环境成本支出、环境收入、环境权益、环境基金储备和解决环境问题的财务潜力。其信息提供和披露方式应灵活，能够通过一个完整的独立报告形式或附表方式得到完整和全面体现。在对指标实际应用时，要能够从三个方面加以理解：其一，要正确理解环境成本作用的两面性。增加成本会减少利润，但环境成本增加也意味着环境努力程度强、投入大，成本大环境基金也多，股东环境权益越有保障。其二，环境完全成本和环境大收入配比后形成企业的税前环境收益，清晰明了，便于理解，并能够完整揭示环境预防和保护的总收入和总支出的规模。其三，设立环保专用基金。环境保护收入包括了政府环保补助收入、无偿获取排污权交易收入、有指定用途环保捐赠收入、环境退税收入，构成企业的环境损益内容。但这些收入最终还应当转入“环保专用基金”列示在环境资产负债表中，一方面体现企业对环境的贡献和成效；另一方面为保护环境，这些收入应实行专项管理、专款专用，形成环保专用基金，以反映企业可持续发展能力和环境事故应急能力。除此，环保专用基金还应当包括企业的环境债务性基金的结余和税后提留的环保基金。其四，建立环保债务性基金制度。环保债务性基金主要用于可能对公众健康、福利和环境造成“实质性危害”的物质、“公共环境事故”和难以明确环保责任主体环境灾害治理支出，以及有明确环境责任主体应承担补偿受害方环境义务的支付款项。基于我国保护环境的长远战略和目前环境负荷，结合自身实际，可以参照美国超级基金法（CERCLA）做法，在中国企业建立适合中国实际的环保债务性基金制度。这种制度可考虑在重污染的工业制造企业、建筑施工安装企业先行试点。由于环境债务性基金具有负债性质，只有年末有结余才将其转入环境专用基金加以鼓励和使用。

②本书设置了四大环境财务指标，以体现主要的环境会计信息，并在此基础上建立环境会计报表体系。

第一个指标："环境完全成本"。这里的环境完全成本就是"环境大成本"，公式为：

环境完全成本 = 环境直接成本 + 环境期间成本

式中，环境直接成本 = 资源成本 + 环境保护成本；环境期间成本 = 环境期间费用 + 资源和"三废"产品销售成本 + 环境营业外支出 + 环境资产减值损失。

资源成本是资源性资产耗减、降级、维护成本，包括自然资源资产和生态资源资产。环境保护成本是对非资源性资产耗减、降级、维护的成本，包括环境监测成本、环境管理成本、污染治理成本、环境预防成本、环境修复成本、环境研发成本、环境补偿成本、环境支援成本、环境事故损害损失、其他环境成本、环境营业外成本、环境费用转入成本。环境期间费用为环境期间管理费用与其他环境期间费用之和，它是企业管理和组织环境事项发生的成本。资源和"三废"产品销售成本是自然资源产品、生态资源产品、"三废"产品的生产转移成本。环境营业外支出特指企业对外各种形式的环境捐赠支出。环境资产减值损失是环境资产账面余额高于公允价值的价值减损。

第二个指标："环境大收入"。公式为：

环境大收入 =（资源收益 + 环境保护收入 + 资源和"三废"产品销售收入 + 其他环境收入 + 环境营业外收入）+ 环保专用基金

资源收益是通过对企业所拥有或控制的自然资产（自然资源资产和生态资源资产）进行开发、利用、配置、储存、替代等实现的环境收益，与其对应的是资源成本。环境保护收入，也可称非资源性收益，包括政府环保补助收入、排污权交易收入、环境受损补偿收入、排污权交易收入、环境退税收入，但不包括从外部无偿获取的直接作为企业环保专用基金收入（如政府无偿划拨的排污权指标）；与其对应的是环境保护成本。资源和"三废"产品销售收入包括自然资源产品和生态资源产品及"三废"产品销售收入，与其对应的是资源和"三废"产品销售成本。其他环境收入是除以上资源收益、环境保护收益、资源和"三废"产品销售收入以外的日常业务发生的环境收入。环境营业外收入特指企业获得的各种形式的环境捐赠利得，既包括有指定用途捐赠也包括无指定用途捐赠收入；与其对应的是环境营业外支出。部分环保专用基金，包括已经计入了环境保护收入后，期末从环境利润中转出的政府环保补助收入、无偿取得排污权交易收入、环境退税收入、有指定用途的环境捐赠收入；但不包括从成本费用中列支按全年收入一定比率预先提取计入债务性环保专用基金结余，以及从税后提取的环境专用基金。

第三个指标："环保专用基金"。公式为：

环保专用基金 = 环保收入基金 + 环保预提基金

环保收入基金，包括先前计入了环境保护收入，期末又从环境利润中转出的政府环保补助收入、无偿获取排污权交易收入、环境退税收入和有指定用途环境捐赠收入；但不包括计入了环境保护收入的有偿获取排污权交易收入和无指定用途环境捐赠收入。环保预提基金，包括按照规定先在环境成本、费用列支预先提取需要向政府交纳或向污染损害方支付的债务基金的结余，以及按照规定税后提取的环保专用基金。

第四个指标："环境所有者权益"。公式为：

环境所有者权益 = 环境资本 + 环境利润 + 环保专用基金 + 其他环境权益

环境资本是企业环境股权类投资形成的环境权益。环境利润是环境收益、收入与环境成本、费用配比后的结果。环保专用基金应当实行专款专用原则，除按一定程序可以转增企业资本和弥补亏损（即环境净利润为负数）外，不得随意挤占。其他环境权益是指除环境资本、环境利润和环保专用基金以外的环境权益。

上述四大环境财务指标可以通过环境会计账户、账簿和报表的重新设计获得，最终体现在环境会计报表中。这样做的目的是为了在会计系统中通过相关账户和环境资产负债表、环境利润表，完整地反映出企业环境完全成本、环境大收入及环境保护基金支付能力，并反映环境所有者权益的构成和程度。同时，在环境会计报告中，单独列示出环境费用、环境营业外支出、环境营业外收入、环保专用基金。

不过，从环境利润表中列示的应转入环境专用基金的部分收入，在转到环境资产负债表中后，即使环境利润总额为正数，当年税前环境利润也可能为负数。只不过不能由此判断说当年环境绩效不好，因为当年积累的环境基金也是环境绩效，而环境利润表中"环境利润总额"恰恰是衡量当年环境绩效的重要指标，而且环境专用基金规模反映了股东对环境的贡献值。

③环境资产负债表和环境利润表的设计。环境资产负债表揭示企业在一定时期，环境保护和环境污染治理方面的资产、负债以及所有者权益的情况，其编制建立在环境会计方程式"环境资产 = 环境负债 + 环境权益"的基础上。具体格式见第7章的表7－1。环境利润表揭示企业在环境保护和环境污染治理方面所取得的收益、发生的环境费用及对社会生态环境改善所做的贡献。具体格式见第7章的表7－2。

在财务报告系统，为了向外界完整地反映企业环境成本信息，并进一步反映企业环境保护的努力和衡量企业最终的环境绩效，在保证企业商业秘密前提下，有必要编制环境保护成本明细表、环境基金明细表等，以反映和披露企业的环境保护较详细成本和基金信息。

（3）环境会计核算业务系统。会计核算在具体实务中一般包括设置会计科目、复式记账、填制和审核凭证、登记账簿、成本计算、财产清查、编制会计报表七个基本方法，上述七种方法相互联系、密切配合，构成了一个完整的方法体系。在会计核算程序上表现为对会计要素的确认、计量、记录、报告四个环节。当然，环境会计也一样，其核算业务系统主要是对环境会计要素进行确认、计量、记录、报告（见图2－2）。

①环境会计要素确认。所谓会计确认，是指会计人员根据会计工作自身的特点，依据一定的标准来确定哪些经济业务在何时以何种方式纳入会计信息系统的一系列工作。会计确认的最终目的是为了进行信息披露，但是，从时间的角度来看，确认是作为计量、记录和报告的基础存在的。显然，会计作为一个信息系统，其收集和输入的信息自然地决定着对外报告和传递的信息的性质和内容。在环境会计中，会计确认的作用是同样的。正确地理解环境会计确认，必须把握如下三个要点：

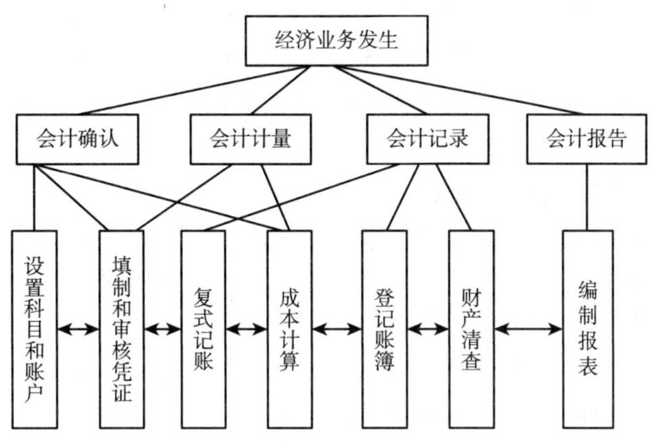

图2-2 环境会计核算业务系统

第一，环境会计确认的核心问题是对环境会计业务和事项的认定。正像传统的财务会计中所讲的，会计确认是对财务会计所要考察的经济业务和事项的认定，环境会计的确认也是对环境会计内容的认定。这种认定是由三个基本要素组成的：一是企业的哪些业务和事项属于环境会计所要考察的对象；二是这种业务和事项何时发生，应该在什么时间把它纳入环境会计信息系统之中，或者说在哪一期的环境会计报告中予以列报；三是这种业务和事项引起了何种影响和后果，或者说归入到何种环境会计要素中去。

第二，环境会计确认的最终目的是确定在财务报告中的列报内容。为了实现这一目的，会计确认工作要区分为初步确认、再确认和最终确认三个环节。确认环境问题影响的财务效果时，道理也是一样的。其中，通过初步确认，解决与环境有关的财务事项在何时做何种记录（包括记入何种账户或做何种其他记录）的问题；再确认是为了准确地确定企业的环境财务收益和环境业绩，按照会计上的基本观念（如权责发生制、配比等）的要求，对已经在前期记入资产或负债等会计账户的事项甄别和分摊，对归属于本期的费用和收入予以期末调整；最终确认是指期末确定环境会计报告中列报的内容和方式，比如，是列入资产负债表、利润表、专门的环境会计报告还是在补充资料中披露等，这是会计确认工作的最后环节。

第三，环境会计确认必须按照一定的标准实施。为了确保最终披露的环境会计信息的统一性和可比性，环境会计确认应该认真对照环境会计目标的要求行事，并严格以环境会计中的假设和基本原则为依据。在理想的状态下，环境会计确认应该直接以具体的会计准则或会计制度为依据。当然，鉴于环境问题的复杂性和准则、制度的原则性，环境会计人员的职业判断还是很重要的。毫无疑问，在没有明确的准则和制度的情况下，更需要会计人员以对环境会计基本理论的深入理解和良好的职业判断作为支撑。

②环境会计要素计量。会计计量所解决的问题是已经确认的业务和事项要以多大的数额进入会计信息系统并最终被对外报告传递出去。所谓会计计量就是指对会计确认的结果予以量化的过程。如果更进一步严谨地解释，会计计量是指在会计确认的基础上，对业务和事项按其特性，采用一定的计量单位，进行数量和金额认定、计算和最终确定的过程。环境会计的计量要求主要体现在三个方面：

第一，环境会计计量的基本特点。正像前面已经讲到的，环境会计计量所使用的计量形式是多重性的，既包括货币计量也包括非货币计量。对于环境事项和业务引发的财务影响，环境会计的计量当然主要使用的是货币计量形式。对于衡量环境业绩的环境会计计量，则可能是货币计量和非货币计量同时并行，原因在于，有些问题单纯使用货币计量难以准确表达，即便人们意欲把握企业的财务情况可能也难以做到，在这种情况下，适当使用实物的、技术的或者是经济技术的计量形式就是非常必要的。而且，在采用货币计量时，计量属性也是多样的，既包括对历史成本（实际成本）计量属性的大量使用，同时，重置成本、现行市价、可变现净值、未来现金流量现值等非历史成本的计量属性也可能会有广泛的运用。

依照上述计量属性对事项和业务进行计量时可采取的具体操作方法也是多样的。按照历史成本进行计量，需要以业务和事项发生时的实际成本或者说交易价格作为计价的标准。这种做法在反映各种已经明确发生的环保支出（如已经接到通知的排污费、罚款、赔付和完工或建设中的环保投资等）和环保收益时将会得到广泛的应用。在按照非历史成本的各种计量属性对环境问题的财务影响进行计量时，方法是多样的，而且这些方法较之于传统财务会计也会有一些创新。例如，机会成本就可以而且也应该予以应用。

第二，环境会计计量的基本方法。除了会计上的计量方法外，环境经济学中的一些计量方法也是值得借鉴的。在环境经济学中，对于环境质量费用和效益进行评估并进行相应的分析是该学科的一个重要的内容。虽然环境经济学大多是从宏观上考虑问题，但是，许多的方法也是可以应用于微观经济主体的。借鉴环境经济学中的基本思路，如下这些方法是完全有可能应用到环境会计计量中来的。

防护费用法。这种方法是用为消除和减少环境污染的有害影响所愿意承担的费用来衡量环境污染的损失。例如，出现了噪声污染，就可能需要对建筑物安装消音或隔音装置或做出其他处理，这些处理需要的支出就可以看作是环境污染的防护费用。按照这种思路，我们完全可以考虑，在未进行防治污染的有效处理之前，企业就承担了一项债务，其金额应该根据技术要求或经验予以确定。

恢复费用法。这种方法是用恢复或更新被环境污染破坏的生产性资产所需的费用来衡量环境污染的代价。例如，有的企业将固体废弃物、有害材料堆放在某块场地或者是将液体废弃物、有害材料存放于地下，长期存放势必要影响到土地、地下水，在其危害产生明显影响时，自然会要求企业采取某种措施予以恢复或更新，发生一定的支出。我们认为，这种未来的恢复支出也应该在污染产生时开始估计，其金额也可以根据技术要求和研究予以确定。

影子工程法。这种方法是恢复费用法的一种特殊形式。在某一环境资源被污染或破坏后，人工建造一个工程来代替原来的环境功能或满足原有的需要，那么，未来建造新工程的费用作为现在的债务予以确认和计量也是必要的，其金额也是可以初步确定的。例如，由于生产经营或者是堆放、存放污染物、有害物质而逐渐使地下水受到污染，如果事前没有预防措施的话，在污染达到一定程度之后，现有地方的水源将无法利用，企业就必须为自己、为所在社区的公众和其他机构开辟新的水源，比如由企业自己或连同当地政府、其他机构建造一个输水工程。

政府认定法。在企业的某种污染达到一定程度之后，政府环保机关可能会采取措施要求企业实施必要的治理。政府环保机关会对污染种类、治理标准做出一定的要求，那么，企业就应该由自己治理，或者出资由政府机关治理，或者连同有关方面一起治理。这种治理支出最好是能在正式认定之前就予以记录，以便正确地反映企业的财务状况和经营成果；如果无法做到的话，可以在正式认定时予以入账和列报。

法院裁决法。由于环境污染导致的纠纷越来越多，特别是由于环境法制建设近年来所取得的成就，在与环境污染有关的问题上，法院的参与也越来越多。应该说，法院的判决是比较严谨的，因而判决结果可以作为计量的结果或参照物。如果由于环境污染的赔付和治理已经由法院判决，那么这个数额就是明确的，应该在判决结果送达时列计为负债；如果本企业有某种污染对其他有关各方造成危害，将来有可能会发生赔付或治理义务，那么，不妨比照同类案件的法院判决结果及早做出预计。

现值法。对于涉及未来一个较长时期的环境支出、负债等的估价，采用一定的折现率折算出现值，以此现值登记和报告可能更为合理。这项工作实际上并不困难，我国多年以来都是由国家发改委定期发布一些建设项目经济评价参数以供人们进行投资项目评估和决策，其中的一个重要参数就是社会折现率。这个社会折现率是完全可以作为环境会计中计算未来环境支出现值的折现率。

以上六种环境会计计量方法可以单一使用，也可以同时多重组合使用，前提是能够提供更为相关和可靠的环境信息，即遵循可靠性和相关性。可靠性又称客观性，足够的可靠性一直是传统会计特别是财务会计中的一个重要的信息质量特征。毋庸讳言，在环境会计的确认和计量问题上存有相当大的主观性。也许有人认为这种确认和计量方式带有较大的主观估计成分，并进而影响到会计信息的质量。但是，这种担忧并无多大的必要，原因在于：

一是，相关性要求会计必须提供关于环境问题的相关信息，众所周知，相关性和可靠性是会计信息最基本的两个质量特征。按照会计公认的质量特征之间权衡原则的要求，为了使会计信息更为有用，在各项质量特性不能很好地协调时，需要由会计人员进行一定的权衡。我们认为，与环境有关的会计信息的披露是很有价值的，其相关性是毋庸置疑的。那么，在客观性上略有一些不足也是可以接受的。实际上，只要措施和方法得当，在环境问题的确认和计量上的主观性是能够受到相当大程度的限制的，并使可靠性保持在一个人们可以接受的范围。

二是，对一般企业来说，并不是所有的会计要素都涉及环境问题。相应地，企业资产、负债、费用支出、收入的总规模中涉及环境的部分所占比例可能相当小，那么，这一部分带有估计和主观判断成分的数据并不会对会计信息的质量产生太大的影响，况且会计从产生以来就几乎从没有离开过会计估计和主观判断。比如，流动资产的计价采用市价法、成本与市价孰低法时，在长期资产进行折旧、摊销时，对跨期费用进行摊配时，都是离不开估计和主观判断的。再如，在企业由于种种原因进行资产评估并相应调整账面价值时，也是将会计记录建立在非业务发生的基础上的。既然这些做法可以成立，那么，考虑环境问题的财务影响的计量也可以采用一些带有主观性的方法。

三是，企业对外提供会计信息采用的都是通用报告的方式，这种方式要求会计准则制定机构和会计人员、注册会计师等与信息披露有关的各方都保持中立性，同时考虑到各方的利益需要。我们知道，企业会计信息的使用者来自许多方面，他们各自的利益并不完全一致，有的使用者不希望高估价值减损，有的使用者不希望低估价值减损，这种利益的不一致实际上是一种制衡的力量，从而可以在一定程度上保证价值减损估计的充分合理性。

环境会计的确认和计量并不是随意就可以做的，它必须有一套配套的保证机制。首先，毫无疑问，这项工作单纯由会计人员承担似乎是不可能的，企业完全可以考虑把环境会计的确认和计量交由环境专家、技术专家、律师和会计人员联合去做，因为他们各自有自己在有关方面的特长和经验。这些专家可以由企业自己去组织，也可以委托给诸如资产评估机构、会计师事务所、环境咨询中介机构来承担。其次，我们可以建立一种估价验证机制。如果由企业内部评估价值减损，最终的数据将由会计师事务所或专门的环境中介机构通过审计的程序予以保障，或者是由资产评估机构予以认定；也可以由独立的外部中介机构承担。最后，如果有必要，环境会计的确认和计量，也可以由企业或某种外部机构初步确定后，再由政府环保机关审核签字，完全可以规定只有经过环保机关认可的估价结果才可以据以入账，这样做也能保证环境会计信息具有较强的可靠性。

③环境会计要素记录。环境会计要素记录是指对经过环境会计要素确认、环境会计要素计量的经济业务，采用一定方法记录下来的过程。在环境会计要素记录中，对于经过确认而可以进入会计信息系统处理的每项数据，要运用预先设计的账户（账户是会计要素的再分类与具体化）和有关文字及金额，按复式记账规则的要求，在账簿上加以登记。它是会计核算中的一个重要环节。

④环境会计报告。环境会计报告的理论基础是会计信息的多样化，原因是会计信息的内容应该同时包括货币信息和非货币信息，货币信息本身也应该具有多样性，从而决定环境会计信息报告的形式具有多样性。

其一，会计信息的内容同时包括货币信息和非货币信息。从一般意义上说，会计信息的主体当然应该是货币信息或者说是财务信息。但是，我们必须充分认识到，货币信息固然是非常重要的，非货币信息的重要性也不能忽视。

一般而言，非货币信息的内容可以是多种多样的，既可以是针对经营业绩的，如市场占有率、产品质量等，也可以是针对诸如环境等某种专门领域问题的。我们在本节中关注的是环境信息的披露。从形式上看，非货币信息大致可以分为两类：一是可以数量化（但不是货币量化）的信息；二是不能作任何量化而是以图形、文字等方式说明的信息。其中，在数量化的信息中，既可以是绝对数，也可以是相对数（如百分比等）；既可以包括实物计量、时间计量，也可以包括技术指标、技术经济指标等。

其二，货币信息本身也应该具有多样性。传统会计中的货币信息的生成方式也许面临着挑战，进而需要开发使用新的计量属性和新的计量与报告方法。只有这样，我们才能有效地展开环境会计信息披露中的一系列技术问题。

对经济业务和事项进行货币计量的属性有历史成本、重置成本、市价、可变现净值、未来现金流量现值等多种。这为我们在环境信息披露工作中采用灵活的计量属性打下了一定的基础。一般认为，在披露环境绩效信息时，虽然许多业务和事项运用货币计量有些难处，但是，有些情况下使用货币指标还是有其好处的。当然，对这些情况进行衡量可能难以应用历史成本，甚至难以应用目前人们所理解的各种非历史成本的计量属性，因此，我们有必要开发新的计量属性，或者是对现有的计量属性做出新的理解。需要指出的是，由于环境经济学的不断发展和国民经济宏观核算的需要，目前经济界和统计界已经开发了一些对环境资源和环境损失进行货币计量的方法，这些方法在会计界看来可能存在很大的问题，但是人们的确已经在会计以外的领域开始应用。

其三，环境会计信息报告的形式具有多样性。如同传统会计一样，环境会计信息的载体或者说披露形式仍然是各种各样的报告。有的信息可以在现有的财务报告的框架内进行，而另外一些信息可能有必要编制专门的报告进行。从具体形式上看，可以是文字描述形式，也可以是量化形式，当然更多的可能是定性的文字表述和定量的数量化描述两者相结合，其中，量化的形式又包括货币量化和通过实物或技术指标体现的非货币量化。

2.2.2 环境会计管理制度

（1）环境会计法律、法规和政策。环境会计的核心是将环境问题对外部的不经济性纳入企业会计核算体系。所谓外部不经济性，是指那些由企业经济活动引起的，尚不能确切计量，并且由于各种原因而未由企业承担的不良环境后果。这些不良后果是否应该由企业承担以及怎样承担，实际上不是会计能够解决的问题，而是属于法规范畴的问题。因此必须制定相关的环境会计法律法规，以法律法规的形式确定环境会计制度的地位和作用，使环境会计制度有法可依。

现行的《中华人民共和国会计法》（以下简称《会计法》）为我国的环境会计制度的建立提供了基础。在现有的会计法体系中，《会计法》是会计工作的基本法，在其指导下制定的国家统一的会计制度为环境会计法律制度的制定打下了坚实的基础，即统一的会计核算和会计信息报告制度是将环境因素加入会计体系，进行环境会计核算和环境信息报告的重要前提。有了现有的收入、负债、费用、成本的计算模式，才使环境收入、环境负债、环境费用和环境成本的计算成为可能。而环境信息的披露更是离不开当前的会计信息报告制度。因此，《会计法》已经为环境会计法律制度的产生做好了准备。

另外，我国《宪法》规定："国家保护和改善生活环境和生态环境，防治污染和其他公害。"这一规定表明，任何单位包括企业都应该接受国家在环境保护方面的管理和监督。我国的《环境保护法》第六条规定："一切单位和个人都有保护环境的义务，并有权对污染和破坏环境的单位和个人进行检举和控告。"该条规定原则上表明，任何单位包括企业都具有环境保护的法律权利和义务。我国环境法规所规定的与企业生产经营活动有关的制度有：环境影响评价制度、"三同时制度"、征收排污费制度、污染物总量控制制度、排污许可证制度、限期治理制度、强制淘汰制度和污染集中控制制度等。同时，国家还成立了若干个监督企业行为的权力机构，如环境保护机构、能源研究发展机构和经济监督部门。这些环境法规制度的实施和部门的工作执行已经为环境会计法律制度的产生和发展奠定了基础。

除此之外，我国的《刑法》中也涉及了与环境相关的法规。现行的《刑法》增加了破坏环境资源保护罪、环境保护监督渎职罪。司法机关依照《刑法》打击环境犯罪活动，推动了环保工作法制化进程。目前我国存在多种环保经济手段，如由环保部门执行的排污收费制度，由产业部门执行的矿产资源补偿费，由综合管理部门执行的资源税、城镇土地使用税等。这些法律、法规的制定颁布与实施，以及加入国际公约或议定书，都促使环境会计制度赖以产生和发展的土壤的形成。

尽管我国现有的法律法规体现了对环境的重视，但这些法规的特点是原则性强、概括性强，从会计实务角度看，大多数环境法规对于会计事项处理并不具有可操作性。但这并不意味着会计界就可以因此而忽视环境法规，因为环境法规在不同程度影响着企业经济活动，从而影响企业的经济利益，并且必然或迟或早会落实到会计实务中。因此，我们应该加强制定与企业环境会计关系较密切的法律法规，使企业明确自身在环境保护和可持续发展方面的社会责任和义务，促使企业贯彻实施企业环境会计。通过相关法规的强制要求，使企业将追求自身经济效益与社会可持续发展统一起来，自觉开展环保工作。除了完善立法，还应加强执法。加大对违法者的惩处力度，不仅要在民事上追究其侵权行为，而且要追究其刑事责任。

（2）环境会计准则、标准和实施办法。由于目前我国的环境会计发展还不够完善，并没有把环境因素列入会计要素中，这也使得很多企业在发展经济的同时忽视环境治理的问题，忽视在报表中披露环境会计信息，使得各个利益相关者的利益在不知情的情况下受到损害。所以，要使政府对我国整体环境资源的使用做出正确决策，制定公平有效的环境政策，就需要清晰合理地核算企业资源的直接消耗和治理环境污染的成本，披露相关环境信息。因此，我们应当在环境法规和会计法的基础上，根据环境因素的特殊性（比如环境核算），在原有的会计准则之外再制定具体相关的环境会计准则。

首先，任何会计准则的制定都必须以《中华人民共和国会计法》（以下简称《会计法》）为基础。《会计法》是会计工作的基本法，是指导会计工作、制定相应会计法规和规章的基本规范。因此环境会计准则的制定和实施也应该遵循《会计法》规定的基本原则和各项要求，而《会计法》中增加环境会计的一般规定，是环境会计准则健康实施的有力保障。我们可以在现行会计法规中增加环境会计的确认、计量、管理、报告等内容和条款，规范环境会计信息披露行为，强化对企业环境会计的实务指南，明确提供全面、及时的环境财务信息和非财务信息的责任。

其次，环境会计准则的制定。从国外的情况来看，环境会计准则有些是会计行业组织制定的，有些是环保部门制定的，有些是由会计行业组织与环保部门共同制定的。在我国，会计准则一般是由财政部制定并发布的，财政部于 1992 年发布了《企业财务通则》和《企业会计准则》后，至 2019 年 11 月止，共发布 1 个基本准则和 42 个具体会计准则。但是由于环境会计的特殊性，可以考虑由财政部和生态环境部联合制定和发布有关的环境会计准则。环境会计准则应当对企业所直接耗用的自然资源和企业所造成的环境污染与治理这两个方面的核算进行比较规范、统一、可行的规定，充分披露企业环境会计信息，从而督促企业严格遵守现行环境法规，从意识上和行动上积极应对可预见到的环境法规和潜在的环境法规可能带来的环境风险。

在环境会计准则中，首先应当规制企业的环境会计因素的核算问题。即明确环境收入、成本、费用的构成和计算方法；环境负债的计算方法；环境收益的计算方法等内容。把资源的耗用，环境污染治理等环境因素会计化。其次应制定环境报告的规则。通过环境会计准则将一般环境信息转变成环境会计信息，以企业环境会计报告的形式披露出来。企业环境会计信息生成并附载在企业环境会计报告之后，如公布这些信息，就必须要制定有关的环境会计报告的规则，以规范环境会计信息的披露。环境会计报告要有针对性，因为企业环境信息有不同的信息需求者——政府环境管理机关、企业的投资者、金融机构，甚至企业面向的消费者都是企业环境信息的需求者。他们所需要的企业环境会计信息的具体内容是不完全相同的，不同的信息使用者有不同的信息需求。然而，我国目前法律法规只规范企业披露环境影响信息，且信息需求者只局限于政府环境管理部门和企业投资者，因此，有必要扩大信息需求者和环境会计报告的内容。

我们可以借鉴加拿大特许会计师协会于 1994 年发布的《环境绩效报告》，该报告详细划分了面对不同使用者所可能采用的信息披露工具。比如投资者作为使用者，他们关心的是财务绩效、负债的全部报告和未来债务的预防等，因此他们需要的环境信息是企业环境风险管理和提高改进所形成的节约。对于他们来说，可能的主要报告方法就是年度环境报告、季节简报、与财务媒体的会见、检查和新闻发布会。而如果社会公众作为使用者，他们关心的问题就是企业可能造成的对人体健康有害的污染、企业的活动以及企业土地的使用等，因此他们需要的企业环境信息就是企业控制污染的努力、企业做出的负责任的废弃物管理、企业对周围各方面的反映等。对于社会公众来说，可能的主要报告方法是对工厂进行参观、厂区周围简讯（报告）、发言人办公室、新闻发布会、咨询组织。在加拿大特许会计师协会的该份报告中，使用频率最高的是年度报告，其次是环境报告。

关于报告的具体内容，加拿大特许会计师协会的《环境绩效报告》并未表示。在此，我们可以参考英国的有关规定。英国环境、食物和农村事务部会同贸易与工业部等部门于2001年发布了《环境报告通用指南》。该指南的目的是指导各类组织编制环境报告，它分为五大部分：①介绍；②报告的制作过程；③报告的内容；④环境绩效的指引；⑤其他事项。在第3部分，它建议一份环境报告应当包括以下内容：组织主要行政负责人的声明；组织的环境政策；组织的介绍；管理系统的描述；主要的环境影响；环境绩效指标；改善的目标或目标的改进；法律执行的情况等。

【辅助阅读2-3】

日本的野生动物保护立法的启示

“一切知识和认识都可溯源与比较”。日本自20世纪初颁布第一部野生动物法律以来，已构建起以《鸟兽保护、管理及规范狩猎法》为核心的、由《生物多样性基本法》《濒危野生动植物物种保存法》等多部法律以及确保法律实施的政令与省令组成的健全的法律体系，还加入了《濒危野生动物植物国际贸易公约》《国际湿地公约》和《生物多样性公约》等国际公约，形成了较为科学的立法理念与制度。进入21世纪以来的野生动物立法则呈现对生物安全、生态平衡与公共卫生等多重理念的综合考量。总体而言，日本基于环境与生态保护、维护生物多样性、生物安全、生态平衡以及公共卫生等多元理念建立了健全的野生动物保护与管理法律体系，对野生鸟兽实施“全面保护”下的分类保护与管理制度，并在“有限利用”原则下对野生鸟兽利用进行全过程精细化严格规制。

新型冠状病毒肺炎疫情暴发以来，我国累计确诊病例突破8万余例，死亡病例已逾4000例，是新中国成立以来最为严重的公共卫生事件。科学研究显示，引发这场疫情危机的病毒可能来源于野生动物及其污染的环境。2020年1月26日，国家市场监管总局、农业农村部、国家林草局联合发文要求在全国疫情解除前禁止野生动物交易活动。2020年2月24日，第十三届全国人大常委会通过关于“全面禁止非法野生动物交易、革除滥食野生动物陋习、切实保障人民群众生命健康安全的决定”，明确全面禁止食用陆生野生动物，严厉打击非法野生动物交易。

目前，我国的《野生动物保护法》基于“资源保护与利用”理念对野生动物进行“有限保护”与“广泛利用”，对野生动物利用亦缺乏全链条的严格规制。我国未来修改《野生动物保护法》时，宜适度借鉴日本经验，基于科学、多元的立法理念构建系统的野生动物保护法律体系，建立除鱼类之外的脊椎动物全面保护与有限利用制度，对野生动物利用进行全面、全程的精细化严格规制。同时，还应强化对违法犯罪行为的处罚力度，提高违法成本的核算，构建相应的刑罚体系。

——刘兰秋. 日本野生动物保护立法及启示 [J]. 比较法研究，2020 (5).

2.3 环境会计制度保障

2.3.1 可持续发展战略部署

20 世纪 90 年代以来，可持续发展战略已开始被各国普遍接受和采用。可持续发展战略的核心是将环境保护纳入国民经济和社会发展进程，实现经济、社会与生态环境的协调发展。环境会计是实施可持续发展战略的重要组成部分。根据可持续发展战略的要求，企业应该确立环境管理理念和系统，建立环境成本核算和控制机制，同时，在可持续发展战略下，国家的宏观调控和环境管理都需要企业建立完善的环境会计制度，提供真实、完整的环境会计信息。

1992 年我国参加了联合国在巴西里约热内卢召开的环境与发展大会，承诺将履行大会所通过的各项文件。会后不久，我国政府率先提出了《中国环境与发展十大对策》《中国环境保护战略》，1994 年 9 月，我国政府发表了《中国 21 世纪议程——中国 21 世纪人口、环境与发展白皮书》，这一系列文件的颁布，使环境保护与可持续发展成为我国经济发展的中心议题。尤其《中国 21 世纪议程》将可持续发展的基本任务与可持续发展的能力建设结合起来，提出了中国经济、社会、环境相互协调发展的战略目标和行动方案，为我国的经济建设指明了方向。党的十七大，首次将“生态文明”写入党代会报告，在党的十八大报告中，更是首次将“生态文明建设”独立成篇，放在突出的位置，并将其纳入社会主义现代化建设“五位一体”的总体布局，这也为我国经济发展的生态化方向提供了总体上的政策指引。

2.3.2 政府监管和支持

要使环境会计制度从理论变为现实，国家实施强制性的监管是极为必要的。这种监管是指政府有关部门对企业的环境会计信息披露进行监督和管理。这可以从以下几个方面来实现：

（1）政府环境管理部门明确认定企业的环境责任。根据西方经济发达国家的经验，在制定具体的环境法规和环境信息披露规则之前，政府环境管理部门需要做很多工作，其中首要的是明确企业环境问题的范围和应承担的环境责任。为此，政府环保部门应会同有关专家根据各地的环境状况和经济发展情况以及各行业对环境的影响，预测有可能出现的环境问题，因地制宜制定环境标准，明确企业环境管理的范围和环境责任。此外，各地区在全面贯彻执行国家相关规定的基础上，应结合本地特点，制定地方性的环境标准体系。环境标准和企业环境责任的确定，既要考虑超前性，又要具有可操作性，注意与国家经济发展状况和各地区的实际情况相匹配。

我国地域辽阔，各地区的经济发展状况、自然环境有很大不同，环境方面所产生的问题千差万别，更应当及时明确企业应关注的环境问题的范围，以及企业应承担哪些环境责任。否则，企业就没有实际可遵照的行为准则，所谓的环境保护就成为一句空话。

（2）政府建立环境会计信息披露准则并加强监管。我们知道，企业是一个经济利益主体，它的目标就是追求企业最大的价值。这种特性决定了企业是不可能自愿地披露一些对自身有影响的环境信息。这时政府对企业环境会计信息披露实行监管就显得十分必要了。因此，政府另一项重要的工作就是制定用于指导和规范环境会计信息披露的会计准则。

一般说来，政府应针对以下内容做出完善：①颁布法律、法规，明确规定企业对外披露环境会计信息的要求；②督促企业按照环境会计信息披露的标准和方法进行环境信息的披露；③定期检查、监督企业环境信息披露情况；④指导建立环境会计信息揭露的审计体制，通过政府有关部门的检查和社会性环境审计机构的努力，确保绿色会计信息的可靠性。

（3）政府环境管理机构制定并公布强污染行业的划分标准和企业名单。强污染行业是环境污染的主要肇事者，也是环境监管的重点。为了便于政府监管，首先，应明确哪些企业属于强污染行业的范围。目前我国对于强污染行业一直没有一个权威的、准确的划分标准，实际工作中主要采用总量比重法、万元产值平均法和指标法进行判断。总量比重法是指根据废水、废气、固体废物等污染物排放量占全部污染物排放总量的比重进行综合判断；万元产值法是指根据企业万元产值所产生的废水、废气、固体废物等的排放量与平均排放量对比后进行综合判断；指标法是指按照国家确定的12个主要污染物指标中的一个或几个指标来判断。虽然这些方法可以对行业的污染状况进行判断，但是判断基础不够清晰和直观，有待进一步完善。其次，应定期公布强污染行业和企业的名单。具体做法是，由国家环保部门把关，确定强污染行业和企业的名单并定期公布，将其置于公众监督之下。最后，国家环保部门应与财政部、证监会联手合作，对强污染企业环境信息披露的内容、详细程度和披露方式进行规范。由于环境问题的表现形式千差万别，目前即使是实施环境信息披露比较早的国家，也没有统一的专业标准，造成的直接后果是环境报告中充满了晦涩难懂的专业词汇，指标名称和计量标准缺乏可比性。如果不引以为戒，我国也将会遇到这类问题，因此应先制定规范，以后再随着实施中遇到的问题逐步修改。

（4）政府积极引导企业实施可持续发展战略。随着我国环保法律法规的不断完善，公众环保意识的逐渐加强和信息技术的迅猛发展，企业环境影响所导致的成本已经大幅度上升，而获取管理环境信息的成本却大幅度下降，经营决策也将更倚重于与环境有关的会计信息，更好地为企业及其利益相关者提供更真实可靠的环境会计信息。因此，外部利益相关者尤其是政府和社会要为企业的经济决策做出科学的引导，促进经济与环境的可持续发展，使企业将传统的只以股东价值最大化为目标转变为以经济、环境和社会为总体目标，把提高企业的经济—生态效益作为企业的经营目标，实现经济增长与环境友好的理念，实施可持续发展战略，从而真正达到各方的利益均衡。

2.3.3 社会舆论监督、学术界引领和民间协会推动

（1）社会公众的监督。从社会角度来讲，当环境污染、生态破坏影响到人类的生存环境、危害到人类健康时，越来越多的公众将体会到环境保护的必要性，并自觉地加入保护生态环境的公益活动中来。人们就有可能组织起来，对环境污染、生态破坏行为加以批评、阻止。因此，社会舆论、公众监督在环境保护过程中发挥着重要作用。事实上，环境是公共的环境，公众对生态环境具有自由消费权。企业对生态环境的破坏或污染行为，就是对公共物品的剥夺，是对公众消费权的剥夺。因此，公众有权关注企业的环境信息、监督企业的环境行为，避免企业以牺牲生态环境为代价求得自身的快速发展。

（2）学术界的引领。充分发挥学术界智囊团的知识引领作用。我国台湾的学者不仅参加了环境会计制度的前期研究，而且具体参加了制度规划和制度实施的全过程，充分发挥了学术界的知识引领作用。与台湾的学术界相比，目前我国大陆学术界参与规划和政策制定的机会还不多，且过分重视成果的学术价值，忽视成果的实际应用价值。因此，未来有必要加强学术界的参与深度和广度，通过专家学者到典型企业进行现场调研，总结样本企业的局部管理经验，可以建立更加切实可行的环境管理会计制度框架。

（3）民间推动。国际经验表明，民间团体在推动环境会计制度实施的过程中具有得天独厚的优势。目前我国只有个别省份单独建立了促进可持续发展的民间组织，缺少全国性的组织。因此应在现有学会和协会的基础上，积极开展环境会计的课题研究，加强民间组织对企业建立环境会计制度的辅导工作。

2.3.4 环境会计专业人员的培养

环境会计的技术性很强，多以定量分析为主，且涉及多种交叉科学知识，如会计学、环境经济学、环境保护学、环境管理学等，另外，还要具备社会学、统计学等方面的知识，技术性、专业性和综合性较强，这对会计人员提出了较高的要求。而我国现有会计人员和审计人员又大多缺乏这方面的知识，这就要求我们必须科学地组织培训，为会计从业人员补上这些知识，培养一批训练有素的环境会计人员队伍，使其熟悉环保法规、政策和专业技能，否则将无法适应环境会计的发展要求。因此，在人才培养方面要做好以下几点：一要加强全国人民的环保意识教育；二要在大中专学校增设环境会计、环境学、环境审计等课程，努力培养具有环境保护知识与专业技能的会计人员；三要着重加强在职会计人员和审计人员的环境会计培训工作；四要加强会计人员与企业内部的环境工程技术人员的沟通与协作，取长补短，形成合力，共同探索建立环境会计的有效途径。

2.3.5 内部环境监控约束机制的健全

对于企业来说，各个利益相关者对企业经济发展和利益目标能否实现起着至关重要的作用。所以就环境问题而言，他们与董事会及经理层之间应形成一种环境监控约束机制，他们

要求企业管理者提供真实、完整、及时的环境会计信息，监督管理者的经营管理行为，要求企业管理层做出正确的决策且充分考虑环境风险因素，实现各自的既定目标。因此，内部各利益相关者对企业环境风险的日益关注，要求企业对潜在的环境风险做出适当的识别、处理和控制，并积极实施相应的环境保护措施，以利于提高企业的环境风险意识和防御措施，满足内部利益相关者对环境信息的需求。

企业应加强“环境形象与责任”自身建设。良好的环境意识和强烈的社会责任感是企业披露环境信息的动因，更是企业自愿披露的关键因素。建议从企业文化建设入手，培养企业披露环境信息的自觉性，通过对现有从事环境会计工作的会计人员的专业培训，增加环保知识的学习，改善会计人员知识结构，加强环境会计人员后续教育，保证其胜任环境信息披露工作，从而使其更好地为企业及其利益相关者提供更真实可靠的环境会计信息，为企业的经济决策做出科学的引导，从企业内部着手来实现整体利益的最大化。

本章练习

一、名词解释

1. 环境外部不经济
2. 环境会计制度
3. 环境会计准则
4. 环境会计核算组织系统
5. 环境会计核算信息系统
6. 环境会计核算业务系统
7. 环境会计要素确认
8. 环境会计要素计量
9. 环境会计要素记录
10. 环境会计要素报告
11. 环境大收入
12. 环境完全成本
13. 环保专用基金
14. 可持续发展战略
15. 企业环境会计报告体系

二、简答题

1. 本章中对环境会计制度是如何定义的？它有哪些存在的必要性？
2. 环境会计制度设计的原则有哪些？
3. 环境会计制度国内外发展现状及存在的问题？
4. 中外环境会计制度发展存在差距有哪些？其原因是什么？
5. 环境会计核算制度具体包括哪些内容？
6. “环境大收入”和“完全环境成本”核算的思想是什么？它有什么作用？
7. 什么是环境会计核算的组织机构？
8. 请分别阐述环境资产、环境负债和环境成本、环境收益的定义及分类。
9. 环境会计核算增加设置了哪些会计科目？
10. 环境会计核算制度设计应如何体现环境完全成本和环境大收益？
11. 环境会计制度保障系统具体包括哪些？

三、计算题

甲公司 2012 年当年发生的环境支出与收入业务如下：

1. 购置治理污染设备一台，原值 500 元，可使用 5 年，年折旧额 100 万元，由于产销平衡而全部体现在营业成本中。

2. 交纳排污费 30 万元，已计入管理费用中。

3. 为购置治理污染设备从而取得利息为 2% 的低息贷款 400 万元，目前银行周期贷款利息为 10%。利息已计入财务费用中，此项贷款节约利息 32 万元。

4. 利用“三废”生产某种产品，少缴流转税及教育附加 80 万元，少缴所得税 10 万元。

5. 因某些烟筒排污超标被罚款 40 万元，列入管理费用。

6. 因某项目污染治理成效显著，获得政府补助收入80万元，已经列入营业外收入。

7. 出售排污权获得收入28万元已计入营业外收入。

8. 因雾霾造成设备氧化腐蚀，减值损失10万元而计提减值准备。

9. 花费5万元进行污水处理，列入制造费用。

10. 添加购置垃圾分类回收工具4万元，作为一次性消耗计入管理费用。

11. 计算当年售出产品环境质量保险6万元，计入预计负债。

12. 应收未收当年应计的环境事故受损的货币性补偿款45万元。

要求：

（1）请仔细分析甲公司发生的各项环境业务内容，分别计算甲公司当年环境收入、环境支出和环境利润。

（2）按照本章设计的会计核算账户，进行上述业务的环境会计处理分录，编制环境利润表。

（3）比较传统会计，请你提出你自已认为合适的企业环境会计核算制度的设计方案。

四、阅读分析与讨论

富士通公司环境会计制度的成功实施

富士通是日本第一个实行“由第三者认证评价环境保护”的企业，于1996年开始公示《环境经营报告书》，1998年导入《环境会计制度》，执行环境会计的第一年，富士通公司就取得了瞩目的成绩，环境收益超过环境成本31亿日元。富士通公司在环境保护管理及环境会计体系等方面多次受到社会及日本政府的高度评价。

富士通公司成功借鉴了美国环境保护局和日本环境省制定的环境成本确认和计量指南，并进行自我创新，制定了本公司的环境会计指南——《环境成本和环境收益对照指南》，牢牢贯彻会计中的“成本/效益原则”，以此来开展环境会计核算和披露工作。富士通公司非常重视环境成本的分类，根据环境成本发生的部门和原因，把环境成本分为六大类：企业运营成本、上下游成本、管理活动成本、研究开发活动成本、社会活动成本和环境损伤对策成本，将事业活动成本又细分出三个明细科目，分别是防止公害成本、地球环境保护成本、资源循环成本，从而完善了环境成本的子科目。富士通公司积极探寻环境会计信息披露模式，采用独立的环境报告书这一信息披露模式，在原有的三大报告的基础上编制独立的环境会计报告以反映企业环境信息的全貌，提供环境资产负债表、环境利润表、环境现金流量表。作为独立报告信息披露模式，企业还提供有关的环境资产减值明细表，以之作为三大环境会计报表的附表。富士通公司尤其重视企业利益相关者的需求，把绿色理念很好地引入企业日常会计管理中，坚持环境保护、顾客价值挂钩，为企业保护环境树立了良好的光辉形象，从而实现企业形象的提升，最终达到既保护环境又提升企业价值并实现顾客价值的三重功效。

富士通公司之所以能够取得如此大的成功，不仅仅是自身努力的成果，而且与政府的大力支持密不可分：第一，日本政府不断健全本国的环境法律、法规，并将这些法规和环境会计进行有效的对接，同时加大执法力度，支持环境会计的有效实施。第二，日本政府十分重视对环境会计人才的培养，在日本各高校现在均设有专门的环境会计课程来培养本国的环境会计人才，以供给各单位对环境会计人员的需要。

——何敏琪．日本富士通公司环境会计案例分析及启示［J］．财政监督，2009（20）．

讨论要点：

（1）富士通公司环境会计制度的成功实施得益于哪几方面？

（2）结合案例，分析我国环境会计制度发展缓慢的主要原因有哪些？

（3）你认为完善我国环境会计制度可以从哪几个方面入手？

第3章

环境资产核算

【学习目的与要求】

1. 理解环境资产定义与特征；
2. 理解自然资源的分类方式和作用；
3. 掌握和理解环境资产的确认和计量方法；
4. 掌握环境资产的账户设置与账务处理；
5. 理解和掌握环境资产的减值处理。

3.1 环境资产定义与特征

3.1.1 环境资产定义

环境资产是环境会计的一个重要会计要素，其计量、记录与报告构成了环境会计的一个重要组成部分，对环境资产的确认是最重要的基础工作。

会计意义上的资产是指企业过去的交易或者事项形成的由企业拥有或控制的、预期会给企业带来经济利益的资源。

环境资产的内涵和外延应当与一般资产相同，但又具有特殊性。定义环境资产应遵循两条原则：一是应符合资产的一般定义，二是反映环境特点。首先环境资产也应当是由过去交易或事项形成的，是企业现实存在的，与环境有关的资源，包括人工资源和自然资源；其次，环境资产是企业拥有或控制的，即企业有自主使用资源、享受资源所带来经济利益的权利；最后，对于一般企业而言，环境资产主要是指用于环境治理或防止环境污染的投资，这些投资可能为企业带来直接或间接的经济利益，也可能仅仅表现为社会效益。据此，环境资产可以定义为：环境资产是指由过去与环境相关的交易或事项形成的，能够用货币计量的，并且由企业拥有或控制的资源，该资源能够为企业带来经济利益或社会利益。

应当强调的是，环境资产为企业带来的利益是不确定的，可能是经济利益，也可能仅仅表现为社会利益。其带来的经济利益可能是直接的，但更多情况下是间接的，即通过改善其他资产状况获得。

3.1.2 环境资产的特点

尽管环境资产具有一般资产的性质，但与一般资产比较，环境资产有其独有的特征，这些特征具体表现如下：

（1）天然形成与人工投入相结合。虽然环境资源是由自然因素形成，并处于自然状态，但随着人类对自然认识能力的加强，环境资源中越来越多地包含了人类的劳动，人工投入与天然形成的结合是环境资产的特征。这一特征给环境资产的计价带来一定的困难，环境资产的计价是环境会计的一个难点。

（2）有价值性。有价性也是可利用性。可利用性是指环境资源不仅具有使用价值，还具有经济利用价值。如太阳的辐射资源具有使用价值，但如果太阳能转变为储存资源，它就构成环境资产，具有经济价值。由于传统的经济体系认为自然资源不是劳动产品，因而否认其存在价值。这种自然资源无价理论造成了自然资源的盲目开发和不合理的使用。另外，自然资源的价格远低于它的价值，使得资源的使用者缺乏对资源的保护意识，造成了更大程度上的浪费，阻碍了人类社会的可持续发展。因此，对自然资源价值的确认，将有效扭转长期以来忽略自然资源资产属性的传统观念。

（3）稀缺性。首先，自然资源资产总量是有限的，对环境资产的开发利用具有不可逆性。不可逆性是指开发利用环境资产的行为破坏自然资源的原始状态以后，再将其恢复到未开发状态，在技术上不可行，或者必须经过一段相当长的时间（上百年，甚至上千年）的特性。其次，由于人类可以认识、利用和改造的环境资源有限，造成环境资产总量的有限性。自然资源转化为自然资源资产具有一定的条件，只有既稀缺同时又具有明确所有者的自然资源才可能转化为自然资源资产。

（4）变化要符合生态平衡机制。它是指在一定限度内的环境资产消耗，可以通过生态资源系统的自我调节机能和再生机能得以补偿。如果不符合这种平衡规律，就会引起生态系统的退化和失衡，因此，环境资产的增减变化必须遵循生态平衡规律。

（5）计量的复杂性。自然资源若可以作为一种资产，就应在货币计量的基础上进行价值计算。由于环境资产是一种动态资产，每时每刻都处于变化中，具有很大的不确定性。同时，环境资产又属于不规则产品，生产具有分散性，这些给环境资产的计量带来很大的困难。鉴于此，仅以货币为计量单位不能客观地反映会计主体的环境状况，所以其计量单位可以以货币为主，以实物量为辅。必要的时候还可以辅之文字说明。

（6）产权归属的公共性和收益的垄断性。由于环境资产大多数是天然形成的，通常只有国家以所有者的形式占有。因此，环境资源的开发，存在着两重产权的收益：一方面是资源所有权收益；另一方面是经营开发投资的所有权收益。前者主要表现为税收，以征收资源税的形式确认，这是国家对资源的垄断性的收益；后者表现为投资者的投资报酬。只有明确了环境、生态等公共自然资源系统的归属，才能赋予其保护自然资源的动力，让其获得使用这些自然资源利益的同时承担起保护自然资源的责任，解决公共资源的过度使用问题，实现空气等资源的最佳配置和使用。

3.2 环境资产分类

环境资产是极为丰富的，它可以从多角度进行分类。

3.2.1 从环境资源的自然形态分类

自然资源资产是人类生存发展的基础，为人类提供必需的物质资料，自然资源资产又可分为人造资源性资产及非人造资源性资产。人造资源性资产是指人类通过各种手段对自然资源的恢复和补偿，如人造森林、人造河流等。生态资源性资产是一定范围内各种自然资源包括生物在内和谐共存的集合体。生态资源的价值体现在通过自身的良性循环为人类提供的生态效用上。

（1）自然资源性资产。它是自然环境中与人类社会发展有关的，能被利用来产生使用价值并影响劳动生产率的自然诸要素。一般来说，自然资源性资产可分为以下四类：

第一，土地资源。土地资源又可分为农用土地、房屋及建筑物占地、水域占地和未利用土地资源。农用土地亦可细分为耕地、园地、林地、草原等；房屋及建筑物占地亦可细分为城镇占地、村庄占地、工矿区占地、公共交通设施占地等。

第二，矿产资源。地下资源又可分为煤、石油、天然气资源、金属矿物资源和非金属矿物资源等，还可包括光和热等资源。

第三，生物资源。生物资源又可分为培育生物资源和非培育生物资源，包括植物资源、动物资源和微生物资源三大类。其中，培育生物资源亦可细分为役畜、产品畜、经济林木和在培育生物资源。非培育生物资源亦可细分为森林资源、海洋资源和野生动物资源等。

第四，水资源。水资源可分为地上水资源和地下水资源，还包括空气等。地上水资源包括河流、湖泊、湿地、水库等。地下水资源分为普通水、矿泉水等。

（2）生态资源性资产。生态资源性资产可分为大气环境资源和生态环境资源。生态环境资源亦可分为土地生态环境资源、森林生态环境资源和水生态环境资源等。森林环境是森林生态系统的重要组成部分，森林的生态功能具有减少风速、调节气候、涵养水分、保持水土、净化空气、美化环境等。森林作为陆地生态系统的主体，是形成区域水文、气候、地理景观的决定因素。森林的各种功能是农业和水利的屏障，可以说森林的生态效益和社会效益所产生的价值比它的直接经济效益高得多。除以上所述，生态资源性资产还包括湿地资源，它是向人类提供多方面生态服务的另一类重要的生态系统。

（3）其他环境资产。相对资源性资产而言，其他环境资产就是非资源性资产。当然一切会计形式上核算的资产，都源于自然资源和生态资源本身，不同的是其他环境资产应当是经过对自然资源和生态资源人为加工后形成的资产。如：天然的树和水，经过人类劳动加工后就成了家具产品和自来水产品，由于家具产品和自来水产品生产和制造过程中，加入了人类劳动，尽管它们原材料都来源于自然资源和生态资源，但为了加以区别，我们将其称为其他环境产品。

3.2.2 从环境资源能否再生角度分类

按照环境资源能否再生分类，可将环境资产分为可再生资源性资产和不可再生资源性资产。可再生资源如水源、森林等，这些资源可循环利用，依靠自然条件或人类活动不断再生。不可再生资源是指短时间内不能恢复增加的资源，如金属、煤等。符合前述标准的可再生及不可再生资源都应作为环境资产。

3.2.3 从环境资源的运用角度分类

从环境资源的运用角度分类，可以将环境资产分为自由取用资源性资产和经济资源性资产。自由取用资源是指数量极其丰富，任何人都可以无偿使用的资源，如空气、太阳能等。经济资源是指稀缺的环境资源，如森林、矿藏等存在竞争使用的资源。当环境已成为经济意义上的稀缺资源时，也就成为了经济资源。

3.2.4 从环境资源的服务功能角度分类

人类对环境资源服务功能的认识是一个渐进的过程。就目前人类对环境资源服务功能的认识，可以将环境资产分为物质性资源资产、环境容量性资源资产、舒适性资源资产和自维持性资源资产四类。

（1）物质性资源。物质性资源的功能属性是指环境资源能够满足人类物质需要的一种功能，即自然资源作为人类一切生活资料和生产资料的最终来源的功能。具有物质性资源功能的环境资源可以直接作为商品在市场进行交易，其实体直接进入生产过程，直接体现出经济价值，这种价值也是最容易被人认同的价值表现形式。

（2）环境容量性资源。环境容量性资源的功能属性是指环境资源容纳、贮存和净化生产和生活中产生的固体、液体和气体废弃物的功能。具有环境容量性资源功能属性的环境资源，不是以实体形式进入生产和消费过程，而是以其功能效益的方式满足经济生活的需要，比如大气、光能等。由于其所提供的服务不能直接在市场上进行交换，所以，也就不能直接体现出其经济价值。因此，在传统经济学中，其价值一直是被忽略的。

（3）舒适性资源。舒适性资源的功能属性是指环境资源在满足人类对美感、认知和体验等精神生活需要方面的功能，主要指那些优美的自然景观。舒适性资源提供的并非是数量服务，欣赏也好，认知也好，都不会减少舒适性资源本身的数量，影响的只是其质量。与可再生资源一样只要合理地利用，舒适性资源可以保持存量不变。同时，又与环境容量资源一样，舒适性资源也是以其功能效益服务人类。

（4）自维持性资源。自维持性资源的功能属性是指环境资源作为生态系统维持自身生态平衡与生物多样性的功能，每一种环境资源以及各种环境资源所构成的生态系统，都有不可估量的价值以及潜在的价值。

3.2.5 按照环境资源的形态或形状分类

按照环境资源的形态，环境资产分为有形环境资产和无形环境资产。有形环境资产是指具有实物形态的环境资源、环保设备、耗用的原料等，如森林、矿山、环保设施、保持环保设施运转发挥效用的催化剂、分解剂等辅料。无形环境资产是指没有实物形态的环境资产，如排污权、环境保护技术、对环境资源的开采权、使用权等。

3.2.6 按照环境资源的形成条件分类

按照环境资产的形成条件分类，环境资产可以分为人造环境资产和自然环境资产。人造环境资产是通过人类建造而形成的环境资产，如排污设备、消声器具、环境监测设备等。自然环境资产是指天然的资源性资产。

3.3 环境资产确认与计量

3.3.1 环境资产的确认

（1）环境资产确认的基本条件。我国传统会计对资产的确认条件作了以下规定：与该资源有关的经济利益很可能流入企业，即该资源有较大的可能直接或者间接导致现金和现金等价物流入企业；该资源的成本或者价值能够可靠地计量，即应当能以货币来计量。然而，确认环境资产应遵循以下标准：①该项资产由企业过去与环境相关的交易或事项形成的与环境有关的资源；②由企业拥有或控制或拥有管理权的环境资源；③该资源能够为企业带来经济利益和社会利益；④能以货币或实物计量，环境资产可以由实物量报表表现。

ISAR认为，如果发生的环境成本符合资产定义并通过下列途径之一，直接或间接为企业带来经济利益，那么就应当将其资本化为环境资产：①能够单独或者结合其他资产提高生产能力、效率或安全性；②能够降低未来经营导致环境污染的可能性；③能够保护环境。

因此，在符合资产定义的条件下，环境资产的确认还应当具备其独有的条件，综合起来可以从以下六个方面把握：一是现实性。即环境资源是现实存在的，而且是已经发生经济活动的结果，比如已开发的矿山。二是控制性。它是指某一主体已经具有环境资源的控制权，可以直接使用和支配，并有分享收益的权利。三是有效性。这是环境资产的自然属性，有效性意味着可以带来收益和盈利。四是稀缺性。这是经济资源的社会属性，也是环境资源的社会属性。五是合法性。环境资源受法律保护，因此，所有者和经营者能够合法地受益。六是地域性。环境资源按地域划分所有权和使用权，会计主体只能对主体地域范围内的资源确认为资产，而对多个主体有价值的资源也必须按照是否拥有或控制作为确认标准。如一条河流为多个企业共同受益，但任何企业都没有所有或控制权，不能成为任何企业的环境资产。

正是依据上述六个方面的理解，环境资产可以是指特定会计主体从已经发生的事项取得或控制的，能够以货币计量的，可能带来未来效用的环境资源。这里“可能带来未来效用”是指它蕴含着可能的未来效用，它单独或与其他资产结合起来具有一种能力，能够直接或间接产生或有助于产生未来效用；“从已经发生的事项取得”是指特定个体通过某种行为获得环境资源的所有权或使用权；“控制”是指特定主题可能不拥有环境资源的所有权，但能够对其行使使用权；“环境资源”是指人类以土地、草原、水域和矿藏等作为劳动对象的自然资源和由自然资源派生的生态资源，其数量和质量对人类的经济活动有重大影响。

（2）环境资产确认的主要标准。主要有：①未来效用的可能性，即指它蕴藏着可能的未来效用，它单独或与其他资产结合起来具有一种能力，将直接或间接产生或有助于产生未来效用。在确认标准中采用可能性概念，是为了指出与项目有关的未来效用存在的不确定程度。由于环境资产能否为开发利用的企业带来实际的效用，具有相当大的不确定性，如同无形资产一样，需待将来才能明确。②计量的可靠性，由于会计计量方法和反映技术的局限性及环境资产的特点和复杂性，要对其进行准确的计量是既不可能也不现实的，会产生所反映的事实具有模糊性的特点，这不属于偏向，仍可认为其具有可靠性。因此，只要会计资料没有重要差错和偏向，并能如实反映其拟反映或理当反映的情况而能提供会计信息使用者作为决策的依据时，该会计核算资料就具有了可靠性。③环境资产的地域范围：环境资产属于人类的共同"财产"，在国家对地域进行划分的同时，也划分着环境资产的所有权和使用权，环境会计只对本会计主体内的环境资源进行确认。

总之，一项环境资源要作为环境资产加以确认，应符合环境资产要素的定义，符合确认标准，并具有相关的属性，能够合理地对它进行可靠的计量。

3.3.2 环境资产的计量

企业环境资产的计量是指企业将符合确认条件的环境资产，按照一定程序和方法，对环境资产的数量与金额进行认定、计算和确定。环境资产的计量与企业一般资产计量有着紧密的联系，企业会计计量原理与方法均可以运用到环境资产的计量工作中。

（1）环境资产的计量方法。根据环境资产的定义，按环境资产的形态，可将环境资产分为自然资源和生态资源，所以其计量方法主要有两类：一类是自然环境资产的计量方法，一类是生态环境资产的计量方法。为了保护环境和满足经济活动的需要，人类不得不追加投资以维持自然资源和生态资源的现状，此时的环境资产已包含了劳动量的因素，环境资产中包含的这部分价值，仍可用传统会计的方法计量。由于自然资源和生态资源中，有相当大的部分是无法对其直接计量的，因此环境资产的计量要依靠合理估计的方法，也就是说环境资产的计量通常具有模糊性，对于未探明储量的自然资源，一般不作为环境资产确认。

自然资源性资产的计量方法主要有：①市场法。这是以自然资源交易和转让市场中所形成的自然资源价格，乘以自然资源的储备量，然后减去预计开采成本，最后确定自然资源价值的方法。比如，用市场法计算矿产资源的价格，其公式为：矿产资源价值 = 已探明的矿藏资源储备量 × 现行市场价格 − 预计开采成本。市场法必然以自然资源市场已相当发育并有序规范化，并以市场价格能够反映资源的稀缺程度为前提。②现值法。它根据替代与预测原理，着眼于未来的预期收益，并考虑货币的时间价值，以适度的折现率把未来各年的预期收益折现为现值，以此作为资源的价值予以计量。如土地一般不宜以市价直接计量，而应以它提供的收入为计量基础，以土地未来各年的净收入的现值加总作为土地的价值。③成本法。对于一些不存在市场价格的自然资源，可用自然资源成本构成因素来推算该自然资源的价值，这就是成本法。以森林资源价值的计算为例，其计算公式为：森林资源价值 = 森林培育成本费用 + 预期利润 + 预期税金。此种方法一般适用于森林资源、渔业资源等可再生资源的价值确定。由于其培育费用、预期利润、预计税金等资料相对来说比较容易得到，所以实用性较强。自然资源可分为可再生自然资源和不可再生自然资源。不同的自然资源在属性上有很大差别，在计量时可区别情况，分别采用以上介绍的几种方法。

生态环境资产由于其本身的特点，不存在市场或市场不完全，没有现存的市场价格作为计量的基础，只能采用间接的方法对其服务的经济价值进行计量。主要的计量方法有：①市场价值法。把生态环境质量看成一种生产要素，认为环境质量的变化是导致生产率和生产成本变化的因素，通过市场上观测到的产量和价格的变化，计量生态环境损失。②疾病成本法和人力资本法。疾病成本法计算所有由疾病引起的成本，例如缺勤造成的收入损失和医疗费用；人力资本法是计算生态环境损害对人体健康和劳动能力损害的一种计算方法。两者都要考虑生态环境质量的变化对人体健康的损害，主要包括以下三方面的内容：一是人生活在受污染的环境中过早死亡和生病造成的收入损失，二是看病的医疗费用开支，三是人们精神和思想上的损害。③机会成本法。利用环境资源的机会成本来计算环境质量变化所造成的生态环境的损失。当某些非价格形态环境资源的生态社会经济效益不能直接估算时，采用反映资源最佳用途价值的机会成本也是一种可行的方法。④预防性支出法。为了避免环境危害而做出的预防性支出是环境危害的最小成本。这一方法假定人们为了避免危险会支付货币来保护自己，因此，可用其支出预测他们对危害的主观评价。预防支出法给出的是最低成本，因为实际支付可能受收入的约束，预防支出可能不包括全部效益损失。⑤替代工程法。这是恢复费用法的一种特殊形式，当环境破坏后，用人工方法建造新工程来替代原来生态环境系统的功能，然后用建造新工程所需的费用估计环境污染（或破坏）造成经济损失的一种计量方法。⑥旅行费用法。旅行费用法是一种计算无价格商品损失的方法，该方法是用旅行费用作为替代物来计量人们对旅游景点或其他娱乐物品的评价。通常旅游景点的门票较低，游客从旅游中得到的效益往往大大高于门票支出。为了估计游客的支付意愿，可以使用旅行费用作为替代物来估计旅游景点的价值。⑦意愿调查法。意愿调查法是直接询问调查对象对减少环境危害的不同选择所愿意支付的价值，它不是基于可观察到的或预设的市场行为，而是基于调查对象的回答。他们的回答告诉我们在假设的情况下他们将采取什么行动。

总之，环境资产的确认与计量与传统会计相比，有着鲜明的特点，如计量单位的多元性、确认和计量中的社会性、模糊性和多样性，对于自然资源和生态资源的计量存在多种计量方法，在实际操作中可以根据具体情况选用。

（2）环境资产计量的依据。环境资产计量的依据主要是：①对于属于自然资源的资源性资产，如属于国家所有的矿藏、水流、荒地、滩涂等，由于该资产可以以产权的形式流转，所以应当以交易的历史成本为计价基础，采用现值法、可变现净值法计量。②对于由人工投入形成的资源性资产，如环保专有技术、专利权、排污权等环境长期资产和流动性环境资产，完全可以依据现有会计准则和制度框架下采用历史成本法进行计量。对无法取得历史成本资料的，可以以近几年实际成本水平估价入账。③由产权变动购入资源性资产的，应以购入价格或评估价格计价入账。④已入账的资源性资产，如有后期投入，应按实际成本入账。⑤资源性资产的消耗、转让、非常损失和其他损失，应按实际数额或平均数额削减资源性资产存量。⑥对于环境保护工程建设、环保设备等长期环境资产，完全可以依据现有会计准则和制度的规定，按照企业固定资产计量属性执行，即按照构建支出的内容资本化，以形成价值，并合理地预计资产的使用年限和预计净残值，计提折旧。

3.4　环境资产的业务处理

3.4.1　环境资产的账户设置

为反映环境资产的形成、增减变动与结存情况，及时、准确地向使用者提供环境信息，必须对环境资产加以记录。同时，为突出各环境会计要素的重要性和独立性，环境会计要素应设立“环境资产”一级会计账户，其下设置资源资产、环境流动资产、环境固定资产、环境无形资产、环境在建工程等二级科目。根据会计报告编制的形式和企业会计核算时实际工作需要，也可以直接将二级科目作为一级科目来进行核算，具体科目设置见本书第二章。为简化，以下就采用二级账户作为一级账户使用。

（1）“环境流动资产”账户。对于保证环保设施正常运行或保证其发挥功能的辅助原料、材料，应设“环保用原材料”账户，该账户的借方反映企业收到的环保用原材料，贷方反映领用或出售的环保用原材料。取得时，借记“ 环境流动资产——环保用原材料”，贷记“银行存款”；领用时，借记“环境成本——环境保护成本”“环境费用——环境管理期间费用”，贷记“环境流动资产——环保用原材料”。

（2）“环境固定资产”账户。该账户的借方反映企业取得环境保护与污染处理设备的全部历史成本，贷方反映减少环境保护与污染处理设备的历史成本。购入不需安装的环境保护与污染处理设备时，按取得的全部成本入账。购入不需要安装的环境保护与污染处理设备时，借记“环境固定资产”，贷记“银行存款”；购入需要安装的环境保护与污染处理设备时，先通过“环境在建工程”账户归集购入的成本和安装成本，借记“在建环境工程——环保与污染处理设备”，贷记“银行存款”；在设备安装完毕验收合格后，结转工程成本，借记“在建环境工程——环保与污染处理设备”，贷记“银行存款”，同时借记“环境固定资产”，贷记“在建环境工程——环保与污染处理设备”。计提折旧时，借记“环境费用——环境管理期间费用（行政零星使用）”“环境成本——环境保护成本（生产产品使用）”“在建环境工程（工程使用）”，贷记“环境资产累计折旧折耗”。

（3）“环境无形资产——环境保护专有技术”账户。该账户反映企业为治理环境污染自行开发、研制或通过交易事项取得的专利与专利技术的增减变动。外购时，借记“环境无形资产——环境保护技术”，贷记“银行存款”。

（4）“环境无形资产——排污权”账户。排污权是在实行排污许可证制度，同时建立排污许可证交易市场的环境下形成的一项特殊环境资产。这种权力在购买之后，随着企业污染物的排放而逐步减少，具有长期待摊费用的性质。该账户的借方反映企业取得排污权的全部历史成本，贷方反映每期摊销和出售的排污权。以下只介绍有偿获得的排污权资产。取得时，借记“环境无形资产——排污权”，贷记“银行存款”；摊销时，借记“环境费用——环境管理期间费用”“环境成本——环境保护成本”，贷记“环境资产累计折旧折耗——排污权”。出售时，借记“银行存款（环保专项存款）”“环境资产累计折旧折耗——排污权”，贷记“环境无形资产——排污权”“环境收益——环境保护收入——排污权交易收入”。

(5)“环境无形资产——矿藏勘探权、开采权和使用权”账户。该账户的借方反映企业拥有的勘探权、开采权和使用权的价值，贷方反映转出或摊销的价值。有偿取得时，按实际支出记入“环境无形资产”账户的借方；无偿取得时，按评估价入账。贷方反映该项资产产生经济效益的有效年度的摊销额。取得时，借记“环境无形资产——矿藏权”，贷记“银行存款”；摊销时，借记“环境费用——环境管理期间费用”“环境成本——环境保护成本”，贷记“环境资产累计折旧折耗——矿藏权”。

(6)“自然资产——自然资源资产、生态资源资产”。该账户的借方反映企业拥有使用权、控制权的自然资源和生态资源的价值，贷方反映转出或摊销的价值。有偿取得时，按实际支出记入“资源资产”账户的借方；无偿取得时，按评估价入账。取得时，借记“资源资产——自然资源资产——流域”“资源资产——生态资源资产——森林”，贷记“银行存款”；摊销时，借记“环境成本——资源维护成本”，贷记“资源资产累计折耗”。

3.4.2 环境资产账务处理

(1) 自然资源性资产。自然资源资产核算，首先要解决自然资源性资产的资本化问题。自然资源资本化是指自然资源的经营者，将为取得的自然资源的经营权向资源的所有者(国家)支付的款项作为资产入账的会计处理。如矿产资源的整体价值，就是支付的采矿权价格；森林资源价值，则是支付资源所有权权益的价格。对经营企业来说，应将这些支出记做一项资产——自然资源资产入账。当前西方国家对矿藏、油田、森林等自然资源，在会计处理上均作为累计折耗资产入账。然后随着资源开发和使用，递耗资产的价值分期折耗计入成本，使自然资源得到合理补偿，实行自然资源和生态环境的有偿耗用制度。如果将自然资源性资产先资本化，再将适用中的价值作为折耗处理则更为清晰。

在自然资源开发利用过程中，有两种情况可以增加自然资源的储量。一种是新探明的自然资源储量，另一种是人造环境资产，也称培育资产，如人工造林。新探明储量的自然资源所有权仍然属于国家。人造环境资产时间长、费用高，一般由国家投资。但也有企业投资，如山林由企业承包后所培育的林木，这一部分应根据投资主体，确定环境资本的所有权。

第一，自然资源资产增加业务的会计处理。

自然资源性资产的会计核算，可以设置“资源资产——自然资源资产”账户，下设“土地资源”“牧地资源”“旅游资源”“矿藏资源”等账户。譬如，“矿藏资源”核算通过开掘、采伐、利用而逐渐耗竭，以致无法或难以恢复、更新或无法按原样重置的可耗竭自然资源和其可持续性受人类利用方式影响的可再生自然资源，如矿藏、油井、森林等。为了与国民经济核算指标衔接，还可设置“培育资产”账户，归集培育资产的实际成本，待培育资产成熟后，再转入环境资产，同时将国家拨入的专项资金转入环境资本。

由于企业取得递耗资产的方式不同，其账务处理也不相同。主要有以下几种方式：

①国家投入。国家对其所拥有的环境资源可作为投资形成进入微观会计主体，形成国家资本——环境资本；或者国家对其所拥有的环境资源不作为投资的形式进入微观会计主体；而是通过形成相应的补偿基金的形式让企业有偿使用。由于国家对环境资源拥有所有权，因此，企业取得的自然资源应视为国家投入的资本，设置“环境资本”账户加以反映，分录为：

借：资源资产——自然资源资产——矿山

　　贷：环境资本——国家资本

②购买形式。即经营企业直接向资源所有者（国家）购买资源的使用权，这种方式下，所支付的买价和购买时的相关费用全部资本化为递耗资产。分录为：

借：资源资产——自然资源资产

　　贷：银行存款

③租赁方式。即经营企业以租赁的方式从资源所有权者取得资源的使用权。这种方式下，应以将来每期支付的租赁款的现值，资本化为自然资源资产的数额，而所支付的租赁款总额与以上现值和之间的差额作为利息费用分期摊销。这种方式下，自然资源资本化时，分录为：

借：资源资产——自然资源资产（以后各期支付租赁款的现值之和）

　　贷：环境负债——环境长期应付款——资源租赁款

定期支付租赁款时，分录为：

借：环境负债——环境长期应付款——资源租赁款（每期支付租金的本金）

　　财务费用（每期支付租金的本金的利息）

　　贷：银行存款（每期支付的利息）

④债务式。即经营企业以欠款方式向资源所有者借得资源使用权。所有权和使用权并未真正转移，经营企业只是暂时拥有了资源的所有权。资本化时，分录为：

借：资源资产——自然资源资产（资源的价值）

　　贷：环境负债——环境长期应付款——国家

⑤自然资源资产的增值、减值。自然资源资本化为自然资源资产后，可能会因为整个自然资源不合理开发，使不可再生资源减少而形成自然资源资产减值；而可再生资源由于人工再造使自然资源资产增值。自然资源资产增值或减值时，会计处理的分录分别为：

借：资源资产——自然资源资产——增值调整

　　贷：环境收益——其他环境保护收益

借：环境成本——环境保护成本

　　贷：资源资产——自然资源资产——减值调整

⑥缴纳有关费用。不管以什么方式取得资源的使用权，经营者经营自然资源时，均应向政府缴纳环境资源补偿费。在缴纳时，这些费用直接列为环境成本，也可视其余产品环境项目的关联性作为期间费用，单独设立“环境费用”账户核算。分录为：

借：环境成本—资源维护成本（或：环境费用——其他环境期间费用）

　　贷：银行存款

第二，自然资源资产折耗相关业务的会计处理。

①自然资源资产折耗计算的是每期耗用资产的价值，即上述资本化的价值减去预计残值后的余额。折耗的计提方法主要采用工作量法（或产量法），即用预计可采掘或采伐的总产量除以折耗的基数，以确定单位产品的折耗费用；然后用每期实际采取或采伐的产量乘以单位产品的折耗费用，计算出每期应提折耗额，并计入当期销售成本或存货成本中。提取折耗时，分录为：

借：环境费用——资源和“三废”产品销售成本——自然资源产品

贷：资源资产累计折耗——自然资源

如果本期采掘或采伐的产品全部售出，则期末将折耗费用全部转入销售成本；如果本期采掘或采伐的产品中只有部分售出，则将售出部分的折耗费用转作产品销售成本，而将其余部分转作存货成本处理。分录为：

借：环境费用——资源和“三废”产品销售成本——自然资源产品（已售出部分的折耗费用）

环境流动资产——存货（未售出部分的折旧费用）

贷：资源资产累计折耗——自然资源

②自然资源资产有关的费用。若以矿产资源为例，属于递耗资产核算的相关业务即有：

开采出矿产品时，根据勘探的矿藏计价入账。其分录为：

借：资源资产——自然资源资产——矿山

贷：环境成本

开采时发生相关支出和折旧计提（按耗用的资源价值计量），其分录为：

借：环境成本——环境保护成本——环境管理成本

贷：银行存款

资源资产累计折耗——自然资源资产

开采过程中造成环境降级，需支付生态环境破坏补偿费，该费用应计入开采成本，从而增加开采产品的成本。如其金额较小，也可以直接列支环境管理费用。未交时，分录为：

借：环境成本——环境维护成本——自然资源维护

贷：环境负债——应付资源补偿费——矿产资源补偿费

缴纳时，分录为：

借：环境负债——应交资源补偿费——矿产资源补偿费

贷：银行存款

【例 3-1】某矿业公司以 5 000 万元购入一矿山的使用权，估计该矿山煤的蕴藏量有 1 000 万吨。开采前该公司另外支付了下列费用：地质勘探费 81 万元，法律手续费 6 万元，建筑矿坑入口和排水设备 45 万元，建造地面设备和装载设施 80 万元。在所有煤矿开采完后，该矿山估计尚能按 90 万元出售。煤矿开采后造成周围生态环境破坏而带来的生态降级，需缴纳环境资源补偿费 50 万元。

根据上述材料，编制的会计处理分录如下：

①计算煤矿的取得价值：5 000 + 81 + 6 + 45 + 80 = 5 212（万元）

借：资源资产——自然资源资产　　52 120 000

贷：银行存款　　52 120 000

②计算每吨煤应计提的折耗费。设每期开采煤 80 万吨，其中销售 75 万吨，计算应摊提的折耗，并做有关会计分录。

应提的折耗基数 = 5 212 − 90 = 5 122（万元）

单位应提的折耗 = 5 122/1 000 = 5.122（元/吨）

应提取的折耗总额 = 80 × 5.122 = 409.76（万元）

借：环境费用——资源和“三废”产品销售成本——自然资源产品销售

4 097 600

贷：资源资产累计折耗——资源资产折耗　　4 097 600

③将售出部分的折耗费用转作产品销售成本后，将其余部分转作存货成本处理。存货＝5×5.122＝25.61（万元）。

借：环境流动资产——存货　　256 100

贷：资源资产累计折耗——资源资产折耗　　256 100

④做应交环境资源补偿费的会计分录。

借：环境成本——资源维护成本——自然资源维护成本　　500 000

贷：环境负债——应交资源补偿费——矿产资源补偿　　500 000

（2）生态资源性资产。生态资源性环境资产相关业务会计处理时，生态资源性资产按性质应设置“环境资产——资源资产——生态资源资产”和“环境资产累计折耗”账户，核算生态资源的价值增减变化及生态资产的价值减少。

【例3－2】 某企业乡政府申请一片森林20年的使用权，开设国家森林公园。通过相关的非市场价值评估法确定该森林环境资源价值为1亿元。国家森林公园有自然保护区性质，其实物资源（林木、动物等）不能采用和破坏，因此企业付出的1亿元相当于该片森林的环境资源（森林景观所提供的游览服务、生物多样性、生态系统服务等）价值。企业对取得的森林使用权以20年期限分期摊入成本，则会计分录为：

①支付1亿元取得森林使用权时，会计分录为：

借：资源资产——生态资源资产　　100 000 000

贷：银行存款　　100 000 000

若国家以投资的方式投入，则：

借：资源资产——生态资源资产　　100 000 000

贷：环境资本——国家资本　　100 000 000

②生态资产的折耗。年折耗＝100 000 000/20＝5 000 000（元）

借：环境成本——环境耗减成本　　5 000 000

贷：资源资产累计折耗——生态资源资产折耗　　5 000 000

对区域生态资产的评估，譬如对森林公园，可采用“盘存计耗法”，先对某地、某一时点人们认可的生态环境状况下的生态资源存量进行全面的多方位的评估，并作为该区域或流域的生态资产和社会权益同时记入生态资产和生态权益账户。然后，再对现已破坏的资源状况进行估价、确认其现存的存量价值，并记入该区域或流域现在拥有的生态资产和生态权益。将以上两者相减，其差额就是被破坏所损失的价值，这正是应对其进行补偿的重置成本价值，以此可以确定以多少财政转移支付来进行生态成本的补偿和以何种方式进行补偿。

根据盘存成本，当确定区域生态成本价值时，分录为：

借：资源资产——生态资源资产

贷：实收资本——环境资本

（3）非资源性环境资产。非资源性环境资产，即人造资产的核算相对简单，比如环境建设工程项目。环境工程项目一般都是与环境污染治理、预防有关的建筑、设施和设备的构建和安装工程，以及对污染物质清理、处理密切相关的项目。一般通过“在建环境工程”科目核算，工程项目完工时，按照最终决算数计入“环境固定资产”“环境无形资产”等科目中。

①购入环境设备、物资进行工程建设时，分录为：

借：在建环境工程——工程物资

　　贷：银行存款

②领用材料和发生加工费用时，分录为：

借：在建环境工程——工程材料

　　贷：原材料

　　　　应付职工薪酬

③工程完工并决算转交使用时，分录为：

借：环境固定资产（环境无形资产）

　　贷：在建环境工程

④如某项环境保护项目使用该环境资产，在计提固定资产折旧（或无形资产折耗）时，分录为：

借：环境成本——环境保护成本

　　贷：环境资产累计折旧折耗

⑤当发生该环境保护项目发生相关环境零星费用时，分录为：

借：环境费用——环境管理期间费用

　　贷：银行存款

【例 3－3】 某企业于 20×4 年 11 月购入一台需要安装的污染处理设备，支付价款 1 900 万元，购入后立即安装，安装期间共支付 100 万元。同年 12 月设备安装完毕并达到预定可使用状态。该设备预计使用年限为 20 年，无净残值。计提 1 个月的折旧费用。而为保证设备正常运行，企业于 20×5 年 1 月 30 日购入一批辅助原材料，支付价款 500 万元，材料已验收入库，当月共领用该批原材料的 1/5 进行一般零星污染处理。上述有关业务的会计处理分录如下（不考虑相关税费的影响）：

①20×4 年 11 月购入需要安装的污染处理设备：

借：环境在建工程——环保与污染处理设备　　19 000 000

　　贷：银行存款　　19 000 000

②支付安装费用：

借：在建环境工程——环保与污染处理设备　　1 000 000

　　贷：银行存款　　1 000 000

③20×4 年 12 月安装完成，达到预定可使用状态：

借：环境固定资产　　20 000 000

　　贷：在建环境工程——环境环保和污染处理设备　　20 000 000

④计提折旧：

借：环境成本——环境保护成本——污染治理成本　　1 000 000

　　贷：环境资产折旧折耗——环境固定资产　　1 000 000

⑤20×5 年 1 月 30 日购入原材料：

借：环境流动资产——原材料　　5 000 000

　　贷：银行存款　　5 000 000

⑥领用原材料：

借：环境成本——环境保护成本——污染治理成本　　1 000 000
　　贷：环境流动资产——原材料　　1 000 000

【例3-4】某企业购入污水排污权，共支付价款800万元。按照该企业排污情况估计，该项排污权预计可使用四年，每年排污量基本相等。三年后由于该企业生产流程的改造升级，污水排放量大大减少，企业决定出售剩余排污权，经双方协定价格为300万元。根据上述业务编制的会计分录如下（不考虑相关税费的影响）：

①购入排污权：

借：环境资产——环境无形资产——排污权　　8 000 000
　　贷：银行存款　　8 000 000

②前三年每年排污权摊销：

借：环境成本——环境合并成本——环境排污成本　　2 000 000
　　贷：环境资产累计折耗——排污权　　2 000 000

③出售剩余排污权：

借：银行存款　　3 000 000
　　环境资产累计折旧折耗——排污权　　6 000 000
　　贷：环境资产——环境无形资产——排污权　　8 000 000
　　　　环境收益——环境保护收益——排污权交易收入　　1 000 000

3.5 环境资产减值

3.5.1 环境资产减值含义

环境资产的主要特征之一是必须能够为企业带来经济利益的流入，如果该资产不能够为企业带来经济利益或者带来的经济利益低于其账面价值，那么，该资产就不能再予以确认，或者不能再以原账面价值予以确认，否则将不符合资产的定义，也无法反映资产的实际价值，其结果会导致企业资产虚增和利润虚增。因此，当企业资产的可收回金额低于其账面价值时，即表明资产发生了减值，企业应当确认资产减值损失，并把资产的账面价值减记至可收回金额。不过，在某些情况下，资本化的环境成本计入相关资产后会导致资产的成本高于其可收回价值，所以，应对这项资产是否减值进行评估。

环境资产减值的确认原则与其他形式的减值相同，一般均采用准备金核算方法。但还应引起注意的是，环境污染对环境资产所产生的“减值”影响，也应考虑纳入会计核算。这种由于环境问题导致的资产减值主要包括三个方面：

第一，因某些资产已遭受环境污染，为使这些资产以后恢复其使用价值，企业通常需要对它进行污染清除和环境质量恢复，导致其价值降低；

第二，因某些资产的使用会产生较多的污染物，进而带来较多污染治理支出或罚款，而新出现的同类性质新资产的使用可大幅度降低污染产生量，或没有污染，使得原有资产价值减值；

第三，因某些资产与环境污染问题相关联而使其价值降低。这些都需计提减值准备。

3.5.2 环境资产减值账务处理

为了正确核算企业确认的资产减值损失和计提的资产减值准备，企业应当设置“环境资产减值损失”账户，反映环境资产在当期确认的资产减值损失金额；同时，设置“环境资产减值准备”账户。企业根据资产减值准则规定确定资产发生了减值的，应当根据所确认的资产减值金额，借记“环境资产减值损失”账户，贷记“环境资产减值准备”。在期末，企业应当将“环境资产减值损失”账户余额转入“环境费用”并最终构成环境完全成本。环境资产减值准备账户登记的累积数，直至相关资产被处置等时才予以转出。

【例3-5】 某公司在某国开矿，该国法律要求矿产的业主必须在完成开采后将该地区恢复原貌。恢复费用包括表土覆盖层复原的费用，因为它在矿山开发前必须移走。表土覆盖层一旦移走，就应确认一笔表土覆盖层复原准备，估值为500万元（且等于恢复费用的现值），且该准备计入矿山成本，并在矿山使用寿命内计提折旧。企业正在对矿山进行减值测试，矿山的现金产出单位应是整座矿山。已知，企业已收到原以800万元的价格购买该矿山的出价，且该价格已考虑了复原表土覆盖层成本（处置费用可略而不计），矿山使用价值约为1 200万元（不包括恢复费用），矿山账面金额为1 000万元。

那么，该整座矿山现金产出单元销售净价为800万元，现金产出单元的使用价值在考虑恢复费用后估计为700（1 200-500）万元，现金产出单位的账面价值金额为500（1 000-500）万元。因环境问题而产生的恢复费用200（700-500）万元构成原矿山价值的减值准备。其会计处理为：

借：环境资产减值损失　　　　2 000 000

　　贷：环境资产减值准备　　　　2 000 000

资产减值损失确认后，减值环境资产的折耗费用应当在未来期间做相应调整，以使该环境资产在剩余使用寿命内，系统地分摊调整后的资产账面价值（扣除预计净残值）。环境资产发生减值后，一方面价值回升的可能性比较小，通常属于永久性减值；另一方面从会计信息谨慎性要求考虑，为了避免确认资产重估增值和操纵利润，资产减值准则规定，资产减值损失一经确认，在以后会计期间不得转回。以前期间计提的资产减值准备，在资产处置、出售、对外投资、以非货币性资产交换方式换出、在债务重组中抵偿债务等时，才可予以转出。

3.6 环境资产的产权界定

3.6.1 产权的一般认识

产权问题是影响社会经济利益的焦点问题，近年来我国经济理论界对其争论较多，分歧也很大。产权概念源于英文的“property rights”。例如，刘诗白在《产权新论》中指出，财产权简称产权，它的第一个定义是“主体拥有的对物和对象的最高的、排他的占有权”。“财产权或产权是指特定的人（们）在特定的经济组织中对特定的物或对象的占有权。”

与我国一样，西方学术界有关产权概念的解释也不尽一致。美国加利福尼亚州大学经济系教授德姆塞茨认为，所谓产权意指使自己或他人收益或受损的权利。他还指出，交易一旦在市场上达成，两组产权就发生了交换。虽然一组产权常附着于一项物品或劳务，但交换物或劳务的价值却是由产权的价值决定的。西班牙马德里大学经济学教授施瓦茨认为，产权不仅是指人们对于有形物的所有权，同时还包括人们有权行使市场投票方式的权利、行政特许权、履行契约的权利以及专利和专利权。另一位学者富鲁普顿对产权下过一个描述性的定义：产权不是人与物的关系，而是指由于物的存在和使用而引起的人们那些与物相关的行为规范，每个人在与他人的相互交往中都必须遵守这些规范，或者须承担不遵守这些规范的成本。这样，社会中盛行的产权制度便可以被描述为界定每个个人在稀缺资源利用方面的地位的一组经济和社会关系。Y. 巴扎尔则从财产权和法权角度来论述产权，他认为：人们对不同财产的各种产权包括财产的使用权、收益权和转让权，通常法律的权利会强化经济权利，但是前者并不必然是后者的条件；人们对不同财产的诸种权利并不是不变的常数，它们是财产所有人努力保护自己财产安全的函数，同时要受到别人企图获得他们财产的欲望的影响，还要受到政府对他们财产保护的影响；擅自占有空地企图获得土地所有权比法定土地所有者更缺乏安全，这不仅是因为他们缺乏单方面执行的契约，还因为缺乏警察的保护。

综上所述，产权是指使自己或他人受益或受损的权利总和。其实质是对行为主体权利的一种界定，以表明人们在经济交往中是否受益。这意味着，产权是对特定财产完整的权利，它是一组权利或一个权利体系。应该指出，产权并不是现代经济社会的产物，而是现代经济发展的一种社会工具。在人类社会发展史上，产权伴随着社会进步不断变更其存在模式：在人类社会的采集和狩猎时期资源是共享的；随着农业和畜牧业的出现，人们开始形成以“民族”为单位的部落，这时生产的即是排他性的公有产权，也被称为集体产权；国家出现后，一部分集体产权被个体私有产权和排他性的国有产权所代替。

从人类发展史上产权模式演变不难看出，任何一种产权模式的产生都是对当时历史条件下资源分配（或者说配置）的结果。同样道理，现代产权制度的建立也是对市场经济条件下有限的社会资源进行配置的结果。由于社会资源稀缺，现代经济生活中的资源配置主体之间存在着争夺资源的行为，这就是通常所说的竞争。

3.6.2 环境资产可持续利用中的产权问题

环境资产的产权包括环境资产的所有权、经营权、使用权和管辖权。环境资产的产权如何处理，是对稀缺的环境资源能否进行合理配置的关键。因为环境资产产权解决了“公地悲剧”的产权制度安排。“公地悲剧”是社会学家关于公共物品产权问题的一个著名理论，是运用产权理论描述环境和资源问题的主要框架。“公地悲剧”框架是假设有一个“向一切人开放的牧场”，每个放牧人都从其牧畜中获得直接收益，但是既定面积的牧场存在一个最合适的放牧量，如果过度放牧就会造成资源滥用，引起肥力下降，这是由边际报酬递减规律决定的。而环境资源这块“公地”上恰恰是出现了过度使用的状况。“公地悲剧”告诉我们，产权界定模糊情况下的竞争压力，鼓励了生产中的短期行为。原因是：首先，在任何时候，如果只关注私人边际收益和边际成本，资源的耗费速度就会加快，资源的有效利用也会遭到破坏。其次，模糊的产权使投资者无法预测他们在未来能否得到收益回报，投资的积极性被削弱。从已有的研究成果看，解决“公地悲剧”有两种思路：一是由政府对大多数自然资源系统进行管制。二是实行私人产权，通过建立私人产权制度来结束公共财产制度，避免有关自然资源和野生动物的公地悲剧。

在现实生活中，资源在许多地区都是以国家所有的形式管理，并以宪法的形式确定政府的这种权利。但是结果是资源的破坏性开采、生态环境的恶化。因此，有必要对这种形式进行进一步的分析。

管制理论假设政府拥有关于资源的充分信息，政府会依据这些信息，制定相应的资源利用政策，使资源的利用既能满足当代人的需求，而且又不对后代人满足其自身需求的能力构成危害。但信息不完全是生活中的常态，因此，在不完全信息条件下的资源政策不能充分满足可持续利用的要求，政府要想保护自己的产权，就要不断地搜寻信息来完善政策和加强政策的监督执行。但是不论是搜寻信息还是完善监督，都要付出巨大成本。在不完全信息和有限理性的现实中，政府对资源的管理需要付出昂贵的成本。当这些成本得不到充分补偿时，付出成本就是不经济的，政府不得不无奈地放弃资源的部分产权。这部分产权就被置于公共领域，从而出现“公地悲剧”。与此同时，政府的管制还有可能产生寻租活动。一些利益集团为了牟取自身经济利益而对政府组织或官员施加影响，一方面造成资源价值的进一步耗散，另一方面扭曲了正常的资源市场，使资源的未来利用机会被隐藏。

制度变迁的动力来自改变现有制度所获得的收益。一方面，从经济角度来看，随着资源的不断利用，资源变得越来越稀缺，其相对价格发生了较大的变化，增加环境所有权带来的收入流。经济主体对公共领域中的资源产权的争夺变得更加激烈。而另一方面资源滥用造成的生态环境恶化已经开始威胁人类的生存。这两方面都迫使政府意识到放弃部分资源产权的严重后果以及维护产权巨大的潜在收益。但是维护产权还是要面临巨大成本，这是政府希望尽量减少的。于是，一个节约成本的制度安排应运而生。

产权明晰是管制和私有化两种思路之间的一个共同点，但在许多情况下，政府没有很好地保护自己的产权，使其中的一部分进入公共领域，造成这部分产权的归属不清晰。因此，认为政府控制下的资源都是公共财产，都会发生“公地悲剧”是不恰当的。但是“公地悲剧”的发生的确是因为产权主体的缺乏。要避免这种现象，明晰产权是正确的方向，私有化是明晰产权的一个选择，但不是唯一选择。

【辅助阅读 3－1】

哈丁和《公地的悲剧》

1968 年，美国学者哈丁在《科学》杂志上发表了一篇题为《公地的悲剧》。哈丁特别提及地球资源的有限以及有限资源为所谓的“生活品质”所带来的影响。如果人口成长最大化，那么每一个个体必须将维持基本生存之外的资源耗费最小化，反之亦然。因此，他认为并没有任何可预见的科技可以解决在这有限资源的地球上如何平衡人口成长与维持生活品质的问题。

哈丁在《公地的悲剧》中设置了这样一个场景：一群牧民一同在一块公共草场放牧。

一个牧民想多养一只羊增加个人收益，虽然他明知草场上羊的数量已经太多了，再增加羊的数目，将使草场的质量下降。牧民将如何取舍？如果每人都从自己私利出发，肯定会选择多养羊获取收益，因为草场退化的代价由大家负担。每一位牧民都如此思考时，“公地悲剧”就上演了——草场持续退化，直至无法养羊，最终导致所有牧民破产。

2009 年诺贝尔经济学奖获得者奥斯特罗姆在其著名的公共政策著作《公共事物的治理之道》中，针对“公地悲剧”“囚徒理论”和“集体行动逻辑”等理论模型进行分析和探讨，同时从小规模公共资源问题入手，开发了自主组织和治理公共事务的创新制度理论，为面临“公地选择悲剧”的人们开辟了新的途径，为避免公共事务退化、保护公共事务、可持续利用公共事务从而增进人类的集体福利提供了自主治理的制度基础。

“公地悲剧”展现的是一幅私人利用免费午餐时的狼狈景象——无休止地掠夺。“悲剧”的意义就在于此。根据哈丁的讨论，结合我们对挣扎在生活磨难中的人们的理解，“公地悲剧”的发生机理似乎可以这样来理解：勤劳的人为个人的生计而算计，在一番忽视远期利益的计算后，开始为眼前利益而“杀鸡取卵”，没有规则，没有产权制度，没有强制，最后，导致公共财产——那个人们赖以生存的摇篮的崩溃，所以，美国学者认为，公地悲剧发生的根源在于：“当个人按自己的方式处置公共资源时，真正的公地悲剧才会发生”。对“公地悲剧”更准确的提法是：无节制的、开放式的、资源利用的灾难。就拿环境污染来说，由于治污需要成本，私人必定千方百计企图把企业成本外部化。这就是赫尔曼·E. 戴利所称的“看不见的脚”。“看不见的脚”导致私人的自利不自觉地把公共利益踢成碎片。所以，我们必须清楚——“公地悲剧”源于公产的私人利用方式。其实，哈丁的本意也在于此。事实上，针对如何防止公地的污染，哈丁提出的对策是共同赞同的相互强制，甚至政府强制，而不是私有化。

——郑京平. 警惕简政放权后的“公地悲剧”[J]. 中国国情国力，2015 (6).

3.6.3 我国现行环境资产所有权实现的基本形式

产权制度是优化资源配置的客观要求。为了保证整个社会经济的可持续发展，人们对环境资源的开发和利用行为应当受到某种制度的安排和约束。这种约束在社会关系中的体现，就是通过权威的法律形式来明确人们对环境资源的产权关系。即明确其所有权、使用权、收益权和处置权，这是在资源有限的条件下调整人们之间利益差别的有效方式。

我国自然资源的各投资主体（即自然资源的价值主体，如国家、国家有关主管部门、各有关经营者等）在分别行使自然资源法定所有权、行政管理权、生产经营权过程中都投入了一定的活劳动和物化劳动，从各个侧面组成了自然资源的整体价值。这是从投入角度分析自然资源的价值性和主体性。此外，还应结合产出，将价值主体和权益结合起来。自然资源权益是自然资源同主体结合所附着的权利和要求，这种权利和要求在经济上得到体现，就形成了自然资源的权益价值。它包括：

第一，自然资源所有者享有所有权收益。我国法律规定自然资源属国家所有。法律上赋予这种所有权具有垄断性，使它有别于一般经济所有权。自然资源所有权是一种法定所有权，其实质是领辖所有权，即国家行使主权，保护着国家一切领域及管辖地区的安全，只要在国家领辖区域发现的一切自然资源，就应该为国家所有，这种所有权具有垄断性。法定所有权享有的收益是“地租”形式的收益，而不像经济所有权那样凭借资本金份额获取投资收益。

运用马克思的地租理论，与自然资源相关的地租有：绝对地租（自然资源所有者凭借对环境资源的所有权的垄断而取得的收益）；级差地租Ⅰ（由于自然资源本身的质量等级不同及所处的交通地理位置的优劣，而使资源条件好的经营者能获得超过社会平均利润的超额利润）；级差地租Ⅱ（把同等数量的资本连续投资在同样自然条件的资源上，会产生不同的生产率，生产率高的企业会取得个别生产价格低于社会生产价格的超额利润）；垄断地租（开发利用某些稀有珍贵自然资源，由于它极其稀缺，造成市场上严重供不应求，可以按照远远高于其他价格的垄断价格出售而形成超额利润）。在社会主义国家，绝对地租、级差地租Ⅰ、垄断地租三部分的权益归国家所有。

第二，自然资源管理者享有管理权收益。自然资源管理者行使社会行政管理职能，保护自然资源的合理开发和利用。作为管理者享有的收益，自然资源管理者应向自然资源的经营者收取以下费用：资源保护费（自然资源在开发过程中发生资源保护、环境治理等费用）；资源替代费（资源管理部门组织资源替代方面的科研工作而发生的资源开发替代费用）。这两项费用统称为资源补偿费，均由国家分期向自然资源经营者收取。

第三，各有关自然资源经营者享有经营收益。各有关自然资源的经营者为取得自然资源经营权，必须向资源所有者（国家）及有关方面缴纳相关的款项，如矿山企业从地质勘探单位购买矿产资源发现权，同时向国家申请采矿权时支付矿产资源所有权价值。取得资源经营权后进行经营，取得经营收益。其经营收益包括基本收入（体现为工资）和风险收入（体现为奖金）。此外，还有些自然资源的其他价值主体拥有相应的权益，享有相应的收益，如矿产资源的勘探单位享有矿产资源的发现权收益。

表3-1归纳了以上自然资源的权益理论。

表3-1　　自然资源价值主体所拥有的产权及相应享有收益汇总

自然资源的价值主体	价值主体拥有的产权	价值主体享有的收益	收益具体内容	备注
自然资源所有者	拥有自然资源所有权	所有权收益——地租	• 绝对地租——资源使用费 • 极差地租Ⅰ——资源极差费 • 垄断地租——特别资源费	自然资源的整体价值
自然资源管理部门	拥有自然资源管理权	管理权收益——资源补偿费	• 资源保护费 • 资源代替费	分期征收
自然资源经营者	申请购置使用权，拥有自然资源经营权	经营收益	• 基本收入——工资 • 风险收入——奖金	年薪制

3.6.4　我国环境资产产权的管理

按照我国现行有关法规的规定，在环境资产产权管理的形式上，主要有以下几种：

第一，国家投入的形式。国家将环境资产作为投资进入资源开发企业，成为企业资本金的一个组成部分。这种产权表现形式下，国家以一定年限的环境资产的占用、使用权作价入股。环境资产在企业股权中体现为国家股份。由于各方按照所折算的投入企业资产数额，取得相应的股权，承担相应的义务，因此环境资产的所有者和管理者对其组织营运所取得的收益都是一个变量。环境会计管理涉及双方权益结构的协调和收益分配的比例问题，在会计管理方式上要实行一种全动态式的管理方式。

第二，企业租赁的形式。这种形式的环境资产并不作为资本金，而是由环境资产开发企业向环境资产的所有者支付租金。在环境资产产权国有的表现形式下，国家以租赁的方式将环境资产的占有、使用权租赁给企业使用，企业与国家之间就环境资产的使用形成法律上的契约关系，企业必须定期向代表国家对环境资产进行管理的机构缴纳租金，环境资产所有者所取得的租金是一个常量，而环境资产的管理使用者对其组织营运所取得的收益就是一个变量。

第三，企业购买的形式。环境资产引发企业以出让的方式通过一定的法律程序和形式取得环境资产的占有和使用权。在这种产权表现形式下，企业所取得的一定时期的资源占有权和使用权，可以自己组织环境资产的营运，也可以依法将其出租给其他企业收取租金。到期后，国家将收回企业占有、使用的环境资产，或办理继续使用的法律手续。在这种形式下，环境资产的产权出现了一个连带的制约效应。环境资产的最终所有者的收益在一次性地取得补偿以后，环境资产的合同占有和使用者的收益在一定时期内是一个常量，而环境资产的管理使用者对其组织营运所取得的收益就是一个变量。

本章练习

一、名词解释

1. 自然资源性资产　2. 自然资源资本化　3. 资源资产累计折耗　4. 生态资源性资产
5. 资源性资产经营收益　6. 环境资产减值　7. 资源资产　8. 环境资产累计折旧折耗
9. 环境无形资产　10. 环境资产　11. 环境工程项目

二、简答题

1. 简述环境资产的定义与特点。
2. 简述我国现行环境资产所有权实现的基本形式。
3. 简述环境资产的管理要求。
4. 简述环境资产的确认条件与主要标准。
5. 简述环境问题对企业资产价值的影响。
6. 简述资源性资产产权界定对于会计核算的重要意义。
7. 环境资产确认条件和计量方法有哪些?

三、业务题

甲公司20×4年当年发生的与环境资产相关业务如下：

(1) 购入一台需要安装的污染处理设备，支付价款1 900万元，购入后立即用于安装，安装期间共支付100万元。设备安装完毕并达到预定可使用状态。该设备预计使用年限为20年，无净残值。

(2) 为保证设备正常运行，购入一批辅助原材料，支付价款500万元，材料已验收入库，每月领用该批原材料的1/5。

(3) 购入污水排污权，共支付价款800万元。按照该企业排污情况估计，该项排污权预计可使用4年，每年排污量基本相等。

要求：编制上述有关业务的会计分录（金额单位用万元表示，不考虑相关税费的影响）。

四、阅读分析与讨论

自然资产的产权和价值核算

(1) 根据自然资源特性，可规定一定的所有权、占有权、使用权和处置权等。

根据我国《宪法》规定，自然资源产权主要有全民所有和集体所有两种形式。根据自然资源特性，第一种类型是对进入社会生产过程并能带来经济效益的纯自然、非人工自然资源，可以规定一定的占有权、使用权和处置权；第二种类型是对生态系统和聚居环境的自然资源，可以把所有权、占有权、使用权和处置权都赋予保护者和生产者。一般来说，对于像水资源、清洁空气资源、污染物排放权、碳配额等产权比较难以清晰界定的自然资源，不应过分关注环境资源的所有权问题，而主要应从占有权、使用权角度去确定，如把水资源、排污权按照配额方式有偿分配给需求者，然后实现配额之间的市场交易。

(2) 明确环境、生态等公共自然资源的“主人”，实现其经济效益、生态效益和社会效益最佳配置。

自然资源产权不清晰的直接后果就是造成资源的掠夺性使用。近年来，我国部分地区大气污染加重，雾霾围城的情景不断出现，就是因为大气作为“无主”资源被过度利用了。健全自然资源资产产权制度和用途管理制度，就是为明确环境、生态等公共自然资源系统的“主人”，赋予其保护自然资源的动力，让其获得使用这些自然资源利益的同时，承担起保护自然资源的责任，解决公共资源的过度使用问题，实现空气等资源的最佳配置和使用。

在自然资源产权制度改革领域，农村土地承包制、林地所有权改革就是这类资源典型的产权制度改革，而且这种改革取得了巨大的效果。从某种意义上来说，也只有自然资源“主人”，才能通过市场配置、行政划拨等方式，使自然资源“主人”在各种可能的用途之间做出最优选择，实现经济效益、生态效益和社会效益的最佳匹配。

自然资源用途管制制度是国家对国土空间内的自然资源按照生活空间、生产空间、生态空间等用途或功能进行监管，表明一切国土空间里自然资源都要按照用途管制规则进行开发，不能随意改变用途，诸如耕地用途、生态公益林、自然保护区等管制。

当前阶段，自然资源用途或功能管理的主要目标就是保障生态环境安全的森林、草地、水体、湿地、滩涂等生态空间不缩小，甚至扩大生态空间面积。

(3) 自然资源资产价值的核算可从自然资源资产和其所提供的生态产品两个层面进行。

由于自然资源资产的生态价值和社会价值具有外部性，在缺乏有效的政府干预和宏观政策调控下，单纯依靠市场途径无法对其进行有效管理，导致了对资源的掠夺性消费和对环境的无节制破坏。如果能够核算自然资源资产价值，并且实行对非经济成分的评估机制的话，那么就可以实现自然资源的可持续利用。因此，自然资源资产产权明晰后，需要对其进行定价。另外，自然资源资产价值的正确评估，能够为确立生态服务市场交易制度、生态转移支付制度、生态补偿制度、环境污染责任保险等制度机制提供科学依据。

从生态生产角度来看，目前很多自然资源都可以被视作生态资源，如森林、草地、河流、湖泊、湿地等，具有很强的生态生产功能。因此，自然资源的核算可以从自然资源资产和其所提供的生态产品（也就是生态效益）两个层面展开核算。

自然资源资产核算主要是对自然资源资产实物存量进行核算，并记录核算期内变化，包括自然资源资产数量和质量变化。在资产实物量核算基础上，利用价值评估方法对自然资源资产的实物存量进行货币化价值评估，反映自然资源资本总值。

生态产品生产总值（简称GEP核算），主要是评估生态产品的服务价值，形成一组以生态产品生产总值（GEP）为中心的关键指标，与经济核算中的GDP相对应。其目的是对水生态系统、森林生态系统、草地生态系统、耕地生态系统、湿地生态系统、大气系统和动植物等生态资产提供的有形生态产品价值和无形生态服务价值进行评估。生态产品价值核算同样以生态产品实物量核算为基础，对各生态要素为人类提供的有形生态产品和无形生态服务进行货币价值核算。对生态产品的服务价值进行加总就得到了生态产品生产总值，它与绿色GDP共同形成评估地方政府生态绩效的“两张表”。

——王玮. 自然资源资产产权制度十问［N］. 中国环境报，2013-11-29.

讨论要点：

（1）如何理解自然资产的产权？

（2）健全资产产权制度对自然资源资产核算的作用是什么？

（3）怎样核算自然资源资产价值？

第4章

环境负债核算

【学习目的与要求】

1. 了解环境负债的定义、确认标准，理解环境负债的特征；
2. 理解和掌握环境负债的分类；
3. 理解和掌握确定性环境负债的确认、计量、记录；
4. 掌握或有负债的定义与特征，掌握预计负债的确认，理解或有环境负债的计量；
5. 掌握或有环境负债金额的确定及或有环境负债账务处理；
6. 理解和掌握环境负债的管理。

4.1 对环境负债的认识

4.1.1 环境负债的定义

ISAR认为，“环境负债指企业发生的，符合负债的确认标准，并与环境成本相关的义务”。该定义不仅包括引起环境负债的法定义务，还包括引起环境负债的推定义务。我们认为，在企业财务会计系统中确认的环境负债的定义既要符合企业一般负债的定义，又要考虑到环境事项的特殊性。如果将负债的定义运用于环境领域，则可将环境负债理解为：“由于企业或组织以前的经营活动或者其他事项对环境或自然资源造成的影响和破坏，而应当由企业或组织承担的、需在未来以资产或劳务偿还的现时义务”。即环境负债既要反映一般负债的定义，又要体现环境特点。按照此定义，我们可以认为，环境负债即是由过去的、与环境相关的交易或事项形成的现时义务和推定义务，履行该义务时会导致经济利益流出企业。

环境负债是符合负债的确认标准，与环境有关的事项所引起的负债。如果企业有支付环境费用的义务，则应将其确认为负债。在少数情况下，可能无法全部或部分地估计环境负债的金额，但需要在会计报表附注中披露无法做出估计的事实及原因。

确认环境负债应遵循以下标准：①该项负债是由过去与环境相关的交易或事项形成的。②企业拥有偿还该项负债的义务。③偿还该项负债会导致企业经济利益的流出。④该负债能够用货币计量，其数额取决于确认负债时治理环境污染、履行相关义务所需的费用。⑤该项负债必须是与环境相关的，包括环境治理义务、环境修复义务、交纳破坏环境的罚款义务和赔偿义务。⑥企业所承担的义务是现时义务，即现行条件下承担的义务，未来发生的交易或者事项形成的义务，不属于现时义务，不应当确认为负债。

4.1.2 环境负债的特征

从以上内容可以看出，环境负债具有一般负债的基本特征，除此之外，环境负债还有自己所独有的特征，具体是：

（1）环境负债是以企业生产经营活动产生的污染排放对环境和人类的健康造成破坏或损害为前提。这是环境负债在发生的动因上与一般负债的区别。比如，企业将含有对人体有害的废水长期排放到河流里导致河水污染；污染清理负债发生的动因是废水污染河流。

（2）环境负债具有相对滞后性。与企业一般负债相比，环境负债的确定不是发生在废弃物排放或污染发生的那一时间，而往往会在排放或污染行为之后的某一时间被确认或提出。例如，在20世纪60年代生产的石棉产品到了80年代才被确定为对人体健康有害的产品。因赔偿形成的负债具有明显的滞后性。由于其具有相对滞后性的特点，环境负债的金额、清偿时间、受款人在现行条件下具有不确定性，需要通过合理估计加以确定。

（3）环境负债具有较强的可追溯性、连带性和不确定性。可追溯性是指即使企业导致环境问题的行为在当时是合法的或者在当时有关的环境法律根本不存在，企业也对其环境问题负有责任。连带性是指企业对环境问题其他责任方的环境恢复成本负有连带责任。不确定性是源于环境事项的特殊性质和会计人员对其他相关信息的缺乏，主要表现在环境负债总额不确定、导致环境负债的交易或事项发生的概率不确定和环境负债发生的时间不确定这三方面。

【辅助阅读4-1】

从环境污染侵权诉讼，看环境负债特征

温州市H电源制造有限公司（以下简称H公司），于2000年11月间经工商注册登记，未经环保部门审批，在乐清市乐成镇S村建造厂房，主要生产汽车铅酸电池，由于其未进行环境影响评估及环保审批，未建立废水、废气防治设施，2005年4月间，根据村民举报，环保部门对此进行立案，并于同年6月7日向H公司送达责令停止生产、并处罚款的行政处罚决定书。

浙江省环境监测中心站对H公司车间周边河道、农田、水沟的污染情况进行了监测，监测结果显示，监测地点铅含量基本超标，且部分水域、农田铅含量严重超标。

此后，H公司将厂房和生产设施迁出S村。2006年10月，S村村民委托农业部环境质量监督检验测试中心（天津）对受污染农田、农产品铅、镉含量进行监测。经监测，受污染农田、农产品铅含量基本超标，农产品基本不合格。

乐清市乐成镇S村村民百余人向法院提起环境污染侵权诉讼。乐清市人民法院判决H公司赔偿村民承包地收益损失共计人民币140.52万元。

不难发现，该环境负债是由H公司过去的生产经营和交易事项形成的现时义务，由于该环境负债的出现，H公司在将来清偿负债时，会导致经济利益流出企业。经乐清市人民法院判决赔偿140.52万元，即为该环境负债的货币量化。H公司的生产经营对周边环境及其居民健康都造成了严重的损害，这体现了环境负债的第一个有别于一般负债的特征，即环境负债是以对环境和居民健康的损害为前提的，而对污染情况的检测以及对第三方的处罚又体现了环境负债的相对滞后性与可追溯性、连带性。

——林梓，章松爽，晏利扬. 乐清两家电镀厂污染环境触犯刑法［N］. 中国环境报，2014-5-14.

4.1.3 环境负债的分类

环境负债意味着企业的未来环境支出。这种支出将对企业的财务状况产生重要影响，环境负债的分类有助于信息使用者分析和预测企业的财务状况和偿债能力。按照不同的分类标准，我们可以将环境负债进行不同类型的分类：

（1）按照清偿义务把握程度分为确定性负债和或有环境负债。确定性环境负债是指企业生产经营活动的环境影响引发的、清偿期限和清偿金额可以预期确定的或者经有关机构做出裁决而由企业承担的环境负债。比如：环境罚款、环境赔偿、环境修复责任引发的环境负债。具体还可以再分为合规性负债、违规性负债、补救性负债、赔偿性负债。合规性负债是指根据有关环保法律法规生产、使用、处理和排放有害物质或发生有损环境的行为所需承担的义务，包括污水处理费、固体废物处理费等。违规性负债是指企业因违反环境保护法规，向执法部门交纳罚款形成的负债，表现为罚金或罚款。补救性负债是一种恢复性义务，即为了清理或恢复被污染的环境而产生的义务。赔偿性负债是企业排污行为造成环境污染，造成其他经济组织、个人财产损失或损害健康，需要承担赔偿的义务，可能包括财产损失、健康损害、医疗费、误工费、生活费等。

或有环境负债即是不确定性环境负债，是指由于企业过去生产经营行为引起的、由企业承担的、清偿时间和金额不能确定的与环境有关的义务，其义务的存在与否或清偿时间和金额须由某些未来事项的发生或不发生才能确定的环境负债。当具有债务发生或资产损失的可能性，且损失金额能合理预计时，就应当确认为或有负债。具体讲：①当出现由于企业经营活动造成环境污染、或对他人财产造成损害时，企业目前又无法纠正这种损害，如果有合理的可能性表明，企业在将来有义务纠正这一损害，应当将其确认为或有负债。②当企业由于经营活动造成环境污染、或对他人财产造成损害时，履行该项义务导致经济利益流出企业的可能性难以判断，且该义务的金额很难确定，应确认为或有负债。

（2）按照负债的清偿期限，环境负债可以分为短期环境负债和长期环境负债。前者为清偿期限短于1年（包括1年）或一个经营周期的环境负债，后者为清偿期限长于1年或一个经营周期的环境负债。

（3）按照计量形式，环境负债可以分为货币性环境负债与非货币性环境负债。前者指用货币计量形式表达的环境负债，后者指无法用货币计量形式表达的环境负债，它可能是一种道义上的责任。

（4）按照环境负债对期间的相关性可分为现时负债和契约负债。如果是由于过去事项对环境造成影响产生的负债，则可判断为现时负债；由未来事项产生的负债，则可判断为契约负债。所谓契约负债指企业承诺未来环境支出履行的现时义务，比如，承诺对未来环境损害的健康赔偿成本、环境污染治理成本等。

4.1.4 环境负债的确认

环境负债表现为企业因经营活动或其他事项对环境造成破坏而承担的义务或责任。它主要产生于已经存在或预期可能发生的与环境破坏有关的损失，其多数情况下难以确切地计量，所以经常采用估计方式。环境负债的确认主要经过三层判断：其一，先判断未来环境支出发生的可能性大小，以及是否具有现时义务。因为是否具有现时义务是区别环境负债与或有环境负债的关键。其二，判断环境负债对期间的相关性。其三，现时负债依据其可否计量做出当期确认或附注揭示的会计处理之分；契约负债依据其可否带来未来收益采取不同的会计处理，根据稳健性原则的要求，对不能带来未来收益的契约负债应做提取环境损失准备金处理，具有未来收益的则可自愿揭示。

环境负债的确认流程如图4－1所示：

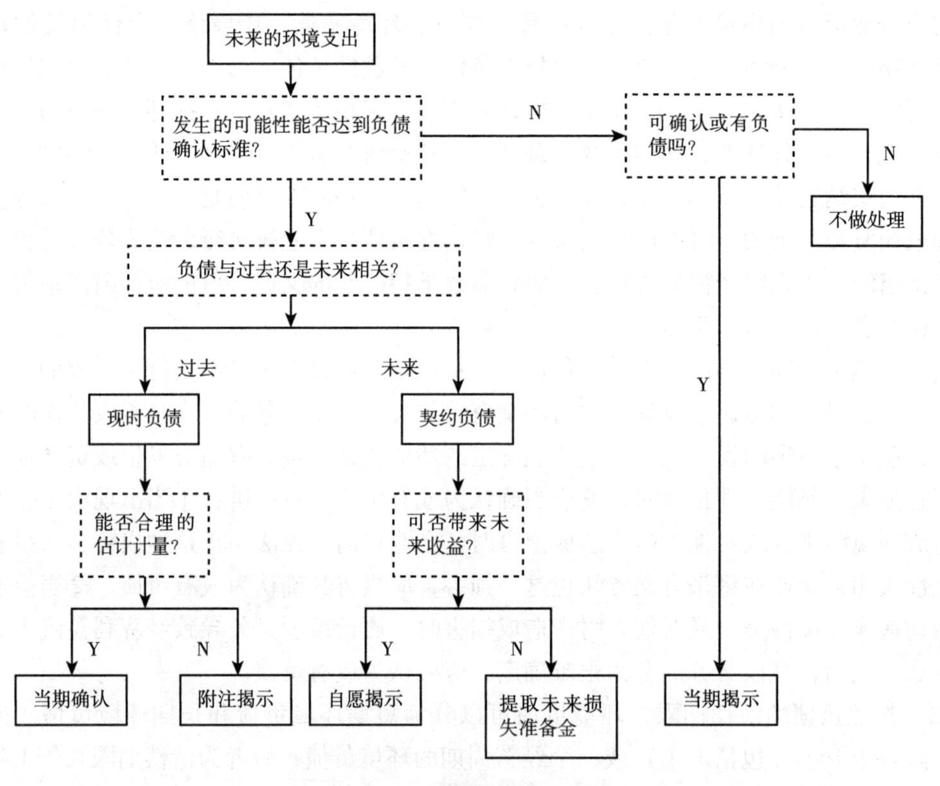

图4－1 环境负债确认流程

4.2 确定性环境负债及其业务处理

4.2.1 确定性环境负债

（1）确定性环境负债的确认条件。根据我国《企业会计准则》，符合负债定义的义务，并同时满足以下条件时，确认为负债：①与该义务有关的经济利益很可能流出企业；②未来流出的经济利益的金额可以可靠地计量。

对于环境负债来说，第一个确认条件在于保证环境负债发生的可能性。如果法律已经就企业的未来环境支出义务做出明确规定，或企业管理层已就履行未来的环境义务发表正式承诺，就可以判断环境负债发生的可能性很大。第二个确认条件在于保证环境负债会计信息的可靠性。例如，企业超标排放污染河流。根据法律规定，企业将因此受到当地环保部门的罚款。企业未来罚款的支付将导致企业银行存款或现金流出。如果罚款的金额可以可靠地计量，那么，企业应当将未来支付罚款的义务确认为环境负债。相反，如果罚款的金额无法可靠地计量，则该义务不能确认为环境负债。根据充分披露原则，企业应在财务报表附注中披露其存在环境负债这一事实。

（2）确定性环境负债的确认。确定性环境负债又称既有环境负债，是指具有如下特点的环境负债：①企业产生环境负债的事实已经存在；②环境负债的未来清偿金额、清偿日期和受款人都是相当明确的。确定性环境负债包括法规遵循性负债、违反相关法规的罚款与处罚、对第三方支付赔偿金的赔偿负债等。根据环境负债的确认条件，确定性环境负债应在发生时及时确认为环境负债，并同时确认相应的环境费用。

4.2.2　确定性环境负债的计量

对于那些清偿金额和日期已确定的环境负债的计量，如法规执行负债、违反相关法规的罚款与处罚、对第三方支付赔偿金的负债等，这些负债通常可根据法院裁决的支付金额和日期计量。对于近期偿还的环境负债的计量采用现行成本法，而对于预计支出期限较长远或预计支付的金额相当大的环境负债，则应采用现值法计量。同时企业应每年对环境负债的金额进行审核，并根据发生的变化进行调整以反映货币的时间价值。

（1）确定性短期负债的计量。确定性短期环境负债是指清偿期少于1年（包括1年）的确定性环境负债。根据确定性短期环境负债的特点，现行会计实务中适用于企业流动负债的计量方法仍然适用于确定性短期环境负债的计量。按照我国《企业会计制度》的规定，各项流动负债应当按实际发生额入账。因此，法规遵循性负债、违反相关法规的罚款与处罚、对第三方支付赔偿金的赔偿负债、惩罚性罚款负债等确定性短期环境负债通常可以根据法规规定或法院裁决的支付金额计量，即确定性短期环境负债可以按照未来应付或实际支付的金额计量。比如，某石油公司对当地已造成一定的污染，年终该公司制定了一个治污方案，预计支出500万元。这就是法定的现时义务，该公司不仅制订了相关的规划与方案，而且该义务的履行很可能导致经济利益的流出，同时该义务的金额500万元得到了可靠的计量，因而，企业应确认一项确定性环境负债。倘若上述三个条件有一个不符合，就应确认为一项或有环境负债。

（2）确定性长期负债的计量。确定性长期环境负债是指清偿期超过1年的确定性环境负债。确定性长期环境负债包括污染清理、污染导致的损害赔偿、自然环境的复原等。

确定性长期环境负债由于清偿期限较长，未来清偿的金额容易受到技术水平、连带责任、补救期限等因素的影响，在计量时需要依据合理的判断和估计，并且考虑货币的时间价值。根据联合国国际会计和报告准则政府间专家工作组（ISAR）的观点，在相当长的一段时间内不用清偿的环境负债，可以采用现行成本法或现值法计量。

现行成本法是指按照现在偿付环境负债所需要支付现金或现金等价物的金额计量环境负债的方法；现值法是指按照预计期限内需要偿还的未来现金净现金流出量的折现金额计量环境负债的方法。现行成本法和现值法均要求根据现有的条件（如技术水平、反诉、通货膨胀等）和法律要求估计环境负债的金额，即估计现行成本。按照现值法计量环境负债时，计量现值所用的折现率通常是无风险利率，例如期限相同的政府债券利率。在估计确定性长期环境负债的金额时，如果被计量的环境负债可能涉及不同的结果，根据可靠性的要求，应选择最佳估计。所谓最佳估计，是指企业在资产负债表日履行该义务、或将该义务转让给第三方而合理支付的金额。

与现值法相比，如果不存在未来事项的不确定性，现行成本法更具有可靠性。然而，随着环境负债初始确认与最终偿还的时间距离的加大，现行成本法的决策有用性将下降。在这种情况下，现值法的相关性超过现行成本法的可靠性。因此，从可靠性和相关性角度考虑，现行成本法适用于计量近期需要清偿或支付的义务，金额和时间是固定的或可以可靠地确定的短期环境负债；现值法则更适用于计量金额相当大，且该支出的时间相当遥远，货币时间价值具有重大影响的确定性长期环境负债。在应用现值法计量确定性长期环境负债时，企业应每年对环境负债的账面价值进行复核，并根据发生的变化进行调整以反映货币的时间价值。

4.2.3 确定性环境负债账户与账务处理

环境负债可以像环境资产核算那样，根据需要分为环境流动负债和环境长期负债，核算时也可以只需在“环境负债”下设二级科目“环境流动负债”“环境长期负债”，然后在此二级科目下再设环境负债的明细科目进行更详细核算，这样做的目的是为了便于对于环境负债进行财务分析。不过，如果要独立编报环境会计报表，企业也可以根据自身的管理需要和核算要求，直接按照环境负债的种类，将明细科目作为一级科目进行核算。

在复式记账系统中，根据确定性环境负债的特点，企业可以通过设置“环境负债——应付环保费”等二级账户记录和核算确定性环境负债，以区别于不确定的预计环保负债。“环境负债——应付环保费”等账户的贷方核算已发生、尚未支付的环境负债，借方核算已支付的环境负债，期末贷方余额表示尚未支付的环境负债余额。该账户明细核算可以根据环保费用的种类分别设置应付环境赔偿款、环境修复费、环境处理费、环境排污费、生态补偿款等明细类账户。在现值法下，企业应每年对相关环境负债类账户的账面价值进行复核。因此，在每个资产负债表日，企业应根据复核的结果调整相关环境负债类账户的账面价值。

有些环境负债、环境资产核算项目，在不单独报送环境报表时，可以直接在现有负债账户核算，而不单独设置环境负债、环境资产账户，比如，因环境事项形成的短期或长期应收、应付赔款、罚款、借款、补偿款、租赁款等；再如，因环境事项而形成的银行存款、库存现金、存货、资本、固定资产和无形资产。但在补充式报表中仍需单独项目列示这些环境资产、环境负债和环境所有者权益。

以下，我们来逐一探讨确定性环境负债二级明细账户设置和应用。

（1）“应付环境罚款”账户。该账户用来核算企业排污费造成环境责任无法履行应承担的赔款以外的支付义务，且这种义务具有惩罚性和强制性。企业发生排污费时，如与产品生产有直接关系的，则计入“环境成本”账户；无直接关系的，则计入“环境费用”“环境营业外支出”等账户，具体根据费用性质决定。会计分录为：

借：环境成本——环境保护成本

　　环境营业外支出——环境罚款

　　贷：环境负债——应付罚款

（2）“应付环境赔款”账户。该账户主要核算企业因破坏环境形成的赔偿义务所产生的负债。会计分录为：

借：环境费用——环境管理期间费用

　　环境成本——环境保护成本——环境管理成本

　　贷：环境负债——应付环境赔款

（3）“应交资源补偿费”账户。该账户用来核算环境资源因使用导致效用减少而应当上交政府的资源性补偿负债，包括自然资源和生态资源。因它主要是由于企业开发、利用生态资源环境产生的现时负债，所以是应交而不是应付，表明是一种欠政府的债务，具有不可商量性，因为自然资产产权属于国家。会计分录为：

借：环境成本——环境保护成本

　　贷：环境负债——应交资源补偿费——矿产资源

（4）“应付环境资产租赁费”账户。该账户主要核算企业为环保租赁资产发生的应付未付环保资产租赁款。会计分录为：

借：环境成本——环境保护成本

　　贷：环境负债——应付环境资产租赁费

（5）“应付生态补偿款”账户。该账户主要核算企业因环境事项应承担的企业外部实体造成生态损失而应付但尚未支付给受害实体而不是政府的生态补偿款，一般具有被动性质补偿，但并非是造成了损害的损失，一般而言，需要双方达成一致并由法院或相关权威部门或机构裁定。会计分录为：

借：环境成本——环境保护成本

　　贷：环境负债——应付生态补偿款

（6）“应付环境修复费”账户。该账户主要核算环境修复义务而形成的负债。环境修复义务按相关规定的提取标准、比例或估计的损失额确定。会计分录为：

借：环境成本——环境保护成本

　　贷：环境负债——应付环境修复费

（7）“应交排污费”账户。该账户主要核算企业因排放污染，按照规定标准计算而未交给政府的污染排放费用。会计分录为：

借：环境成本——环境保护成本

　　贷：环境负债——应交排污费

（8）“应交环境税费”账户。该账户主要核算企业按照规定标准计算而未交给政府的各种环境税费。会计分录为：

借：环境成本——环境保护成本

　　贷：环境负债——应交环境税费

【例4-1】假设某市化工有限公司于20×4年发生以下环境负债的义务。除罚款和工资性支出外，其他发生的费用均与产品生产有关。

①该公司多年来对周边土地造成的污染遭到环保部门的处罚，环保部门要求该公司在一年之内完成对周边土地的修复，并判处罚金20万元。而根据估计，土地修复费用为15万元。

借：环境费用——其他环境期间费用　200 000
　　环境成本——环境保护成本——环境修复成本　150 000
　　贷：环境负债——应付环境赔偿款　200 000
　　　　　　　　——应付环境修复费　150 000

②该公司直接将废水排放至附近河流，对河流下游的土地灌溉造成严重危害，对此，环保部门判处该公司赔偿损失500万元。

借：环境成本——环境保护成本——环境事故损害成本　5 000 000
　　贷：环境负债——应付环境赔偿款　5 000 000

③企业附近居民不堪忍受生产过程中的噪声，向当地环保部门投诉，该公司负责人公开承诺将会安装噪声处理器，并估计该项费用为900万元。

借：环境成本——环境保护成本——污染治理成本　9 000 000
　　贷：环境负债——应付环境罚款　9 000 000

④根据环保部门的要求，该公司今年应交排污费300万元。

借：环境成本——环境保护成本——污染治理成本　3 000 000
　　贷：环境负债——应交排污费　3 000 000

⑤经环保部门核算，该公司今年应缴纳矿产资源补偿费50万元。

借：环境成本——环境保护成本——环境补偿成本　500 000
　　贷：环境负债——应交资源补偿费　500 000

⑥经该公司会计部门核算，公司专职环保人员行政人员工资与福利费用为40万元，专职环保技术人员工资与福利费用为200万元。

借：环境成本——环境保护成本——环境管理成本　2 000 000
　　环境费用——环境管理期间费用　400 000
　　贷：环境负债——其他环境负债　2 400 000

4.3 或有环境负债及其业务处理

4.3.1 或有环境负债的特征

(1) 或有环境负债是过去的交易或事项。或有环境负债是或有负债定义在考虑环境因素后合乎逻辑的拓展，因而要研究或有环境负债，首先要讨论或有负债。或有负债是或有事项的一部分，或有事项是指过去的交易或者事项形成的，其结果须由某些未来事项的发生或不发生才能决定的不确定事项，而根据或有事项的预计结果可以将其分为或有资产和或有负债。或有负债是指过去的交易或事项形成的潜在义务，其存在须通过未来不确定事项的发生或不发生予以证实；或过去的交易或事项形成的现时义务，履行该义务不是很可能导致经济利益流出企业或该义务的金额不能可靠地计量。

根据以上内容的分析，我们可以将或有环境负债定义为："企业由于当前或未来与环境有关的交易或事项形成的，预期可能会导致经济利益流出企业的潜在义务和特殊的现时义务"。比如，甲企业在年度内起诉乙企业侵犯了其环保专利权，但到年终法院还没有对诉讼案进行公开审理，乙企业是否败诉尚难判断。对于乙企业而言，它是由过去事项（乙企业"可能侵犯"甲企业的专利权并受到起诉）形成的一项或有负债。

（2）或有环境负债的结果具有不确定性。或有环境负债包括两类义务：潜在义务和特殊的现时义务。当或有环境负债作为一项潜在义务时，其结果如何只能由未来不确定事项的发生或不发生来证实。当或有环境负债作为特殊的现时义务时，该现时义务的履行不是很可能导致经济利益流出企业，或者该现时义务的金额不能可靠计量。"不是很可能导致经济利益流出企业"是指该现时义务导致经济利益流出企业的可能性不超过50%。

例如，某年度内，甲企业因故与乙企业发生环境经济纠纷，并且被乙企业提起诉讼。直到年末，该起诉尚未进行审理。由于案情复杂，相关的法律法规尚不健全，诉讼的最后结果如何尚难确定，那么，甲企业到年末承担的环境义务就属于潜在义务。

假设，上年度甲企业与乙企业签订担保合同，承诺为乙企业的三年期项目环保贷款提供担保。由于担保合同的签订，甲企业承担了一项现时义务。但是，承担现时义务并不意味着经济利益将很可能因此而流出甲企业。如果以后年度乙企业的财务状况良好，则说明甲企业履行连带责任的可能性不大，也就是说，就上年度末而言，甲企业不是很可能被要求流出经济利益以履行该义务。为此，甲企业应将该项现时义务作为或有负债披露。

又假设，乙企业食堂在年度内发生食物中毒，而甲企业恰是变质食品的销售者。中毒事故发生后，甲企业得知此事，并承诺负担一切赔偿费用。可到年末，中毒事态还在发展中，赔偿费用难以预计。此时，甲企业承担了现时义务，但义务的金额不能可靠地计量。

从上述三个例子说明，或有负债不确定性是其显著特征。

4.3.2 或有环境负债的确认

我国《企业会计准则第13号——或有事项》规定，与或有事项有关的义务同时满足下列条件的，应当确认为预计环境负债：①该义务是企业承担的现时义务；②履行该义务很可能导致经济利益流出企业；③该义务的金额能够可靠地计量。

在上述确认条件中，第一个条件在于确定现时义务发生的可能性。只有当企业所获得的证据表明，在资产负债表日多半会（即很可能）存在与企业未来行为（或未来经营活动）有关的，并由过去事项产生的现时义务时，企业应确认一项预计环境负债。第二个条件在于确定履行现时义务导致资源流出或其他事项发生的可能性。只有当履行现时义务很可能要求含有经济利益的资源流出时才能确认一项预计环境负债，其可能性一般为：50% < 发生概率≤95%。第三个条件在于保证计量的可靠性。根据该准则，如果企业的或有环境负债能够同时满足上述条件，或有环境负债应当在资产负债表中单独确认为预计环境负债。

对于或有环境负债的确认，根据上文，如果履行现时义务不是很可能导致经济利益流出企业或不能对该义务的金额做出可靠的计量，即上述三个条件不能同时满足时，不可确认为预计负债，只能作为一项或有负债，而应在财务报表附注中披露一项或有环境负债。

要判断履行或有事项相关义务导致经济利益流出企业的可能性，可采用事件概率发生程度来判断（见表4－1）。

表4－1　　按事件发生概率划分的事项性质

概率区间	可能性	事项性质	会计处理
0＜发生概率≤5%	很少可能	或有负债	披露
5%＜发生概率≤50%	可能		
50%＜发生概率≤95%	很可能	预计负债	确认、披露
95%＜发生概率＜100%	基本确定		

比如，某石油公司对当地已造成一定的污染，年终该公司制订了一个治污方案，预计支出500万元。这就是法定的现时义务，该公司不仅制订了相关的规划与方案，而且该义务的履行很可能导致经济利益的流出，同时该义务的金额500万元得到了可靠的计量，因而，企业应确认一项预计环境负债。倘若上述三个条件有一个不符合，就应确认为一项或有环境负债。

4.3.3　或有环境负债的计量

或有环境负债的计量主要依据导致或有环境负债的事项发生的可能性的大小。第一，如果环境负债发生的可能性很大，而且其导致的损失的金额也可以合理地进行估计，那么就可按照最佳估计予以确认，形成或有环境负债。但如果在该或有事项引起的损失的范围内不存在任何最佳的估计，那么至少应按照最小估计金额确认。第二，如果导致环境负债的事项发生的可能性属于有可能，或者发生的可能性虽然较大，但相应环境损失的金额无法合理地进行估计，可以采用显示但不预计的办法，以补充说明的形式在财务报表或环境报告书中对可能发生的损失的估计值域或不能做出估计的原因和理由加以说明。第三，如果环境事项发生的可能性很小，那么就可以采用不预计、不显示的办法，既不在会计记录中进行登记，也不以其他形式进行说明。

【例4－2】甲公司上年末已提的A产品销售环境保险金余额为150万元。当年销售500件A产品给乙企业，单位售价为50万元，单位产品成本为35万元。按规定，甲公司对售出的A产品要计提环境责任保险金和缴纳环境税。根据规定，销售A产品所发生的售后环境责任保险费用为其销售额的1.8%，缴纳环境税5%。甲公司当年实际已经通过银行预交了该项环境保险250万元。

根据上述资料，当年末应该计提的产品售后环境责任保险费＝500×50×1.8%－(150－250)＝550（万元）；当年末应该计提的环境税＝500×50×5%＝1 250（万元）。会计处理如下：

①预交当年售后环境责任保险时：

借：预计负债——预计售后环境责任保险　　2 500 000

贷：银行存款 2 500 000

②计提当年末产品售后环境责任保险时：

借：环境费用——其他环境期间费用——售后保险费 5 500 000

贷：预计负债——预计售后环境责任保险 5 500 000

③计提当年环境税费时：

借：环境费用——其他环境期间费用 12 500 000

贷：环境负债——应交环境税费 12 500 000

④缴纳当年环境税和环境保险时：

借：环境负债——预计售后环境责任保险 3 000 000

环境负债——应交环境税费 12 500 000

贷：银行存款 15 500 000

显然，当年销售该产品的环境利润 =500×(50-35)-1 250-550 =5 700（万元）。

4.3.4 或有负债金额的确定

（1）最佳估计数。当与或有事项相关的义务被确认为预计环境负债后，接下来就应考虑预计环境负债的计量问题。作为一项已确认的环境负债，现行成本法和现值法同样适用于预计环境负债的计量。相对于一般环境负债，预计环境负债具有更大的不确定性。为了保证计量的可靠性，预计环境负债应当按照履行相关现时义务所需支出的最佳估计进行初始计量。当为清偿预计环境负债所需要发生的支出存在一个连续范围，且该范围内各种结果发生的可能性相同时，最佳估计数为该范围内的中间值；而当为清偿预计环境负债所需要发生的支出不存在一个连续范围时，最佳估计数可以按以下两种方法确定：①当或有事项涉及单个项目时，最佳估计数按照最可能发生的金额确定；②当或有事项涉及多项目时，最佳估计数按照对各种可能结果进行加权估计后的金额确定（即预期价值法）。

【例4-3】20×5年1月，某石油公司因污染问题被周围居民要求赔偿100万元，至20×5年2月，法院尚未判决，对此，律师估计很可能（80%可能性）赔偿的范围为40万~60万元。因此，该预计环境负债所需要发生的支出存在一个连续范围，且该范围内的各种结果的发生的可能性相同，则最佳估计数为该范围的中间值：(40+60) ÷2=50（万元）。

如果假设，该石油公司被判决的结果是80%的可能性赔偿60万元，20%的可能性赔偿50万元，那么，由于该支出不存在一个金额区间，就要看其涉及的是单个项目，还是多个项目。若是单个项目，则按最可能发生的金额来确定，所以该石油公司最可能发生的赔偿金额是60万元。又假设，该石油公司预计总支出为1 000万元。其中，污染较为严重的占15%，赔偿支出比例占10%；污染较轻的占5%，赔偿支出比例占20%。那么，最佳估计数又是多少呢？因为该预计负债所需要发生的支出不存在一个连续范围，且涉及的是多个项目，则要按各种结果及其相关概率计算确定，预计赔偿支出为：1 000×15%×10%+1 000×5%×20%=25（万元）。

（2）最佳估计数确定考虑的主要因素。企业在确定预计环境负债的最佳估计数时应综合考虑以下主要因素：①现行的法律法规。在计量预计环境负债时，企业应考虑引起预计环境负债的事项和交易涉及相关法律法规的程度；如果存在相当客观的证据，表明新法规肯定会颁布，那么在计量预计环境负债时应考虑新法规的潜在影响。②相关责任主体的数目。由于环境负债具有连带性，企业在计量预计环境负债时，不仅要考虑本企业应承担的份额，而且还要考虑在其他潜在责任方无力偿付时，偿付超过自身份额的风险。③现有的技术水平以及技术经验。企业在计量预计环境负债时应以现有的技术水平来估计履行预防或清除环境污染等义务的成本，同时，还应考虑与应用现有技术过程中积累的经验有关的预计支出的减少额。④货币的时间价值。因货币时间价值的影响，与资产负债表日后不久发生的现金流出有关的预计环境负债一般还是按照现值；只有在发生同样金额的现金流出有关的预计环境负债负有更大的义务，且货币时间价值的影响重大时，预计环境负债的金额应是履行义务预期所需要的支出的折现价值。⑤补偿。在某些情况下，企业清偿预计环境负债所需支出的一部分金额或全部金额将由第三方补偿（例如，通过保险合同）。除非法律规定可以抵扣，否则对于收到的第三方的补偿，不应从环境负债中扣除。但是，如果第三方未能支付且企业对涉及的费用不负有责任，在这种情况下，企业对这些费用不承担义务，因而不应将其包括在预计环境负债中。

如果在或有事项引起的损失的范围内不存在任何最佳估计，则至少应按照最小估计金额确认，以避免低估预计环境负债。例如，某企业接到当地环保局的通知，被告知其废弃物场地不符合环保法规要求。但该企业既不知道需要何种补救技术，也无法确定所需的补救成本。在这种情况下，企业至少应将或有环境负债按最低的补救成本予以确认和计量。

由于预计环境负债反映的是初始计量时的最佳估计，企业应在每个资产负债表日对预计环境负债的账面价值进行复核，如有确凿证据表明该账面价值不能真实反映当前最佳估计数的，应按照当前最佳估计数对该账面价值进行调整。如果企业使用现值法计量预计环境负债，则应在各期增加预计环境负债的账面价值，以反映时间的流逝，增加的金额应作为借款费用予以确认。

4.3.5 或有环境负债账务处理

（1）已确认或有环境负债与“预计环保负债”账户。当企业将符合确认条件的或有环境负债确认为预计环境负债后，企业应在复式记账系统中单独设置“预计环保负债”账户对其进行记录与核算。“预计环保负债”账户的贷方核算已确认尚未支付的预计环境负债，借方核算预计环境负债的支付，期末贷方余额表示已确认尚未支付的预计环境负债的余额。当企业确认预计环境负债时，应借记相关资产或费用账户，贷记“预计环保负债”账户。当企业清偿预计环境负债时，应借记“预计环保负债”账户，贷记“银行存款”账户或“现金”账户。

同样，企业还可以根据预计环境负债管理的需要，按照预计环境负债的具体分类设置明细账，如“预计环境赔偿款”账户、“预计环境修复费”账户、“预计环境处理费”账户、“预计排污费”账户、“预计环境资源补偿费”账户、“预计环保人员工资与福利费”账户等。企业使用现值法或公允价值法计量预计环境负债时，应在每个资产负债表日，对预计环境负债的账面价值进行复核并予以调整，以反映当前的最佳估计或公允价值。因此，企业应在各期增加预计环境负债的账面价值，即借记相关环境费用账户，贷记“预计环境负债”账户。

【例4-4】20×4年10月因环境污染事件，A企业告B企业，要求B企业赔偿。由此导致B企业告C企业，要求C企业赔偿。律师认为B企业对A企业赔偿金额很可能为40万~60万元，C企业基本确定赔偿B企业50万~70万元。B按相关义务确认为负债的前提下，同时从第三方C获得补偿基本确定。

在这个例子中，预计资产和预计负债不可互相抵消，应分别确认。B企业的会计处理为：

借：环境费用——其他环境期间费用——环境赔偿费用　　500 000

　　贷：环境负债——预计环境负债　　500 000

借：其他应收款　　500 000

　　贷：环境收益——其他环境收入　　500 000

（2）未确认或有环境负债与信息披露。未确认的或有环境负债代表因无法同时满足预计环境负债的确认条件而无法在复式记账系统中确认的或有环境负债。对于这部分或有环境负债，企业应根据重大性原则，通过设置"或有环境负债"单式记账账户予以记录。由于环境负债具有相对滞后性的特点，或有环境负债可能不会按照最初预料的方式发展。以前作为或有环境负债确认的事项的未来经济利益流出的可能性也许变为很可能或不可能。以单式账户记录的未确认或有环境负债信息有助于管理层对未确认或有环境负债进行持续的跟踪与评价，以确定未来经济利益流出的可能性是否会变为很可能或不可能，以便及时采取相应的风险防范措施，避免或减少或有环境负债的发生。

4.4 环境负债管理与环保债务性基金

4.4.1 环境负债管理

随着环境法规的完善和环境技术的发展，企业的各种经营活动均可能导致环境负债。环境负债对于企业的负面影响主要表现在两个方面：

第一，对企业财务状况的影响。由于环境负债具有强制性、滞后性、追溯性、连带性等特点，当企业违反环境法规时或者当新的环境法规颁布实施时，企业将可能承担许多环境负债，例如人身伤害赔偿负债、自然资源破坏赔偿负债、修复清理负债、巨额民事或刑事处罚等。如果企业因资金周转困难而无法偿还，债权人的求偿权可能迫使企业破产清算。因此，环境负债的存在将影响企业的财务灵活性，从而给企业带来较大的财务风险。

第二，对于经营成果的影响。企业环境负债代表由于过去的环境污染导致企业目前承担的一定金额的未来支出。因此，环境负债又代表着这种未来支出被支付之前确认的环境费用。环境费用的增加将减少企业的经营收入，影响企业的投资收益。例如，在企业收购交易中，如果忽略被收购方企业存在的环境风险，企业收购交易可能导致收购方企业承担隐藏在目标资产中的环境负债：被污染的土地的清理、环境法规要求的生产程序或设备的更新。由于缺乏对目标资产的全面估价，收购方企业将为目标资产支付更高的价格。而忽略环境风险以及目标资产导致的环境负债将导致收购方企业在未来经营过程中发生持续性的环境遵循成本和经营成本，最终将严重影响收购方企业的投资报酬率，甚至使收购方企业陷入严重的财务危机。又如，假设某造纸厂正在考虑购置一台新型设备以截留生产过程中产生的废水、提取流失到废水中的原材料，从而提高原材料和废水的循环利用率。设备投资的可行性报告显示，使用新型设备后未来 5 年的年内含报酬率将提高 1%。然而，通过对新型设备投资的进一步分析显示，新型设备的使用将使企业避免发生污染清理、环境赔偿与罚款等环境负债。根据估计，因避免环境负债而节约的与环境负债有关的环境支出相当于未使用新型设备时发生的类似环境支出的 3 倍之多。由于考虑了未来环境负债的财务影响，未来 5 年内因使用新型设备将使内含报酬率提高 37%。

可见，忽视环境负债管理将导致企业成本增加，甚至可能耗尽企业经营活动所需的宝贵资源。相反，重视环境负债管理则可以为企业节约成本，提高投资收益。企业应将环境负债因素纳入经营决策体系和风险评价体系，在制定决策和风险评价过程中充分利用环境负债会计信息预测决策对于环境的负面影响，以及这些负面影响隐含的环境负债，对于可能发生的环境负债及时采取防范措施，避免或减少环境负债导致的财务风险和财务影响，从而使企业的决策结果兼顾经济利益和环境效益。

4.4.2 环保债务性基金制度

20 世纪后半叶，美国经济发生了深刻的变革，经济和工作重心经历了从城市到郊区、由北向南、由东向西的转移，许多企业在搬迁后留下了大量的“棕色地”（brownfield site），具体包括那些工业用地、汽车加油站、废弃的库房、废弃的可能含有铅或石棉的居住建筑物等，这些遗址在不同程度上被工业废物所污染，这些污染地点的土壤和水体的有害物质含量较高，对人体健康和生态环境造成了严重威胁。1978 年，以拉夫运河（Love Canal）事件为契机，1980 年美国国会通过了《综合环境反应、赔偿和责任法》（CERCLA），后于 1986 年和 1996 年两次补充修订，该法案因其中的环保超级基金而闻名，因此，通常又被称为超级基金法。

超级基金主要用于治理美国范围内的闲置不用或被抛弃的危险废物处理场，并对危险物品泄漏做出紧急反应。该法案授权美国环保局（EPA）敦促有环境责任各方予以清理，只要渗漏到环境中去就可能对公众健康、福利和环境造成“实质性危害”的危险性物质，当事人不管有无过错，任何一方均有承担全部清理费用的义务。法案也允许 EPA 先行支付清理费用，然后再通过诉讼等方式向责任方索回。超级基金法还规定，只有当责任主体不能确定，或无力或不愿承担治理费用时，超级基金才可被用来支付治理费用。之后，超级基金将提起诉讼，向能找到的责任主体追索其所支付的治理费用，这种责任是无限的。其责任主体可以是危险品的生产商、泄漏人、营运人、运输者，其责任形式是严格责任和连带责任，并且责任溯本追源。

在我国，基于环境负荷现状和保护环境的长远战略，结合自身实际，可以在改进的基础上采用美国超级基金做法，在企业建立适合中国实际的“环保债务性基金制度”，但其本质还是超级基金。这种制度可考虑先在工业制造企业、建筑施工安装企业、运输企业有对排放污染和弃置物可能企业试点，取得成功后推行至全国所有企业。

（1）环保债务性基金账务处理。环境财务会计可以设计按照销售收入从企业成本、费用中列支和从税后利润中提取一定比率的环境保护债务性基金，专门用于“公共环境”灾害、损害事件或事故的预防和治理的应急经费。这项基金由政府财政统一收缴，政府环保和财政共同管理和专项使用。

第一，如果是按销售收入一定比率从企业成本、费用中列支，则形成企业的一项环境债务：

①计提时：

借：环境成本——环境保护成本

　　环境管理期间费用

　　贷：应交环境税费——应交环保债务性基金

②上缴时：

借：应交环境税费——应交环保债务性基金

　　贷：银行存款——环境专项存款

③年末有结余结转时：

借：应交环境税费——应交环保债务性基金

　　贷：环保专用基金——债务性基金

第二，如果是从税后利润中按照一定比率提取，则形成企业的一项权益。当应交环保债务性基金不足支付时，从中支付。

①计提时：

借：利润分配——环保债务基金

　　贷：环保专用基金——债务性基金

②支付时：

借：环保专用基金——债务性基金

　　贷：银行存款——环保专项存款

（2）环保债务性基金管理。环保债务性基金主要用于治理全国范围内闲置不用或被抛弃的危险废物处理场，并对危险物品泄漏做出紧急反应，包括废物处置进行的迁移和补救行为的预防和处理全部费用、废物处置进行的其他必需的责任费用、因泄漏危险物质而造成的对“天然资源”的破坏等。

环保债务性基金制度的执行者——环境保护部门，一旦发现渗漏到环境中就可能对公众健康、福利和环境造成“实质性危害”的物质为“危险性物质”的“公共环境事故”，任何一方（主要是企业）均有承担全部清理费用的义务。

环保债务性基金管理和使用只能由政府环保部门根据事件状况和程度进行预防处理或污染治理，但各企业应当先行向环保部门支付清理费用，一旦任何缴纳预防和治理费用方寻找到责任主体时，可以直接向环境司法举证起诉，追索全部治理费用。如找不到确定的排污责任主体，或找到了无力支付的责任主体，环保债务性基金才可被用来支付治理费用。环保债务性基金的承担人可以由政府环保部门按照行业和生产类型统一核定范围。

本章练习

一、名词解释

1. 环境负债　　2. 确定性环境负债　　3. 或有环境负债　　4. 预计负债

5. 合规性负债　　6. 违规性负债　　7. 赔偿性负债　　8. 补救性负债

9. 契约负债　　10. 现行成本法　　11. 现值法　　12. 最佳估计数

13. 环保超级基金负债

二、简单题

1. 环境负债的特征有哪些?
2. 简述环境负债的分类。
3. 简述或有环境事项的特征。
4. 简述预计负债的确认条件
5. 简述预计负债最佳估计数确定时需要考虑的因素。
6. 环境负债与企业管理有何关系? 环境负债管理对企业有何意义?

三、计算题

1. 甲化工公司于20×2年发生涉及环境负债的业务,请做各项业务的会计分录。

(1) 企业常年将生产废料直接堆积于地面,造成严重的土地污染。当地环保部门已开出环保罚款通知单,罚款金额为200 000元,并责令该企业在一年内完成对土地污染的修复。根据最佳估计,预计土地修复费用为1 000 000元。

(2) 企业直接将有毒废水废液直接排入临近的河流,污染下游绿色农场的灌溉水源。绿色农场通过法律程序要求企业赔偿损失5 000万元。企业的律师认为企业很可能要承担赔偿义务。

(3) 企业附近小区的居民因不堪忍受企业在生产过程产生的大量烟尘,小区居民向当地电视台投诉企业。当地电视台接到投诉后,到居民小区进行现场报道并采访了企业负责人。该企业负责人公开承诺企业将安装烟尘过滤器解决烟尘扰民问题。最佳估计显示安装烟尘过滤器的费用为9 000 000元。截至20×2年12月31日,企业尚未安装烟尘过滤器。

(4) 企业因生产排污,污染环境。根据环保部门的标准,本年应交排污费300 000元。

(5) 企业本月向经营地点所在城市垃圾处理场倾倒生产废料,应缴纳生产废料处理费20 000元。

(6) 根据20×2年1月1日新颁布的法律,企业将于3年后拆除不符合环保要求的生产设施。该项设施的拆除费用的最佳估计为120万元,按照4%的折现率计算,该项设施的拆除费用的现值为1 066 800元(即1 200 000×0.88900)。

2. 甲公司20×4年12月1日,因其生产的食品质量问题对李某造成人身伤害,被李某提起诉讼,要求赔偿200万元,至12月31日,法院尚未做出判决。甲公司预计该项诉讼很可能败诉,赔偿金额估计在100万~150万元之间,并且还需要支付诉讼费用2万元。考虑到公司已就该产品质量向保险公司投保,公司基本确定可从保险公司获得赔偿金50万元,但尚未获得相关赔偿证明。

要求:

(1) 估计甲公司20×4年末环境赔偿额,并说明其依据。

(2) 做甲公司20×4年末对上述业务的会计分录。

四、阅读分析与讨论

(一) 昔日不法排污,今偿环保巨债

A企业因将有毒废渣废水直接排入江河,造成严重污染,成为社会关注的焦点。

A企业年销售收入5亿多元,但生产一吨主要铬盐产品红矾钠就要产生三四吨废渣。近30万吨铬渣堆积于地面,被污染土壤达100多万立方米。更让人揪心的是:A企业位于当地饮用水源上游的江边,在老生产线排污口下游有多个水厂和企业取水口。

正是为解决污染问题,A企业被批准重新选址兴办新的生产线,市政府曾发文要求“新线建成后就必须关闭老线”。但新线在2000年就已建成,可其老线却一直没有关闭,源源不断的有毒废水废液,依然每天流入江中。环保部门的监测表明,老线河边及回收废水的截水沟的铬渣浸出液的六价铬和总铬浓度,分别超标3 159倍和1 112倍。而废水中含有的六价铬进入人体后,易引发癌症等多种疾病,危害很大。

A企业为何宁愿每年支付约20万元的污染罚款，却不愿关闭工艺落后、污染严重、民怨很大的老生产线呢？一位人大代表一语中的："老线每个月的毛利高达300多万元，而新线由于前期环保投入费用较高，目前还未赢利，所以他们是能拖则拖，不愿舍弃利润丰厚的老线。"

最终市政府不得不决定三管齐下根治污染：关闭民生农化的老生产线，兴建日处理8 000吨含铬废水的污水处理厂，修建用于污水防渗的挡水墙。A企业开始为污染"还债"。公司负责人算了一笔账，根据估计，土地清理费用约为300万元，拆除铬盐老生产线的费用约为2 000万元，为安置铬盐老生产线的1 000多名职工，大约需要1 000万元，两项治理工程投资预算为3 600万元，企业资产缩水约3 000多万元。此外，重庆市财政还将投资3 500万元用于污水处理厂和挡水墙的建设。

其他的损失更加不可估量。自从企业污染被曝光后，外国合资方提出，如果不妥善解决相关事宜就要撤掉已经到位的15%的300万美元投资，而且不愿兑现以前承诺的工艺和设备投入；企业的银行信用下降，各个银行天天追着催还贷款；原材料供应商害怕企业破产丧失支付能力，也不再赊欠货款；客商开始寻找其他生产企业，企业销售总量开始下滑；企业职工思想波动大，另谋他路的不少。

时至今日，"四面楚歌"的A企业才真正开始意识到，自己将为环境污染付出怎样沉重的代价！

——刘健，张琴，代群. 昔日不法排污，今偿环保巨债[J]. 沿海环境，2003(12).

讨论要点：

(1) 试分析A企业环境负债的成因及其对企业财务的影响。

(2) 简述对环境负债应如何进行会计处理。

(3) 结合所学知识，你认为企业应如何进行环境负债管理?

(二) 甲股份有限公司20×4年发生的事项

(1) 20×4年11月5日，甲公司因产品发生环境质量事故，致使一名消费者死亡。12月3日消费者家属上诉至法院，要求赔偿800万元，至年末本诉讼尚未判决。甲公司研究认为，质量事故已被权威部门认定，本诉讼胜诉的可能性几乎为零。但因为有关法律没有相关的赔偿规定，律师认为赔偿金额难以预料。

(2) 20×4年12月1日，甲公司接到法院的通知，通知中说某联营企业在2年前的一笔环保借款到期，本息合计为120万元。因联营企业无力偿还，债权单位（贷款单位）已将本笔贷款的担保企业甲公司告上法庭，要求甲公司履行担保责任，代为清偿。甲公司经研究认为，目前联营企业的财务状况很差，甲公司有80%的可能性承担全部本息的偿还责任。

(3) 20×4年12月20日，甲公司在生产中发生事故，造成有毒液体外泄，使附近的一口鱼塘受到污染，大部分鱼死亡。个体户已上诉至法院，要求赔偿10万元。律师研究后认为，鱼死亡确是毒水造成，本公司胜诉的可能性仅为5%。根据市场价格，赔偿损失的金额在8万~10万元之间。至20×4年12月31日，诉讼正在进行中。

(4) 甲公司生产A产品，20×3年销售总额达1 000万元。当时产品质量条款规定，产品保修期一年，在一年之内产品如果发生质量问题，公司将免费修理。根据以往经验，预计已售产品中有80%不会出现问题，15%可能出现较小的质量问题，此时维修费为销售额的1%；有5%的可能出现较大的质量问题，此时维修费为销售额的3%。20×4年初，由于产品结构调整，已停止A产品的生产和销售。20×4年度发生了维修支出2万元。

讨论要点：

(1) 上述各项经济事项哪些属于或有环境事项？并说明理由。

(2) 对或有环境事项，如可以确认为负债的，写出相应会计分录。

(3) 对或有环境事项，如可以不确认为负债的，企业应披露哪些主要信息?

第5章

环境成本核算

【学习目的与要求】

1. 理解掌握环境成本的定义、特性；
2. 了解环境成本分类，掌握按环境成本支出动因分类的四类环境成本；
3. 理解环境成本确认与计量，掌握环境成本的确认方式以及环境成本的计量方法；
4. 理解环境成本的账户设置，掌握环境成本的账务处理方法和成本支出的资本化及费用化；
5. 了解环境隐形成本，理解环境隐形成本的定义及重要性，掌握会计专业判断下的环境隐形成本以及环境隐形成本的确认依据；
6. 了解环境成本报告的作用、内容及形式；
7. 熟练应用“环境保护成本”账户进行环境经济业务的账务处理。

5.1 环境成本定义与特征

5.1.1 环境成本的内涵

环境成本是指本着对环境负责的原则，为管理企业活动对环境造成的影响而被要求采取的措施成本，以及因企业执行环境目标和要求所付出的其他成本。这是1998年联合国国际会计和报告准则政府间专家工作组第15次会议文件《环境会计和报告立场公告》对环境成本做出的较为权威且全面的定义。这个定义，以可持续发展思想为指导，以明确企业的环保责任为中心，将企业对环境的影响负荷费用和预防措施开支列入核算对象，提出环境成本的目标是管理企业活动对环境造成的影响及执行环境目标所应达到的要求。

环境成本的内涵可以从以下四个方面来理解：

第一，企业环境成本不但包括能从财务会计意义上确认的内部环境成本，而且还包括外部环境成本。内部环境成本是指由于环境因素引起，可以用货币计量并且要由企业付出一定资产，从而影响到企业经营成果的各项成本，包括那些由于环境方面因素而引致发生，并且已经明确是由本企业承担和支付的费用，比如排污费、环境破坏罚金或赔偿费，环境治理或环境保护设备投资，等等。外部环境成本是指由企业生产经营活动所引起，企业外部其他个人和组织成本的增加，但尚不能明确计量，并由于各种原因而未能由本企业承担的不良环境后果，如企业由于污染物的排放导致居民健康的损失等；同时，外部环境成本还可能包括不一定需要支付货币的机会成本，如材料利用率低，部分材料转化成废料而发生的材料消耗成本等。

第二，环境成本的“内部”“外部”之间没有绝对的界限，在某些情况下内部和外部环境成本可同时并存。譬如“排污费”是由于本企业向外部排放有害气体、污水、废弃物质而向环境管理机构交纳的费用，由本企业负担，因而属于内部环境成本。但是外部环境成本亦同时存在：从数量上说，计算交纳排污费是按照环境管理机构制定的标准，在实务中，这种标准往往偏低，不足以弥补环境污染引致的各种损失。从性质上说，即使全部排污费都用于治理环境，也存在环境被污染与恢复之间的一段滞后期。在这段时间内，环境污染的破坏作用已经蔓延开来并导致新的更大的环境成本。

第三，某些情况下内部环境成本会早于或晚于外部环境成本的发生。譬如，企业考虑到某经济事项对环境的损害可能性而提取的准备金，使会计处理中先发生了内部环境成本，而外部环境成本此时尚未发生。又譬如，对环境污染受害者的赔偿金，往往由于法律程序而耽误一段时间，而会计处理总是要等到实际赔偿时才作为内部环境成本，这时显然已经晚于外部环境成本。

第四，根据会计配比原则，外部环境成本最终都应当转化为内部环境成本。但是，在会计实务中，两种环境成本之间既存在“转化时间差”，还存在“转化数量差”，比如，空气污染导致酸雨以及生态破坏等引发的社会环境成本，几乎不可能做到“会计配比”。因此，究竟外部环境成本在多长时间内和有多大比例可以转化为内部环境成本，取决于环境法规的完善程度及环境会计标准的可操作程度。从这个意义上说，环境规制的建设与环境会计体系的建立具有同样的重要意义。

5.1.2　环境成本的作用

环境成本在环境会计中是个非常重要的概念，环境会计究其实际应用意义，就是环境成本会计，它是叩开环境会计的一把钥匙，更是透视环境会计的窗户。因为，很大程度上，任何形式的环境资产都是表象化了的环境成本，环境资产的使用、消耗和减损转化成环境成本，成就了环境成本的影像。任何形式的环境负债都是环境成本天平上的另一个砝码，是被“背书”了的环境成本，是尚未付出但又需要承担偿还的现实和潜在义务的环境成本。环境成本管理成为任何环境资源使用者用以环境资源节约、环境财务改善和环境管理绩效提升的唯一枢纽和工具，并是彰显实体环境形象、市场价值增加的名片。所以，环境成本不仅是环境财务会计，也是环境管理会计重要的核心内容。

任何企业都有环境成本发生，只不过成本中环境成本比重各不相同而已。制造业和非制造业、重污染企业与非重污染企业、生产同样产品但不同生产工艺和流程的企业，环境成本在企业的发生频率不同，因而对环境的防治、监测力度也不尽相同。比如城市住宅开发商就可能存在下列环境成本：①资源耗减占用成本。因开发耗减、占用资源而导致生态环境状况的变化和他人失去利用环境与土地资源的各种机会，开发企业必须为此进行补偿，其价值即为资源耗减占用成本。这其中就包括安置补助费、土地补偿费、地上附着物补偿费、保养费和青苗补偿费等，具体又会反映在耕地补偿、围垦区鱼塘补偿、园地或其他经济林地补偿、其他农用地补偿、农民集体所有的非农业建设用地补偿以及未利用地补偿等方面。②环境保护预防成本。开发、建造住宅会不可避免地导致污染环境、破坏生态环境以及消耗资源，必须要花费一定的财力、物力以及人力来保护生态环境资源，预防环境污染、环境事故，而这些投入价值表现就是环境保护预防成本。③环境治理成本。因开发、建造住宅产生的固体废弃物、扬尘和废水而导致的破坏生态环境资源，乃至次生灾害引起生态环境贬值，为此就必须支付补偿经费以修复、改进和治理。④环境建设成本。为了改善和美化住宅小区的环境，需要进行绿化以及建设各类景观设施；为了提高工作环境质量、减少粉尘、采取措施隔离噪声等，都需要投入成本。除此之外，住宅开发往往涉及居民搬迁工作，需要进行赔偿。⑤不确定性成本。住宅开发过程中产生一定的建筑垃圾，如果处置不当则很可能会造成环境污染，因此，企业在后期治理环境时会产生一定的开发不确定性成本。

5.1.3 环境成本的特征

依据环境成本的定义，可总结出环境成本具有以下特点。

（1）多元性。环境成本发生总是伴随着许多相关费用的发生，形成环境成本多元性的特点。以制造企业的经营活动为例。企业生产活动消耗自然资源，其耗减的价值表现就是自然资源耗减成本；企业生产活动所产生的废水、废气、废渣等废弃物表现为生态资源降级成本；为了尽量减少大气、水、土壤等的污染对环境良性循环的影响，需要采取措施，为此发生的费用为环境保护成本。

（2）多样性。首先是环境成本性质的多样性。环境成本的支出有些与有形环境资源有关，如维持自然资源基本存量费用发生的结果可以相对增加或不减少自然资源的储量，其发生的费用理应转化为自然资源价值的一部分；有些环境成本的发生与无形的生态环境资源有关，如保护生态资源的费用，可以使生态资源的质量提高或不致降级，其发生的费用也应作为生态资源价值的一部分；有些环境成本的发生与人造的固定资产有关，如污水处理设备等，应作为固定资产处理。这些成本不论与环境资源有关，还是与人造资产有关，都与资产的价值有关，因此，它们具有资本性支出的性质。有些环境成本与资产的价值无关，是一种纯粹的付出，如垃圾的收集处理费、排污费等，这些成本一般作为当期的损益处理；有些环境成本的支出与产品的成本有关，如利用自然资源进行资源产品的生产，则这些环境成本应作为产品的成本处理。对环境成本的性质进行研究，其目的是为进行正确的会计处理建立理论基础。

其次是环境成本计量方法的多样性。环境成本中维持自然资源基本存量的费用和生态资源的保护费用，其支出形式或是物质资产的投入（如投入物料、设备等），或是人类劳动的投入，可以准确计量；环境成本中像生态资源污染损失费用等，不是人类劳动的耗费，不能以劳动价值理论为基础来计量，通常采用估算的方法进行模糊计量。环境成本的模糊性与精确性并存的特点，决定了环境成本计量方法的多样性。

（3）增长性。就世界各国来看，环境成本的发生都有不断增长的态势。根据英国工商业联合会的资料，在 1990/1991 年度，英国直接的环境保护成本是 140 亿英镑，约为本国 GDP 的 2.5%。国家环境保护总局自 2000 ~ 2002 年会同国家测绘局、国土资源部、国家统计局、中国环境科学研究院、中日友好环保中心等单位开展了西部和中东部生态环境调查，结果表明生态资源降级成本占同期地区生产总值的比例，西部地区为 13%，中东部地区为 5% ~ 12%，若考虑间接损失将更多。由于研究的内涵、方法和依据不尽相同，再加上不同程度的不完全计算和低估，造成了环境成本计算结果有较大的差异，但这些数据清楚地告诉我们：中国的环境污染和生态破坏严重，环境污染和生态破坏造成的环境成本是巨大的且有不断增长的趋势。

（4）差异性。环境成本的差异性是指在整个产品寿命周期里，环境成本在各个阶段的发生是不对称的，有些阶段发生较少，有些阶段发生却很大。就制造业来看，并不是所有的产品和生产工序都产生相等的环境成本。但是，环境成本往往被合并在企业制造费用中，并随后分配到所有的产品中去。因此，环境成本与相关产品、生产工序及相关活动之间的关键性联系就被切断了。例如，光谱玻璃公司要面对的主要环境问题是镉的使用和排放，虽然公司只有深红色玻璃的制造导致了处理镉的成本，但由此而产生的环境成本却由所有的产品承担。按照一般规则，将环境成本归入企业的制造费用中会导致内部互补，并使产品获利能力的评估偏离“更洁净”产品。

5.2 环境成本的分类

5.2.1 按环境成本支出动因分类

环境成本按支出动因分类是其最基本的分类，也是环境成本会计核算具体内容和设置环境成本会计账户的主要依据，更是环境成本分类的原则。而其他分类则是在基本分类基础上的辅助分类。

（1）资源耗减成本。自然资源耗减成本是指由于为生产产品等经济活动开发、使用而发生的自然资源实体数量减少的价值。自然资源是人类进行经济活动的物质基础，要进行经济活动必然要利用自然资源，由于资源的利用，使自然资源的储量随着开采、利用的规模而逐渐减少。这一部分价值会随着生产活动转移到产品成本中去，构成资源产品成本的一部分。自然资源的储量随着资源产品的产出而逐渐减少，减少的价值可以从实现的资源产品收入中得到补偿，形成自然资源的补偿基金，用于维持自然资源的基本存量和生态资源保护。自然资源耗减成本应包括不可再生资源的耗减成本和可再生资源的耗减成本。其包括构成资源产品的自然资源价值、有助于产品形成所耗费的自然资源价值、其他自然资源的耗费（生产中耗费）。一般而言，自然资源因利用带来资源耗减。

（2）资源降级成本。资源降级成本是指由于废弃物的排放超过环境容量而使生态资源质量下降所造成的损失的价值表现，也可称为污染损失成本。如空气、水源等污染损失，恶劣环境对人类健康的影响，等等。当废弃物的排放超过环境稀释、分解、净化能力时，造成环境污染。环境污染实际上是生态资源等级的下降，如通过悬浮颗粒的等级来说明空气的污染程度。生态资源等级下降给人类的经济活动带来的损失用货币计量，成为降级费用。一般而言，生态资源因不良环境行为会产生降级。

（3）资源维护成本。资源维护成本是指为维持自然资源目前的存量和保持生态资源的质量，提高资源利用效率而发生的成本，目的是为避免资源降级或资源降级后消除其影响而实际发生的费用。由于人类的繁衍和经济的发展，自然资源的储量迅速下降。要保持经济的可持续发展，应以整体资源不枯竭为前提。为实现这一前提，人类要付出一定的人力、物力、财力，其货币表现构成自然资源维护成本。如为维持森林、草场等人造自然资源的基本存量，会发生各种人造费用；为延长自然资源提高效用的能力，会发生维持费用。总之，为维持自然资源的基本存量，会发生大量的费用，包括植树种草等产生的人造资源的费用，维护自然资源不被破坏或正常生长发生的费用，为提高现有资源的质量、数量、生产率、利用率而进行技术改造的费用，从事资源维护工作的人工工资及福利费用等。资源维护成本是发生较频繁、支出种类较多的一种综合型成本。但要注意，资源维护成本一般与环境保护成本相对，而与资源耗减成本、资源降级成本相似。资源维护是企业自身维护以区别生态环境补偿成本。

（4）环境保护成本。环境保护成本指为了实现环境保护而发生的一种综合型成本支出，特点是其发生的经常性和费用的多样性。环境保护成本是与一种产品、工程或项目紧密相关的直接和间接成本支出，其中有些可能增加固定资产的价值，有些可能增加可再生资源的价值，有些则列为当期的费用。环境保护成本包括：废弃物再循环及其处理费用；污水的净化处理费用；环境卫生的维护费用；垃圾的收集、运输、处理和处置费用；废水的收集和处理费用；废气的净化费用；噪声的消除费用；以及其他环境保护、维护服务的费用等。环境保护成本的具体项目包括：

①环境监测成本。环境监测成本是指与环境监测有关的所有成本。包括：环境监测设备购置费、维修费、折旧；环境监测设备运行的各项费用；环境监测部门办公费用；环境监测人工费用等。广义的监测还包括环境检测费用，它是检测企业产品、流程和作业是否符合恰当的环境标准而发生的成本，如测量污染程度、制定环境业绩指标等发生的成本费用。

②环境预防成本。环境预防成本是指事先预提的环境治理保护费用。包括：为控制污染进行环保设备的购置费；职工环境保护教育费；环境污染的监测计量、评价费；挑选供应商与设备费；设计环境工艺流程和产品费；环境管理系统的建立和认证成本；审查环境风险；预计环境保护基金以及回收利用产品等。上述环境预防成本可不包括预防“三废”成本，而将“三废”预防性支出单列。

③环境管理成本。环境管理成本是直接计入或分配计入环境产品、环保建设工程、环保项目的环境技术操作人员或班组有效运行所发生的支出，包括材料、薪酬、劳保、设备等费用。环境管理成本要区别于环境期间费用，前者直接计入环境成本，后者计入环境费用。基于环境完全成本设计思路，环境管理期间费用也可以先计入损益，再按期结转到环境保护成本。

④环保研发成本。环境研发成本是指由于设备工艺的技术改造使环境影响减少的支出以及科研投入等，如环保产品的设计，对生产工艺、材料采购路线和工厂废弃物回收再利用等进行研究开发的成本；包括开发环保产品、专利技术的研发费，在产品制造阶段遏制环境影响的研发费，在产品销售阶段遏制环境影响的其他研发费。对于用于实现特定研发目标的、不作专利权等其他使用的设备采购费，在购买时作为研发费处理，构成环保研发成本。

⑤污染治理成本。污染治理成本是指对已经发生的环境污染进行治理的所有成本。包括：用于污染治理的固定资产购置费、建设费、维修费、折旧；用于污染治理的环保设施运转费；处置“三废”发生的费用等。按污染形式分为空气污染（包括酸雨）防治费、水污染防治费、垃圾处置费、土壤污染防治费、噪声污染防治费、振动污染防治费、恶臭污染防治费、其他污染防治费、气候变暖防治费、臭氧层损耗防治费等。不仅如此，还包括再生利用系统的运营、对环境污染大的材料替代、节能设施的运行等成本等。

⑥环境修复成本。环境修复成本是指为了恢复企业对环境的退化而发生的费用。包括污染场地复原的费用、处理与环保有关的环境退化诉讼所产生的费用、环境退化准备金等。

⑦预防“三废”成本。预防“三废”成本是指为了预防废弃、废渣和废水给自己或他人造成环境损害，而事前对可能发生环境灾害、事故的实物、实体、土地和大气等进行整理预防的费用支出，如对土地的围垦加固，对空气通风系统改造，对建筑场地尘土进行覆盖，对出售的食品保质期进行宣传和讲解等。

⑧生态环境补偿成本。生态补偿成本是指排污企业有意和无意地向外排放，给他方造成了资源退化和生态环境污染等，按照规定或经过协商一致给受损方的补偿，由获得补偿的一方来进行损害治理和预先保护。可见补偿的目的还是为了环境保护并具有环境保护的性质。这种补偿包括可能产生了的现时损失和可能还没有产生的潜在损失和预防损失的支付，并且对于采取反补机制（如下游补偿上游、下风区补偿上风区等）的生态环境补偿，也一样适用。

⑨环境支援成本。环境支援成本是指企业对外进行的具有公益性的环保活动、环保捐赠活动、环保赞助活动所发生的支出。比如，拍摄环保公益宣传片，环境公益讲座和广告，对保护地球环境团体和个人开展环境保护活动资助，对环境受灾方的慈善捐款等。

⑩其他环境成本。其他环境成本包括：排污许可证费和其他环境税、环境罚款支出；环保专门机构的经费；环境问题诉讼和赔偿支出；临时性或突发性环保支出；因污染事故造成的停工损失；因超标排污缴纳的环境罚款支出等。

⑪环境费用转入成本。环境费用转入成本实际就是被转移了的环境费用，通常与传统会计的期间费用类似。环境费用可以分为环境管理期间费用和其他环境期间费用两种，统称为环境期间费用。环境管理期间费用是企业专门的环境保护行政管理机构或部门发生费用支出。如企业环保处、科、室或环保部发生的一切费用，具有行政费用特性，包括办公费、差旅费、会议费、工资薪酬费等。而其他环境期间费用是公司公共环境费用，包括环境管理体系实施维护费用、业务活动相关环境信息披露和环保宣传费用、各项环保培训费、环境影响评审费、诉讼费和审计费等。

严格意义上，环境期间费用不属于环境成本，内容也较杂，应当将其区别于环境保护成本。判断的依据是看其是否与环境产品、环境工程或项目密切关联，是则为环境保护成本，否则为环境期间费用。本书基于环境完全成本设计思路，环境期间费用先单独进行归集，按期结转到环境保护成本（环境费用转入成本），从而构成环境保护成本的一部分，并最终通过环境成本核算计入当期损益。可见，环境费用成本转入就是环境费用。不过，这里的“环境费用转入成本”项目中的“环境费用”，除了上述环境期间费用（环境管理期间费用、其他环境间接费用）外，还包括资源和“三废”产品销售成本和环境营业外支出、环境资产减值损失等。同时，它还区别于“环境管理成本”项目。

5.2.2 按成本会计核算内容分类

（1）资源消耗成本。核算企业在生产经营活动中对自然资源的耗用或使用的成本，即将资源产品生产所耗用的自然资源以货币形式加以表现及量化。

（2）环境破坏成本。核算企业由于“三废”排放、重大事故、资源消耗失控等造成的环境污染与破坏的损失。

（3）环境修复补救成本。核算由于企业生产活动对已经造成或发生的环境污染进行补偿而发生的支出。包括：整治修复土壤、水质和空气等自然的修复成本；企业未达到环保指标而需要支付的罚款、环境事故的赔偿金与罚款；为特殊的环境问题缴纳的税款；因环境问题诉讼而发生的费用；产生废弃物的处理、再生利用系统的运营成本等。

（4）环境维护预防成本。核算企业为维护环境现状或防止出现污染和破坏而发生的环境支出。主要包括：①企业在生产过程中直接降低排放污染物的成本，比如，产品废弃物的处理、再生利用系统的运营、对造成环境污染材料的替代、节能设施的运行等方面的成本；②企业对销售的产品采用环保包装或回收顾客使用后的废弃物、包装物等所发生的成本，比如，环保包装物的采购、产品及包装物使用后回收利用或处理等方面的营运成本；③土壤、水质、空气等污染预防成本、节约资源的成本、采购环保器材所发生的成本。

（5）环境研发成本。核算企业对环保产品的设计、生产工艺的调整、材料采购路线的变更和对工厂废弃物回收及再生利用等进行研究、开发的成本，包括绿色产品的开发、增加原生产产品环保功能的研究、企业生产工艺路线的调整及材料采购的选择等方面所需要的成本。

（6）环境管理成本。核算企业在生产过程中为预防环境污染而发生的间接成本，包括：环保专门管理人员和技术人员的工资；职工环境保护教育费；环境负荷的监测计量、环境管理体系的构筑和认证等方面的成本；支付的公害诉讼费金；职工环境保护教育费。

（7）环保支援成本。核算企业周围实施环境保全或提高社会环境保护效益的成本，主要包括：企业周边的绿化、对企业所在地域环保活动的赞助、与环境信息披露和环保活动广告宣传有关的成本支出，以及开征环境税所支付的环境税成本。

（8）其他环境成本。核算企业上述以外的环境支付成本，主要包括资源闲置成本（包括闲置自然资源的补偿价值、保护费用及有关损失等）、资源滥用成本、环境污染赔款、罚款等。

5.2.3 按照环境成本控制过程分类

（1）事前环境成本。事前环境成本是指为减轻对环境的污染而事前予以开支的成本。具体包括：环境资源保护项目的研究、开发、建设、更新费用；社会环境保护公共工程和投资建设、维护、更新费用中由企业负担的部分；企业环保部门的管理费用等。

（2）事中环境成本。事中环境成本是指企业生产过程中发生的环境成本，包括耗减成本和恶化成本。耗减成本是指企业生产经营活动中耗用的那部分环境资源的成本；恶化成本是指因企业生产经营恶化而导致企业成本上升的部分，如水质污染导致饮料厂的成本上升，甚至无法开工而增加的成本。

（3）事后环境成本。事后环境成本包括恢复成本和再生成本。恢复成本是指对因生产遭受的环境资源损害给予修复而引起的开支；再生成本是指企业在经营过程中对使用过的环境资源使之再生的成本，如造纸厂、化工厂对废水净化的成本，此类成本具有向环境排出废弃物“把关”的作用。

5.2.4 按照环境成本空间范围分类

（1）内部环境成本。内部环境成本是指应当由本企业承担的环境成本，包括那些由于环境方面因素而引致发生并且已经明确是由本企业承受和支付的费用，比如排污费、环境破坏罚金或赔偿金、购置环境治理或环境保护设备投资、承担的外部环境损失的赔付等。内部环境成本一个显著的特点是人们对其已经可以做出成本的认定和货币量化，即使这种认定和货币量化的金额不一定合理和精确，但也不能否认费用的支付或确认。内部环境成本一般都是显性的、当期的环境费用，但也有可能是隐性的或递延的费用。不过，内部环境成本一定会发生支付或偿付业务，从而构成环境责任的承担者既定负债。所以，内部环境成本也称为环境内部失败成本，即已经发生但尚未排放到环境中去需要消除和治理的污染物和废弃物的成本。

（2）外部环境成本。外部环境成本是指那些由于本企业经济活动所引致的，但尚不能明确货币计量并由于各种原因而未由本企业承当的不良环境后果。正因为对这些不良环境后果尚未能做出货币计量，所以尽管已经被认识，但却不能追加于始作俑者来承担，因而还不能称为会计意义上的成本。但不可否认的是，环境质量确实已经受到了影响甚至破坏，即事实上已经发生了环境成本。比如，企业生产对外排放有害气体、污水或废气物质对他方造成的尚未能明确认定的损害的损失。尽管企业按照环保法规和标准向环境管理机构交纳了排污费，已经认定并承担内部环境成本，但交纳的排污费远不足以补偿因环境污染引致的各种损失，何况可能还存在目前尚难以认定或根本无法认定损失承担的责任方、损失金额大小等问题。至少在没有相应法规依据的前提下，外部环境成本是一种隐性环境成本，可能形成一种或有负债。比如，企业排放出现空气污染并进而导致酸雨以及生态破坏，由此导致的环境社会成本就很难确切做到界限清楚和会计配比。外部成本在多长时间和多大比率转化为内部环境成本，它还要受制于环境法规和会计准则的界定程度。不过，外部环境成本的内部化是一种必然趋势，最终导致不良环境的外部环境成本还得要由环境责任者承担。所以，外部环境成本也称为企业外部环境失败成本，它源于企业污染物和废弃物所致但还没有承担赔付义务。比如，由于空气污染而接受的医疗护理，由于污染而丧失职业，由于环境恶化导致河流湖泊不能被用于人类的生活，由于处理固体废弃物而损害生态系统等。

5.2.5 按照环境成本的确认时间分类

（1）当期环境成本。当期环境成本是指应当计入本会计期间的环境费用的环境成本。比如：按照权责发生制计提当期的排污费、环境税，摊销当期的环境恢复费，计提当期的生态补偿基金等。一般来说，当期环境成本在会计实务中不存在对此认识上的疑问，可能存在的难点是怎样在测定环境影响的基础上合理地归集和分配环境费用问题。当期环境成本一般是基于清理当期环境污染或为了补偿当期环境损失，所以都是显性成本，从而构成企业现时支付义务和可能被要求即期支付，如支付当期的排污费、缴纳当期的环境税。少数也可能是未来支付或形成未来负债，如计提环境准备金。假如过去的经济活动造成的环境损失因当时的估计不足，需要在当期为过去的环境负面“产出”结果“买单”，这也归属于当期环境成本。

（2）递延环境成本。递延环境成本是指本会计期间内发生的基于对将来环境污染进行清理和环境补偿的环境费用，从而构成企业环境成本准备金。按照权责发生制，递延环境成本实际是一种长期待摊费用，是对将来不良环境影响的一种合理估计支付，构成企业的未来偿付义务、形成远期负债甚至是或有负债可能性较大，一般明显带有潜在负债和隐性负债的特性，但需要在当期或以后各期分期计入环境成本，比如计提生态补偿基金、计提售后产品的环保服务费等。当然，属于分摊到当期计入的递延环境成本在会计上就确认为当期环境成本。

5.2.6 按环境成本分摊期限长短分类

（1）长期环境成本支出。长期环境成本支出是指因环境问题企业在一个较长时期内需持续支付的费用，如企业每年向环保局支付的排污费。

（2）短期环境成本支出。短期环境成本支出是企业为环境问题一次性支付的费用，如企业的环保设备支出、一次性支付的矿山开采权等。

5.2.7 按照会计业务流程性质分类

企业整个环境业务活动是在生产经营的不同环节发生的，并由此分步进入会计系统，由会计人员进行各不相同的会计处理。按照会计处理环境成本的业务流程性质对环境成本进行分类，这些环境支出既有前期预防性的支出，也有对当期影响消除性的支出，更多是事后治理性的支出。如果以经营活动为中心（中游），那么前期的采购活动（上游）和后期的销售活动（下游），均是保证绿色经营活动对环境成本的再分类，通俗称之为“环境上下游成本”。按照会计业务流程，环境成本具体分类如表 5 - 1 所示。

表 5 - 1　　会计业务流程中环境成本

<table>
<tr><th>业务流程性质</th><th>成本项目</th><th>现有会计项目</th><th>内容举例</th></tr>
<tr><td>筹资活动</td><td>融资成本</td><td>财务费用</td><td>贷款利息</td></tr>
<tr><td rowspan="9">经营活动</td><td>采购成本</td><td>物资采购</td><td>排污权购买、采购方式改变和费用节约</td></tr>
<tr><td rowspan="3">生产成本</td><td>生产成本</td><td rowspan="3">环保支出、环境损失、设计费、检验费、资源循环利用</td></tr>
<tr><td>制造费用</td></tr>
<tr><td>在建工程</td></tr>
<tr><td rowspan="3">销售成本</td><td>主营业务成本</td><td>生产成本转移</td></tr>
<tr><td>其他业务成本</td><td></td></tr>
<tr><td>销售费用</td><td>包装物回收</td></tr>
<tr><td>管理成本</td><td>管理费用</td><td>排污费、保险费、诉讼费、检测费、绿化费、培训费</td></tr>
<tr><td>投资活动</td><td>投资成本</td><td>长期股权投资</td><td>环保投资、环境谈判</td></tr>
<tr><td>其他活动</td><td>其他成本</td><td>营业外支出</td><td>对外捐赠、罚款、赔款</td></tr>
</table>

【辅助阅读 5 -1】

国际上对环境成本的分类

1. 国际会计师联合会对环境成本分类①

我们知道，在环境会计中，最重要的货币信息就是环境成本信息。尽管不同国家、会计组织乃至企业对环境相关成本的分类各不相同，但比较完善的环境成本分类应以环境业绩、环保经济效益为导向，尽可能与国际惯例保持一致，以此协调各国之间的差异。对此，国际会计师联合会的环境管理会计指南将环境成本划分为六大类，如表 5 -2 所示。

表 5 -2 国际会计师联合会环境成本分类

项目	内容
产品输出包含的资源成本	进入有形产品中的能源、材料等成本
非产品输出包含的资源成本	已转变成废弃物、排放物的能源、水、原材料的成本
废弃物和排放物控制成本	对废弃物和排放物处理和处置成本、环境损害恢复成本、受害人补偿成本及环保法规所要求支付的控制成本
预防性环境管理成本	预防性环境管理活动成本。这些活动包括绿色采购、供应链环境管理、清洁生产、生产者社会责任履行等
研发成本	环境问题相关项目的研究与开发费用，如原材料潜在毒性研究费用，研发有效率能源产品的费用及可提升环保效率的设备改造费用
不确定性	与不确定性环境问题相关的成本，包含因环境污染造成的生产力降低成本，潜在环境负债成本等

这六类成本贯穿于全部资源流程的环境影响中，根据信息的处理过程大体可分为两类：输出环节成本和输入环节成本。输出环节包含产品耗用资源成本、非产品耗用资源成本和废弃物、排放物控制成本；输入与生产环节则包括预防性环境管理成本、研发成本及不确定性成本。

2. 美国证券交易委员会②

美国证券交易委员会（SEC）于 1993 年专门就会计与报告问题于 1995 年发表了《企业管理的工具——环境会计介绍：关键概念及术语》的报告，详细列举了企业可能发生的环境成本并进行了分类，同时分析了如何运用环境会计进行成本分配、资本预算、流程和产品设计等。美国国家环境保护局（U. S. Environmental Protection Agency，EPA）将环境成本分为传统成本、潜在隐没成本、或有成本、形象与关系成本。具体分类如表 5 -3 所示。其中：

（1）传统成本是指可以明晰地同环境保护挂钩的各种支出，一般指企业正常生产过程中发生的材料费、人工费、设备折旧费等，它是作为企业生产成本核算的。

（2）潜在的隐没成本是指同制造费用与管理费用混合在一起，难以清晰辨认其与环境业绩的关系的成本。

（3）或有成本是指企业在未来可能会因企业环境原因而支付的成本，包括未来环境事故损害的赔偿、因未来环境法规的进一步严格可能使企业被迫增加的支出等。

① 根据 www. ifac. org 网站资源整理而得。

② SEPA. An Introduction to Environmental Accounting as a Business Management Tool: Key Concepts and Terms, 1995.

（4）形象与关系成本是指与企业环境业绩相关的企业公共形象及与社会联系方面的各种支出。

表5-3　美国证券交易委员会环境成本分类

传统成本	潜在的隐没成本				或有成本	形象与关系成本
	遵守法规成本	事前成本	事后成本	自愿支出成本		
资本设备	通告、报告	用地研究	终结、搬走	审计	处罚及罚金	与投资者的关系
材料	检测、检查	用地准备	在库处理	监视检查	修复	与保险公司关系
劳动	研究、模型化	工程技术及资金筹措	终结后管理	地域关系保持	将来平方的成本	企业形象与顾客的关系
消耗品	修复	研究与开发	用地调查	缴纳行业选择	将来法规的遵循成本	与供应商的关系
公共费用	废弃物管理	认证		其他环境计划	财产损害成本	与债权人的关系
建造物	计划	设施设置		实施可行性调查	个人损害成本	与当地社会的关系
残留价值	税金、手续费			栖息地及湿地保护	自然资源损害	与管理当局的关系
	检查			保险	法律费用	与从业人关系
	保护设备			修复	经济损失	
	环境保险			再利用		
	财务保证			环境调查		
	训练			研究开发		
	泄露处理			美化风景		
	雨水管理			报告书		
	污染治理			对环保团体支援		

3. 日本环境会计指南（见表5-4）

表5-4　日本环境成本分类

项目	内容
经营业务环境成本	为了控制企业主要经营活动所产生的环境影响而发生的环境保护成本。包括污染物预防成本、全球环境保护成本和资源循环利用成本
上下游成本	为了控制经营活动的上下游所产生的环境影响而发生的环境保护成本，包括采购过程的各种成本（包装物节约、采购方式改变等）、使用后产品的回收成本
管理成本	管理活动产生的环境成本（EMS、监控、员工培训、自然保护、绿化等），要与社会成本相区别，后者改进社会整体认识
研究开发成本	研究和开发活动产生的环境保护成本，包括开发有助于环境保护的成本、减少生产阶段环境影响的开发项目等
社会活动成本	社会活动所产生的环境保护成本
环境恢复成本	治理环境退化而产生的成本，包括保险费、恢复自然生态等
其他成本	与环境保护有关的其他成本

资料来源：Ministry of the Environment JAPAN. Environmental Accounting Guidelines 2005，2005.

5.3 环境成本确认与计量

5.3.1 环境成本确认方式与环节

一种环境支出的发生，以什么类型对其进行成本归类，又以什么方法衡量其价值大小，涉及环境成本确认与计量。

环境成本的确认目前在我国有两种方式：一是为达到环境保护法规强制实施的环境标准所发生的费用，比如环境质量标准、污染物排放标准、环保基础标准、环保方法标准和环保样品标准等；二是在国家实施经济手段保护环境时企业所发生的成本费用，比如国家征收的超标排污费、环境税、资源税、环境保护基金，以及企业之间排污权交易支付等。

为此，要确认企业环境成本应有两个环节：

首先，判断引起成本费用发生的业务和事项是否与环境问题有关，以及与环境负荷的降低是否有关。这种确认，一般有法规性确认和自主性确认两种基本类型。法规性确认是指企业依据国家有关环境保护的法律、法规和标准、制度，在环境保护活动过程中所进行的成本确认等，例如，企业按国家排污费收费标准，支付因排放环保未达标污水所产生的排污费。企业自主性确认是指企业根据自身确定的环境目标，管理自身活动对环境的影响，为达到环境目标的要求而进行的成本确认。例如，企业设立环境管理机构的经费等。

然后，规定环境成本确认的条件。也可以从两个方面看，一方面是环境成本的发生要起因于环保，另一方面是环境成本的金额要能够计量或估计。

5.3.2 环境成本确认原则

（1）满足会计学成本要素的定义，成本其性质本身就是一种耗费，是一种经济利益的流出，应与一定期间、一定的归属对象联系。

（2）环境费用的发生可能会引起资产的减少、负债的增加或两者兼有。

（3）环境成本是一种可用货币计量的付出，其数额的显示应当是明确的，从而其符合可计量性标准。

（4）环境成本与一般的产品成本具有较大差别，反映的是企业在环境保护活动中的一种资源耗费，能随着使用者的决策不同而有差别的存在，并且这种差别是信息使用决策中不可缺少的内容。

（5）环境成本应反映成本发生的目的，即成本支出是为了保护环境和治理环境。

具体来说，企业环境成本确认流程如图5－1所示：

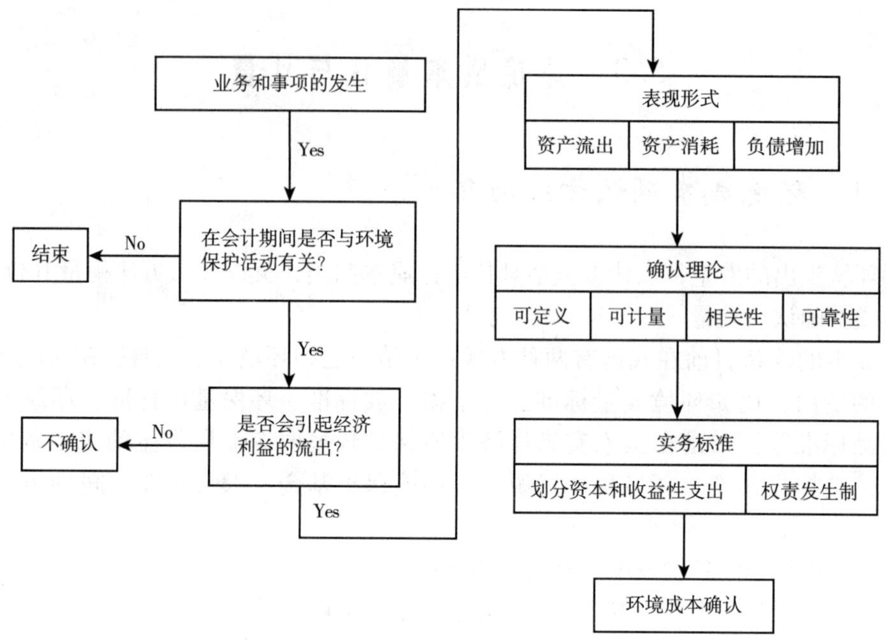

图5－1　企业环境成本确认流程

5.3.3　环境成本计量的特点

所谓环境成本计量是指对环境成本确认的结果予以量化的过程，即指在环境成本确认的基础上，对其业务和事项按其特性，采用一定的计量单位和属性，进行数量和金额认定、计算和最终确定的过程。基于环境成本计量的基本思路和方法以及环境资源的特点，环境成本计量具有以下几方面的特点。

（1）模糊数学方法计量。模糊数学在环境成本计量中的作用是指在环境成本核算过程中，对有关经济业务发生所导致要素变化过程和结果进行度量时的相对准确性。环境成本自身模糊性与精确性并存，如维护自然资源基本存量的成本和生态资源的保护成本，其支出形式或是物质资产的投入，或是人类劳动的投入，其支出可以准确计量；但像生态资源污染损失成本，不是人类劳动的耗费，不能以劳动价值理论为基础来计量，通常采用估算的方法进行模糊计量。环境成本模糊性与精确性并存的特点，决定了环境成本计量方法要冲破原有的方法，而大量采用模糊数学的方法。

（2）多种计量尺度并存。环境成本内容既具有商品性又不限于商品性，很大一部分在计量上具有模糊性特征，若以货币作为计量单位，就不能客观地反映会计主体的环境状况。如对土地资源存量和变量的计算，就难以用货币单位计量，只能用实物量进行反映。但是，当反映在一定范围内对土地资源的投资和收益时，就需要用货币量度进行计量。因此，环境成本的计量单位应是以货币计量为主，辅之以实物，与自然环境有关的指标甚至可以是文字说明。总之，环境成本的计量可采用定量计量和定性计量相结合、计量的精确性和模糊性相兼容的办法，以使环境成本信息使用者对环境成本对象的质和量的规定性具有较客观的认识。货币单位与实物单位在考核上作用不同，在使用范围上也有所侧重。宏观环境成本核算和中观环境成本核算主要是价值量与实物量的计量；而投入与产出的平衡和资源储存量的微观环境成本计量主要是价值量的计量。

（3）多种计量属性交叉。在环境会计的核算中，计量属性的选择是交叉进行的，表现为对某些项目，以历史成本为基础，而对另一些项目则以现行成本为基础。如对资源的成本计量一般以历史成本为基础。因为，历史成本能够反映资源生态循环过程中资源的开发和利用、各阶段成本的发生和分配情况。而若对土地资源进行估价，则适用现行市价方法。不仅如此，环境成本计量单位以货币为主，并使用货币、实物与技术指标多重形式计量形式。比如在计算废弃物处理成本时，可用吨、千克、立方米等物理量来计量，使得信息使用者能得出一个较为完整的印象。又如，对某项污染物超标的污水，通过投资建造污水集中处理设施，并在运行中投入一些化解污染浓度的化学品，使之达标排放，此时对环境成本核算时就要考虑适当使用化学量度的计量。

5.3.4 环境成本计量的原则

环境成本计量原则从理论上讲是会计整体原则的重要组成部分，所以其内容必然与会计计量一般原则相互交叉，在计量上都必须遵循一般会计原则中的基本计量原则，如配比原则、权责发生制原则、一贯性原则以及划分资本性支出和收益性支出原则等。同时，环境成本计量原则的建立，必须根据环境成本的特点，增加一系列的具有实际意义的计量原则，这对指导环境成本计量与会计处理具有重要意义。

（1）经济与环境效益并重原则。兼顾经济效益与环境效益，是环境成本计量最基本的原则。这一原则要求企业在计量环境成本时，要充分考虑可持续发展的要求，将经济效益与环境效益结合起来。在环境成本计量时，如方法成熟，尽可能将环境成本的所有种类都考虑进去。

（2）可靠性与相关性结合的原则。美国财务会计准则委员会（FASB）认为，相关性和可靠性是会计计量的两个重要特征，在传统会计模式下，人们更强调可靠性，看中对过去事项的计量。决策有用学派对会计计量更强调相关性，即提供的会计信息有助于预测企业未来经济活动、评估企业未来的财务状况和经营成果。对环境成本的计量，更应注重可靠性与相关性的结合，既满足企业内部环境管理的需要，也能满足相关信息使用者的要求。

（3）灵活性与规范性互补的原则。灵活性与规范性互补的原则是指环境成本的计量在坚持和遵守会计规范的基础上，应该允许其有一定的灵活性。传统成本计量注重规范性，在环境成本会计发展到一定程度后，规范性的问题也可能变得相当重要。但由于环境会计还处于初创阶段，许多复杂的问题还未得到解决，坚持一定的灵活性是必要的。无论是环境成本计量方法的选择，还是环境成本会计处理程序、环境成本报告格式等，都可具有一定的灵活性。

（4）成本效益原则。在衡量环境会计计量结果的准确性以及在对计量结果的准确性提出要求时，要讲究成本效益原则。具体到计量环境成本，提供环境成本信息时，不得高于计量和报告该信息所能产生的收益，因此必须考虑环境成本信息的获取成本和收益问题。例如对水污染损失成本的计量，由于水污染损失涉及的环境成本因子难于准确地界定，要做出准确的计量既不现实也没必要，此时，就要考虑成本效益原则的应用。

5.3.5 环境成本计量的主要方法

按现有会计学理论的解释，费用计量属性包括历史成本、现行成本、可变现价值，而计量单位主要是货币形式。现行成本会计的计量模式是以历史成本为主，兼用其他各种计量属性，并采用货币计量的模式。环境成本的计量同样应遵循这一模式，但结合环境成本本身的特点，对模式运用时还应当考虑进行扩展，具体要根据不同情况采用不同的计量方法。

（1）实际成本计量。用实际成本对环境会计要素进行计量时，应基于交易事项的实际交易价格或成本来进行。实际成本法是传统会计中计量资产时常用的一种方法，直接市场法是直接运用货币价格对这一变动的条件或结果进行测算。此种方法对绿色会计要素的计量一般都是有客观依据、便于核查的，所以其价值是比较确定和可靠的。例如，当某种自然资源受到破坏或污染后，为使其功能恢复而付出的费用，可以用实际成本法来核算，此时的资源价值就是将环境质量恢复到标准状况所需要的全部实际支出。同时，对涉及可能的未来环境支出和负债、准备金的提取进行合理判断时，可采用实际成本计量属性。

应用实际成本计量环境支出时，具体有以下几种方法：

①防护费用法。它是以为消除和减少环境污染的有害影响所愿意承担的费用来计量的方法属性。例如，出现了噪声污染，就可能需要对建筑物安装消音或隔音装置或做出其他处理，其所需的支出就可以看作是环境污染的防护费用。按照这样的思路，在未进行防治污染的有效处理之前，可以认为企业就承担了一项债务，其金额应该根据技术需要或经验予以确定。

②恢复费用法。它是以估计恢复或更新由于环境污染而被破坏的生产性资产所需的费用进行环境成本计量的方法属性。在被评估环境质量低于环境标准要求时，假如无法治理环境污染，则只能用其他方式来恢复受到损害的环境，以便使环境质量达到环境标准的要求。将环境质量恢复到标准状况所需要的费用就是恢复费用重置成本，所以恢复费用法又称重置成本法。例如，企业将液体废弃物、有害物质存放于地下，长期存放势必要影响土地、地下水，在其危害产生明显影响时，必然要采取某种措施予以恢复与更新，从而发生一定的支出。这种未来的恢复支出应在污染产生前开始估计，其金额可根据技术要求予以研究确定。

③机会成本法。机会成本简单地说是指为了得到某种东西而所要放弃的另一样东西能带来的收益。机会成本的产生是由于资源有限，在使用资源时选择了一种机会就必然放弃另外一种使用机会。在我国，土地资源尤其是耕地非常稀缺，如何计算土地的价值是经济发展的关键。同一土地的用途有不同的方案可供选择时，可采用机会成本法计算其价值。采用机会成本法，在无市场价格的情况下，资源使用的成本可以用所牺牲的替代用途的收入来估算。该方法是指人们由于环境危害而用损坏的生产性物质资产的重新购置费用来估算消除这一环境危害所带来的效益。例如，我们可以以每亩土地用于耕种的收益机会成本来计算用作堆放废弃物或被污染物侵蚀的一块土地的损失。

④替代性市场法。在现实生活中，有些商品和劳务的价格只是部分地、间接地反映了人们对环境质量脱离环境标准的评价，用这类商品与劳务的价格来衡量环境价值的方法，称为间接市场法，即替代性市场法。比如可以用增加工资、补贴、津贴、休假等办法来补偿从事工作环境比较差的职业，并弥补环境污染给劳动者造成损失的支出。替代性市场法使用的信息往往反映了多种因素产生的综合性后果，而环境因素只是其中之一，因而排除其他方面的因素与数据的干扰，就成为采用替代性市场法时不得不面对的主要困难。所以，替代性市场法的可信度要低于直接市场法。替代性市场法所反映的同样只是有关商品和劳务的市场价格，而非消费者相应的支付意愿或受偿意愿，因而同样不能充分衡量环境质量的价值。但是，替代性市场法能够利用直接市场法所无法利用的可靠的信息，衡量时所涉及的因果关系也是客观存在的，这是该方法的优点所在。

⑤边际成本法。边际成本法是应用效用来衡量环境资源价值的一种方法，是指每增加一个单位的产出量而需要增加的成本。该方法利用边际成本与边际收益的关系，确定环境成本。在确定环境资源的价格时，可以考虑采用边际成本法。如我国森林资源的利用与价格的矛盾非常突出，由于原木的开采价格较低，因此人们无节制地采伐，使我国森林的覆盖面越来越少，给环境带来极大的影响。导致人类无节制地砍伐的原因是资源价值的低廉，治理的关键是如何解决价格与消耗量的问题。为了使森林资源的价值适应我国现阶段的情况，可以考虑采用边际成本即每增加一个单位的产出量而增加的成本来计量环境资源价值。

⑥生产率变动法。生产率变动法是利用生产率的变动来评价环境状况变动的方法。生产率的变动是由投入品和产出品的市场价格来计量的。这种方法把环境质量作为一个生产要素，环境质量的变化导致生产率和生产成本的变化，从而导致产品价格和产量的变化。利用市场价格就可以计算出自然环境资源变化发生的经济损失或实现的经济收益。比如，企业排放污水，造成河水污染、渔业减产，可采用生产率变动法计算渔产品的损失价值。

（2）差额计量、全额计量和按比例分配计量。环境成本计量应尽可能考虑目前的现实状况，在协调环境成本与生产成本两种成本核算方法之时增加一些特定的计量方法，包括差额计量、全额计量和按比例分配计量。这是由于企业与环境的关系日趋复杂，且许多环境成本和生产成本并存于一笔共同支出，例如，对某一生产设备增加环保设施就是如此。因此，在生产成本核算系统中适当设置有关环境成本的科目和账户，在期末再依据这些数据编制环境成本报告书，或在原有财务报告提供的信息的基础上，附加有关环境成本核算资料的方法，比较容易可行。

①差额计量。它是指在进行环境保护支出时，将支出总金额减去没有环境保护功能的投资支出的差额，其相应资产的折旧折耗额也按这种差额的折旧进入环境成本。采用差额计量方法能较好地划分资产的环保功能和一般功能所应各自承担的成本费用，可以较准确地区分一般产品成本和环境成本，有助于信息披露的项目分类。对于采购兼有环境保护功能的材料、固定资产等，均可采用这种计量方法。

②全额计量。它是指针对某一环境问题的解决而专门支付了成本金额，在会计上将其金额的全部记入环境成本。这种计量方法在实务中应用较多，也比较容易实施。作为此类计量的典型业务有：环境保护专设机构的费用，环境保护技术的研究开发费用，环境管理体系的

构建费用，环境污染治理等的专项投资等。

③按比例分配计量。它是指将与产品生产密切相关的污染治理费用，按一定比例分配记入各种产品的制造成本中去，比如各生产车间发生的废弃物处理成本等。定额成本、计划成本和作业成本都是这种方法的具体应用。

（3）定性评价方法。定性方法是就资料取得来源而不是分析工具相对于定量方法而言的一种方法，在会计计量中，没有绝对的定性方法可以用于环境会计成本计量，定性获得的资料一定包含定量的财务信息。环境成本计量定性评价方法具体有：

①调查评价法。它是通过对相关专家，或环境资源的使用者，或承担了环境成本的个人或组织，搜集有关信息资料来估计环境资源遭受破坏所带来的损失，或是通过对信息的分析来确定环境效益和成本数量的方法。在具体应用时有许多种做法，如针对专家进行调查的专家评估法、针对环境资源使用者进行调查的投标博弈法等。调查分析法是一种粗略和不精确的方法，可以作为其他方法的辅助方法，它一种用定性方法来解决环境成本计量。

②政府认定法。它是指企业的某种污染达到一定程度后，政府机关可能会采取措施要求企业实施必要的治理，这种治理支出最好是能在正式认定之前就予以记录，其治理方式有企业自己治理、企业出资由政府集中治理以及企业同有关方面共同治理三种形式。该治理费用支出，通常是先由政府环保机关或有关部门拟定治理预算方案后，由企业预提入账，以便正确地反映企业财务状况和经营成果。如果无法做到，可以在正式认定时予以入账和列报。这是用定性方法来解决环境成本计量，当然用这种方法的前提是政府环保机关应坚持公平公开原则。

③法院裁决法。由于环境污染导致纠纷并诉诸法律，因而法院参与判决，此类案例时有发生。法院的裁决或判决在一定程度上反映了人们遭受损害的总量估计。企业赔偿数可以作为社会成本的量度，且这部分社会成本已经内在化。通常，一旦企业存在某种污染或对其他有关各方已造成危害，将来有可能会发生赔付或治理义务时，必然会有费用支出，企业可参照类似案例及早预提费用。如果企业对环境污染的赔付和治理已经由法院判决，那么这个数额可以判决结果列为负债，并同时作为一项费用确认。采用该方法在确定赔偿数额时往往因事而异，它要根据多方面原因综合考虑确定，所以有时并不能充分反映成本。

5.3.6 不同环境成本计量方法的选用

以上环境成本的计量方法，在使用时必须考虑的是这些方法的适用性，通过比较判断后确定应采用的具体方法。对于制造业环境成本计量，国内学者将其分为两大类：自然资源消耗成本和环境污染成本（王立彦，1998；肖序，2002；沈满洪，2007；陈亮，2009）。就此，本书设计出两种不同的成本计量模式：自然资源消耗成本计量模式和环境污染成本计量模式（见表5－5和表5－6）。

（1）自然资源消耗成本计量模式。它是将人们在社会生产过程和资源再生过程中，耗用自然资源、造成自然资源降级和对自然资源进行再造、恢复、维护等经济活动中所支付的各种实际耗费，作为环境成本的计量基础。

（2）环境污染成本计量模式。它是将向环境排放生产、消费过程中产生的大量废弃物控制在环境容量范围之内而发生的成本，作为环境成本的计量基础。

表5－5 自然资源消耗成本计量模式

方法	适用条件情况	说明
成本法	应用于自然资源产品的价格评估	需要确定社会平均生产成本与平均利润率来计算资源产品的生产利润
收益现值法	未来收益较明确，资料要容易获取	关键是要确定资源收益和贴现率
市场法	资源市场发育良好、运行较规范，如土地、矿产、森林、水产等	有可能受市场价格的扭曲等情况的影响

表5－6 环境污染成本计量模式

方法	适用条件情况	说明
市场价值法	应用于工农业产品因水土流失、水质受大气污染等造成的损失	也称生产率变动法，是直接市场法中的一种。它要有足够的数据支持，同时要考虑市场价格是否有波动，人们受到污染时所采用的转移、回避、防护等措施
人力资本法	应用于评估大气和水污染相关的疾病、非安全健康的工作条件及危害人身健康方面	也称收入损失法，是直接市场法中的一种。当医疗数据不足、存在大量相关诱因且难以分离、长期慢性职业病、医疗匮乏时，不便使用
防护费用法	应用于为维护和保持环境质量而付出的费用	是直接市场法中的一种。在低收入地区或环境发生变化过程尚未被发现或环境功能难以替代时不便使用
重置成本法	应用于隔音、抗震等防护费用，消烟、除尘、污水处理等治理费用，防治机构的监测、科研等费用	也称恢复费用法，是直接市场法中的一种。污染发现后已造成严重后果无法恢复和补偿的情况下，不便使用
机会成本法	应用于对自然资源保护区或具有唯一特性的资源的价值评估	是直接市场法中的一种。对使用具有不可再生的自然资源价值评估，不便使用
资产价值法	当其他条件相同时，因周围环境质量的不同而导致的同类固定资产的价格差异，用来衡量环境质量变动的货币价值	是替代市场法中的一种。必须在其他条件一致的情况下，否则不适用（比如房地产市场、不同职业和地点的工资差别）
旅行费用法	应用于评估风景区的环境质量	是替代市场法中的一种。只用于评估旅游资源的环境质量
工资差额法	应用于实际劳动力市场价值计算环境改善带来的收益	是替代市场法中的一种。要有完全竞争的劳动力市场，一般没有代表性
后果阻止法	应用于绕开复杂的污染分析，可以直接得出结果	结果受到社会经济发展程度、物价水平、工业化水平、资源状况的影响

续表

方法	适用条件情况	说明
博弈法	适用于无市场价值的自然资源保护区、生物多样性选择及其存在价值	是假想市场法，包括投标博弈法、比较博弈法、优选评价法和德尔菲法等具体方法。要求环境变化对销售额无直接影响，不能直接了解人们的偏好，抽样调查的人有代表性，要有足够的资金、人力和时间进行充分研究
数学模型法	利用数学模型进行环境成本计量	包括净价值模型、市场底价模型、模糊数学模型和投入产出模型等具体方法。要注意模型的选择、计量的精确性和计量的复杂性

上述环境成本计量的一般方法，并不是一种教条理论，只能说是一个模式。事实上，由于环境的要素多种多样，影响因素又很复杂，环境成本核算实务中，对特定的环境资源成本计量方法也会有其特定的要求和适应性。

以水环境资源成本计量主要方法为例，概括起来，主要有以下一些方法：①市场价值法或生产率法。通过测算流域水生态变化导致的产出水平变化的市场价值来计算流域生态服务的价值。②机会成本法。当流域水生态的社会经济效益不能直接估算时，可以利用反映水资源最佳用途价值的机会成本来计算环境质量变化所造成的生态环境损失或水生态服务的价值。③人力资本法或收入损失法。用流域水生态变化对健康的影响及其相关经济损失来测算流域水生态服务的价值。④恢复或防护成本法。根据某一生态系统遭到破坏后，恢复到原来状态所需费用，或者为确保某一生态系统不被破坏所需的费用，来进行流域水生态功能的评价。⑤费用支出法。用流域水生态系统服务的消费者所支出的费用来衡量水生态系统服务价值。⑥资产价值法。用流域水生态环境的变化对附近不动产价值的影响，来评价消费者的支付意愿并估算流域水生态服务的价值。⑦替代花费法。用可以进入市场交换的物品替代无法进入市场的流域水生态环境效益或服务价值，为某些没有市场价格的流域水生态服务定价。⑧生产成本法。根据生产某种流域水生态功能的产品成本来进行估价。⑨影子项目法。以人工建造一个工程来替代原来被破坏的流域水生态功能的费用，来估算流域水生态服务价值。⑩条件价值法。它也称调查法、假设评价法或者支付意愿法，适用于缺乏实际市场和替代市场的价值评估。条件价值法的核心是直接调查、咨询人们对流域水生态服务的支付意愿，并以支付意愿和净支付意愿来表达流域水生态服务的经济价值。

5.4 环境成本业务处理

5.4.1 环境成本的账户设置

依据环境成本的基本分类，环境成本会计处理的具体内容包括自然资源耗减成本的处理、生态资源降级成本的处理、资源维护成本的处理和环境保护成本的处理。

本章主要按照成本支出动因对环境成本进行分类，根据分类设置一级账户“环境成本”进行总分类核算，借以归集和分配各项环境项目成本的发生。同时，按照环境成本项目设置环境成本若干二级成本明细账户，必要时也可将此二级成本账户作为一级账户来进行账务处理（见表5-7）。

表5-7 环境成本科目与用途

一级科目	二级科目	明细科目	费用归集
环境成本	资源耗减成本	自然资源耗减成本	构成资源产品的自然资源价值；有助于产品形成所耗费的自然资源价值；其他自然资源的耗费（生产中耗费）
	资源降级成本	生态资源降级成本	废弃物的排放超过环境容量致使生态资源质量下降所造成的损失
	资源维护成本	自然资源维护成本	植树种草等产生的人造资源的费用；维护资源不被破坏或正常生长发生的费用；为提高现有资源的质量、数量、生产率、利用率而进行技术改造的费用；从事资源维护工作的人工工资及福利费用等。资源维护具有自主性而区别于环境生态补偿成本
		生态资源维护成本	
	环境保护成本	环境监测成本	环境监测设备购置费、维修费、折旧；环境监测设备运行的各项费用；环境监测部门办公费用；环境监测人工费用等
		环境管理成本	预防污染及环境管理体系实施维护费用；业务活动相关环境信息披露和环保宣传费用；各项环保培训费；环境影响评审费；环境无形资产的摊销费；从事环境管理的人工费用；环境保护基金等为了后期治理预提的费用等
		污染治理成本	用于已成环境事故的污染治理的固定资产购置费、建设费、维修费、折旧；用于污染治理的环保设施运转费；处置已经出现的“三废”所发生的费用等
		预防“三废”成本	对未成环境事故但很可能出现的“三废”等环境损害进行事前预防和制止所发生各项费用；排污费用；采购过程支付环境费用；销售过程支付或缴纳的固体物回收费用
		环境修复成本	造成污染场地恢复费用；处理与环保有关的环境退化诉讼所产生的费用；环境退化准备金等
		环境研发成本	正在研究开发的环保产品、专利技术的研发费；在产品制造阶段遏制环境影响的研发费；在产品销售阶段遏制环境影响的其他研发费
		环境补偿成本	补偿因排污方原因造成的环境事件导致受害一方自然资源、生态资源和其他资产损害损失需支付的成本。排污方一般采用预先提取准备金方式，形成一种债务性基金或给付成本，而区别于资源维护成本；且这种支付具有促使受害方进行环境保护目的
		环境支援成本	企业周边的绿化；对企业所在地域环保活动的公益赞助；与环境信息披露和环保活动广告宣传有关的成本支出；以及在开征环境税后所支付的环境税费

续表

一级科目	二级科目	明细科目	费用归集
环境成本	环境保护成本	事故损害成本	因自身环境事故、环境破坏导致又无法修复、治理的环境直接损失
		其他环境成本	排污许可证费和其他环境税、环境罚款支出；环保专门机构的经费；环境问题诉讼和赔偿支出；临时性或突发性环保支出；因污染事故造成的停工损失；因超标排污缴纳的环境罚款支出、环境事故的受害者赔偿等
		环境费用转入成本	在完全成本核算时平时发生的环境费用，在期末结转到环境成本的环境费用，这种成本实际是被转移的环境费用包括环境期间费用、资源和“三废”产品销售成本、环境营业外支出

5.4.2 环境成本的资本化和费用化问题

资本化和费用化的环境成本主要发生在资源维护成本和环境保护成本两方面。

（1）环境成本资本化和费用化界定。环境保护成本的多样性特点，说明有些保护费用的发生可能与资产、工程或项目有关，有些可能与资产、工程或项目无关。因此，环境保护成本确认为资产还是费用的首要环节，是将发生的保护成本在资本性支出与收益性支出之间进行划分，即环境成本的资本化或费用化。

所谓环境费用的资本化，就是将企业为实施环境预防和治理而购置或建造的机器、设备等作为资本性支出处理，计入固定资产、无形资产等、在建工程等账户。其关键在于：成本是在一个还是几个期间确认，是资本化还是计入当期损益。如果环境成本直接或间接地与将通过以下方式流入企业的经济利益有关，则应当将其资本化：第一，能提高企业所拥有的其他资产的能力，改进其安全性或提高其效率；第二，能减少或防止今后经营活动造成的环境污染；第三，起到环境保护作用（一般是事前实施的并具有预防性）。此外，对于安全或环境因素发生的成本以及减少或防止潜在污染而发生的成本也应予以资本化。

属于资本性支出部分并与生态环境资产相联系时，应作资本化处理，计入生态环境资产的价值，其确认、计量和记录相当于维持自然资源基本存量费用处理，即：当支出与保护生态环境的设备相联系，如污水处理设备，应资本化计入该项固定资产价值，其确认、计量和记录可比照固定资产的核算方法；当支出与保护生态环境的技术、专利相联系，应资本化计入该项无形资产处理，其确认、计量和记录可比照无形资产的核算方法。当支出的费用与长期资产无关时，应作为当期费用处理，即：与环境成本密切相关时就计入“环境管理成本”二级账户，而与环境成本无关时就计入期间费用“环境管理期间费用”和“其他环境期间费用”二级账户。

财务会计中的收益性支出，即费用，通常是按照配比原则确认，其确认标准和确认时间一般是与收入相联系的。费用究竟何时确认，如何确认，部分地取决于收入的确认方法。如果收入定义为价值变动，则意味着只有在价值发生变动时，才将支出确认为费用；如果收入定义为现金流量，则在现金实际流出时，将其确认为费用。不论如何定义收入，费用都应在有关收入被确认的期间内确认为费用。但生态环境的保护成本与效用没有必然的联系，不论效用如何定义，都无法与之相联系确认费用。如果将效用定义为获得一定程度的满足，就意味着只有在效用实现时，才应将保护性支出确认为环境成本。但环境成本的实现时间长，受益范围广，而且效用的实现具有高度的不确定性，加之效用与成本之间没有必然的联系，因此无法将发生的成本与实现的效用配比确认。此外，支付的环境保护成本如具有资本性支出的性质，就应将其资本化而计入生态环境资产价值，但这些成本与生态环境资产之间没有必然的联系，无法确切地计入生态环境资产，只能作为环境期间费用。

为了防止生态资源的降级，保护成本的支出是非常必要的。发生的保护成本，其效用是长远的、广泛的，而支出却是近期的、个别的，因此从保护性的特点来看，其确认应采用期间配比，将其作为支付期的费用处理。因为，按照会计惯例，如果某项支出与未来收入没有密切联系，或者无法找出一个合理和系统的分配基础时，往往将支出作为支付期的费用处理。保护成本与未来收益有联系，但找不出一个合理的分配基础，也应作为支付期的费用处理；当未来环境效用具有不确定性时，将为此效用支付的保护成本延至以后期间是不恰当的。如果保护成本能够产生未来效用，但未来效用带有高度的不确定性，保护成本与未来效用之间没有计量上的联系，保护成本无法递延到以后期间时，只能作为支付期的费用处理。

（2）环境完全成本核算。在会计核算时，资本化的环境成本均会从“环境成本——环境保护成本”“环境成本——资源维护成本”账户转出，形成环境资产，计入“环境固定资产”“环境无形资产”“在建工程”账户。

费用化的环境成本既可能包括“资源维护成本”账户下的两个二级账户记录的金额，也可能包括“环境成本”账户下的所有二级账户记录的金额，还包括“环境费用”一级账户下的所有二级账户记录的全部金额，即环境间接费用和其他环境费用。到期末将费用化的环境成本总额全部结转到“环境利润”。这样最终算出的环境成本就是“完全环境成本”，即：

环境完全成本 = 环境直接成本 + 环境期间成本

环境直接成本 = 资源成本 + 环境保护成本

= (资源耗减成本 + 资源降级成本 + 资源维护成本) + 环境保护成本

环境期间成本 = 环境期间费用 + 资源和“三废”产品销售成本 + 环境营业外支出 + 环境资产减值损失

式中：资源耗减成本、资源降级成本、资源维护成本是资源性资产耗减、降级、维护成本，其资源包括自然资源和生态资源；环境保护成本是非资源性资产耗减、降级、维护成本，包括环境监测成本、环境管理成本、污染治理成本、环境预防成本、环境修复成本、环境研发成本、环境补偿成本、环境支援成本、环境事故损害损失、其他环境成本、环境营业外支出、环境费用转入成本；环境期间费用是企业管理和组织环境事项发生的成本，包括环境管理期间费用、其他环境期间费用；资源和“三废”产品销售成本是已销自然资源产品、生态资源产品、“三废”产品的生产成本的转移；环境营业外支出是特指企业对外各种形式的环境捐赠支出；环境资产减值损失是期末环境资产账面价值高于市价的价值。

总之，当发生的支出没有合理的途径将相关支出与效用相联系时，或未来期间的效用不确定时，唯一的解决办法就是将它们直接作为支付期的费用处理，即采用期间配比的方法确认。但要记住“环境成本——环境管理成本”是成本性质账户而不是期间费用，因为它是为环境产品、工程或项目共同发生需要进行分摊的费用。而“环境费用——环境管理期间费用”“环境费用——其他环境期间费用”才是真正的环境期间费用。

应当提醒，当期发生的环境费用支出并不一定全是要计入当期的环境成本，除需要资本化费用计入固定资产或无形资产外，再就是可能有需要跨期摊提的费用。对于本期支付与未来多期收益有联系的多期环境支出，需要计入“环境递延资产”账户，自当期或以后各期摊销。否则，会虚增当期环境成本或虚减环境利润。实务中，这种需递延的费用支出是非常多见的。

5.4.3 “环境成本——环境保护成本”二级账户

(1)“环境成本——环境保护成本”账户使用。“环境保护成本”账户是用来核算环境保护发生的各项费用支出情况。借方登记实际发生的环境保护费用支出，贷方登记结转到成本负担项目的金额，期末结转后无余额。环境保护成本根据不同的情况有不同的会计处理方法。

现以排污为例，会计处理具体如下：

①产量与排污量成正比发生的排污费。如果某种产品某批量的污染成本＝该产品产量×单位产品排污量×排污收费标准单价，则这种污染成本是产品的变动成本，产量与排污量成正比或近似成正比，在核算了直接材料、直接人工后，应纳入环境污染这个项目。

当产品完工之后，会计分录为：

借：环境成本——环境保护成本——预防“三废”成本

　　贷：环境负债——应交排污费

②当生产产品产量与排污量不成正比，且排污量小，不易确定排污主体或者排污发生在产品固定成本范围之中，则可以记入“环境费用”或“其他环境成本”科目之中。会计分录为：

借：环境费用——环境管理期间费用——排污费

　　环境成本——环境保护成本——其他环境成本——排污费

　　贷：环境负债——应交排污费

③使用排污品。使用某些物品后会排污，如使用润滑油，会恶化水质；使用石油、汽油等会排放SO_2、CO_2，污染空气。购买这些物品除了售价之外，还应追加排污费，直接记入这些排污品的采购成本。在生产领用这些排污品作为原材料时，对其追加排污费计算如下：

某种物品某批量使用排污费＝该种物品购买数量×该物品单位数量追加的排污费

当购买排污品时，会计分录为：

借：环境资产——环境流动资产——原材料——原料

　　　　　　　　　　　　　　　　　　——排污费

　　贷：银行存款

生产领用排污材料时，会计分录为：

借：环境成本——环境保护成本——环境负债——应交环境税费

　　贷：环境资产——环境流动资产——原材料——原料

　　　　　　　　　　　　　　　　　　　　——排污费

④不可回收包装物。不可回收包装物会导致固体废弃物增多，为此对不可回收的包装物收费，可促进生产者、销售者改进包装，回收包装废弃物，减少废弃的包装物。对不同质料的包装物收费标准不同，其计算公式为：

某种包装物批量的污染费 = 某种售出包装物的数量（或重量、体积）×该种包装物的单位收费标准

销售时，会计分录为：

借：环境成本——环境保护成本——环境预防成本——未收回包装物污染费

　　贷：环境负债——应交排污费——包装物污染费

⑤可回收包装物。如果企业使用押金等方法收回包装物时，再按收回的包装物数量计算应冲减的环保成本，计算公式为：

回收某批量的包装物应冲减的环保成本 = 回收包装物数量（或重量、体积）×该包装物单位收费标准

当收回包装物时，会计分录为：

借：环境负债——应交排污费——包装物污染费

　　贷：环境成本——环境保护成本——环境预防成本——收回包装物污染费

⑥固体废弃物。固体废弃物主要是指工业固体废弃物，包括工业废渣、工程渣土和经营性垃圾等。凡是可以确定是何种产品、工程或商品产生的，其发生的污染费都应记入其环境成本中，计算公式为：

某种工业固体废弃物的污染费 = 某种固体废弃物的重量（或体积）×收费标准

当工程或产品完工之后，会计分录为：

借：环境成本——环境保护成本——预防“三废”成本——直接固废污染

　　贷：环境负债——应交排污费——固废污染费

（2）“环境成本——环境保护成本”账务处理方法。

①资本化方法账务处理。企业为实施环境预防和治理而购置或建造固定资产的支出作为资本性支出，借记“环境固定资产”账户；贷记“在建环境工程”等账户。计提折旧时，借记“环境保护成本”总账账户下所属的“环境检测成本”“生态补偿成本”等明细账户和相应的成本账户；贷记“环境资产累计折旧折耗”账户。具体处理分录为：

购建时：

借：环境固定资产

　　贷：在建环境工程

分期计提折旧时：

借：环境成本——环境保护成本——污染治理成本

　　　　　　　　　　　　　　——环境监测成本

　　贷：环境资产累计折旧折耗

除此，对需要跨期摊提的其他环境预防、治理费用和环境破坏赔付费用，视作递延资产；分期摊销时，借记“环境成本”总账账户下所属的“污染治理成本”“环境修复成本”“环境监测成本”“环境管理成本”等明细账户和相应的成本项目；贷记“环境递延资产——环保费用”账户。具体处理分录为：

需要跨期摊提费用发生时：

借：环境递延资产——环保费用

贷：银行存款

分期摊销费用时：

借：环境成本——环境保护成本——污染治理成本

——环境监测成本

贷：环境递延资产

②收益化方法账务处理。许多环境成本并不会在未来给企业带来经济利益，因而不能将其资本化，而应作为费用计入损益。这些成本包括：废物处理、与本期经营活动有关的清理成本、清除前期活动引起的损害、持续的环境管理以及环境审计成本，因不遵守环境法规而导致的罚款以及因环境损害而给予第三方赔偿等。

对上述不需要资本化的环境费用直接计入当期损益。当费用发生时，借记“环境费用”账户相应成本项目，贷记“银行存款”等科目。会计处理分录为：

借：环境费用——环境管理期间费用——环境事故损害费用

——环境管理间接费用——环境事故损害费用

贷：银行存款

③负债化方法。一方面，当与环境有关的将来可能的支付可直接计量时，就作为既定负债方法处理，借记“环境成本——环境保护成本”账户相应成本项目；贷记“环境负债——应付环境赔款”账户。另一方面，当环境费用能够被合理预计且可靠地计量时，就作为或有负债方法处理。会计分录为：

借：环境成本——环境保护成本——环境预防成本

——污染治理成本

——环境管理成本

贷：环境负债——应付环境保护费

预计环境负债——应付环境补偿费

④损失化方法。环境费用作为当前环境损失的“计量”方法，是指企业被罚款或被勒令停产、减产而发生损失时，发生的环境费用，作为当前营业外支出处理。会计分录为：

借：环境费用——环境营业外支出——环境损失

贷：银行存款

⑤补偿费方法。不管以什么方式取得资产的使用权，经营者在经营自然资源时，都应向政府交纳资源环境补偿费，在交纳时列支“环境保护成本”“环境费用”账户。如果需要跨期摊提，根据情况，也可以递延摊销。会计分录为：

借：环境成本——环境保护成本——环境补偿成本

环境费用——环境管理期间费用——资源环境补偿费

环境递延资产——资源环境补偿费

贷：银行存款

5.4.4 “环境成本——资源耗减成本”二级账户

（1）“资源耗减成本”核算的意义。企业的生产经营活动直接消耗着自然资源，生态资源一般不存在耗减而是降级。从企业角度核算自然资源的耗减成本具有以下几个作用：

第一，反映资源的真实成本。核算自然资源的耗减成本实际上是核算资源产品所耗用的自然资源价值，并将其计入资源产品成本的过程。如果资源产品成本包括了自然资源的耗减成本，就具备了总成本的内涵，能够真实地反映资源产品的成本。

第二，反映资源的真实价值。将自然资源的耗减成本计入资源产品的成本，实际上就是将其间接地反映到资源产品的市场价格中，将不在价值之外的环境因素纳入资源产品的价值循环中去。

第三，满足收入与费用配比。资源产品成本一旦具有总成本的概念，则成本必然覆盖自然资源的耗减成本，将此成本与实现的收入进行配比，才是实际意义的配比。

第四，符合会计重要性原则。在资源产品成本中，构成成本的绝大部分是耗费的自然资源价值，即耗减成本，按照会计重要性原则，应对其进行重点核算，而自然资源耗减成本的核算正好满足了重要性原则的要求。

第五，提供产品成本中所包含的资源的耗减费用。反映本期生产过程中的资源耗减流量，反映本期自然资源发挥效用的情况，反映自然资源资产在环境资产账户的期末存量，反映环境资产在资源方面可持续发展的潜力。

（2）自然资源核算的性质。企业在开采自然资源并形成资源产品的过程中，自然资源表现出如下特点：经过生产经营的耗用，自然资源改变了其形态，如铁矿未开采时，是矿产资源，开采后就成为资源产品——铁矿石；自然资源是资源产品生产企业中储备的供生产消耗的资产；自然资源在开采之前反映的是资产的存量，开采后反映的是资产的流量。鉴于自然资源的上述特点，可以得出结论，自然资源具有存货的性质。既然自然资源具有存货的性质，就可以按照存货的方法进行核算，即耗减成本就相当于产品生产成本中的“原材料或直接材料”，其确认与计量均可比照“原材料”项目进行。

（3）“环境成本——资源耗减成本”账务处理。“资源耗减成本”账户反映企业耗用自然资源应予以补偿的成本，明细账户是“自然资源耗减成本”。当使用环境资产时，要相应减少环境资产中所属的“环境资产——资源资产——自然资源资产”账户的数额，通过“环境资产累计折耗”账户来反映，该账户性质是“环境资产——资源资产”的备抵账户，是资源资产中自然资源资产和生态资源资产在使用过程中转移的价值。“自然资源资产”扣减“自然资源资产折耗”和“生态资源资产折耗”后的数额为其净值。会计处理分录为：

①获得使用自然资源资产时，一般都要缴纳占用费：

借：自然资源资产

　　贷：环境负债——应交资源占用费——矿产资源占用款

②开采或使用资源资产时：

借：环境成本——资源耗减成本

　　贷：资源资产累计折耗——自然资源资产折耗

③结转资源耗减成本时：

借：资源资产累计折耗——自然资源资产折耗

　　贷：自然资源资产

【例5-1】如果每吨煤炭作为资源的价值为122.24元，开采的费用为32.21元。设本期开采100吨，则其总成本为：(122.24+32.21)×100=15 445（元），据此编制的会计分录为：

借：环境成本——资源耗减成本　　15 445
　　贷：环境资产累计折耗　　15 445

5.4.5 “环境成本——资源降级成本”二级账户

（1）环境降级成本的性质。企业环境资产的减少，除资源耗减外，还有资源降级。资源降级不同于环境资源耗减，前者一般针对自然资源而言，而后者一般针对生态资源而言。例如，某些大型煤矿周围有一些乡镇个体采煤者，他们的乱采挖可能导致该煤矿不能按计划开采出应有的煤，甚至有些矿井和采煤区报废，造成该煤矿的资源降级。又如，某露天矿山，由于上游水土流失，大量泥沙侵入，导致矿石中含沙量增多，矿石品质下降，造成该矿资源降级。再如，大气污染造成的酸雨，可影响树木生产甚至造成大片树木死亡，林业企业的林产区土地单位木材产量大幅度下降，造成资源降级。

资源耗减是在减少环境资产的同时，将资源成本转移到产品中去。资源降级则是纯粹的环境资产减少或贬值，其成本不能转移到产品中去。资源降级成本主要表现为资源降级损失，即破坏成本。破坏成本主要是从生态环境质量、结构、功能下降所引起的工农业生产、人体健康、旅游景观、建筑物及其他损失等方面进行估算。破坏成本如果与某项产品或行为有关，应作为该产品或行为成本的一部分。例如，造纸厂废液的排放，使得水质量下降，由此造成的水资源质量下降的损失，即为该项废液排放的破坏成本，破坏成本一方面可以作为纸产品成本的一部分计入产品成本，另一方面它又可以被确认为水资源的降级成本。

（2）环境降级成本的归属。对环境降级成本核算，一个主要的目标就是寻找到环境降级成本的归属。如果生态资源的降级成本不能确认应由哪个企业来承担时，或虽然能够确认为某一企业负担，但该企业无力承担时，该企业应按照有关规定缴纳生态环境补偿费。生态环境补偿费是以防止生态环境破坏为目的，以从事对生态环境产生或可能产生不良影响的生产、经营、开发为对象，以生态环境整治及恢复为主要内容，以经济调节为手段，以法律为保障条件的一种管理手段。生态环境补偿费实质上是企业应承担的生态资源降级成本，因此可以以应交纳的补偿确认为生态环境资源的降级成本。所以，自然资源占用（使用）费与生态资源补偿费不是同一意义上的概念。前者体现了资源实体的减少，是企业获得资源使用权的后果；而后者反映了对资源实体所有权的破坏，是企业承担的资源恢复的代价。

企业不论是承担破坏费用，还是支付生态环境补偿费，只要企业有支付环境成本的义务，就应将其确认为负债，即为企业的环境负债。确认环境负债时，不一定要有法律上的强制义务，企业可能出于商誉的考虑，或是出于道义上的考虑，认为应当承担这样一种义务，并由企业管理部门对担负有关环境成本做出承诺时，将该项义务确认为负债。

当生态资源降级成本表现为破坏成本时，依据总体成本的概念，降级成本应作为产品成本的一部分，计入产品成本。企业对降级成本进行核算时，可以在现行成本核算框架下，将降级成本作为一个成本项目列入产品成本中去。具体地说，就是在成本项目中增加一个“环境降级成本”科目，专门核算产品的生产使生态资源的价值减少的货币表现。如果降级成本与产品生产没有直接联系，降级成本可作为管理费用处理。如果降级成本的发生与环境负债相联系，可设置“应付环境补偿费”科目，核算企业承担的环境义务。

但是，从独立进行环境会计核算和独立进行环境成本报告方面考虑，还是应单独进行环境降级成本核算，以体现对环境信息报告和披露的要求。其他环境成本独立核算，甚至于环境会计要素核算也一样是这个道理。

（3）“环境成本——环境降级成本”账务处理。设置“环境降级成本”二级账户，该账户是用来核算该生态环境资源价值减少的补偿额，其数额的大小由环保部门统一评估计量得出，这笔资金作为企业对环境补偿和环境发展的支出。该账户借方登记环保部门核算出来的环境被破坏的价值补偿费；贷方登记转入“本年利润”或“生产成本”的数额，期末结转后无余额。

计算出应交环境降级成本时，会计分录为：

借：环境成本——资源降级成本

　　贷：环境负债——应交资源补偿费——林业资源补偿费

【例5-2】 某造纸厂对水资源产生污染，而造成水资源质量下降的损失为100万元。以此为标准，要求该企业支付生态环境补偿费。该项损失作为降级成本应计入造纸的成本，未交的补偿费作为企业的环境负债。编制的会计分录为：

借：环境成本——资源降级成本　　1 000 000

　　贷：环境负债——应交资源补偿费　　1 000 000

5.4.6 “环境成本——资源维护成本”二级账户

（1）现行资源维护成本发生的频繁性。为保证人类社会经济的可持续发展，必须维持自然资源的基本存量，为维持自然资源的基本存量，就必然发生一些人力、物力和财力的耗费，如为维持森林、草场等人造自然资源的基本存量，会发生各种人造费用；为延长自然资源提供效用的能力，会发生维持费用；为适度消耗自然资源，而改进生产设备或调整生产方式而发生的调整费用。总之，为维持自然资源的基本存量会发生大量的成本，需要进行会计核算。

（2）现行资源维护成本收益化会计核算的缺点。长期以来，环境资产未作为一项会计要素纳入会计核算体系，当发生为维持自然资源基本存量的费用时，即使认为它具有资本性支出的性质，应纳入会计核算系统，但却没有承担费用的载体，只能将其作为收益性支出处理。将维护成本作为收益性支出时，会给会计核算以及环境资产的保全等方面带来一些问题，主要表现在：

第一，不符合配比性原则。维护费用支出时间与支出产生效果时间之间往往间隔较长时间，如果将支出作为支付期间的费用处理，会增加支付期的费用总额，减少当期的收益；而当支出产生效果时，就只有收益，没有与之相配比的费用。从账面上来看似乎从自然资源中得到的收益是不花代价的，其结果是过度消耗自然资源。

第二，反映不出环境价值。维护费用的发生意味着人类在自然资源的形成上付出了劳动，按照劳动价值理论，环境资产的价值中理应包括这些劳动量的价值。如果维持费用作为收益性支出处理，环境资产的价值仅是估算的自然资源价值。长此下去，会出现账面价值与实际价值不符的现象，使会计核算不能提供真实的核算资料。

第三，资源存量不能保证。如果维护费用不作为资本性支出，而作为支付期的收益性支出处理，冲减支付期的收益，就降低了人们支付维持费用的意愿，使自然资源的基本存量得不到维持，同时资源产品的实现期内不能保证收入与支出的配比，使人类毫无节制地掠夺自然资源。

因此，从自然资源维护成本的性质，从会计核算的角度，从控制自然资源过度消费等方面来分析，维护成本具有资本性支出性质，都应资本化，将其计入资产价值。有些维护成本从本质上看属于资本性支出，但金额较小，为简化核算，也可将其作为收益性支出处理。

（3）资源维护成本资本化的标准。维护成本确认为资本性支出的标准可以归纳为：

第一，符合环境资产定义。当发生的维持成本符合环境资产的定义，也就是它能够带来未来的效用，并能够用货币计量时，就应确认为资本性支出。因此，确认的标准是看支出产生的效果，凡是能够带来未来效用的支出就资本化，计入环境价值；凡是不能带来未来效用的，就作为当期损益处理。

第二，依据成本效益原则。当维持费用较小，即使它具有资本性支出性质，为简化核算，也应简化并将其确认收益性支出。

第三，提高环境资产效用。如果维护成本有助于提高原有环境资产效用的能力，则该项支出应作为资本性支出。依据上述条件，当一项支出符合上述标准，并产生特定或单独的效用时，可单独确认为一项环境资产，如人造森林、人造草场等，能够产生特定或单独的未来利益的，可将其作为环境资产单独确认；当一项支出符合上述标准，但不能带来单独或特定的效益时，应将其与受益的资产合并确认为资本性支出，即将其作为原有环境资产价值的一部分，或固定资产价值的一部分。

（4）“环境成本——资源维护成本”账务处理。资源维护包括对自然资源维护，也包括对生态资源保持，但这里主要指对自然资源的维护。“资源维护成本”账户核算为维持资源的基本存量，而发生的一些人力、物力和财力的耗费。该账户借方登记企业为预防生态环境污染和破坏而支出的日常成本，主要包括环境维护中的环保人员工资和设施运行费用；贷方登记转入“本年利润”或“生产成本”的数额，期末结转后无余额。会计分录为：

借：环境成本——资源维护成本

　　贷：原材料

　　　　银行存款

资源维护成本在资本化后，应作为一项资产加以记录。从费用的支出以及与资产的关系来看，其会计处理包括以下几种情况。

①能够形成和增加新的自然资源。资源维护成本的支出有助于形成和增加自然资源（一般是人造资源），例如，人工造林，可以形成人工森林资源，增加林业资产。这种资源维护性支出具有资本性支出的性质，该项成本的增加可直接带来环境资产价值的增加，具有资本性支出的性质，应计入资产价值。其会计分录为：

借：资源资产——自然资源资产

　　贷：银行存款

②能够形成或增加新的固定资产。资源维护成本的支出不能形成或增加新的固定资产，但能形成与开发利用资源密切相关的工程设施及固定资产，例如，在露天矿区挖成的防止泥

水流入矿区的排水工程设施。这类资源维护性支出具有形成固定资产的性质，可作为固定资产核算。其会计分录为：

借：环境固定资产

　　贷：银行存款

③不能开发或增加新的自然资源或固定资产。资源维护成本的支出不能开发或增加新的自然资源或固定资产，但有助于增加资源的效用或减少资源可能遭受的损失，例如，煤矿组织巡逻队，保护煤矿资源不被当地个别非法采煤者的私挖乱采所破坏。这类资源维护性支出具有费用性支出的性质，按费用核算。其会计分录为：

借：环境成本——资源维护成本

　　贷：银行存款

【例 5－3】假设某钢铁厂 20×4 年发生的环境事项如下：

①该钢铁企业在生产过程中需开采煤炭和铁矿石，每吨煤炭价值 268 元，铁矿石每吨 180 元，每年开采量为煤炭 100 万吨，铁矿石 80 万吨。

②煤炭的开采和铁矿石的开采会对土壤和森林系统造成一定的破坏，随着国家对环保的重视，该公司决定提取生态补偿基金，每年 5 000 万元。

③该企业为应对排污环保任务，决定建设烟气脱硫工程 A 项目，包括设备购置费、工程安装费、技术服务费等在内，项目已经完工决算，总投资额为 15 000 万元，计划运行 30 年。

④A 项目每年维护成本为 300 万元；并计提使用折旧 50 万元。

⑤运行成本包括耗电和职工薪酬等在内，每年为 1 000 万元。

⑥该企业的废水治理系统年折旧额为 20 万元，运行成本为 30 万元，年设备维护费为 10 万元。

⑦为了可持续发展，该企业每年投入环保研发经费 300 万元。

⑧每年废水、废气和废渣的排放成本为 1 000 万元。

⑨为了减少开采对森林资源带来的破坏损失，对矿区附近的森林资源进行维护，成本为 50 万元。

⑩该企业每年的环境检测费用为 50 万元。

⑪环境治理过程中发生的人工费 10 万元。

⑫为提高员工的环保意识，对职工进行环境保护意识培养，每年支出 10 万元。

⑬支付污染对劳动人员的补偿费为 5 万元。

根据以上各题，做会计分录。如下：

①借：环境成本——资源耗减成本　　412 000 000

　　贷：资源资产累计折耗　　412 000 000

②由于提取生态补偿基金是要交给国家的，应计入环境保护成本，在未交前计入环境负债。

借：环境成本——资源维护成本　　50 000 000

　　贷：环境负债——应交资源偿费　　50 000 000

③由于该项工程是为了维护环境而构建的，所以其成本应计入环境资产账户。

借：环境固定资产　　150 000 000

贷：银行存款　　150 000 000

④对于环保项目和设备的维护费用，应根据其发生额直接计入环境成本账户。

借：环境成本——资源维护成本——维护成本　　3 500 000

贷：银行存款　　3 000 000

环境资产累计折旧折耗　　500 000

⑤对于环保项目和设备的运行成本，也应全额计入环境成本账户。

借：环境成本——资源维护成本——运行成本　　10 000 000

贷：银行存款　　10 000 000

⑥废水治理系统的年成本应分两种情况进行账务处理。

提取折旧费：

借：环境成本——资源维护成本——污染治理成本　　200 000

贷：环境资产累计折旧折耗　　200 000

提取运行和维护成本：

借：环境成本——资源维护成本——运行成本　　300 000

——维护成本　　100 000

贷：银行存款　　400 000

⑦环保研发经费应计入环境成本账户。

借：环境成本——环境保护成本——环境研发成本　　3 000 000

贷：银行存款　　3 000 000

⑧污染物排放成本是企业污染的主要形式，给环境带来了破坏，应计入环境降级成本账户。

借：环境成本——资源降级成本——排放成本　　10 000 000

贷：银行存款　　10 000 000

⑨绿化费应计入资源维护成本账户。

借：环境成本——资源维护成本　　500 000

贷：银行存款　　500 000

⑩环境监测费用应计入环境事务管理成本账户。

借：环境成本——环境保护成本——环境监测成本　　500 000

贷：银行存款　　500 000

⑪环境治理过程中发生的人工费应计入环境成本账户。

借：环境成本——环境保护成本——污染治理成本　　100 000

贷：银行存款　　100 000

⑫职工环境事项培训费用应计入环境事务管理成本账户。

借：环境成本——环境保护成本——环境管理成本　　100 000

贷：银行存款　　100 000

⑬支付污染对劳动人员补偿费应计入环境保护成本账户。

借：环境成本——环境保护成本——其他环境成本　　50 000

贷：银行存款　　50 000

5.5 环境隐性成本

5.5.1 环境隐性成本的定义

隐性环境成本的定义直接关系到环境成本的确认与计量，影响到环境损害价值的核算、环境会计信息的质量甚至环境保护的进程。同时，隐性环境成本又是研究环境会计绕不过的门槛，更是环境成本会计的重点和难点。为此，需要会计人员从会计职业判断角度，以企业为出发点，通过会计政策和原则对隐性环境成本影响进行分析，总结隐性环境成本理论特征和基本内涵。

隐性环境成本就是由企业经济活动所引致的、因客观存在的原因而未由本企业现时承担，或者企业现时应承当却难以明确计量的环境成本。正因为这种成本尚未做出货币计量，所以不能称为真正传统会计意义上的“成本”。显然，隐性环境成本必备条件是：企业经济活动所引致的环境成本。它反映在企业生产经营的全过程，从产品设计、清洁原料购进、产品结构或生产工艺改进，直至产品发运销售过程减少供应链污染和售后服务等。除此之外，隐性环境成本还必须满足下两个条件之一，即：

（1）隐性环境成本由于客观存在的各种原因而未由本企业现时承担。隐性环境成本属于成本的一种，虽然其由于种种原因而未由企业现时承担，但是对于环境的影响甚至是危害确实已经形成了，即事实上已经发生了与环境相关的成本，最终这项成本还是要内部化处理，由环境责任企业承当。

（2）隐性环境成本难以明确计量。隐性环境成本由于现阶段相关规定和准则不健全，不能明确计量，但至少应对其重要性进行判断，考虑其是否在财务报告中披露。如果可以明确计量的环境相关成本，必须计入显性环境成本，纳入财务报告列示。

5.5.2 环境隐性成本的重要性

会计实务中，由于存在隐性环境成本的意识不足、环境法规不完善与会计制度不健全、缺乏环境成本信息市场、隐性环境成本信息专业性强及难以理解等问题，导致隐性环境成本至今尚没有确切的定义。随着公众环境保护的观念增强、意识提高与道德觉醒，特别是环境信息需求市场的拓宽，对隐性环境成本的确认显得尤为重要。但隐性环境成本确认又是一项较为复杂的过程，需要会计人员具备良好的职业判断能力。会计职业判断是指会计人员根据会计法律、法规和会计原则等会计标准，充分考虑企业现实与未来的理财环境和经营特点，在对经济业务性质分析的基础上，运用自身专业知识，通过分析、比较、计算等方法，客观公正地对应列入会计系统某一要素的项目进行判断与选择的过程。就隐性环境成本而言，在面对某些特定以及不确定的情况下，当经济事项对环境可能产生影响甚至破坏时，会计人员不仅要准确理解和深谙会计准则条文的内涵，而且要结合自身工作经验以及对相关经济活动产生隐性环境成本的认知能力和逻辑分析能力，在遵守会计职业道德的前提下，对隐性环境成本是否确认做出客观判断。

基于此，从会计职业判断角度，以企业为例，通过对经济事项影响环境的具体特性和表现形式的分析，提出隐性环境成本的会计定义，不仅具有理论价值，而且在实践中也具有较强的应用价值。

5.5.3 会计专业判断下环境隐性成本

（1）会计原则的选择与协调。当企业面临着的客观经济环境发生变化且某项经济活动存在着复杂性和多样性时，需要会计根据企业实际情况对经济事项的确认和计量在多个会计原则之间做出选择。由于各会计原则的选择结果存在明显道德差异，因此也需要会计人员在选择会计原则的过程中做出协调。隐性环境成本由于具有较强的隐蔽性，在确认和计量时会计原则的选择会更加复杂。比如，对于所有者而言，其目标是实现股东价值最大化，在这种前提下，股东希望会计人员按照真实性原则不将隐性环境成本加以确认；对于管理者而言，其受托于所有者，在确认隐性环境成本对自己有利益的驱动下，不愿意加大环境成本的确认并与所有者意愿一致；对于债权人而言，其目标是确保求偿权的实现，因此债权人希望企业按照谨慎性原则对隐性环境成本做出确认，以此来更加精确地判断公司的偿债能力；而对于政府而言，其希望企业以社会效益的最大化为目标，实现环境社会责任承担，按照重要性和谨慎性原则确认隐性环境成本。在上述不同的利益主体之间相互博弈的过程中，会计人员是应该选择真实性原则、谨慎性原则、重要性原则还是其他原则，以及在选择这些原则的过程中如何对其进行主次排序，取决于会计的价值取向、行为动机和职业操守。

（2）会计处理方法的选择。会计处理方法也称会计核算方法，是指会计对企业已经发生的经济活动进行连续、系统、全面反映和监督所采用的方法。会计处理方法包括会计确认方法、计量方法、记录方法和报告方法。由于客观经济的复杂性以及各个企业的特殊性，企业可在允许的范围内对经济活动产生的某种费用采用不同的会计处理方法。其实，同一交易或事项的多种会计处理方法之间本无绝对的孰优孰劣，只是适用条件不同。而现行会计准则对其只做了原则规定，缺乏对多种方法选用标准的具体规定，这就需要会计人员的职业判断及其判断水平。对于隐性环境成本而言，由于其具有一定偶然性和较高潜在性，发生和不发生取决于未来事件出现的概率，在确认时会计方法的选择则更加灵活。比如，化工企业的排污是否会造成周边社区、居民人身伤害和经济损失并事前计提赔偿准备，取决于该事件发生的概率估计水平，自大到小可以分别计入预付债权、应付债务、预计债务，这其中的预计债务就是隐性环境成本。再如，由于环保法规的颁布实施，公司的法律工作人员参与环境管理活动，该活动产生了如取得许可证、控制供应链污染等费用，然而因为这些费用不能完全归类于与环境保护有关的项目，大多数企业按照现行的会计准则将其计入管理费用，但是由于这项费用是企业出于环境保护的目的所产生的，根据配比原则和明晰性会计信息质量要求，这项计入管理费用的环境支出就成了隐性环境成本而被不适当的有缺陷的现行会计处理方法所掩盖。

（3）会计估计方法选择。会计估计是指对结果不确定的交易或事项以最新的可利用的信息为基础所做出的判断。为了定期、及时提供有用的会计信息，需将企业持续不断的经济业务划分为各个阶段，如年度、季度、月度，并在权责发生制的基础上对企业的财务状况和经营成果进行定期的确认、计量。会计实践中，由此对于不确定的交易或事项进行会计估计是经常出现的，而隐性环境成本具有较高的不确定性，在确认隐性环境成本时则更需要会计人员运用自己的职业判断能力对其做出估计。例如，企业研究开发了一项目前市场上没有的环保设备计入环境资产，那么企业的会计人员在后续处理的过程中是否要对该项环境资产计提折旧，如果计提折旧，折旧的期限是多久、该项环境资产的预计净残值是多少等，都要被估计。显然不同程度的会计估计产生出的环境会计信息及其信息质量不同，会直接影响到会计信息使用者环境投资决策。

上述会计原则的选择与协调、会计处理方法的选择、会计估计方法都会直接体现会计职业判断应用并对隐性环境成本定义提供基本的思想。

5.5.4　环境隐性成本的确认

（1）隐性环境成本确认的会计理论依据。不妨先假设一个例子。

【例 5-4】某化工企业由于违规向外超标排放有毒有害工业废水，年度内被环保部门查处罚款 10 万元，化工产品成本 60 万元。而该企业一年的超标排放污染获取的收入达 180 万元，潜在负担外部损害赔偿费用 100 万元。而该企业估计如果要治理这项污染就需要投入 40 万元治理费用，收入将达到 150 万元。

该企业的有关账项如下：

在不治理情况下：会计收入是 180 万元，会计成本是 60 万元，环境成本是 110 万元，则会计利润是 120 万元，环境利润是 10 万元。

在治理的情况下：会计收入 150 万元，会计成本 60 万元，环境成本 40 万元，则会计利润 110 万元，环境利润是 50 万元。

显然，【例 5-4】中，企业在没有考虑对外损害赔偿费用 100 万元的情况下，宁愿违法而不守法。而这 100 万元恰是该企业应承担而未承担却推卸转嫁给社会的一种环境责任。该企业通过破坏环境换来 110 万元的非法或不当收益。如果基于环境法律、道德和企业公民责任，该企业应当根据上述排污量、危害程度和可能带来的损害大小，应用会计的职业判断能力，将 100 万元的潜在赔偿费用确认为一项隐性环境成本发生并反映在会计系统中。但中国企业实际决策中，往往看到的只是显性成本而且是以成本来做决定的。

从理论上讲，隐性环境成本确认的依据如下：

①确认隐性环境成本符合重要性原则。我国 2006 年发布的《企业会计准则——基本准则》中，规定了企业会计信息的质量要求，其中第十七条规定："企业提供的会计信息应当反映与企业财务状况、经营成果和现金流量等有关的所有重要交易或者事项。"这实际是在强调企业提供的会计信息要遵守重要性原则，对那些预期可能对经济决策发生重大影响的事项，应单独反映或重点说明。过去，由于我国环境法规的欠完善和解决经济发展及总量上问题的需要，企业以牺牲环境、透支未来为代价谋取当前的经济利益的行为未被追究，隐性环境成本不确认，对会计利润的影响不大。但是随着时间推移，一旦污染积累到一定程度后，其对环境和人体健康影响就明显地表现出来，如【例 5-4】中企业生产化工产品可能带来的潜在费用 100 万元，应归集到环境成本项目中。否则，不确认的这些隐性环境成本也将会给企业未来带来极大压力，从而增加企业的财务风险，造成虚增企业的收入与利润，为企业

未来的发展埋下隐患。因此，确认明显属实的隐性环境成本并在一定的会计期间恰当地量化反映成本，将会对企业经营决策的科学性产生重大影响。

②确认隐性环境成本符合权责发生制。《企业会计准则——基本准则》第九条明确规定："企业应当以实际发生的交易或者事项为依据进行会计确认、计量和报告。"企业会计的确认、计量和报告应当以权责发生制为基础。权责发生制基础要求，凡是当期已实现的收入和已发生或应负担的费用，无论款项是否收付，都应作为当期的收入和费用，计入利润表；凡是不属于当期的收入和费用，即使款项已在当期收付，也不应当作为当期的收入和费用。为此，【例 5 -4】的化工企业在生产经营过程中取得收入 180 万元，并产生相应的显性成本 70 万元和隐性环境成本 100 万元，都应当同时加以确认，这是遵循权责发生制会计核算原则，也是正确计算损益的基础。即使我国环境会计准则还尚未出台，基于社会伦理、企业责任和会计的稳健性原则，企业对环境问题也负有责任。

③隐性环境成本的确认符合配比原则。《企业会计准则——基本准则》第三十五条规定："企业为生产产品、提供劳务等发生的可归属于产品成本、劳务成本等的费用，应当在确认产品销售收入、劳务收入等时，将已销售产品、已提供劳务的成本等计入当期损益；企业发生的支出不产生经济利益的，或者即使能够产生经济利益但不符合或者不再符合资产确认条件的，应当在发生时确认为费用，计入当期损益；企业发生的交易或者事项导致其承担了一项负债而又不确认为一项资产的，应当在发生时确认为费用，计入当期损益。"从中可以看出，某个会计期间或某个会计对象所取得的收入应与为取得该收入所发生的费用、成本相匹配，体现为因果关系上的配比和在时间上的配比。为此，【例 5 -4】中化工企业为了取得当年收入 180 万元，就需要将为取得该项收入而产生相关的隐性环境成本 100 万元进行确认，因为该项收入不仅和显性成本 70 万元，而且也与隐性环境成本 100 万元存在因果关系，环境利润 10 万元才体现收入和成本的配比。

④隐性环境成本的确认符合谨慎性原则的要求。《企业会计准则——基本准则》第十八条规定："企业对交易或者事项进行会计确认、计量和报告应当保持应有的谨慎，不应高估资产或者收益、低估负债或者费用。"这实际是在强调企业提供的会计信息要遵守谨慎性原则。谨慎性要求企业对交易或者事项进行会计确认、计量和报告时保持应有的谨慎，不应高估资产或者受益、低估负债或者费用，即所谓"宁可预计可能的损失，不可预计可能的收益。"为此，【例 5 -4】中化工企业如确认隐性环境成本 100 万元，就表明该企业会计立场和会计态度，有利于减少财务风险，这种会计处理方法完全符合谨慎性会计原则的核算要求。事实上，相比超标排放方案，如果该化工企业采取治理的方案，财务收入虽然减少了 30 万元，但既不会因超标排放被罚款 10 万元，也根本没有 100 万元赔偿费用发生，环境成本减少了 70 万元，尽管会计利润减少了 10 万元，反而多获得环境利润 40 万元。

（2）隐性环境成本确认的作用。

【例 5 -5】假设王某为某化工企业的职工，在车间实验室工作。由于该企业生产的化工产品对空气污染严重，企业没有配置劳动保护设施。而王某又常年接触各种化工产品，以致引发严重肺病，丧失劳动能力。根据聘用合同，该企业对王某一次性赔偿 30 万元了断。由于王某是因为化工产品对空气污染严重而致工伤，并且金额可以可靠计量，因此，这 30 万元可以计入显性环境成本即通常所指的"环境成本"。但因王某是王家的经济支柱，王某丧失劳动能力之后，王家会不会要求企业后续赔偿？比如王某后期肺病复发的医治费用、病变转移致其死亡或其子女的抚养费等。假如企业通过一系列参考资料分析、合理认定后，认为对王家后续赔偿且赔偿的概率度很有可能在50% <发生概率≤95%区间，但难以确定未来赔偿的金额，而且是记入“管理费用”“营业外支出”还是“隐性环境成本”科目也难以区别。即使是这样，企业也应在王某病发初期，就对王家后续赔偿的这笔未来将很可能支付但金额不能确定的费用计入隐性环境成本，确认为一项或有预计负债。

由【例5-5】可知，确认环境隐性环境成本有以下作用：

①确认隐性环境成本有利于全面反映企业的财务信息。我国目前强制上市公司披露环境信息，鼓励非上市公司披露环境信息，隐性环境成本属于环境信息的范畴，只需在财务报表上披露而不需在表内列示，在表外披露时，会计人员可以根据相关经验，大致判断出赔偿金额，这符合或有负债只在表外披露的准则。这种处理方法有利于投资者及潜在的投资者对企业的财务信息全面了解，以便做出正确判断。而记入“管理费用”“营业外支出”科目则需要以明确的金额在费用发生时确认和计量，并在当期表内列示。【例5-5】中，既然王家要求后续赔偿只是难以准确估计赔付金额，会计不能直接列支到“隐性环境成本”科目，而只能作为一项重要的或有负债事项的发生，从会计报告的附注中加以详细披露。

②确认隐性环境成本有利于企业做出最优决策。现阶段我国会计市场上对于环境信息的关注度较低，对于隐性环境成本也还未受到足够重视，因此隐性环境成本的确认在很大程度上还仅仅是管理会计而非财务会计的要求，即隐性环境成本的应用主要是企业管理者用于经营和财务决策。【例5-5】中，由于王某旧病复发、病变转移致其死亡或其子女的抚养费所需的医药费金额可能较大，隐性环境成本可以根据预估数额从病发当期加以确认而不是等到旧病复发、病人死亡之际，这至少有利于该企业了解自己的化工产品的合理的成本支出，对于制定财务预算、制定产品价格、实施企业环境管理乃至战略部署有重大现实意义。

③确认为隐性环境成本符合实质重于形式的原则。《企业会计准则——基本准则》第十六条规定：“企业应当按照交易或者事项的经济实质进行会计确认、计量和报告，不应仅以交易或者事项的法律形式为依据。”由此可以看出，会计准则强调了实质重于形式的会计原则。实质重于形式要求企业应当按照交易或者事项的经济实质进行会计确认、计量和报告，不仅仅以交易或者事项的法律形式为依据。一般情况下，大多数企业的工伤赔偿都会做如下会计处理：“借：管理费用——福利费或借：营业外支出——非常损失，贷：银行存款等”。但如果这样会计处理，较难辨别出这部分的管理费用或营业外支出产生缘由；而计入隐性环境成本的会计处理：“借：隐性环境成本——工伤赔偿费，贷：预计负债”，可以明显地反映出这笔费用的来龙去脉。为此，在目前环境会计准则欠缺的情况下，作为一种预计债务，该化工企业增设“隐性环境成本”等此类的环境科目来反映环境会计信息就显得十分必要了，显然这也符合实质重于形式的会计原则。

5.6 工业环境成本核算内容与方法

本书定义的工业环境成本是指工业企业在其生产经营中，由于经济活动造成环境污染使环境服务功能下降，从而产生资源耗减、环境降级成本，并由此增加环境治理和环境保护支出。前者可称为环境损耗成本，而后者可称为环境控制成本，从而形成前因后果关系，但都共同构成工业环境总成本。

5.6.1 资源耗减成本核算

对工业资源耗减成本研究无外乎围绕能源矿产资源、水资源、渔业资源、森林资源四种资源。其中渔业资源耗减是由于人类过度捕鱼造成的，与工业关联性较小。森林资源耗减的原因诸多，例如，人口增加、政府发展农业开发土地的政策和森林火灾损失，当然还有生产木产品、造纸等工业造成的耗减。本书主要核算的是煤炭、石油、天然气三大矿产能源和水资源耗减成本，运用恢复费用法进行环境成本估算。

雷明（1999）在《1995 中国环境经济综合核算矩阵及绿色 GDP 估计》中得出了煤炭、石油、天然气的理论和实际恢复费用。基于理论和实际结合考虑，本书采用平均值，同时考虑到通胀因素加以调整。即，采用 GDP 折算指数反映通货膨胀程度，这一指数能够更加准确地反映一般物价水平走向，对价格水平进行最宏观测量。

GDP 折算指数 = 名义 GDP ÷ 真实 GDP × 100%

通货膨胀率 =（本期折算指数 − 基期折算指数）÷ 基期折算指数 × 100%

同样，在计算水资源耗减成本时，本书采用水资源耗用实际补偿费用与理论补偿费用的平均值，并考虑通胀率加以调整。

5.6.2 环境降级成本核算

环境降级成本是指由于废气物的排放超过环境容量而使生态资源质量下降所造成的损失的货币表现，也可称为污染损失成本或环境退化成本。它包括水源、空气、固体废弃物等污染造成的污染损失。

（1）水污染造成的损失成本。从工业成本核算角度来讲，水污染造成的损失主要表现在对农业造成的损失、对人体健康造成损失和造成的工业用水额外治理成本三部分。

①水污染造成的农业经济损失。水污染造成农业经济损失体现在两个方面，即污溉造成的减产损失和质量不合格损失。本书借用於方等人研究得出的计算农作物损失的模型来进行测算，公式为：

$$C = \sum_{i=1}^{i} \gamma P_i S_i Q_i [\alpha_{1i} + (1 - \alpha_{1i})(\alpha_{2i}\beta_{2i} + \alpha_{3i}\beta_{3i})]/100 \quad (5-1)$$

式中，C 为污溉造成的农业经济损失，γ 为工业废水排放量占全国废水排放量的比例，P_i 为农作物 i 的市场价格（元/kg），S_i 为污溉区农作物 i 的种植面积（hm^2），Q_i 为农作物 i 的单位面积产量（kg/hm^2），α_{1i} 为污溉造成农作物 i 的减产百分数，α_{2i} 为污灌造成农作物 i 污染物超标的百分数，α_{3i} 为污灌造成农作物 i 品质下降的百分数，β_{2i} 为污灌造成农作物 i 污染物超标的价值损失系数，β_{3i} 为污灌造成农作物 i 品质下降的价值损失系数。

在应用式（5-1）进行环境成本估算时，用 γ 来估算工业水污染对农业经济造成的损失。P_i 可从《中国物价年鉴》得到。S_i 为假定污溉区各农作物种植比例与各省区市作物种植比例相等前提下，将各作物的种植比例与污溉面积相乘，各作物的种植比例根据全国污溉区调查结果取值。各作物种植面积和 Q_i 从《中国农村统计年鉴》得来。α_{1i}、α_{2i}、β_{2i}、α_{3i}、β_{3i}，参考於方等人通过田间试验得出的结果。

②水污染造成的人体健康损失。水污染造成的人体健康损失主要由早逝引起的健康损失、疾病治疗费及误工费三部分组成。参考大多学者研究思路，将健康损失分为癌症过早死亡损失和介水性传染病过早死亡损失。对早逝引起的健康损失，采用潜在寿命损失年，并应用修正人力资本法对水污染人体健康损害进行经济价值评价。潜在寿命损失年，英文简称 YPLL，是指人们由于伤害未能活到该国平均期望寿命而过早死亡，失去为社会服务和生活的时间，用死亡时实际年龄与期望寿命之差，即某原因致使未到预期寿命而死亡所损失的寿命年数来表示。1982 年，美国疾病控制中心首次用它衡量人群疾病负担和分病因疾病负担。

根据胥卫平（2007）的研究，在此基础上乘以工业废水排放量占全国废水排放量的比例来估算工业水污染造成的人体健康损失，如式（5－2）所示。

$$R=\gamma(R_1+R_1'+R_2+R_3) \qquad (5-2)$$

其中，$R_1=25\%\times YPLL\times$人均 GDP，$R_1'=YPLL\times$人均 GDP，$YPLL$ 总数（人年）$=\sum(EY-DY_i+0.5)DN_i$，$R_2=$就诊人数$\times$人均治疗费用，$R_3=$住院人数$\times$每位患者误工天数$\times$日均收入。

式（5－2）中，R 为水污染造成的人体健康损失，γ 为工业废水排放量占全国废水排放量的比例，R_1为癌症早逝引起的健康损失，R_1'为介水性传染病早逝引起的健康损失，R_2疾病治疗费，R_3为误工费，EY 为平均期望寿命，DY_i为某疾病死亡年龄段组中值，DN_i为某疾病该年龄段死亡人数。

③工业用水预处理成本。在水污染造成的损失中，工业用水预处理成本也是比较重要的成本，它是指部分对水质有严格要求行业，由于水源水质不能满足自来水厂的水质要求或自备水源提供的水源水质不能满足一般工业生产企业的要求，采用额外安装处理设施或添加药剂等手段以进一步改进水质所支出的额外费用，包括治理设施、能源和药剂消耗等。虽然目前我国并未披露劣 IV 类水质工业用水量，但可以通过《中国绿色国民经济核算研究报告 2004》中劣 IV 类水质工业用水额外治理成本和《中国环境经济核算技术指南》（以下简称《指南》）中全国平均工业用水额外治理成本这两项指标，间接估算出 2004 年劣 IV 类水质工业用水量占总工业用水量的比率，以此比值乘以各年工业用水量来估算每年劣 IV 类水质工业用水量，再考虑通胀率得出全国平均工业用水单位额外治理成本，最后得到工业用水额外治理成本。

（2）大气污染造成的损失。现有成果的研究学者在研究大气污染造成的损失时，主要对人体健康损失、农业经济损失、材料经济损失等几方面来核算。但国内外对大气污染方面的计量研究并不成熟，对这部分损失也只是粗略估算。如果研究工业污染对大气造成的损失就更复杂。但是，先前学者研究成果表明，工业废气排放中污染物如 SO_2、烟尘为全国同类污染物总排放量的 90% 以上，故可以假设大气污染造成的损失完全是工业造成的，再根据国家环境保护总局《中国绿色国民经济核算研究报告 2004》中相关数据，做出我国大气污染造成损失的合理估算。

（3）固体废弃物污染损失成本。这部分成本主要是固体废弃物堆存占地和排放对环境的影响损失。固体废弃物堆存占地中部分占用的是耕地，我们采用机会成本法，从年鉴中得到各年主要粮食平均单位产值。郑易生（1999）统计研究数据表明，每万吨固体废弃物占地面积约为 1. 31 亩。考虑到固体废弃物占地造成的损失是长期的，根据我国建设项目经济评价参数，社会贴现率为 8%，则未来 1 元损失造成的长期累积损失现值为 13. 5 元，即 13. 5 倍。固体废弃物排放对环境造成的损失，可将政府应收取的排污费作为这部分成本。

5. 6. 3 环境治理成本

根据前文，“三废”是工业主要的污染物，环境治理主要是对“三废”的治理，其成本可以通过污染治理成本法加以核算。根据《指南》，污染治理成本法核算的环境成本包括两部分，一是环境污染实际治理成本，二是环境污染虚拟治理成本。污染实际治理成本是指目前已经发生的治理成本。虚拟治理成本是指目前排放到环境中的污染物按照现行的治理技术和水平全部治理所需要的支出。

（1）废水治理成本。废水的实际治理成本可从《中国环境统计年鉴》中查到。废水虚拟治理成本按如下公式计算：

$$\text{废水虚拟治理成本} = \sum \text{污染物排放量} \times \text{污染物虚拟治理成本}$$

（2）废气治理成本。废气的实际治理成本也可从《中国环境统计年鉴》中查到。废气虚拟治理成本按如下公式计算：

$$\text{废气虚拟治理成本} = \sum \text{污染物排放量} \times \text{单位治理成本}$$

（3）固体废弃物治理成本。工业固体废弃物可分为一般固体废弃物和危险固体废弃物两种类型，其治理成本包括实际治理成本和虚拟治理成本。为便于计算，我们采用《指南》成本划分标准，再将固体废弃物治理成本分为处置治理成本和贮存治理成本。由于实际治理成本未像废气、废水一样在年鉴中披露，为此可用以下公式进行计算：

$$\begin{aligned}\text{工业固体废物实际治理成本} &= \text{处置废物实际治理成本} + \text{贮存废物实际治理成本}\\ &= \text{处置量} \times \text{处置单位治理成本} + \text{贮存量} \times \text{贮存单位治理成本}\end{aligned}$$

$$\begin{aligned}\text{工业固体废物虚拟治理成本} &= \text{处置贮存废物的虚拟治理成本} + \text{处置排放废物的虚拟治理成本}\\ &= \text{贮存量} \times (\text{处置单位治理成本} - \text{贮存单位治理成本}) + \text{排放量} \times \text{处置单位治理成本}\end{aligned}$$

5. 6. 4 环境保护成本

为了使经济发展的同时，环境也得到保护，就要耗费一定的人力、物力和财力，这部分支出称为环境保护成本。它主要包括环保投资项目支出、环保人员工资。

（1）环保投资项目支出。该成本具有资本性支出的性质，项目完成后计入环境资产的价值，形成固定资产。各项环保投资项目的支出费用可参考《中国环境统计年鉴》。

（2）环保人员工资。我们可以根据《中国基本单位统计年鉴》计算出平均每个行业企业配备的环保人员，然后乘以工业注册单位数来估算工业环保人员数，最后乘以从《中国劳动年鉴》中得到的工业企业人员年平均工资，得到各年工业环保人员工资。

综合 5. 6. 1 节 ~5. 6. 4 节各项环境成本，可以得出我国各年的工业环境成本。

5.7 环境成本报告

在环境会计领域，首先进入实务的是环境报告（环境信息披露），即披露公司各种活动对环境产生影响的信息。在20世纪80年代中期，首先提出的披露方式是在公司年度报告中的“管理分析与问题讨论”，以后成为年度报告的一个独立组成部分，并最终成为独立的年度环境报告。环境报告的一个主要组成部分——环境成本报告，是指企业对某一时期（月度、季度、年度）的环境管理活动或环境项目（包括环境突发事件的处理）在成本方面进行系统分析和全面总结的书面文件，其作用是为有关信息使用者（如投资者、国家机关、金融机构、社会公众、企业管理层等）提供环境成本信息，以便他们进行科学的决策。

5.7.1 环境成本报告的作用

环境成本报告作为环境成本会计的一部分，在完善环境会计理论体系、调整国民经济核算指标、满足有关信息使用者的需要等方面发挥着重要作用。

（1）完善环境会计理论体系。企业环境成本报告属于环境会计的主要组成部分，环境会计是以多种计量单位，运用会计学的基本原理和方法，反映特定经济主体的经济活动对人类自然环境和社会环境的影响，环境会计是环境学、社会学、经济学和会计学有机结合的产物。企业环境成本的核算主要涉及环境成本的范围确定、分配和计量以及如何披露的问题。在表现形式上，主要以货币价值形式来进行确认、计量和报告。

（2）调整国民经济核算指标。企业环境成本报告还是编制环境经济综合核算体系，调整国民经济核算指标的依据。我们知道，现行作为衡量经济发展指标之一的国内生产总值（GDP）在核算时并没有扣除环境成本。事实上，污染防治和环境改善活动通常需要耗费投入，但在国民经济账户中却计入国民收入，而环境损失却未计入在内，直接的后果是虚增资产总量和经济发展速度，夸大社会经济福利。同时，国民会计核算体系缺乏应用具体的或货币上单位的形式来描述对自然资源的消耗，不管这种自然资源是可再生的还是不可再生的。环境成本报告的最大特点，是能够提供有关环境资源的耗减资料，包括实物量和价值量，以满足环境经济综合核算体系的需要。为此，定期编制的环境成本报告，为编制环境经济综合核算体系奠定了可靠的基础。

（3）满足信息使用者的需要。环境成本信息的使用者包括环境管理者、环境资源的所有者和环境资源的消费者。环境成本信息使用者根据环境成本报告所提供的信息了解环境资源的消耗情况，使有限的环境资源发挥更大的效用；了解环境成本的支出情况，以此认定环境质量程度和责任承担程度；了解产品从生产到消费全过程的环境影响情况，据以确定消费倾向。

5.7.2 环境成本报告的内容和模式

（1）环境成本披露的内容。目前，国际上对环境成本报告的披露具体应包括哪些内容并没有统一，环境成本该如何披露也没有固定，只是在《环境会计和报告的立场公告》中建议了环境成本披露的内容和形式，各国企业根据自己的实际情况可进行选择，其成本分类原则就是披露内容。所谓成本披露原则就是指企业将确认的环境成本按照类别加以披露，这是各企业主要采用的方式。

根据联合国国际会计和报告标准政府间专家工作组的建议，环境成本报告的内容主要包括环境成本的种类、环境成本会计政策以及其他相关内容。其中，按环境成本分类原则披露成为环境成本报告的主要内容。

1998 年 2 月在日内瓦召开了联合国国际会计和报告标准政府间专家工作组第 15 次会议。环境会计和报告是这次会议的主题，并讨论通过了《环境会计和报告的立场公告》，建议了环境会计信息披露的一般方式和相关内容。其中对环境成本披露的内容包括：

①成本项目。企业应将确认为环境成本的项目类别加以披露。例如：排放污液的处理；废物、废气和空气污染的处理；固体废物的处理；场地恢复、修复；回收；环境分析、控制和执行环境法规；由于不遵守环境法规而被处以的罚款；由于以往环境污染和损害造成损失或伤害而对第三方的赔偿等。

②会计政策。与环境成本相关的特定会计政策应予以披露。

③其他内容。报表中确认的环境成本的性质应予以披露，包括：对环境损害的说明；要求企业对这些损害做出补救的法律和规章的说明；与企业有关的环境问题的类型；企业已通过的关于环境保护措施的政策和方案；企业自定的环境排放指标以及如何实施这些指标等。

（2）环境成本披露模式。环境成本报告的模式是环境成本信息披露的重要组成部分，好的披露模式不仅可以降低信息提供者的成本，而且能够减轻或消除信息使用者在阅读和理解信息上的障碍。但目前国际上还没有统一的环境成本报告模式，《环境会计和报告的立场公告》建议的环境成本信息披露的一般方式列举了列入财务报告内、列入财务报表附注中、作为其他报告的组成部分三种形式。从各国的实践来看，主要模式有两种：一种是作为其他报告的组成部分披露，即非独立的环境成本报告；二是编制单独的环境报告加以披露。

5.7.3 环境成本报告的形式

（1）非独立环境成本报告。环境会计信息可以作为企业现有对外报告的组成部分，如含在正常的年度报告、中期报告和社会责任报告中进行披露，也就是在现行财务报告中增加环境信息。对于上市公司而言，还包括上市公告书、招股说明书和临时报告等，其中最常见的是作为年度报告和社会责任报告的组成部分。

具体可以采用两种形式：

第一，融入年度报告中披露。最简单的做法是将环境信息包含在年度报告中财务报表中的资产、负债、所有者权益、成本、费用支出等项目中。企业会计报表中涉及环境成本信息的项目及会计科目主要有：

①资产负债表项目。环境成本涉及环境信息的资产负债表项目可能有：预付账款、存货、待摊费用、固定资产（包括原价、折旧、固定资产减值准备）、工程物资、在建工程、固定资产清理、无形资产、长期待摊费用、应付福利费、应付税金、其他应付款、预提费用、预计负债、长期应付款、专项应付款、未分配利润等。如为了环保而购入的原材料计入“存货”项目，为环保而投入的设施支出资本化为“固定资产”或“在建工程”项目。同时，由于环境污染或破坏造成的资产减值，应当计入“固定资产减值准备”项目。与环境有关的税收，如城市维护建设税、资源税等与“应交税金”项目有关。涉及环境污染的或有事项，则计入“预计负债”项目。

②营业利润表项目。涉及利润表项目的有：税金及附加、管理费用、营业外支出等，达不到资本化条件的环境成本及环境管理费用、排污费、因不遵守环境法规而导致的罚款以及因环境损害而给予第三方的赔偿、环境审计成本等与环境相关的成本，作为费用计入“管理费用”“营业外支出”等，非常的环境损失计入“营业外支出”，而与环境有关的税金可以计入“税金及附加”。

③现金流量表项目。涉及现金流量表的项目可能有：一是经营活动的现金流量，购买商品、接受劳务支付的现金、支付给职工以及为职工支付的现金、支付的各项税费、支付的其他与经营活动有关的现金；二是投资活动产生的现金流量，处置固定资产、无形资产和其他长期资产所收回的现金净额，构建固定资产、无形资产和其他长期资产所收回的现金净额，构建固定资产、无形资产和其他长期资产所支付的现金，支付的其他与投资活动有关的现金；三是可能涉及筹资活动产生的现金流量。

第二，分散于年度报告的各个部分，加以区分说明。例如在资产负债表中设置单独项目，反映环境资产、环境负债等，在利润表中单独列示环境成本、环境收益等项目。在报表附注中，披露环境成本与环境负债的估计方法与程序、资本化环境资产的金额、环境业绩、与环境相关的罚金、赔偿等。

在年度报告中加入对环境成本信息的披露，方法简便，容易操作，也减少了许多理论与技术问题。但是分散的环境成本信息，影响对企业环境业绩的全面评价。因此，该种模式比较适合环境问题不突出的企业。

（2）独立的环境成本报告。由于非独立的环境成本报告不能准确地反映出哪些是由环境问题带来的财务影响，而且有些环境信息也无法从非独立的环境会计报告中反映出来，因此，单独编制企业的环境成本报告，用文字、数字、图表和表格形式专题报告企业的环境成本信息，可以提供更为集中、全面和系统的环境会计信息。

独立的环境成本报告，按照披露的详细程度，可以分为综合式环境成本报告和具体式环境成本报告。

①综合环境会计报告。综合式环境会计报告是将环境会计信息集中在一起，以文字、数字、图表的方式，全面披露企业的环境会计信息，尽量使环境成本报告做到内容完整、表述清晰、信息真实。这种形式主要流行于发达国家。其报告包括两方面内容。第一，环境成本核算。主要包括环境项目分类、环境成本各项科目的核算结果、各类环境成本占总成本的比例、本期发生的环境成本、全年发生的环境成本等内容。第二，环境成本分析，具体如表5-8所示。

表 5-8　环境成本报告分析

一、环境成本核算							
环境成本科目	占总成本的比率（%）	本期			全年		
		本期实际金额	本期计划金额	计划完成率（%）	全年累计发生金额	年度计划金额	计划完成率（%）
1. 资源耗减成本明细科目							
2. 资源降级成本明细科目							
3. 资源维护成本明细科目							
4. 环境保护成本明细科目							
环境成本合计	100%						

二、环境成本分析				
1. 资源耗减成本分析				
产品资源耗减分析	资源耗减总成本	产品总成本	单位产品资源耗减成本	资源耗减占总成本的比率（%）
产品 A 产品 B 产品 C				
产品能源消耗率分析	能源消耗总成本	产品总成本	单位产品能源消耗成本	能源消耗占总成本的比率（%）
产品 A 产品 B 产品 C				
资源耗减对环境资产的影响	资源消耗总成本	环境资产期初值	环境资产期末值	环境资产降低率（%）
资源 A 资源 B				
2. 资源降级成本分析				
资源降级对环境资产的影响	资产降级成本总额	环境资产期初值	环境资产期末值	环境资产降低率（%）
资源降级主要因素分析：				
3. 资源维护成本分析				
资源维护对环境资产的影响	资源维护成本总额	所避免的资源损失额	所增加的环境资产额	资源维护的经济效益

续表

资源维护主要因素分析：
4. 环境保护成本分析
环境保护成本效益分析：
环境管理体系运行经济分析：
环境污染经济损失分析：
5. 环境成本综合分析
①环境成本总额 ②按现行会计制度环境成本已转入生产成本的部分 ③按现行会计制度没有转入生产成本的环境成本余额（①—②） ④按现行会计制度计算的生产成本总额 ⑤总成本（③+④） ⑥环境成本占总成本的比例（①÷⑤）
6. 环境成本关键问题和重点事项说明

②具体环境成本报告。环境成本报告揭示企业在环境损耗与保护方面发生的各项内部费用和社会成本，主要指各种资源消耗和环境保护支出，包括：企业生产消耗的各种自然资源；为减少和防治污染以及恢复环境所发生的成本费用（产品和“三废”处理、控制、美化社会工作环境等治理费用）；因污染环境所产生的费用（违反环保条例和规定交纳的罚款、排污费、环境损害赔偿费），因污染环境所产生的社会成本。

第一，文字说明环境成本信息。以文字说明提供的环境成本信息，又称定性信息。定性信息主要提示那些难以量化的环境事项和环境成本。如企业负责环境问题的人员配置、企业及其人员的环境意识、环境教育；企业资源的耗用情况；企业的环境治理、减少污染和排放等方面的努力和行动；企业对社会环境项目的资助以及企业举办的环境保护活动等。除了上述企业对环境做出的贡献外，还应披露不良的环境行为，这些行为可能是无意识的行为，如化学物质泄露污染环境、火灾破坏环境、排放超标受处罚次数等。定性环境成本信息披露可以作为相应报告的附注形式，也可明确地形成独立的环境成本报告。

第二，表格方式费用成本数据。以表格方式提供的环境成本数据，也称为定量披露的环境成本信息。定量披露的环境成本信息主要报告企业的自然资源耗减成本、生态环境降级成本、污染治理成本、环境发展成本、环境污染造成的经济损失等定量信息。以表格方式提供的环境成本报告需要与以文字说明的环境成本报告相结合使用，才能对一些关键问题表述清楚。企业可按期编制环境成本汇总表，用以反映企业在一定时期内所发生的环境支出情况（见表5-9）。还可以定期编制环境支出明细表，以补充反映环境支出详细情况（见表5-10）。

表5-9　　　　环境成本汇总

编制单位：　　　　年　　月　　　　单位：

成本项目	本月发生额	累计发生额
一、资源耗减成本		
二、资源降级成本		
三、资源维护成本		
小计		

续表

成本项目	本月发生额	累计发生额
四、环境保护成本		
1. 环境监测成本		
2. 环境管理成本		
3. 污染治理成本		
4. 预防“三废”成本		
5. 环境修复成本		
6. 环境研发成本		
7. 生态补偿成本		
8. 环境支援成本		
9. 事故损害成本		
10. 其他环境成本		
11. 环境费用转入成本		
小计		
合计		

表 5 – 10　　环境支出明细

单位：　　20××年度　　单位：

项目	金额
一、资本性支出	
1. 购置环境设备	
2. 建造环保设施	
3. 购置环保用专利	
4. 改造现有设备	
5. 改善生态环境支出	
6. 清理污染物支出	
………	
二、收益性支出	
1. 环保机构运行支出	
2. 改进生产工艺支出	
3. 改进有毒有害材料支出	
4. 排污费支出	
5. 回收利用污染物的账面损失	
6. 职工环保培训支出	
……	
三、污染罚款与赔付支出	
1. 污染物超标罚款支出	
2. 污染事故罚款支出	
3. 污染赔付支出	
………	

本章练习

一、名词解释

1. 环境成本　2. 资源耗减成本　3. 资源降级成本　4. 资源维护成本
5. 环境保护成本　6. 恢复费用法　7. 机会成本法　8. 内部环境成本
9. 外部环境成本　10. 产品生命周期法　11. 完全环境成本法　12. 隐性环境成本
13. 显性环境成本　14. 生态补偿成本　15. 递延环境成本　16. 环境成本报告
17. 环境治理成本　18. 事故损害成本　19. 环境补偿成本

二、问答题

1. 环境成本的特征有哪些?
2. 环境成本按会计核算内容可以分为哪几类?
3. 环境隐性成本的确认依据有哪些?
4. 环境污染成本的计量模式有哪些?
5. 简述环境成本资本化与收益化在财务处理上的不同。
6. 完全环境成本法核算特点是是什么？它能提供哪些环境成本指标?
7. 简述环境会计报告的内容。
8. 比较“资源成本”类账户和“环境保护成本”账户核算的内容有什么不同。
9. 举例说明发电企业和采矿企业的成本构成项目有什么差异?

三、计算题

1. 假设企业全年收入为 600 万元。全年租赁土地地租费 30 万元，自有土地的地租赁费 20 万元；借贷资本利息 15 万元，自有资本利息 18 万元；购买原材料等费用 120 万元；支付劳动力工资 400 万元，企业家才能报酬 12 万元；被环境部门罚款 10 万元，可能败诉的排污赔付 30 万元。

要求：计算下列经济指标：显性成本；隐性成本；经济利润；会计利润。

2. 某企业 20 ×2 年当年发生的环境会计交易或事项如下：

（1）购置治理污染设备一台，原值 500 元，可使用 5 年，年折旧额 100 万元，由于产销平衡而全部体现在营业成本中。

（2）交纳排污费 30 万元，已计入管理费用中。

（3）为购置治理污染设备从而取得利息为 2% 的低息贷款 400 万元。目前银行周期贷款利息为 10%。利息已计入财务费用中，此项贷款节约利息 32 万元。

（4）利用“三废”生产某种产品，少缴流转税及教育附加 80 万元，少缴所得税 10 万元。

（5）因某些烟筒排污超标被罚款 40 万元，列入管理费用。

（6）因某项目污染治理成效显著，获得政府补助收入 80 万元，已列入营业外收入。

（7）出售排污权获得收入 28 万元已计入营业外收入。

（8）因雾霾造成设备氧化腐蚀，造成设备减值损失 10 万元没有计提减值准备。

（9）花费 5 万元进行污水处理，列入制造费用。

（10）添加购置垃圾分类回收工具 4 万元，作为一次性消耗计入管理费用。

（11）计提当年售出产品环境质量保险 6 万元，计入预计负债。

（12）应收未收当年应计的环境事故受损的货币性补偿款 45 万元。

要求：

（1）做以上各题的会计分录。

（2）基于环境收益观、隐性环境收益和环境成本的概念，计算企业的环境收入和环境支出。

（3）编制企业的环境成本报表。

3. 某化工企业发生如下环境业务：

（1）企业生产对土地造成污染，根据其污染土地的数量，按照市场价值法中的恢复费用法来计算土地的价值，计算出恢复土地所需的总成本（应计提降级费用）。假设这些土地被污染是由于放置了A、B两种产品，将降级费用分配到这些产品当中，分配后得到A产品为20 000元，B产品为30 000元。

（2）化工厂对空气污染治理不及时，发生的污染治理费计入成本。假设根据车间的PH超标数按作业成本法对其分配，得到A产品为14 000元，B产品为15 000元。

（3）企业的排污费，根据污染物排放量的超标数来分配排污费。经计算，A产品应分摊23 000元，B产品应分摊21 000元。

（4）考虑到化工厂的空气质量，对其标准进行取样检测，根据硫化物的排放超标量来分摊，假设A产品分摊19 000元，B产品分摊23 000元。

（5）化工厂为改善空气质量，在厂区植树，发生绿化费，如按照各个产品的污染量计入产品成本，A产品25 000元，B产品32 000元。

（6）化工企业对接触有关污染物的职工进行体检，发生医疗费用，该体检费按照职工人数进行分配，A产品负担12 500元，B产品负担16 500元。

（7）污水处理车间发生污水运营成本，按照作业成本法根据污染物的排放超标量分配计入成本，按照产量，A产品分配33 000元，B产品分配29 000元。

（8）生产中发生的废弃物需要处置。当月A、B两种产品完工量各1 000件和500件，根据完工产品数量计算产品单位成本，再得到废弃物的成本，已知生产中的甲废弃物为40件、乙废弃物为60件，处置废弃物发生了500元材料和人工耗费。

（9）化工厂曾经因原料爆炸，引发燃烧，给周边地区居民带来损害，居民联名到厂部要求赔偿，尚在诉讼中。企业在年末已经根据当年销售收入5%计提环境赔偿准备金，已知当年销售收入A产品和B产品分别为2 000 000元和1 000 000元。

要求：

（1）分析上述业务中发生的环境成本性质。

（2）对上述个项业务做会计分录。

（3）计算A、B两种产品的环境总成本和单位成本。

四、阅读分析与讨论

（一）城市住宅开发环境成本构成

环境成本又称为“绿色成本”，是指社会用于环境治理、生态建设发展、工业污染末端治理以及支付环境监督管理费用等的资源耗费。按照联合国《环境会计和财务报告的立场公告》定义，环境成本“就是本着对环境负责的原则，为管理企业活动对环境造成影响而被要求采取的措施成本，以及因企业执行环境目标和要求所付出的其他成本。”而在权责发生制原则之下，环境成本应该要同时满足导致环境成本的事项确实已经发生和环境成本的金额能够合理计量或合理估计两个条件。

具体到城市住宅开发方面来说，环境成本主要分为以下几个方面：

（1）住宅开发资源耗减占用成本。资源耗减占用成本是一种补偿成本与机会成本相统一的环境成本。该成本指的是因为企业的经济活动对自然资源进行发掘利用，从而使自然资源的余量逐渐减少，减少的资源价值即为自然资源耗减成本。随着城市住宅开发耗减、占用资源而导致生态环境状况的变化和他人失去利用环境与土地资源的各种机会，城市住宅开发企业必须为此进行补偿，其价值即为资源耗减占用成本。这其中就包括安置补助费、土地补偿费、地上附着物补偿费、保养费和青苗补偿费等。具体会反映在耕地补偿、围垦区鱼塘补偿、园地或其他经济林地补偿、其他农用地补偿、农民集体所有的非农业建设用地补偿以及未利用地补偿等方面。

(2) 住宅开发环境保护预防成本。开发、生产住宅会不可避免地导致污染环境、破坏生态环境以及消耗资源。这就必须要花费财力、物力以及人力来保护生态环境资源，预防环境污染、环境事故，以更有效地利用环境资源，将环境破坏和环境污染的程度降到最低。而投入这些财力、物力、人力所需花费的费用就是住宅开发的环境保护预防成本。

(3) 住宅开发环境治理成本。开发、生产住宅，不仅仅是土地资源的消耗和占用，也必定会引起因开发、生产住宅产生的固体废弃物、扬尘和废水而导致生态环境资源的破坏，乃至会引起次生环境灾害，这都将使生态环境资源遭到贬值。为了满足人们的住宅需求和社会经济发展的规律，就必须要修复、改进被损坏的生态环境，就需要通过环境成本来补偿这些费用、成本。环境成本主要分为两部分，一部分是治理费用，另一部分是对环境损失的补偿。在此所说的住宅开发治理成本，就是指补偿因开发、生产住宅而导致的破坏生态环境和生态环境贬值所需要的费用。

(4) 住宅开发环境建设成本。为了改善和美化住宅小区的环境，需要进行绿化以及建设各类景观设施；为了提高工作环境质量、减少粉尘、采取措施隔离噪声等，都需要投入成本。除此之外，由于城市住宅开发往往涉及居民搬迁工作，对此也需要进行赔偿，也要发生相关的成本费用。以上这些成本统称为住宅开发环境建设成本。

(5) 住宅开发不确定性成本。不确定性成本指与不确定性环境问题相关的成本，主要包括由于环境污染造成的住宅开发降低成本和潜在环境负债等。例如，在住宅开发的过程当中，可能会产生一定的建筑垃圾，如果处置不当则很可能会造成环境污染，因此，企业在后期治理环境时会产生一定的成本。

——袁广达，刘鑫蕾．城市住宅开发环境成本构成及其业绩评价方法［J］．经济研究参考，2014 (21)．

讨论要点：

(1) 不同行业和企业的环境成本内容的共性和个性是什么？

(2) 你认为城市住宅环境成本还有哪些内容？如果按照生产周期成本分类，你该怎样对包括上述环境成本在内的环境成本进行分类？

（二）昔日不法排污，今偿环保巨债

资料：见本书第四章阅读分析与讨论（一）。

讨论要点：

(1) 根据案例，说说A企业的隐形环境成本和显性环境成本有哪些。

(2) 为什么说A企业为环境污染付出沉重的代价？

(3) 结合本案例，简要分析环境成本与其他环境会计要素之间的关系，说明环境成本核算在环境会计中的重要性。

第6章

环境收益核算

【学习目的与要求】

1. 理解环境收益内涵，了解环境收益对企业的作用；
2. 熟悉和掌握环境收益的分类，了解环境虚拟收益内容；
3. 理解环境收益的确认、计量、报告；
4. 掌握环境收益基本业务处理。

6.1 环境收益概述

6.1.1 环境收益内涵

环境收益是指在一定时期内企业进行环境保护和环境治理形成的经济利益的流入，会计计量上是环境收入减去环境成本、费用后的余额，体现环境收入与环境成本费用的配比原则，是环境净收益的概念。环境净收益特指采取环境保护措施所得到的经济利益减去环境支出后的结果。本章主要就环境收益中的环境收入进行阐述，而与环境净收益不同。

怎样来判断是否纳入环境收益的标准，可否被视为环境收入，有以下几个标准需要满足：①环境收益应该能够使企业当期的净收益增加，并增加所有者权益；②带来环境收益的原因可能是多重的，但其中最主要的原因在于环境保护和污染防治；③环境收益的结果不仅仅体现为资产增加和负债减少，还可能体现为资产减少；④从会计处理和报告的角度看，环境收益应当是可以计量的，而计量手段可能是货币性的，也可能是非货币性的。一般企业可能产生的环境收益是符合上述特征的，如果企业还存在类似的其他环境收益，完全可以按照这些特征加以确认。

企业是一个以盈利为目的的经济组织，它关注的是能给企业带来真正价值的利润，企业在决定是否把这种产品进行产业化之前，会对产品的经济可行性进行分析，不仅会关注其所带来的收益，更会关注这种收益是否能补偿因生产这种产品所发生的支出，最终以利润作为衡量这种产品是否产业化的标准。若“收益 - 成本 >0”，即利润 >0，则该产品可以产业化；若“收益 - 成本 <0”，即利润 <0，则该产品不可以生产。环境收入补偿环境成本、费用之后的剩余为环境收益，或称环境利润，即，环境利润 = 环境收入 - 环境成本（费用）。

上述环境利润是环境独立报告式下的环境利润定义。广义上来说，企业环境利润 = 企业的收入 + 环境收入 - 成本费用 - 环境成本（费用）。但由于我国目前还没有环境会计准则，现行制造业的制造成本法计算出来的制造成本还没有涵盖完全环境成本，因而利润总额并非完全是环境利润。

6.1.2 环境损益对企业的经济影响

这里所讲的环境损益是指费用化的环境成本、通过折旧等方式转化为当期费用的环境成本以及环境收益。要分析评价环境损益对企业经营成果的影响，就不能单从环境成本本身或是由此而取得的环境收益的角度去衡量，而应当从收入与费用配比的角度出发进行综合考查。在企业，权责发生制无疑也是环境收益和费用的确认和计量的原则。

由于环境收益的取得有一定的滞后性，企业在环境成本发生的初期所取得的环境收益可能不像支出那么大，这也正是一些企业拒不采取环保措施的原因之一。但有效环境成本的投入必将对企业长远的经济效益产生重大影响，随着环境成本的逐步投入，企业的环境效益和经济效益都将陆续产生，各种环境收益也将不断提高，并呈逐年增长趋势。因此，企业在进行环境成本投资决策、控制、分析和考核时，不能只关注其短期经济效益，而应当将眼光放长远一些，更看重其长远经济效益和环保效果。

6.2 环境收益分类

6.2.1 按企业环境行为分类

按企业环境行为分类，企业的环境收益可以分为操作收益和管理收益。

（1）环境操作收益。环境操作收益是指企业在进行清洁生产作业、能源使用时直接带来的效益，如节约的原材料费、能源费和水费；环境负荷减少和废弃物减少而节约的费用；应对环境损伤、破坏而计提的累积准备金、保险费的减少额等。

（2）环境管理收益。环境管理收益是指企业在进行环境行政管理和绿色营销活动中得到的潜在的效益，这种效益不能立竿见影，而是潜移默化地影响着企业的业绩。一方面体现在内部管理效率的逐渐提升，内部管理机制的逐渐完善；另一方面体现在对外关系和形象，企业因进行清洁生产、绿色营销能提升自身的声誉和形象。

不过，企业进行环境管理活动时受到内外部环境因素的影响，包括体制环境因素、技术环境因素和利益相关者因素。其中体制环境因素主要考虑规范性压力、法规性压力、竞争性压力等，技术环境因素主要考虑技术兼容性、技术困难性等问题，利益相关者不仅包括内部相关者，如管理层、治理层、员工等，还包括外部相关者，如供应商、顾客、政府、监管机构等。

6.2.2 按收入体现的方式分类

根据环境收益与环境资产的关系，环境收益可分为直接与间接环境收益。

（1）直接环境收益。直接环境收益是指在企业环境管理中可以直接量化和用货币衡量的环境收益。通常把自然资源产品释放出来的实际财富增加视为直接环境收益。比如，环境资源产品自身产生的环境收益，如企业所拥有的森林，通过销售树木等林产品带来的收益。再如，企业对资源进行开发利用，取得资源产品并进行销售而带来的收益。直接环境收益主要包括以下几个方面：

①经营环境资源产品产生的收益。

②废水、废气、废渣“三废”产品再生利用所带来的收益，一般是指出售“三废”产品收入。

③环境治理的咨询服务收入。企业在环境保护和治理取得较好效果和反响时，可向外有偿输出自身经验，由此而带来收益。

④获取的各种环保奖励。企业由于积极推行环境管理，对环境进行环境治理和保护，从而改善了自然环境，减少了农业损失及维修水利的费用，增加了旅游收益、牧业效益、渔业效益以及社会效益，促进了生物多样化，调节了气候变化等。所以国家应为企业对自然环境和社会做出的贡献进行补贴和回馈。

⑤税收减免收入。利用“三废”生产产品减免税款的收益。

⑥获得银行低息或无息贷款利息收入。由于采取某种污染控制措施（如购置设备、环保技术研究等）为履行环保责任取得低息或无息贷款而节约的利息支出。

⑦政府的环保补助或从政府那里获得的不需要偿还的补助或价格补贴。

⑧生态环境受损补偿收入。排污单位排放的污染可能会给相关方造成损失，或没有造成现实但为估计损失，而采用损失补偿方式。生态环境受损补偿收入是指除政府环境补助外的排污方支付给环境事件受害一方的生态环境补偿款项。

⑨排污权交易收入。排污权指标来源有政府无偿划拨，也有从市场交易中获取。当排污权所有者有指标结余时，采用市场交易对外出售，排污权交易收入是出售不同来源的排放权交易指标获得的收入。

⑩环境捐赠收入。一般是接受企业以外的环境捐赠，包括有指定环境用途和无指定环境捐赠用途的捐赠。

⑪资源收益。包括自然资源和生态资源资产的产品出售、转让、利用获取的收益。

⑫其他环境直接收益。如环境咨询和服务收入。

（2）间接环境收益。间接环境收益是指企业推行环境管理所获得的综合效用，也是企业生态资产发挥作用的结果，它可以通过一定的参照对象进行对比，然后估计其收益，并用货币计量。间接收益主要包括以下几个方面：

①排污费、诉讼费、赔偿费减少而间接获得的收益。由于企业推行环境管理，对环境进行综合治理和保护，导致企业的排污费、诉讼费、赔偿费大量减少。而如果企业不进行环境管理，那么企业就必须支出这笔费用。所以说，这也应记入环境管理的间接收益。

②因变更产品设计、改造生产工艺使企业的“三废”排放减少，节约了大量的原材料、能源以及人力成本，这些因环境管理而带来的费用的节约也应记入企业的环境收益。

③环境管理使企业的形象得到改善，良好的环保形象会促进企业销售额的增加，企业因环境管理而增加的销售额应记入企业的环境收益。

④企业因环境管理而得到的形象改善，会增加人们对企业的股票价值的评估，由环境管

理而引起的价值增加份额也应记入企业的环境收益。

⑤通过企业环境信息披露，社会对企业的关注度提高，相当于变相地给企业做广告，由此所带来的额外收益也应进入企业的环境收益。

⑥其他环境间接收益。它指上述不包括在内的其他间接环境收益。

6.2.3 按收入能否货币计量分类

（1）显性环境收益。显性环境收益是指可以进入传统财务会计系统的各种经济利益，它一般是指能够通过直接或间接货币计量的所产生的收益。包括上述的直接收益和间接收益两个部分。同于环境成本分类，为了环境收入与环境费用配比，环境收益可再分为实际收益和虚拟收益。实际收益就是显性收益，它是企业实际获得的环保收益，如由于企业积极参与环保获得的税收优惠、购买环保固定资产可以加速折旧等，企业可以通过货币计量核算。

（2）隐性环境收益。隐性环境收益是指因企业环境管理及环境绩效的改善而使企业获得的无法用货币进行直接衡量的收益。它是指从环保活动中间接取得的经济利益，这种经济利益不可以直接进入传统财务会计。但是，这种收益是长期的，并不能立刻显示出来，它需要很长的一段时间来摊销由此带来的收益。虽然隐性收益无法计量，但它确确实实为企业带来了收益增加，可将其归为虚拟收益，在经济决策中经常会用到。主要包括以下几个方面：

①企业因推行环境管理，使企业的环境冲击降低，环境风险减少，从而使企业的竞争力增加。

②企业因环境状况改善而引起的销售增加、排污费节省、罚款和赔款减少而产生的机会收益、股价上升、能源使用的节约。

③企业由于推行环境管理，培育了其环境竞争力，这种环境竞争力极有可能转变为企业的竞争优势和核心竞争力，由此带来企业价值增值。

④企业因推行环境管理，改善了员工的工作环境，使员工的工作更惬意、热情更高涨，由此带来员工工作效率的提高，从而为企业创造了更多的利润。

⑤通过推行环境管理，增加了企业环境曝光度，在提升企业形象的同时，也使企业的品牌形象得到改善，品牌效应增加、股价上升和市场份额扩大等增加了品牌价值。

⑥通过环境管理，企业的员工增强了环保意识，树立了环境观念，融入了企业的绿色文化，必然会激发员工的绿色创新，这种人力资本价值提升和公司价值增值是企业环境隐性收益之一。

6.2.4 按照环境收益的具体内容分类

（1）开发利用收益。企业由于对环境进行开发利用，取得有形的自然资源，这种有形的自然资源产品直接体现为各种物质资料，如合理采伐森林资源所获得的林产品，通过销售林产品所获得的收益；合理开采矿产品，通过销售矿产品所获得的利益，这类利益和人类有目的的环境开发利用有关系，它的产生可以直接增加人类的物质利益。

（2）环境政策收益。它包括：企业积极推行国家环保政策法规，治理改造环境污染产生的收益；由国家给予的税收优惠和奖励资金；国家给对维护环境有重大突出贡献的企业一些补贴。我国税法规定，企业以本企业和其他企业生产过程中产生的、以资源综合利用6年以内的资源为主要原料生产产品的，可在5年内减征或免征企业所得税。

（3）环境治理收益。它是企业在生产经营过程中主动对环境进行综合治理而获得的收益，主要包括：利用本企业生产过程中的“三废”为主要原料生产的产品获得的收益，并且国家在税收政策上给予一定的优惠政策；对区域环境进行综合治理，由国家财政给予的财政补贴收入；为其他企业提供环境治理服务（如为其他企业处理生产经营过程中产生的“三废”）获得的收益；节约资源消耗带来的成本降低额，资源消耗是企业产品生产中成本支出的重要组成部分，节约生产过程中的资源消耗，不仅会减少企业污染物的排放和废弃物的产生，也会降低产品的生产成本，从而达到增加经济效益的目的。因此，节约资源消耗带来的成本降低，也应视为环境收益的增加，如企业由于对环境保护做出贡献而树立良好形象时，金融机构给予较低的低息贷款，这样相比于其他企业获得了相对收益；利用高新技术和从事环保产业，比如新能源产业，而获得国家政府给予企业的补贴等。

6.2.5 按照环境收益性质分类

（1）资源节约收益。资源节约收益指企业因实施环保活动引起的资源（包括原材料、能源、水等）投入减少的费用。如国内一些石化公司通过工艺质量改进，实现了催化装置与气体分馏装置的热联合，使过去排放掉的大量余热资源得到了充分利用，既节约了能源又创造了可观的经济效益。企业环境会计应该针对此类因环保活动带来的资源节约收益进行确认、计量以及报告，客观反映企业资源高效利用与循环利用的经济价值。

（2）环保产品销售收益。该部分内容主要包括两个方面：一是企业充分利用废弃物制造出的循环利用产品的销售收入。二是当前低碳经济背景下，企业由于实施具有温室气体减排效果的项目，向大气排放的温室气体的量低于政府规定的基准量而给企业带来的收益。如目前一些环保意识较强的火电企业把发电产生的粉煤灰收集起来，通过专门的技术和方法制造出墙体材料、地面材料、环境景观及水泥工程材料等产品，一方面为环境保护做出了贡献，另一方面以灰渣为原材料，实现了资源综合利用最大化，为企业带来了可观的经济利益。这些绿色产品的销售收益完全可以作为企业环境收益予以确认、计量以及报告。

（3）环保活动收益。环保活动收益是指企业因实施环保活动引起的与环境治理、生态恢复等相关费用的减少额。该部分收益主要体现在企业实施环保活动前后环境修复与治理费用的差额，也可以理解为一种特定预防收益。随着生态文明理念的普及，企业环境污染防治意识增强，环保活动收益也必成为企业环境收益的主要组成部分。

（4）政府补贴收益。当前为了鼓励更多企业通过生态环保项目来实现产业结构升级，加快生态文明建设步伐，各级政府都在通过环保专项资金或税收优惠给予企业环保项目各种补贴。这些与环境保护相关的财政补贴也属于企业环境收益的内容之一。

【辅助阅读6-1】

T公司环境会计与环保效益统计

T公司于2003年开始推动并建立环境会计制度。2004年将效益评估工具与环境管理系统结合。协助各厂区在执行环境管理方案时，同步进行经济效益评估，以推动具有经济效益的环境管理方案。2005年推动环境管理方案的总收益约2 671万元人民币。此外，亦加强指导环保会计科目的编制，使各部门在编列或申报环保支出时，能使用正确的会计科目编号，加强日后资料统计的效率及正确性。相关的T公司环保效益统计表和环保支出统计表如表6-1、表6-2所示。

表6-1　　2005年T公司环保效益统计　　单位：万元

项目	说明	效益
企业废弃物回收	包括回收废机版、包装材、晶片盒、电脑、日光灯管、金属材料等	107
企业废弃物减量	减少各类企业废弃物产生所节省的原材料使用及废弃物处理费用	2 028
节省能源资源耗用	减少电力与水力资源所节省的费用	536
总计		2 671

表6-2　　2005年T公司环保支出统计　　单位：万元

<table>
<tr><th>项目</th><th colspan="2">说明</th><th>资本支出</th><th>费用支出</th></tr>
<tr><td rowspan="3">减轻环境负荷的直接成本</td><td>污染防治成本</td><td>空气、水污染防治费用、其他污染防治费用</td><td>24 592</td><td>45 260</td></tr>
<tr><td>节省资源耗用成本</td><td>为节省资源所花费的成本</td><td>12 517</td><td>7 110</td></tr>
<tr><td>企业废弃物和办公室一般废弃物处理、回收费用</td><td>为企业废弃物处理所发生的费用</td><td>0</td><td>2 083</td></tr>
<tr><td>减轻环境负荷的间接成本</td><td colspan="2">包括：员工环保教育支出；环境管理系统架构和认证费用；监测环境负荷费用；研发环保产品所增加费用；环保负责组织相关人事费用</td><td>3 916</td><td>4 461</td></tr>
<tr><td>减轻环境负荷的社会支出</td><td colspan="2">包括：赞助环保活动及设立环保基金等相关社会活动费用；环保广告等支出</td><td>0</td><td>46</td></tr>
<tr><td>其他环保相关成本</td><td colspan="2">包括：土壤整治及自然环境修复等费用；环境污染损害保险费及政府所课征环保税和费用等；环境问题和解、赔偿金、罚款及诉讼费用</td><td>0</td><td>0</td></tr>
<tr><td colspan="3">总计</td><td>41 025</td><td>58 960</td></tr>
</table>

——http：//www. docin. com/p-650577564. html.

6.3 环境收益业务处理

6.3.1 企业环境收益的确认

（1）环境收益的特点。美国财务会计准则委员会（FASB）出台的 SFAC No.5《企业报表要素的确认和计量》针对会计确认和计量问题均给出了严格的标准。首先对“确认”这一概念进行了界定，指出“确认”就是把某一个项目作为一项资产、负债、营业收入、费用等要素正式列入某一会计实体财务报表的过程。确认的四个标准（符合成本效益和重要性原则下）为可定义性、可计量性、相关性以及可靠性。作为一项符合定义的环境收益，同样只有在满足可定义、可计量、相关性和可靠性基础之上才能被确认为环境收益。对环境收益进行确认，可以根据环境收益的特征加以认定。具体来讲，环境收益的特征主要体现在：

①环境收益的可实现性。环境收益应该能够使企业当期的净收益增加，并增加所有者权益。

②计量信息的相关性。环境收益应该是与环境保护和污染治理活动密切相关的，通过计量提供的环境收益方面的会计信息能够满足企业外部和内部信息使用者对环境会计信息的需求，有利于他们了解企业环境收益水平，从而做出重要的经济决策。

③环境收益的结果不仅仅体现为资产增加和负债减少，还可能体现为资产减少。有时获取一项环境收益存在着机会成本，这是环境收益的重要特征。

④环境收益应该是可以计量的。从会计处理和报告的角度看，环境收益应当是可以计量的，而计量手段可能是货币性的，也可能是非货币性的。一般企业可能产生的环境收益是符合上述特征的，如果企业还存在类似的其他环境收益，完全可以按照这些特征加以确认。在确认的基础上，可以采取适当的方法确定环境收益的金额及其影响。

（2）环境收益确认标准。确认环境收益除要符合收入确认的可定义性、可计量性、相关性以及可靠性条件外，还应该符合以下两个确认标准：

①可实现性。可实现性也即环境收益的现实性。生态文明理念下，企业有目的地进行环境资源的开发利用或环境保护活动，只要环境资产的效用已经实现或即将实现，那么不论效用实现的形式如何，都可以作为环境收益加以确认。

②与环境相关性。企业的收益来源、方式及途径必须是与资源环境的保护或污染治理相关的业务或事项，这一点也是环境收益与传统会计中收益的最大差异。

6.3.2 企业环境收益的计量

（1）直接计量方法。能够进入企业复式记账系统的环境收益都是可以计量的。一般情况下，这些环境收益渗透着人类劳动，其价值可按照劳动量的货币表现来计量。具体来说，比如企业开发环境资源而取得的环境收益可按照其销售收入来计量；企业获得的税收的减免和政府的补贴收入可按实际减免和补偿额来计量；利用“三废”生产产品而取得的收益按实际获得的收入来计量。环境收益的计量和前面几个环境要素相比其计量比较简单，和现行会计的收益计量没有大的区别。

企业的环境收益主要是从两个方面来说的：第一，对于环境资产自身产生的环境收益，在计量时主要针对直接环境收益，有时候这个收益包含在产品中，在核算时应该把其从资源产品的销售收入中独立出来。同时，由于其不是人类劳动的成果，而是人类从环境中索取的效用，因而不可能对其进行精确计量，只能采用模糊计量法进行估计。第二，对于企业在环境治理过程中产生的收益，根据其发生的实际金额进行计量，如国家为奖励企业对环境有突出贡献的奖金就可以直接计入环境收益中。但要注意的是，对于企业利用“三废”为原料生产的产品而获得的各种减免税以及银行金融机构给予的低息或无息贷款都不应确认为收入，因此在这里不用对其进行计量。

（2）间接计量方法。环境管理会计中，在分析环境收益的实现时，强调各种资源的消耗对于收益取得的不同作用，并不是如财务会计那样简单地依照配比的原则确定带有较强主观色彩的利润指标，而是要将收益的取得与作业挂钩起来。目前国际上比较公认的核算环境收益的方法为影子价格法和直接扣除法。

①影子价格法。从经济学意义上讲，影子价格不是价格，是某种资源投入量每增加一个单位所带来的追加效益。影子价格实际是资源投入的潜在边际效益，它反映产品的供求状况和资源的稀缺程度，资源越丰富，其影子价格越低。从成本收益的原理来分析，因为资源稀缺，影子价格很高。在市场机制比较完善的条件下，环境管理会计可以以市场价格为基础，并进行一系列调整，求出影子价格，进而核算环境效益。

②直接扣除法。环境收益包含在实现产品的销售收入中，产品的销售收入实际上是由物质资本的转移价值、人力资本的转移价值、合理的利润和环境收益构成。物质资本的转移价值可以理解为无活劳动的价值，其中就包括自然资源的耗减价值；人力资本的转移价值可以理解为活劳动的价值；合理的利润为平均利润。产品的销售收入扣除上述各项后，其余额就是环境效益，公式如下：

环境效益 = 产品销售收入 − 物质资本的转移价值 − 人力资本的转移价值 − 合理的利润

【辅助阅读 6 − 2】

影子价格的线性规划解法

在线性规划问题中，对于任意一个极大问题，必有一个极小问题与之对应，反之亦然。其中，一个称为原问题，而与之对应的就称为对偶问题，它们二者包含着完全相同的数据，相互之间有着密切的关系。对偶问题的经济解释就是“影子价格”，其实质就是某项资源在某一特定的经济结构中利用最优规划原理所确定的边际价值。

假设通用机械厂某月生产甲、乙两种环保产品的生产、消耗、利润等有关数据如表 6 − 3 所示。

表 6 − 3　　生产甲、乙两种产品相关资料

项目	甲	乙	各种资源的数量
单位产品所需工时（小时）	4	5	200
单位产品所需材料（千克）	3	10	300
单位产品利润（元）	7	12	

通过上述资料可以求得机械厂本月获利最多情况下的产品生产安排，很显然这是一个极大值的线性规划问题，根据线性规划原理，首先建立问题的线性规划模型。

现假定该月生产甲产品 x 件，乙产品 y 件，可使通用机械厂获利 P 最多，则由资料可建立如下线性规划模型：

$$\text{Max } P = 7x + 12y$$

$$\text{约束条件：}\begin{aligned} &4x + 5y \leqslant 200 \\ &3x + 10y \leqslant 300 \\ &x,\ y \geqslant 0 \end{aligned}$$

解得：$x = 20$，$y = 24$，$\text{Max } P = 428$。

这就是说，当通用机械厂在有限资源的限制下，生产甲环保产品 20 件，乙环保产品 24 件时，可获得的利润最大，利润总额为 428 元。

如果该厂的工时和材料可以向外销售或购买，那么我们就可以求得其影子价格，这一价格表示值得对外销售或购买的价格。也就是说，如果购买一个工时（或材料）后总利润增加值大于工时（或材料）价格，那么购买就合算，反之，如果工时（或材料）价格高于减少一个工时（或材料）所减少的利润，那么出售就是合算，因此只需要求出增加（减少）一个工时（或材料）后利润的增减，就可以做出判断。

$$\text{Max } P_1 = 7x + 12y$$

$$\text{约束条件：}\begin{aligned} &4x + 5y \leqslant 201 \\ &3x + 10y \leqslant 300 \\ &x,\ y \geqslant 0 \end{aligned}$$

解得：$\text{Max } P_1 = 429.36$，$\text{Max } P_1 - \text{Max } P = 429.36 - 428 = 1.36$。

即当一工时价格大于 1.36 元时出售工时合算，当一工时价格低于 1.36 元时购买工时合算，所以，生产工时的影子价格为 1.36 元，同理，可计算出材料的影子价格为 0.52 元。

——李金平. 浅谈“影子价格”及其在企业经营决策中的运用［J］. 社科研究，2006（36）：26 - 28.

6.3.3 企业环境收益的会计处理

（1）环境大收入与环境收益账户。根据企业环境收益的内容，可设立“环境收益”账户，用来登记企业治理环境和保护生态所获得的各项现实收入。该账户属于损益类，其贷方登记环境收益的增加，借方登记期末转入“本年利润——环境利润”账户贷方的金额，结转后余额为零。可以根据具体用途设置“资源收益”“环境保护收入”“资源和‘三废’产品销售收入”“其他环境收入”“环境营业外收入”。为便于财务分析，企业也可以将其先分为“直接环境收益”和“间接环境收益”两类进行二级明细科目核算，然后再细分如上各种收益、收入进行核算。即：

环境大收入 =［资源收益 + 环境保护收入（不包括从外部获取的环保专用基金收入）
+ 资源和“三废”产品销售收入 + 其他环境收入 + 环境营业外收入］
+ 环保专用基金（不包括从成本、费用和税后列支预先提取的环保债务基金）

式中各项的含义如下：

①资源收益是获取的自然资源和生态资源的产品和服务收益，是企业通过对企业所拥有或控制的自然资产（自然资源资产和生态资源资产）进行开发、利用、配置、储存、替代等实现的环境收益。与资源收益对应的是资源成本。

②环境保护收入，也可称非资源性收益，是指进行环境保护活动获取的产品和服务收益、政府环保补助收入、生态环境受损补偿收入、排污权交易收入、环境退税收入和其他环境收入。但不包括从外部获取的企业环保专用基金，比如政府无偿划拨的排污权指标。与环境保护收入对应的是环境保护成本。需要说明的是，环境保护收入中的政府环保补助收入、生态环境受损补偿收入、无偿获取的排污权交易收入、环境退税收入，最终应当转入“环保专用基金”列示在环境利润表中，一方面体现企业对环境的贡献和成效，另一方面为了保护环境，这部分的收入要实行专项管理、专款专用，因为它体现了政府对企业环境支持和排污方对自己环境损害治理成本的弥补。

③资源“三废”产品销售收入，包括销售自然资源产品和生态资源产品及出售利用废气、废渣和废水“三废”产生的产品获取的收入。与其对应的是资源和“三废”产品销售成本。

④其他环境收入指上述三项不包括的日常发生的环境收入。

⑤环境营业外收入，特指企业获得的各种形式的环境捐赠利得，既包括有指定用途捐赠收入也包括无指定用途捐赠收入。与其对应的是环境营业外支出。但如果捐赠方有指定环境用途，最终也要转入“环保专用基金”，其理由同上。

⑥部分环保专用基金，包括已经计入环境保护收入和环境营业外收入后，期末又从环境利润中扣减专门作为环境专用基金的政府环保补助收入、无偿取得排污权交易收入、有指定用途的环境捐赠收入、环境退税收入。但在计算时注意，一是不要与环境保护收入中具体项目重复计算，实际工作中一般是先计入环境保护收益以反映环境业绩；二是不包括从成本、费用中列支预先提取的环保债务性基金结余和税后提取直接计入环保专用基金的部分。

（2）账务处理。发生上述收益、收入时的会计处理为，借记“库存现金”“银行存款”等账户，贷记“环境收益”账户。期末将“环境收益”转入“本年利润——环境利润”，与传统会计的收入结转到“本年利润”道理是一样的，以便与环境大成本配比。

当结转环境收入时，分录为：

借：环境收益——直接环境收益

　　　　　　——间接环境收益

　　贷：环境利润——结转环境收益

当结转环境基金时，分录为：

借：环境利润——结转环境收益

　　贷：环保专用基金——政府环境补助基金

　　　　　　　　　　——无偿获取排污权交易基金

　　　　　　　　　　——指定用途环境捐赠基金

　　　　　　　　　　——环保退税基金

（3）环境实际收益和环境虚拟收益核算办法。环境实际收益，是企业实际获得的环保收益，如由于企业积极参与环保获得的税收优惠、购买环保固定资产可以加速折旧等，企业可以通过货币计量进行核算。而环境虚拟收益，广义上可包括企业开展环保活动带来的商誉、使企业具有良好的形象、吸引更优秀人才、更多的客户和投资者等。但这里的虚拟收益主要是指整个地区生态环境变好、人们生活舒适度提高。还有把自然资源释放出来的精神效益（心理满足）也称为间接环境收益，比如森林有保护土壤和大气层、调节气候并有利于人体健康等功能，这是森林提供的间接环境收益。间接环境收益主要从宏观的角度进行核算，作为微观个体的企业，主要核算直接环境收益。

通常，企业通过传统财务核算系统只核算环境实际收益，不核算环境虚拟收益。这里可以参照虚拟成本的做法，由相关部门来统一评估生态环境变好的价值，如水、空气、森林等，具体方法可采用生态系统服务价值法、意愿价值评估法等综合估算，然后以一定的方式，如各部门对环境的贡献度等，向下分配。同时，企业应在财务报表附注中披露环境虚拟收益信息，如今后实施企业独立环境报告制度，虚拟收益则应在独立环境报告中披露。

6.3.4 环境收益报告

将环境收益予以确认、计量和计算，就得出环境的收益报告。环境收益包括直接收益、间接收益和隐性收益。环境的直接收益可以根据企业环境管理的原始数据予以按实际情况进行核算，间接收益也可以按一定的理性假设推测而近似得到其用货币衡量的收益，而隐性收益却是企业的长期收益，这些收益还和企业的其他经营因素相关，因而无法进行准确或近似准确的估计，但它的确应该记入企业的环境收益。所以，对隐性环境收益的核算是一个相当困难的问题，这需要企业本身根据自身的经营等各种情况予以谨慎考虑。环境收益明细如表6－4所示。

表6－4　　环境收益明细

分类	收益界定	金额
环境直接收益	1. 经营环境资源产品产生的收益	
	2. 废水、废气、废渣“三废”产品再生利用所带来的收益	
	3. 环境治理的咨询服务收入	
	4. 国家颁发的环保贡献奖金	
	5. 排污权交易收入	
	6. 税收减免收入	
	7. 获得银行低息或无息贷款所得收入	
	8. 获得排污方生态环境受损补偿收入	
	9. 政府所发环保补助	
	10. 环境捐赠收入	
	11. 自然资源和生态资源产品和服务收益	
	12. 其他直接环境收益	

续表

分类	收益界定	金额
环境间接收益	1. 排污费、诉讼费、赔偿费减少而间接获得的收益	
	2. 原材料、能源以及人力成本节约而获得的收益	
	3. 企业环保形象得到改善而使销售额增加的收入	
	4. 企业环保形象的改善而使企业股票增值的收益	
	5. 企业环境信息披露的广告效应而增加的销售收入	
	6. 其他间接环境收益	
隐性收益	1. 因推行环境管理而使企业竞争力增强的收益	
	2. 品牌增值收益	
	3. 员工工作环境改善而使效率增加带来的收益	
	4. 企业因推行环境管理而增加的绿色创新收益	
	5. 潜在的绿色生产力和绿色核心竞争力收益	
	6. 其他隐性收益	

6.3.5 环境收益衡量指标

环境收益的衡量指标可以分为收益指标和节约费用指标。收益指标和节约费用的指标又可以根据是实际还是预计分为实际指标和预计指标。

（1）收益指标。实际收益指标是依据确凿的证据计算出来的本年度实施环保活动的结果，包括循环再利用废弃物或者旧产品得到的收入；预计收益指标是指通过假设计算得出的本年度实施环保活动的收益。

（2）节约费用指标。节约费用指标是指确属本年度未发生的费用，包括：节约的原材料费、能源费和水费；环境负荷减少和废弃物减少而节约的费用；应对环境损伤、破坏而计提的累积准备金、保险费的减少额。预计节约费用指标也是实施环保活动的结果，与实际节约费用指标相比，预计节约费用指标不够明确，包含推定的因素必须慎重计算，主要包括：假定节约的原材料费、能源费和水费、假定环境负荷减少和废弃物减少而节约的费用；假定应对环境损伤、破坏而计提的累积准备金、保险费的减少额。

本章练习

一、名词解释

1. 环境收益　2. 环境操作收益　3. 环境管理收益　4. 直接环境收益
5. 间接环境收益　6. 隐性环境收益　7. 影子价格法　8. 直接扣除法
9. 环境实际收益　10. 环境虚拟收益　11. 环境营业外收入　12. 资源和“三废”产品销售收入

二、简答题

1. 环境收益对企业经营活动的影响体现在哪些方面？
2. 环境收益的分类有哪些？
3. 何为隐性环境收益？举例说明企业的隐性环境收益主要有哪些？

4. 环境收益的确认要满足哪些条件?

5. 环境收益的计量方法主要有哪些? 环境收益的衡量指标主要有哪些?

6. 环境实际收益和环境虚拟收益核算内容是什么?

7. 企业环境收益与环境专用基金有哪些交叉项目? 为什么这些环境专用基金先计入环境收益?

三、计算题

某企业 20×3 年发生如下环境交易和事项:

1. 处理“三废”产品收入 30 万元。

2. 在二级市场出售国家无偿划拨的排污权结余指标,获取交易收入 8 万元。

3. 全年获得环境退税 10 万元。

4. 接受外单位环境捐赠 24 万元,其中指定 10 万元专门用于一线职工的增加健康体检和劳动保护。

5. 当年按销售收入 4% 提取环境债务性基金,以备受害者补偿,全年销售收入总额为 2 500 万元,当年实际使用 95 万元,尚有结余。

6. 附带开发自然资源产品获取收入 8 万元。

7. 因环保工作成绩显著,获取政府奖励 10 万元。

8. 企业对外环境咨询服务收入 20 万元。

9. 全年利润总额 100 万元,计交所得税 25% 后,提取环境保护基金 2%。

10. 将原先备用从外单位购买的排污权结余指标在二级市场出售,获取交易收入 2 万元。

要求:

(1) 计算该企业环境保护收入;

(2) 计算该企业全年环境收益;

(3) 计算该企业全年增加的环境保护基金。

四、阅读分析与讨论

影子价格的线性规范解法

根据 [辅助阅读 6-2] 的资料分析以下问题:

(1) 考虑该厂的材料可以向外销售或购买,写出材料影子价格 0.52 的计算过程。

(2) 假如上述问题转换为另一问题。有另一个厂向该厂提出收购其工时和材料,它希望以尽可能低的价格收购,但又不至于使该厂吃亏 (否则不可能出售),那么,应该以什么价格来购买工时和材料? (注:该问题实际上是原问题的对偶线性规划,其解就是对应的影子价格)

第7章

环境会计报告与信息披露

【学习目的与要求】

1. 了解环境会计信息披露的必要性和环境会计报告的意义和作用；

2. 理解环境会计报告的理论依据和环境信息披露的原则；

3. 掌握环境会计报告的不同类型，理解各种环境会计报告类型特点和异同；

4. 理解环境信息披露的流程，掌握环境会计信息披露的主体、主要内容、披露特征以及信息质量的要求；

5. 掌握环境资产负债表和环境利润表结构，能够编制和阅读环境会计报表；

6. 了解环境会计信息披露的国内外进程和现状，熟悉我国环境会计信息披露政策及需改进的办法；

7. 理解自然资源资产负债表的内涵和意义，了解自然资源资产负债表编制的理论依据、具体内容及相关项目，理解自然资源资产负债表的框架结构。

7.1 环境会计报告及其意义

7.1.1 环境信息与环境会计报告

（1）环境会计信息与环境会计报表。环境会计信息是会计信息系统组成部分并与环境信息系统相交叉。系统通过对污染物产生、控制和排放过程中形成的巨大数据流进行收集、组织，再处理转换成不可缺少的数据，经过分析使其能变成对各级管理人员做出正确决定具有重要意义的有用信息。现代会计认为，会计的目标是向会计信息的使用人提供以财务为主的经济信息，而提供哪些信息主要取决于会计信息使用者的需求。环境会计信息是环境信息使用者进行绿色投资、绿色经营和绿色消费及环境管理的主要依据。环境会计是一项经济活动，经济活动中包含着的可以纳入会计信息系统的环境信息就是环境会计信息，经济活动中的环境会计也是围绕着环境问题而展开的。

环境会计内容包括环境财务和环境管理两个会计意义上的范畴，两者的结合形成有机统一体。由于环境会计从其手段和性质上来说还是一项管理，由此可以认定，企业环境会计信息系统的信息也应主要为两个方面：一是环境会计核算信息系统信息，二是环境管理控制信息系统信息。环境会计信息的披露离不开一定的载体，会计报告反映了会计主体经营和管理的结果和状态，而环境会计报告是企业在一定时期有关环境资源成本、损耗、收益及效益情况的综合反映，通过信息载体——环境会计报告，信息的使用者能够充分地了解企业的保护环境情况，并做出合理的决策。因此，企业的环境信息通过环境会计报告进行披露。

环境会计报告的主要组成部分为环境会计报表及其附注。环境会计报表既然是企业在一定时期有关环境资源成本、损耗、收益及效益情况的综合反映，其编制基础为：环境资源效益 = 资源环境收益 - 环境保护支出 - 环境资源损耗。据此，可以将环境会计报表的内容分为三部分：一为环境资源收益，二为环境资源损耗和环境资源成本，三为环境资源效益。借助于环境会计报表，可以分析和评价企业依靠资源环境获利能力的大小，综合考核企业的环境资源业绩，以及对社会环境所做的贡献。此外，还要编制能够反映资源环境状况的报表，以揭示资源环境到特定日期的增量、减量及其存量，以便资源的所有者、使用者或管理人了解资源环境的保持和维护情况，促进资源环境的可持续利用。

环境会计报表附注是关于环境会计报表的补充资料及有关说明。主要包括：环境资源负债的有关数据、资料及说明，表明企业对社会资源环境应尽的责任；企业本期间对资源环境的损害、治理及投资情况；企业环保措施及长远目标；其他需要说明的有关事项。

（2）环境管理信息与环境信息披露。环境会计信息披露是环境会计工作的最终成果，也是环境会计核算体系中最重要的部分。进行环境会计信息披露，揭示环境资源的利用情况和环境污染的治理情况，已经成为治理环境问题的必然要求。

在财务会计系统，一般专业上所讲的会计报告包括会计报表、报表附注及其他应当需要向信息利益相关者列示和反映、揭示和说明的相关信息资料。货币性信息采用表内列示和反映方式，非货币性信息采用揭示和说明方式。但由于许多环境会计信息具有间接、潜在、滞后和非货币性的特殊性，为此本书将揭示和说明的信息方式归属于信息披露并单独加以陈述，以区别于会计报表（见图7－1）。

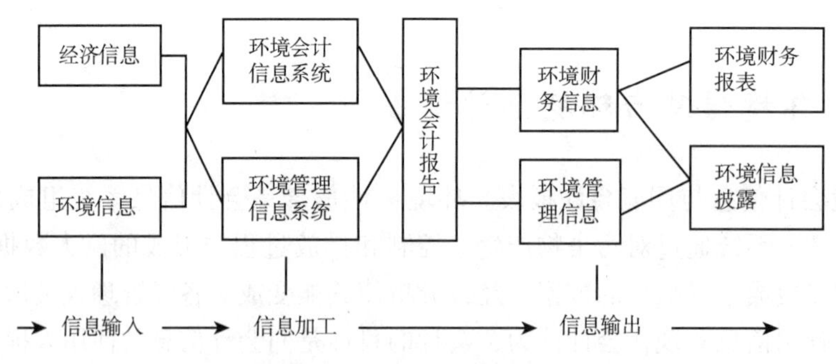

图7－1　环境会计信息系统

所谓信息披露，广义上说是一个特定公司的任何信息发布，即包括公司颁布的年度报告、新闻稿和新闻报道等。狭义上的披露一般仅指会计人员反映特定公司的财务报告中的信息。环境信息披露指在企业环境会计报表的基础上，以年为单位单独披露企业环境责任的履行情况，反映企业及其所属业务部门和生产单位在其生产经营活动中产生的环境影响，以及为了减轻和消除有害环境影响所进行的努力及其成果的书面报告。环境信息披露构成环境会计报告重要内容。

会计的特性决定了大量难以货币计量的包括环境经济活动和环境管理活动在内的经济活动信息，不可能也没有必要全部在环境会计报表中揭示，但它又是会计信息使用者进行相关决策时需要的信息。为此，在编制环境会计报告时，除必须要编制相关环境会计报表及报表附注外，还应当进行表外环境信息披露，作为环境会计报告的重要组成部分。这其中，有些是报表附注的进一步说明，有些是新的更为清晰的环境财务信息和环境管理信息，尤其是对于环境影响比较大的企业，如化工、冶炼、纺织等，充分的环境信息披露是必要的，也是可行的，以便报表使用者全面地了解企业有关环境保护的执行情况，从而更好地评价企业的经营业绩，做出正确的决策。

7.1.2 环境会计报告与信息披露理论依据

(1) 循环经济理论。循环经济理论的基础是生态经济学，以经济学中的原理为主导，以人类的一些经济活动为中心，运用一些系统的工程方法，从最广泛的范围研究生态与经济的结合。简言之，循环经济理论是一种尊重生态原理以及经济规律的经济。它要求将人类的经济社会发展依托于生态环境，在经济社会发展的过程中需要遵循生态学，两者作为一个统一体。它所强调的是将生态系统和经济系统的多种组成要素进行联系，实现生态和经济社会的全面协调，达到在生态上的最优化的目标。该理论需要更进一步地改变以往那些重视开发、轻视节约，单纯地追求 GDP 片面性飞速发展的现象，将以往传统的依靠资源消耗的线性经济增长转变为依靠资源循环利用的新型可持续发展的经济增长方式。而环境会计报告能为实现循环经济发展提供有力支撑。

(2) 利益相关者理论。企业的利益相关者是指获得企业某种形式的利益或者承受企业财务、社会或环境活动所产生风险的个人或团体，他们能够影响企业活动或被企业活动影响。从企业的角度来讲，利益相关者包括内部的利益相关者和外部的利益相关者，企业与利益相关者之间在环境会计信息利用上相互影响。企业的环境活动会对利益相关者产生环境或者经济方面的影响，但同样利益相关者的行为也会影响企业决策方案和经营政策的制定与执行。比如，政府出台的一系列环境政策与法规会直接影响企业的环境决策，员工对企业环保活动的满意度会对企业改进环境管理和提高其生产积极性产生影响。现代财务理论认为企业生产经营的目标是实现利益相关者的价值最大化，所以，企业应当将环境会计信息进行全面、真实、可靠的披露，有利于促进企业与利益相关者之间的沟通和协作。

(3) 社会责任理论。社会责任与商业责任是相对的，指的是企业在创造财富的同时要对全体社会承担的责任，主要包括对环境的保护、对公益事业的支持、对弱势群体的保护、对政策的严格执行和对商业道德的遵守。一般而言，环境会计是相对于企业经营活动而言的，它意味着企业在其生产经营活动过程中存在一个需要履行的“社会契约”，承担一定“社会成本”，以实现“社会效益”，因而，其考察的对象主要为企业，即企业经济活动对社会环境的影响程度。环境资源作为公共产品，每个企业都有保护义务，实际就承担着保护环境的社会责任。按照“可持续发展”理论的诠释，企业环境会计源于对人类社会生存的“环境”因素的考虑，因此，企业的社会责任就成为环境会计的立足点。它要求企业必须改变把追求利润作为唯一生产目标的传统观念，构建企业和社会的和谐关系，坚持可持续发展的道路，积极主动地对环境会计信息进行披露。社会责任大都是法定的，包括环境法律责任和环境道德责任，公民企业必须严格自觉遵守。

7.1.3 环境会计报告两个重要原则

（1）融入企业社会环境责任的原则。企业社会责任思想起点是亚当·斯密的“看不见的手”。1924 年，英国学者谢尔顿就提出了科学管理的效益价值同服务社会的伦理道德相结合是每一个管理人员的责任这一观点，从而率先提出“企业的社会责任”这一概念。1953 年，霍华德·R. 鲍恩出版了《企业家的社会责任》一书，“公司社会责任”正式走进人们的视野。目前比较流行的是由总部设在美国的社会责任国际（SAI）所确立的概念表述：企业社会责任区别于商业责任，它是指企业除了对股东负责，即创造财富之外，还必须对全体社会承担责任，一般包括遵守商业道德、保护劳工权利、保护环境、发展慈善事业、捐赠公益事业、保护弱势群体等。从内容上看，可以讲企业社会责任分为三个部分——经济责任、社会责任和环境（生态）责任，其中环境责任是非常重要的部分。

1970 年，美国会计学教授西里·C. 莫布里（Sylil C. Mobley）较为全面地阐述了社会责任会计，指出“社会责任会计是整理、衡量和分析政府及企业行为所引起的社会和经济后果”，其最主要的是社会责任会计内容和社会责任会计信息的披露两个方面。其所反映的内容至少应该包括：企业收益方面贡献、人力资源方面贡献、对所在社区的贡献、改善生态环境的贡献、反映提供产品和维修服务的贡献。其中改善生态环境贡献是重中之重，企业活动对环境的破坏（如污染、资源浪费）以及对环境的保护（如财务上所反映对生态环境和资源的保护支出及实际取得的成效），都应该成为社会责任会计报表中的重要内容。

（2）与企业利益相关者紧密相关的原则。弗里曼（Freeman）于 1984 年提出利益相关者理论，认为企业可被理解为关联的利益相关者的集合，而企业的管理者需要管理与协调各个利益相关者。利益相关者可以影响企业的利益与合法性权力，甚至“死亡”，例如顾客停止购买产品、员工失去忠诚与最佳努力、政府停止补助或给予罚款，以及环保主义者的控诉等。因此，企业环境责任要求企业必须满足利益相关者的需求。阿尔曼（Ullmann）和罗伯茨（Roberts）也认为企业生存需要利益相关者的支持，利益相关者越有影响力，企业就必须更加适应它。

利益相关者与企业之间在环境会计信息利用上是一种相互影响的关系。一方面，企业的行为、决策方案、政策活动会影响利益相关者的利益。如企业在实现经济目标的同时对环境治理投资的忽视所造成的环境污染，可能会直接影响到社会的生态平衡和社会公众的生活质量。与此同时，企业如果反映和提供不真实的环境会计信息，就会直接影响到投资者及其他利益相关者决策的科学性和有效性。另一方面，这些利益相关者也会影响企业的行为、决策方案和政策的制度与执行。如政府出台的环境政策、法规等直接影响企业的决策，企业对社会公众提出的环境质量要求所做出的回应的好坏也会对企业的形象乃至效益产生一定的影响。因此，无论是向利益相关者充分提供有效的环境会计信息，还是鼓励利益相关者参与企业环境会计信息取得的规范以及相关政策的制定，都对企业的生存与发展起着至关重要的作用。

根据利益相关者理论，企业环境信息披露可视为企业回应利益相关者利益需求的一种方式。企业在拟定企业环境策略时，需要考虑利益相关者的利益需求，否则将失去利益相关者的支持。例如，消费者的抵制，供应商、商业客户取消订单或销售协议，内部员工表达不满或公开企业的负面作为，债权人不再资金支持，股东出售股票，社会团体（公众、社区、环保组织）带来社会舆论的压力，媒体的曝光，政府的强制性行政手段与法律诉讼，注册会计师提出对企业不利的鉴证结论，这些都会使企业付出环境的代价，甚至失去合法性的基础（如停产或破产）。众多的利益相关者对环境的关注，会对企业形成影响和压力，而企业对此压力的积极反应是将环境纳入企业的战略视野，对企业的目标、战略以及评估标准做出应变，从而承担起企业的环境责任。根据德意志银行、伊莱克斯（Electrolux）、孟山都公司（Monsanto）、联合利华（Unileve）及沃尔沃（Volvo）汽车等包括金融业与制造业的跨国集团所组成的研究团队历经两年的研究，1999 年的报告再度证实环境保护绩效可以提高股东价值的实施，开发符合环境保护法规要求的环境友好型产品的企业，均可提高股利及获利率。在欧美及日本，环境报告书已经成为投资者在投资和融资过程中考察、判断企业环境管理状况的材料之一，许多材料表明企业的环境业绩的提高可以吸引更多的资金投入。

显而易见，企业的环境信息报告会直接影响投资者对公司的投资策略或者债权人对企业负债能力的考量，这是促使企业发布环境报告的重要因素。另外，从广义的企业利益相关者来看，企业的雇员、政府、企业所在社区的公众等也都对企业的环境信息有所要求。

7.1.4 环境会计报告与信息披露的作用

伴随着经济的飞速发展和人口的不断增加，各种资源和环境的问题层出不穷，环境保护与生态建设形势日益严峻。为了实现社会、环境和经济利益方面的协调和平衡，人们从价值和非价值形态上对环境问题越来越重视。环境会计是在企业不断地追求经济效益过程中产生的，它注重企业环境的良性循环和持续经营。环境信息是企业进行业绩评价、投资决策和持续经营所不可或缺的重要信息。企业环境会计信息披露是适应于企业可持续发展需要的新产物，同盈利一样，对企业具有巨大的重要性，主要表现在以下方面：

（1）更好地保护环境，促进企业经营的可持续。披露环境信息可以迫使企业注重自身的环境表现，树立环保意识，从而降低因环境导致的经营风险；同时，一个勇于承担其法定环境义务，并建立有效的环境管理系统，采取有效的环境保护措施的企业，可将其未来可能因环境事故所引发的财务风险降到最低。

（2）树立企业的良好形象，提升企业的业绩和竞争力。披露环境信息可以使外界了解企业的环保计划、企业为环保所付出的努力、企业的社会责任以及对社会的正确态度，从而改善企业的公众形象，增加销售收入。同时，还可以降低税费、罚款和废弃物的处理成本，使企业享受由此带来的额外收益。

（3）有助于企业吸引顾客和投资者，扩大企业融资渠道。如果公司有利润，可以在环境报告中列举证据说明其利润不是从环境中榨取的，如果没有利润，可以解释公司最近的环境支出或环境投资是否有助于提高企业未来的竞争力。可以说，无论企业经营好坏，发布环境报告都可以向市场提供正面信息，从而扩大企业的融资渠道，改善企业资本结构。

（4）获得进入国际市场通行证，增强企业开放力度。随着全球经济一体化的趋势，我国企业进驻国际市场已是必然，而要获得进入国际市场的通行证，企业必须履行社会责任，披露环境会计信息。只有顺利通过国际通行的对合作伙伴的企业社会责任评估和审核的企业，才会被建立持久的合作关系。所以，包含环境会计信息的企业社会责任信息披露，不仅关乎自身的发展，对全世界的可持续发展也具有特殊的意义，尤其是对外向型出口企业来讲，它已经成为提升企业国际竞争力和获得进入国际市场的通行证的有效途径。

7.2 独立式环境会计报表设计

7.2.1 独立式环境会计报表

(1) 编制独立式环境会计报表优势与可能。独立报告与非独立报告是相对于传统会计报表而言的一种会计报告的方式，又可称独立式报告。如果一个会计主体对外编制单独反映环境会计信息，以实现环境会计报告目标的财务会计报表，就称独立式环境会计报表。如果会计主体在现有的财务会计报表框架的前提下，通过改进财务会计报表进行综合报告，增加环境会计信息的报表项目来反映环境信息，以实现环境会计报告目标的会计报表，就称为非独立式环境会计报表。

环境会计核算信息系统是用于支撑提供以货币计量指标并能够反映环境会计信息的一体化组件，其表现形式有环境会计账簿、会计凭证和会计报表组成的提供环境会计信息的载体；从财务会计角度来讲，其主要是环境会计报表，这与独立报告和非独立报告并没有什么关系，只是在人机不同的核算手段下表现形式会不同，但它们同样面临着会计核算信息系统重新设计。编制独立的环境会计报表，优点是可以使环境会计信息更加集中、全面和系统，使信息使用者对企业的环境活动做出恰当的评价，避免环境信息比较零散的缺陷，而环境报告也能反映大量的非财务信息，这样就使环境会计信息得到准确反映，能使环境利益相关者比较全面和完整地了解和掌握企业的环境会计信息。

(2) 独立式环境会计报表的可能。随着环境会计的发展，伴随着环境资源、环境成本和环境收益等计量技术的创新和发展，编制独立的环境会计报告是环境信息披露的发展趋势。尤其是上市公司，由于公众对环境信息质量的要求增加，企业对于环境信息披露的压力也逐渐增大，编制专门的环境报告将是上市公司信息披露制度的必然选择。而在目前我国，编制独立式环境会计报表可以考虑作为主要报表的附表，起补充环境信息作用，也满足综合报告的基本要求。

独立式环境会计报表模式一般适用于上市公司，尤其是重污染的上市公司，一般在年度末编制，特殊情况下，比如发生重大环境事项应在年度期间编制。它包括环境资产负债表、环境利润表、环境现金流量表3个基本报表，还可以包括环境成本费用明细表、环境专用基金明细表、环境资产减值明细表等。扩展的独立式环境报表还包括环境业绩指标表、综合环境效益指标等。而综合环境效益指标又包括环境质量情况、环境治理和利用情况、环境法规制度制定与执行情况等。

7.2.2 环境资产负债表

环境资产负债表主要是用来反映企业在某一特定日期的环境资产、因防护和治理环境而发生的环境负债及所有者权益状况的报表。报告式环境资产负债表结构，总体分为三部分：

（1）环境资产，包括资源资产、环境流动资产、环保证券投资、环境固定资产、环境无形资产、环境递延资产等具体项目。

（2）环境负债，包括环境借款、应交排污费、应付环境补偿费、应交环境税费、预计环境负债等具体项目。

（3）环境所有者权益，包括环境资本、环境基金、环境利润等具体项目。

环境资产负债表若采用账户式结构，左方为“环境资产”项目，右方为“环境负债”和“环境所有者权益”项目（见表 7－1）。其结构依据是：环境资产＝环境负债＋环境所有者权益。环境资产负债表项目数据填制，一般是环境资产、环境负债和环境所有者权益所属账户的期末余额。

表 7－1　　　　环境资产负债表（独立式）

编制单位：　　　　　　　　年　　月　日　　　　　　　　单位：

环境资产	年初数	期末数	环境负债及权益	年初数	期末数
一、环境流动资产			一、环境负债		
1. 环境材料			1. 短期环保贷款		
2. 环保低值易耗品			2. 应付生态补偿款		
3. 环保产品			3. 应交环境税费		
二、环保证券性投资现值			4. 应交资源补偿费		
三、环境固定资产			5. 应交排污费		
环境固定资产原值			6. 应付环境赔款		
减：环境固定资产累计折旧			7. 应付环境罚款		
环境固定资产净值			8. 应付环境资产租赁款		
减：环境固定资产减值			9. 预计环境保险基金		
环境固定资产现值			10. 预计环境或有负债		
四、环保工程物资			11. 长期环保贷款		
环保在建工程			12. 其他环境负债		
五、环境无形资产			环境负债合计		
减：环境无形资产累计折耗			二、环境权益		
减：环境无形资产减值			1. 环境资本		
环境无形资产现值			2. 环境利润		
六、环境递延资产			3. 环保专用基金		
七、资源资产			其中：政府环保补助基金		
1. 自然资源资产原值			无偿获取排污权交易收益基金		
减：资源资产累计折耗			环保捐赠收益基金		
自然资源资产净值			环境退税		
2. 生态资源资产原值			债务性环保基金结余转入基金		
减：生态资源资产累计降级			税后提留环保基金		
自然资源资产净值					
八、其他环境资产			环境所有者权益合计		
环境资产总计			环境负债及所有者权益总计		

在财务报告系统，为了向外界更完整和详细地反映企业环境资产信息，并进一步反映企业环境资源的维持和保护的状况及其取得的效果，有必要在编制环境资产负债表的基础上，再编制环境资产减值明细表、环境专用基金明细表。

7.2.3 环境利润表

环境利润表揭示企业在一定期间环境保护和环境污染治理方面所取得的收益、发生的环境资源耗费、成本和费用，以及自然生态环境改善所做的贡献。

（1）环境利润表的格式可采用单步式（见表7-2）。其结构依据是：环境利润 = 环境收益收入 - 环境成本、费用。其项目数据的编制，一般是环境收益、环境收入、环境成本和环境费用所属账户的发生额。

表7-2　　环境利润表（单步式）

编制单位：　　　　年　月　　　　单位：

项目	本月数	本年累计数
一、环境收益、收入		
1. 资源收益：		
资源资产实现收益		
生态资源实现收益		
2. 环境保护收入：		
政府环境补助收入		
生态受损补偿收入		
排污权交易收入		
退税收入		
3. 资源和“三废”产品销售收入		
4. 其他环境收入		
5. 环境营业外收入		
环境收益、收入小计		
二、环境成本、费用		
1. 环境成本：		
资源耗减成本		
资源降级成本		
资源维护成本		
环境保护成本		
2. 环境费用：		
环境管理期间费用		
其他环境期间费用		
3. 资源和“三废”产品销售成本		
4. 环境营业外支出		

续表

项目	本月数	本年累计数
5. 环境资产减值损失		
环境成本、费用小计		
三、环境利润总额		
减：转作环保专用基金利润		
其中：政府环境补助收入		
无偿获取排污权交易收入		
有指定专门用途的捐赠收入		
环境退税收入		
四、净环境利润		

单步式环境利润表项目，分为四个部分：

①环境收益、收入，包括：资源收益、环境保护收入、资源和“三废”产品销售收入、其他环境收入、环境营业外收入。

②环境成本、费用，包括：环境成本、资源和“三废”产品销售成本、环境营业外支出、环境费用、环境资产减值损失。环境成本项目再分为资源耗减成本、资源降级成本、资源维护成本、环境保护成本具体项目。环境保护成本项目是环境成本、费用项目的主要部分，它是环境监测成本、环境管理成本、污染治理成本、预防“三废”成本、环境修复成本、环境研发成本、生态补偿成本、环境支援成本、环境补偿成本、其他环境成本和环境费用转入成本之和。环境费用项目再分为环境管理期间费用、其他环境期间费用。

③环境利润总额。这个项目数据是通过自然计算得出的结果。需要说明的是，环境利润总额中已经包含了环境的期间费用和环境营业外支出的损失，而这些环境费用支出和环境损失，并非与环保产品、环保工程或环保项目的支出密切关联。但如果在采用环境大成本方法核算企业环境成本的前提下，所有为环保活动发生的成本、费用和损失，都应列示在环境成本下，以体现出环境完全成本会计信息思想。同时，完全成本法也特别有利于编制独立的环境会计报告。同样，环境收益、收入项目已经包含了环境营业外收入的环境利得，也是为了体现环境大收入的会计信息。不过，这样做无须进行账务处理，而只是在报表中体现就可。

④净环境利润。净环境利润项目数据也是自然计算得出的结果，它是环境利润总额扣除环保专用基金后的净余。但这里的“净环境利润”并不是“环境净利润”的所得税税后利润概念，因为一般来讲，国家可以通过只征收环境流转税和免征环境所得税政策，即环境所得税为零，以鼓励企业经济进行环境保护。至于在对净利润进行分配时，是否应该通过增加一项税后计提环境基金作为企业的留存收益，有待国家今后制定相关法规和会计准则予以确定。我们认为增加计提一定比率的税后企业环保基金并作为企业留成收益是必要的。不过，这并不影响此处所说的“净环境利润”数额，但会影响环境资产负债表中的环境权益数额。

同样需要说明的是，环保专用基金是指专门用于企业环境保护活动而需要专项使用的专项存款，包括政府环境补助收入、无偿获取排污权交易收入、具有指定用途环境捐赠收入、环境退税收入等。显然，来源于政府环保补助、无偿获得的政府划拨排污权指标交易收入、环境退税收入，以及具有指定用途的环境捐赠收入，企业一般不得随意使用，必须专门用于环境产品、工程或项目中，进而形成环境基金。为此，应当从环境利润总额中转出作为环保专用基金，以计算出企业最终的净环境利润。但为了完整地反映企业环境收入，在从环境利润总额转出前，应当列示到环境收益、收入中。这既是为了体现企业环境努力和成效，也是为了完整揭示环境大收入指标。

（2）环境利润表还可以根据需要，采用能够区分直接环境收益和间接环境收益的直接间接式（见表7-3）。“环境直接收益”项目及其明细项目是指那些应该计入本会计期间的直接环境收益，不包括间接环境收益。表中的“环境成本、费用”项目及其明细项目是指那些应该计入本会计期间的环境成本费用支出，不包括已资本化并计入环境资产或环保设备价值的环境支出。

表7-3　　环境利润表（直接间接式）

编制单位：　　　　年　月　　　　单位：

项目	期初数	期末数
一、环境收益、收入		
（一）环境直接收益		
1. 国家颁发的环保贡献奖金		
2. 利用“三废”生产产品所得收入		
3. 税收减免收入		
4. 获得环境受损补偿收入		
5. 政府所发环保补助		
6. 环境资源产品销售收入		
7. 其他直接收益		
（二）环境间接收益、收入		
1. 原材料节约费用		
2. 能源节约费用		
3. 因环保形象改善而增加的销售收入		
4. 银行低息或无息贷款所得收入		
5. 其他间接收益		
环境收益合计		
二、环境成本、费用		
（一）资源成本		
……		
（二）环境保护成本		
……		
（三）环境费用		
（四）资源和“三废”产品销售成本		
（五）环境营业外支出		
（六）环境资产减值损失		
环境成本、费用合计		
三、环境利润总额		

7.2.4 环境现金流量表

环境现金流量表主要是用来反映企业因承担环保责任而使现金及现金等价物发生变动的情况（见表7-4）。

表7-4 环境现金流量表

编制单位： 年度 单位：

项目	年初数	年末数
一、与环境活动有关的现金流入		
1. 销售利用“三废”生产产品收到的现金		
2. 销售排污权收到的现金		
3. 收到的国家环保补助或税费返还		
4. 处置环境资产收回的现金		
5. 取得环保借款收到的现金		
6. 收到的其他与环境活动有关的现金		
……		
现金流入合计		
二、与环境活动有关的现金流出		
1. 购建环保设备支付的现金		
2. 购买排污权支付的现金		
3. 支付的矿产资源补偿费		
4. 支付的环境税		
5. 支付的环境污染罚款、赔偿金		
6. 偿还环保借款支付的现金		
7. 偿还环保借款利息支付的现金		
8. 支付的其他与环境活动有关的现金		
……		
现金流出合计		
三、汇率变动对现金流量的影响		
四、环境现金流量净增加额		

7.2.5 环境资产减值明细表

环境资产减值明细表是环境资产负债表的附表，主要是用来反映企业控制和管理的各种环境资产因环境污染、损害而使资产减值变动的情况（见表7-5）。

表 7－5　　　　环境资产减值明细表

编制单位：　　　　　　　　　　　年度　　　　　　　　　　　单位：

项目	期初余额	本期增加额	本期转回数	期末余额
一、环境流动资产跌价准备合计				
其中：环保产品				
环境材料				
二、环保固定资产减值准备合计				
其中：环保设备、设施				
环保房屋、建筑物				
三、环保无形资产减值准备				
其中：环保专利权				
排污权				
四、环保在建工程减值准备				
五、环境证券投资减值				
六、资源资产降级减值				
其中：自然资源				
生态资源				
环境资产减值合计				

除环境资产明细表、环境成本明细表外，还有环境专用基金明细表（见表 7－6），它们均是环境基本会计报表的附表，用以补充说明环境资产负债表、环境利润表相关项目的具体情况。

表 7－6　　　　环保专用基金明细表

编制单位：　　　　　　　　　　　年度　　　　　　　　　　　单位：

项目	年初数	年末数
一、环保保护收入转作环境专用基金		
1. 政府环境补助收入		
2. 无偿获取排污权交易收入		
3. 有指定专门用途的捐赠收入		
4. 环境退税收入		
二、环境保护提留基金		
1. 债务性环保基金结余转入基金		
2. 税后提留环保基金		
合　计		

7.2.6 环境业绩评价表

企业环境业绩评价也即环境绩效评估，是持续对企业环境绩效进行量测与评估的一种系统程序。其评价对象则是针对企业的管理系统、操作系统成效和企业与其周围的环境状况，具体可通过表格方式反映在资源消耗、污染排放、环境成本效益的具体指标方面，进而进行综合评价。

在环境会计报告系统，对于企业环境业绩表，可参照传统企业业绩评价指标标准。企业环境业绩指标分为定量指标和定性指标两大部分。环境业绩评价表如表7－7所示，其中，评价指标种类及其评价权重是假设的，仅供参考。显然，全年综合评价值在0～1之间，“1”为最好，“0”为最差。但要注意表中一些对环境业绩起负作用的具体指标的评判技术。

表7－7　　企业环境绩效评价表

年度

定量评价指标（80%）			定性评价指标（20%）	
指标类别	基本指标	指标值	辅助指标	指标值
资源消耗值（30%）	1. 单位产品新鲜水耗系数		1. 新、改、扩建项目环评和“三同时”手续是否齐全	
	2. 单位产品综合能耗系数		2. 排污许可的合法性	
	3. 单位产品原材料耗用系数		3. 主要污染物总量减排的要求是否得到落实	
	……		4. 污染物排放超标率	
污染物排放（30%）	1. COD排放系数		5. 环保设施稳定运转率	
	2. SO_2排放系数		6. 排污费是否按规定缴纳	
	3. 氮排放系数		7. 环境管理体系的建立	
	4. 氮氧化物排放系数		8. 环境信息披露情况	
	5. CO_2排放系数		9. 年度相关投诉件数	
	6. 颗粒物（PM10，PM2.5）排放系数		10. 环境事故发生情况	
	……		……	
环境成本与效益（40%）	1. 环境成本占总成本的比率			
	2. 环境资产占总资产的比率			
	3. 环境负债占总负债的比率			
	4. 环境收益占总收益的比率			
	5. 环保投资占总投资的比率			
	……			
综合评价	综合定量评价值		综合定性评价值	

（1）定量指标又分为财务指标和非财务指标。财务指标包括：治理环境的成本、收益；

环境保护活动所形成的环境资产、环境负债等。非财务指标包括资源消耗量、污染物排放量、污染物排放浓度、污水处理率、废物回收利用率等。

(2) 定性指标主要是指难以科学方法计量的因素，包括企业对环境法规的执行情况、内部环境管理体系的建立与执行情况、环境投诉、污染事故的发生等。

7.3 非独立式环境会计报表设计

7.3.1 非独立式环境会计报表的特点

非独立式环境会计报告模式，一般适用于非重污染的企业尤其是非上市公司。这些企业一般不需要重新设计环境会计报告表格，只需在传统财务会计基础上，将原有的三大报表体系中增加相应的项目，在报表附注中披露不能以货币计量的环境资源信息即可。一般在年度编制即可。

非独立式报表特点是，采用补充模式披露环境会计信息，方法简便，容易操作。但是，这样做的不足之处在于：环境信息可能被分散在财务报告的许多地方，人们不易对环境会计信息直接得出结论，难以对它做出全面和完整的披露，也为将来对环境会计信息披露的管理，特别是制定准则带来困难。

7.3.2 基本会计报表

(1) 资产负债表。在资产负债表的资产方增设若干个项目，用以反映企业由于改善环境所增加的资产、由于污染所导致的现有资产的价值减损，以及出于环境目的计提的污染准备金。如在"应收补贴款"中增加因应收环保补偿款，在"长期待摊费用"中增加环境污染治理费用等；在负债方增设若干个项目，用以反映企业由于已经发生的交易行为引起的在将来必须支付的污染控制费用，如"应交环保税费""预计环境负债"等；在所有者权益方也可以增设若干个项目，如"环境资本公积"，在所提取的盈余公积中增设"环保专用基金"等。

(2) 利润表。在利润表中添加环境会计信息要素来进行披露的环境会计信息项目主要有两个方面：一是控制环境污染和保护生态环境所导致的收益，如在"补贴收入"中增加由于控制污染收到的政府环保补助收入；二是全部或部分的环境支出，如"管理费用"中增加环境污染治理费、环境管理费等。

(3) 现金流量表。现金流量表中环境信息的披露同样可以采取在传统现金流量表中做些调整的方式来加以披露。例如在"经营活动产生的现金流量"中的"支付的其他与经营活动有关的现金"一栏中披露与环境有关的支出，包括企业因环境污染而发生的赔偿、排污费以及环境污染治理费用等；在"投资活动产生的现金流量"中的"购建固定资产、无形资产和其他长期资产所支付的现金"一栏中披露购建环保固定资产所支付的现金，购建环保无形资产所支付的现金，购建与环境有关的其他长期资产所支付的现金；在"投资活动产生的现金流量”的“处置固定资产，无形资产和其他长期资产而收到的现金净额”一栏中披露转让环保无形资产所收到的现金净额；在“筹资活动产生的现金流量”的“融资租赁所支付的现金”一栏中披露环保租赁所支付的现金等。

7.3.3 报表附注

在会计报表的附注中，企业应该主要披露以下几个方面的信息：

（1）企业环境会计所采用的特定会计政策和具体目标。

（2）企业的资源环境管理系统。

（3）企业对重大环境事故做出补救的措施及不可计量的效果。

（4）由于政府立法而采取环境保护措施的程度和按照政府要求应达到的程度。

（5）企业主要污染物及处理措施；企业采用的环境标准及环境标准的变化对企业的影响。

（6）企业采用的主要环境监测制度及监测技术。

（7）按环境法进行的重大活动等。

现列举在非独立式（补充式）下，企业环境交易和事项的业务处理，以便进一步了解环境会计核算制度的基本内容和基本业务处理方法。

【例7-1】假设A企业主要业务是采矿和冶炼。20×4年是该企业第一年增加环境会计核算内容，环境会计报表采用账结方法，环境会计账户除环境成本外一般均采用二级账户提升为一级账户使用。20×4年发生的环境业务和会计处理如下。

①购买高炉除尘设备，炼废渣处理设备以及相应的环境工程设备，总投入3 817 675元，全部价款由企业自有资金偿付。对该项固定资产企业按照平均年限法折旧，预计净残值为原值的4%，折旧年限为20年，计算年折旧额为183 000元。

借：环境固定资产　3 817 675

　贷：银行存款　3 817 675

借：环境成本——环境保护成本——环境治理成本——折旧费　183 000

　贷：环境资产累计折旧折耗——环境设备　183 000

②该工程建成后，高炉除尘设备的年运行费用为385 000元。

借：环境成本——环境保护成本——环境治理成本——设备运行费　385 000

　贷：银行存款　385 000

③当年取得用于环境保护的各项财政拨款100 000元及无指定用途的环境捐赠款80 000元。

借：银行存款　180 000

　贷：环境保护收入——政府环保补助收入　100 000

　　环境营业外收入——环境捐赠收入　80 000

④由于公司排污而应交排污费12 000元。

借：环境成本——环境保护成本——环境治理成本——排污费　12 000

　贷：应交排污费　12 000

⑤某单位以一片经评估作价为600 000元的森林作为投资，成为企业的合伙人，并办好

相关手续。

借：资源资产——自然资源资产（森林） 600 000

贷：环境资本——法人资本 600 000

⑥企业当年进行污水处理，用存款购买活性炭等净水剂、催化剂、购买聚凝剂环保材料 94 300 元。

借：环境流动资产——环保材料 94 300

贷：银行存款 94 300

⑦进行污水处理，领用上述全部材料 94 300 元。

借：环境成本——环境保护成本——环境治理成本——材料费 94 300

贷：环境流动资产——环保材料 94 300

⑧由于企业排放的大气污染物超标，相关部分给予处罚，尚未支付 20 000 元罚款。

借：环境成本——环境保护成本——环境管理成本——环境罚款 20 000

贷：应付环境罚款 20 000

⑨该企业购入一项处理固体废弃物的专利技术，价值 15 000 元，有效期为 5 年，并在一定时期内进行摊销。

借：环境无形资产——环境专利和技术 15 000

贷：银行存款 15 000

⑩摊销当年的处理固体废弃物的专有技术价值 3 000 元。

借：环境成本——环境保护成本——环境治理成本——折旧费 3 000

贷：环境资产累计折旧折耗 3 000

⑪由于环境事故导致损失而请外单位进行的修复费用 24 500 元，尚未支付。

借：环境成本——环境保护成本——环境修复成本——修复费 24 500

贷：其他环境负债 24 500

⑫由于附近企业排出的污染物对企业经营造成污染，收到赔偿款 2 000 元。同时出售上年国家划拨在当年节省排污权部分指标 1 000 份，每份交易现价 100 元，成本 60 元。

借：银行存款 102 000

贷：环境保护收入——环境受损补偿收入 2 000

——排污权交易收入 100 000

借：环境成本——环境保护成本——其他环境成本——排污权销售成本 60 000

贷：环境无形资产——排污权 60 000

⑬为减少污染，该企业将钢铁公司废弃物加工处理以备销售，发生的辅助材料费用 860 000 元，并结算工人工资 150 000 元和应负担的车间制造费用 80 000 元。

借：环境成本——环境保护成本——环境修复成本——加工费 1 090 000

贷：环境流动资产——辅助材料 860 000

其他环境负债——职工薪酬 150 000

——制造费用 80 000

⑭企业利用对外出售废弃物，实现的免税项目收入 5 705 870 元存入银行账户。

借：银行存款 5 705 870

贷：资源和“三废”产品销售收入 5 705 870

⑮假设按照规定，以当年营业收入一次性计提生态受损补偿基金800 000元，以备支付甲受损方。

借：环境成本——环境保护成本——生态补偿成本——生态受损补偿　800 000

　　贷：环保专用基金——生态补偿基金　800 000

⑯该公司当年向政府交纳矿产资源补偿费616 000元。

借：环境成本——环境保护成本——生态补偿成本——矿产资源补偿费

616 000

　　贷：银行存款　616 000

⑰该公司当年因环保减免的事后返还的所得税收入为50 000元。

借：银行存款　50 000

　　贷：环境收益——环境保护收入——退税收入　50 000

⑱经中介机构认定并与受害一方协商取得一致，因公司排污按照赔偿协议确认应支付甲方生态补偿款项700 000元，准备从企业已经预提的环境基金，分两年支付。

借：环保专用基金——生态补偿基金　700 000

　　贷：应付生态补偿款——受损方　700 000

⑲支付公司专职环境保护技术人员工资100 000元，企业环境保护处管理人员工资薪酬50 000元。

借：环境成本——环境保护成本——环境管理成本——工资薪酬　100 000

　　环境管理期间费用　50 000

　　贷：银行存款　150 000

⑳结转环境管理期间费用账户发生额到环境成本。

借：环境成本——环境保护成本——结转环境费用成本　50 000

　　贷：环境管理期间费用　50 000

㉑期末结转全年发生的环境成本费用。

借：环境利润　3 437 800

　　贷：环境成本——环境保护成本——环境治理成本　677 300

　　　　　　　　　　　　　　　——环境修复成本　1 114 500

　　　　　　　　　　　　　　　——其他环境成本　60 000

　　　　　　　　　　　　　　　——生态补偿成本　1 416 000

　　　　　　　　　　　　　　　——环境管理成本　120 000

　　　　　　　　　　　　　　　——结转环境费用成本　50 000

㉒期末结转全年发生的环境收益。

借：环境保护收入——政府环保补助收入　100 000

　　　　　　　　——生态受损补偿收入　2 000

　　　　　　　　——排污权交易收入　100 000

　　　　　　　　——退税收入　50 000

　　环境营业外收入——环境捐赠收入　80 000

　　资源和“三废”产品销售收入　5 705 870

　　贷：环境利润——结转环境收益　6 037 870

则，20×4年的该企业编制的环境资产负债表和环境利润表如表7-8、表7-9所示，且此表亦可当成附表使用。

表7-8 **资产负债表（补充式）**

20×4年12月31日

编制单位：A企业 单位：元

资产	金额	负债与所有者权益	金额
流动资产	64 395	流动负债	
环保证券投资		应付排污费	12 000
固定资产		应交环境罚款	20 000
环境固定资产原价	3 817 675	应付环境修复费	24 500
环境固定资产折旧	183 000	其他环境负债	230 000
环境固定资产净额	3 634 675	环境流动负债小计	286 500
无形资产及其他资产		长期负债	
环境无形资产	15 000	应付生态补偿款	700 000
环境无形资产折耗	3 000	应付自然资源恢复费用	
环境无形资产净值	12 000	应付自然资源降级费用	
资源资产		环境负债小计	986 500
自然资源资产原价	600 000	所有者权益	
资源资产折耗		资源资本	600 000
资源资产净值	600 000	净环境利润	2 460 070
生态资源基础原价		环保专用基金	140 000
环境长期资产小计	4 321 675	环境所有者权益小计	3 200 070
资产总计	4 386 070	负债与所有者权益总计	4 386 070

表7-9 **利润表（独立式）**

20×4年度

编制单位：A企业 单位：元

项目	金额
环境经营收益	5 957 870
其中：资源收益	
环境保护收入	252 000
资源和“三废”产品销售收入	5 705 870
环保投资收益	
减：环境营业成本	
其中：环境成本	3 387 800
（1）资源成本	
（2）环境保护成本	3 387 800
（3）资源和“三废”产品销售成本	
（4）环境证券投资损失	

续表

项目	金额
减：环境期间费用	50 000
环境资产减值损失	
环境经营利润	2 520 070
加：营业外收入	
其中：环境营业外收入	80 000
环境营业外支出	
利润总额	2 600 070
其中：环境收益总额	
减：转出环保专用基金利润	140 000
净环境收益	2 460 070

根据以上会计处理结果，计算A企业20×4年的有关环境财务指标为：

环境营业利润 = 252 000 + 5 705 870 − 3 387 800 −50 000 =2 520 070（元）

环境利润总额 =2 520 070 +80 000 = 6 037 870 −3 437 800 =2 600 070（元）

转出环保专用基金利润 =100 000 +（100 000 − 60 000）=140 000（元）

净环境利润 =2 600 070 −100 000 −（100 000 − 60 000）=2 460 070（元）

环保专用基金总额 =100 000 +（800 000 − 700 000）+（100 000 − 60 000）=240 000（元）

7.4　其他形式的环境会计报告

7.4.1　按照制度的约束性分为强制式报告和自愿式报告

（1）强制式报告。它是由国家立法机关和政府职能部门通过制定环境信息披露规范性文件，要求公司按照统一标准进行信息披露的机制。强制披露可以保证环境信息披露的规范、统一和可比。审计师通过对强制披露环境会计信息的审查和评价，以鉴证其合法性、公允性和真实性。

（2）自愿式报告。它是由公司根据自身利益和价值取向，向外界主动进行环境信息披露的机制。审计师通过对自愿披露的环境信息的审查和评价，以鉴证其真假。公司主动并自愿及时地披露环境信息，能够实现信息披露的相关性的要求，沟通公司各方面关系，树立良好的公司外在形象，使其在资本市场和商品市场上具有更强的竞争力，进而获得巨大的环境利润。

显然，随着社会经济发展，人们环境意识不断增强，对环境绩效逐步重视，加上外界对企业利润质量的愈加关注，环境诉讼问题的日益增多，环境会计信息的自愿披露会成为公司的一种必然选择。但当前我国环境会计、环境审计还处于初始阶段甚至尚未完全实施，一些企业担心被人歧视、商业秘密泄露、信息超载、披露成本过高以及出于自身局部利益考虑，而隐瞒应当向外界披露的环境信息。为此，在当前情况下，我国公司环境信息披露机制，应当以实现环境信息披露的基本要求为前提，更多地通过一定的强制手段明确信息披露的基本要求、披露方式和方法、披露时间、披露内容，确保环境信息披露处于一种良性循环机制。比如：环境法律、法规执行情况，政府强制征收的环境费用或因违法环境罚款等，这些信息必须要求强制披露。

7.4.2 按照会计报告的信息披露内容分为财务信息报告和非财务信息报告

（1）财务信息报告。财务披露是指以货币金额披露的信息项目。如：环境资产、环境负债和环境权益；环境收益、环境费用和环境损益；环境政策执行的定量分析和环境管理活动成效等。

（2）非财务信息报告。非财务披露是指不以货币量化的学术性说明、事实或意见，或指不以货币而以其他方式定量化的信息项目。如：环境或有事项说明；排污收费制度执行情况说明；污染治理项目数说明；职工身体状况说明；绿地覆盖面积说明；污染物排放量和能源消耗量说明；环境目标和指标的定量数据说明等。

环境信息的特征决定了环境信息的披露内容，并体现环境信息披露的基本要求。环境信息的财务披露和非财务披露各有其侧重和适用条件，一般而言，环境会计核算信息系统的信息主要通过财务披露，环境管理控制信息系统的信息主要通过非财务披露。从传统财务范畴上来讲，财务信息会远多于非财务信息，而从目前环境会计、环境审计将逐步被认知、重视和应用的趋势上来看，信息使用者对环境信息的披露会提出更高的要求，其披露的范围将更多地扩展到非财务披露上，并且由于环境审计信息的不稳定性、隐蔽性和众多信息计量的难度性，非财务信息会越来越受到信息使用者的关注，这在西方国家已被实践所证明。

7.4.3 按照环境会计的披露方式分为在财务报告的框架内报告和在管理层声明书中披露

（1）在财务报告的框架内报告。用这种方法报告环境信息，需要对现有的财务会计报告进行适当的改进，具体方法应包括表内揭示和表外披露两种类型。这两者相互联系，互为补充，缺一不可，但有各有侧重。

①表内揭示。它是公司通过在现有对外报送的会计报表框架之内披露公司环境信息，如资产负债表、利润表和现金流量表及其附表、分布表。具体可采用三种方法：一是通过增加基本财务会计报表中的相关项目（环境项目）方式披露；二是通过增加基本财务会计报表相关附表（环境业务明细表）方式披露；三是通过增加相关分布报表（环境业务分布）方式披露。一般来说，环境会计核算信息系统中的信息应主要通过表内披露，其内容主要包括环境资产、环境负债、环境权益、环境损益和环境绩效等。

②表外披露。它是公司通过在现有对外报送的会计报表框架之外披露公司环境信息，如报表附注和财务状况说明书。具体可采用两种方法：第一，在报表附注中披露；第二，在财务状况说明书中披露。一般来说，环境管理控制信息系统中的信息应主要通过表外披露。其

内容主要包括：对于环境问题的确认的计量方法说明；组织的消除危害目标、组织的工作进程、环境因素对财务状况和经营成果的影响等问题的说明；对环境资产、环境或有事项、环境支出和环境绩效在现行的报表项目加以反映的说明；环境绩效分析、评价和说明；环境法规的执行情况和执行偏差程度及环境经济指标完成程度情况的说明等。

（2）在公司声明书中披露。用这种方法披露环境信息，公司仍然保留现有的财务报告的框架，只是通过公司管理层对外提交的相关文件来实现公司环境信息披露。其主要形式包括招股说明书、上市公告书、环境报告、公司告示、广告、产品说明、新闻发布会。其主要内容应与上述财务报告披露的环境信息基本一致，并可以运用独立环境声明书和综合说明书两种不同方式加以表达，区别是前者为单项表达，后者为综合表达。

需要指出的是，上述披露，尤以在管理层声明书中披露各具体形式的内容，广义披露，应根据不同信息使用者对不同环境信息的需求而定。当然，企业当局和会计也应当就政府部门对公司环境信息披露决策的控制或制裁所能带来的负面影响进行权衡，考虑市场各利益主体对环境信息所做出的反应，选择恰当的信息披露方法，并自愿地最大限度地披露足够量的环境信息。事实上，随着公司制度的进一步完善和会计核算、审计监督制度的进一步加强，公司面临的环境披露要求存在日益扩大趋势而非缩小趋势，因为环境信息的使用者希望得到公司更多的信息，以增加透明度，减少不确定性进而减少决策风险。而公司在资本方面的竞争对披露范围的扩大也有巨大的推动作用，实现多种形式对外披露充分的环境信息以满足信息所有者需求也有可能。尽管如此，各具体形式披露的采用，应力求在内容上和格式上尽量做到统一和规范，符合政府对信息披露的基本要求和最低信息容量。审计师对政府部门要求应当强制披露的环境信息，应按披露要求进行监管和控制，提出公正的评价意见，以确认和解除公司的环境责任，减少审计风险。

非独立式（嵌入式）环境会计报表编制方法编制工作量较小，但对环境事项分析工作量较大。

【例7－2】 假设某企业20×4年在按照目前的会计制度处理时的利润表如表7－10所示：

表7－10　　利润表（项目调整前）

20×4年度　　单位：万元

项目	金额
一、主营业务收入	180 000
减：营业成本	100 000
税金及附加	9 000
二、主营业务利润	71 000
加：其他业务利润	4 000
减：销售费用	4 000
管理费用	17 000
财务费用	4 000

续表

项目	金额
三、营业利润	50 000
加：投资收益	3 000
营业外收入	7 000
减：营业外支出	3 600
四、利润总额	56 400
减：所得税	16 910
五、净利润	39 490

假设该企业当年发生的与环境有关的支出和收益主要有：

①购置治理污染设备一台原值500万元，可用5年，年折旧额100万元，由于产销平衡而全部体现在营业成本中。

②缴纳排污费30万元，已计入管理费用之中。

③为购置治理污染设备而从环保局取得利息为2%的低息贷款400万元，目前银行同期贷款利息为10%，利息已计入财务费用，此项贷款节约利息32万元。

④利用“三废”生产某种产品，少缴纳流转税金及教育费附加80万元，少缴纳所得税10万元。

⑤因某些烟囱排污超标，被罚款40万元。

⑥因某项污染治理接受政府无偿补助20万元，已经列入营业外收入。

对于上述环境事项发生后，对原传统会计制度下的利润表进行改进，采用或调整、或加注等方法，以更好地揭示和披露企业环境信息（见表7－11）。

表7－11　　利润表（项目调整后——调整法1）

20×4年度　　单位：万元

项目	金额
一、主营业务收入	180 000
减：营业成本（扣除环保设备折旧100万元）	99 900
税金及附加（加上少缴纳的流转税款80万元）	9 080
二、主营业务利润	71 020
加：其他业务利润	4 000
减：销售费用	4 000
管理费用（扣除排污费30万元）	16 970
财务费用（加上低息贷款少缴纳的利息32万元）	4 032
三、营业利润	50 018
减：环境成本（100＋30＋40）	170
加：环境收益（32＋80＋20）	150
加：投资收益	3 000

续表

项目	金额
营业外收入（扣除政府发放的污染治理补助20万元）	6 980
减：营业外支出（扣除污染罚款40万元）	3 560
四、利润总额	56 418
减：所得税（假定没有税收减免10万元，即按照正常税率计算）	16 920
加："三废"产品（污染治理）减免所得税收益	10
五、净利润	39 508

表7－11这种格式的利润表，不仅可以解释环境支出和收益，而且还使财务指标本身也较之过去更有意义，更便于信息使用者使用和分析。

如果我们想在利润表中得到更为全面的包括所有列作当期资本支出和收益支出的所有的环境支出，对现有的利润表略加改造也是可以实现的。

【例7－3】在【例7－2】中，假设该企业当年还有购置环保设备一台计500万元，那么，不妨在表7－11中对环保支出项目再进行调整，形成如表7－12所示的格式，即可把所有的环保支出和其中属于资本性的支出与收益性支出都予以揭示。

表7－12　　利润表（项目调整后——调整法2）

20×4年度　　单位：万元

项目	金额
一、主营业务收入	180 000
减：营业成本（扣除环保设备折旧100万元）	99 900
税金及附加（加上少缴纳的流转税款80万元）	9 080
二、主营业务利润	71 020
加：其他业务利润	4 000
减：销售费用	4 000
管理费用（扣除排污费30万元）	16 970
财务费用（加上低息贷款少缴纳的利息32万元）	4 032
三、营业利润	50 018
减：环保总支出（500＋30＋40）	570
减：转作长期资产部分	500
当期支付的收益性环境支出	70
加：长期资产当期折旧和摊销	100
当期收益性环境支出总额（570－500＋100）	170
加：环保收益（32＋80＋20）	150
加：投资收益	3 000
营业外收入（扣除政府发放的污染治理补助20万元）	6 980
减：营业外支出（扣除污染罚款40万元）	3 560

续表

项目	金额
四、利润总额	56 418
减：所得税（假定没有税收减免10万元，即按照正常税率计算）	16 920
加："三废"产品（污染治理）减免所得税收益	10
五、净利润	39 508

7.4.4 其他补充形式的环境信息报告

（1）上市公告书。上市公告书是发行人于股票上市前，向公众公告发行与上市有关事项的信息披露文件。环境责任作为企业社会责任的重要组成部分，已被全社会广泛认知和接受。上市公司因其有着较普通企业更大的社会影响力，因而必须承担更为苛刻的环境责任，受到环境经济政策更为严格的约束。为督促上市公司严格执行国家环保法律、法规和政策，避免由于上市公司环境保护工作滞后或募集资金投向不合理对环境造成严重污染和破坏而带来的市场风险，保护广大投资者的利益，中国证监会在《公开发行证券公司信息披露内容与格式准则第9号——首次公开发行股票申请文件》《公开发行证券公司信息披露的编报规则第12号——公开发行证券的法律意见书和律师工作报告》中第一次明确要求，股票发行人对其业务及募股资金拟投资项目是否符合环境保护要求进行说明。这是我国证券监督管理机构第一次明确要求上市公司披露其环境信息，从中可以看到建立上市公司环境信息披露制度的发展趋势，意义重大。

（2）可持续发展报告。可持续发展报告包括报告原则、报告指导、标准披露（包括绩效指标）基本框架，其中，标准披露包括战略及概况、管理方法和绩效指标，而绩效指标又包含了经济绩效指标、环境绩效指标、劳工实践及体面工作绩效指标、人权绩效指标、社会绩效指标、产品责任绩效指标等。《可持续发展报告指南》中对环境指标的描述，包含以下几点：

①物料。包括所用物料的重量或体积、采用经循环再造的物料的百分比。

②能源。包括初级能源的直接能源消耗量、初级能源的间接能源消耗量、通过节约和提高能效节省的能源、提供具有能源效益或基于可再生能源的产品及服务的计划，以及计划的成效、减少间接能源消耗的计划及计划的成效。

③水。包括按源头说明总耗水量、因取水而受重大影响的水源、循环及再利用水的百分比及总量、生物多样性、机构在环境保护区或其他具有重要生物多样性意义的地区或其毗邻地区。

④废气、污水及废弃物。包括：按质量说明直接与间接温室气体总排放量、其他相关间接温室气体排放量和减少温室气体排放的计划及其成效；按类别及质量说明臭氧消耗性物质的排放量、氮氧化物、硫氧化物及其他主要气体的排放量；按重量及排放目的地说明污水排放总量；按类别及处理方法说明废弃物总重量、严重泄露的总次数及总量；说明按照《巴塞尔公约》附录Ⅰ、附录Ⅱ、附录Ⅲ、附录Ⅷ的条款视为有毒的废弃物经运输、输入、输出或处理的重量，以及运往全世界的废弃物的百分比、受机构污水及其他（地表）径流排

放严重影响的水体及相关栖息地的位置、面积、保护状态及生物多样性价值。

⑤产品及服务。按类别说明降低产品及服务环境影响的计划及其成效、售出产品及回收售出产品包装物料的百分比。

⑥遵守法规。说明违反环境法律法规被处重大罚款的金额，以及所受非经济处罚的次数。

⑦交通运输。说明机构为运营而运输产品、其他货物及物料以及机构员工交通所产生的重大环境影响。

⑧整体情况。按类别说明总环保开支及投资。

（3）环境业绩评价表。企业的环境业绩指标是指有关企业环境受托责任的履行情况方面的信息。根据企业环境受托责任，该表应包括环境资源利用方面的业绩、污染控制方面的业绩、环境保护方面的业绩。环境报告方面的业绩对环境业绩的有效性进行评价，是当前比较活跃的一个研究领域，国内外学者、国际机构纷纷提出了自己的评价体系。

大量的研究成果为建立行之有效的环境业绩评价指标提供了借鉴，目前主要的几种综合评价方法包括层次分析法、平衡计分卡、数据包络分析方法、人工神经网络法等。

①层次分析法。自1970年以来，许多美国学者探讨和研究了多层次权重解析方法，其中有名的运筹学家萨迪提出了层次分析法（AHP）。所谓层次分析法，是指对复杂系统的本质、因素及其内在关系进行深入分析，将与企业环境绩效评价问题相关的影响因素分解成不同的元素，并将这些相关元素分解成目标、准则等若干个层次，从而建立一个基于定量和定性分析的结构模型。与其他评价方法相比较。层次分析具有样本点少、可靠度高、误差小和数据量小等优点，所以，为解决环境绩效评价系统问题提供了一种新的方法即量化分析。由此看来，在企业环境绩效评价的初期工作中，通常应用层次分析法进行评价。目前学术界，主要研究和分析层次分析法的两种类型：一类是模糊层次结构，另一类是权重的测算。在确定多层次指标权重的问题上，层次分析法是最简洁实用的决策方法。然而在分析结构模型中，如果一个目标的下层直属子目标为9个以上，那么运用层次分析法就难以实现系统评价，因为无法判断矩阵实现一致性，求出其最大特征值。

②平衡计分卡法。1992年，卡普兰和诺顿提出了平衡计分卡分析方法，这种计分卡是对综合绩效进行评价。这一计分卡不但有对财务评价的传统指标，而且一些非财务指标也包含其中，其对企业环境绩效进行全面考核时具有重大意义。当对企业环境绩效进行综合评价时，我们可以从以下四个方面进行评价，即客户、财务、学习和发展以及经营发展的过程。当企业的财务指标和非财务指标密切结合时，平衡计分卡在这一基础之上，可以实现企业各部分之间的平衡，包括企业内部与外部之间的平衡、财务结果平衡及其动因执行的平衡，所以在综合评价企业环境绩效的时候被广泛运用。平衡计分卡是最前沿的管理思想，集管理、测评以及交流等功能于一体，是评价环境绩效的主要方法。传统的企业环境绩效评价指标一般采用的都是财务指标，但对于平衡计分卡而言，其管理是在信息的基础之上，对企业成功的关键因素进行分析以及对这些项目进行评价，同时也要对这一过程不断的审核与检查。

③数据包络分析方法。1978年，美国A. 查恩斯等人提出了这一评价分析方法，它是根据多项投入指标和多项产出指标，利用线性规划方法，对具有可比性的同类型单位进行相对有效性评价的一种数量分析方法。在运用该分析方法之时，必须综合分析前期的决策数据，选择的评价对象应该是最为优秀的，这样才能在将来的决策过程中有信息可循、可依。相比

于其他的评价方法而言，数据包络分析方法具有以下的优点：一是对决策单元的相对有效性能进行准确的判断；二是对于企业评价过程中有需要改进的地方，这一分析方法能够有针对性地给出所要改进的信息；三是权重是求解数据包络分析方法的最终变量，在一定程度上对企业环境绩效评价更具有客观真实性。由此一来，数据包络分析方法，在对环境绩效等问题的解决上被广泛运用。

④人工神经网络法。在20世纪80年代中期，著名学者麦克莱伦德和鲁梅尔哈特发表了人工神经网络（ANN）决策方法。所谓人工神经网络法，不是对非生物系统进行逼真描述，而是反映人类大脑功能的基本阶段特性，是一种模仿和抽象。详细描述人工神经网络优势，主要体现在以下几个方面：首先，ANN自觉遵守一定的准则进行学习；其次，人工神经网络是某种模仿和简化，能够自身进行概括、识别和推广；最后，ANN不仅可以实现复杂且多层次的非线性映射功能，而且它还具有输入到输出的映射功能。所以相对于其他评价方法，人工神经网络法更适合解决内部机制复杂多变的环境绩效评价问题。

（4）企业社会责任报告。企业社会责任报告需要回答以下五个基本问题：一是企业社会责任的内容，即企业对社会承担哪些责任；二是企业履行社会责任的动力，即企业为什么应该而且愿意对社会承担责任；三是企业履行社会责任的方式，即企业以何种方式和过程落实责任；四是企业履行社会责任的业绩，即企业运营对经济、社会和环境所造成影响的行为、过程和结果符合企业履行社会责任的职责、标准和目标的程度；五是企业社会责任的未来计划，即企业在原有业绩的基础上，为更好地实现履行社会责任的愿景而制定的未来目标和行动方案。

企业社会责任报告包括单项和综合性两种。单项社会责任报告以环境报告、环境健康安全报告、社会报告为主；综合性报告以企业社会责任报告、可持续发展报告、企业公民报告、企业社会与环境报告等为主。按其反映程度是否全面为标准，企业社会责任报告可以划分为广义的企业社会责任报告和狭义的社会责任报告两类。广义的企业社会责任报告即非财务报告，包括以正式形式反映企业对社会承担的某一方面或几方面责任的所有报告类型，即包含单项和综合性社会责任报告；狭义的企业社会责任报告，一般特指综合性报告中的企业社会责任报告，它是以正式形式全面反映企业对社会承担的所有责任的报告。

2011年中国社会科学院编制了《中国企业社会责任报告编写指南（CASS-CSR 2.0）》（以下简称《指南2.0》），创造了“四位一体”的企业社会责任模型，如图7-2所示。《指南2.0》规定，一份完整的企业社会责任报告包括六大主体部分：报告前言、责任管理、市场绩效、社会绩效、环境绩效和报告后记。其中，环境绩效主要描述企业在节能减排、保护环境方面的责任贡献，主要包括环境管理、节约资源能源和降污减排三大板块。

①环境管理包括：环境管理体系、环境事故应急机制、环保培训与宣教、环保培训力度、绿色采购、环保公益、环保产品的研发与销售、环保技术设备的研发与应用、环保总投资、新建项目的环境评估、保护生物多样性、环境责任负面信息。

②节约资源能源包括：节约能源政策措施；单位产值能耗及能源节约量；节约用水制度/措施；单位产值水耗及水资源节约量；使用可再生资源的政策、措施；可再生资源使用率或使用量；循环经济政策/措施；能源资源循环利用率或利用量；绿色办公措施；绿色办公绩效；减少公务旅行节约的能源；节能建筑和营业网点。

③降污减排包括：减少废气排放的政策、措施或技术；废气排放量及减排量；减少废水

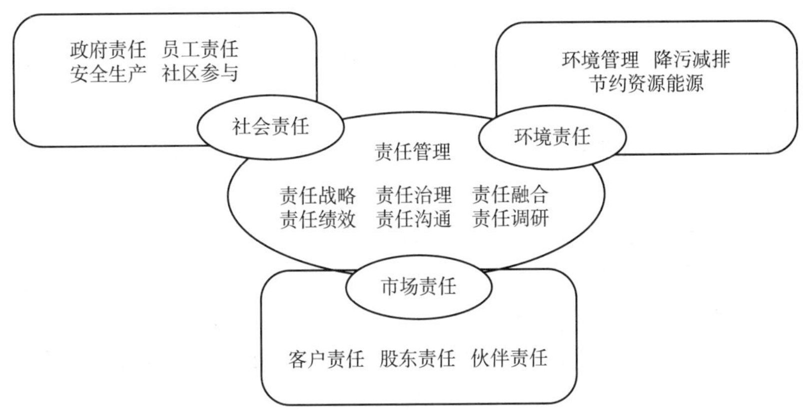

图7-2　《中国企业社会责任报告编写指南》理论模型

排放的制度、措施或技术；废水排放量级减排量；减少废弃物排放的制度、措施或技术；废弃物排放量及减排量；积极应对气候变化；温室气体排放量及减排量；生产噪声治理；厂区及周边生态环境治理。

7.5　环境会计信息披露

7.5.1　环境会计信息披露的行为主体

公司环境信息披露是在一定的背景下产生的，这种背景我们称其为环境会计的会计环境，它主要由对环境会计产生影响的政治体制、经济和科技发展水平、法律约束、企业和职工道德素质和文化状况以及资源配置等因素构成。在这个系统中，与环境信息有关的行为主体包括三个方面——环境信息的使用者、环境信息的披露者以及环境信息的评价和鉴证者。在公司制下，外部环境信息使用者、公司管理当局和会计之间存在着相互依赖、相互依存的关系，环境信息披露的合法、公允、效益和真实程度是这三者间多次博弈的结果。具体来讲，外部环境信息的使用者希望公司披露满足自身需要的环境信息，环境信息提供者的公司管理当局会从自身利益角度考虑愿意披露的环境信息，会计则从自身能力上披露所能提供的环境信息。显然，只有环境信息使用者需要的信息、公司愿意提供的信息且会计能够提供的信息，才是公司对外披露的信息。审计师只能在此披露信息范围内依据审计标准受托对公司应承担的环境责任进行审计评价和鉴证，至少我国公司将要开展的环境审计初级阶段的现状会是这样。

会计环境是一个不断变化的动态系统，它的变数会直接引起会计信息使用者和会计信息量的调整，并进而改变会计信息提供者对会计信息的披露（美国会计学会，1991）。最明显的特征是要增加某些新的信息，比如这里所述的环境信息。由于环境是一种“公共产品”，决定公司对外提供环境信息也带有“公共信息”属性。因此，上述与环境密切相关的环境信息的使用人有权要求企业提供环境“公共信息”，以供他们进行“道德投资”。

按照会计信息有用性和相关性的基本理论，公司外部环境信息的使用人及其需要的信息应主要由以下几个方面组成：

（1）环保组织。他们需要污染控制与治理的信息、排污量信息、废物回收与处理信息、各企业参与治理周边环境的信息、保护自然资源的信息，以便采取措施进一步控制污染和保护环境。

（2）矿产部门。他们需要各种矿藏、天然气、地下水及地热储备量的信息，以及已开采量及尚可开采量和尚可开采年限的信息，以便有计划开采和监督资源的合理节约使用。

（3）社会福利机构。他们需要了解各单位对社会保障义务的履行情况信息，职工身心健康等合法权益维护情况信息，以便开展社会扶贫救济活动。

（4）投资人。他们需要了解其投资的使用情况信息，投资所产生的社会效益和经济效益情况信息，以及投资所产生的社会影响对投资者的形象及可能带来的商誉情况，以便做出正确的投资决策。

（5）金融机构。他们需要了解贷给企业用于环境治理和环境美化款项的本息偿还能力信息，以便预测信贷风险，做出稳健的信贷决策。

（6）社会公众。他们需要了解生活所处周边环境是否受到企业生产经营所产生的污染、噪声、水土流失等影响，以便通过诉讼请求维护自己的生活和生存环境。

7.5.2 环境会计信息披露内容

我们知道，反映和监督经济活动是会计的对象。那么，不难推出，环境会计的对象就是企业应承担的环境责任方面的经济活动，这种活动是一定利益主体对环境资源的使用、消耗、保护并实施管理的行为。进一步分析后可归纳出它应包括的方面主要有：与环境有关的经济活动，能源保护和利用方面的经济活动，矿产开采与保护使用经济活动，人力资源保护活动，产品质量保证活动，与环境有关的公益性经济活动。

任何审计都是针对一个特定时期审计监督客体的经济活动和相关管理活动的审计，公司环境审计依然如此。由于环境活动所具有的经济性和管理性的两重属性（袁广达，2001），决定了环境信息披露内容的两个方面：环境会计核算信息系统的信息和环境管理控制信息系统的信息。在此简单阐述如下：

（1）环境会计核算信息系统的信息。这是以货币表现的、定量的财务信息为主的环境经济活动信息，其信息表现形式主要为会计凭证、账簿、报表及其他相关资料，这些信息有助于信息使用人分析、判断和评价企业环境信息披露的合法性、公允性、一贯性。

（2）环境管理控制信息系统的信息。这是以非货币、定性的非财务为主的环境管理活动信息，其信息表现形式主要为提高环境管理工作绩效和环境质量所采取的管理措施、步骤、技术、方法和手段及其形成的文件和指标。这些信息有助于信息使用人分析、判断和评价企业环境管理方法、手段和措施的合法性、真实性和有效性。也正因为环境会计的复杂性，尤其涉及计量上的复杂性，所以环境管理控制信息系统中的信息更难以把握，其包含的范围也更广泛。但概括起来主要有以下三个方面：

第一，环境法规执行情况。包括环境法规执行的成绩和未能执行的原因。

第二，环境质量情况。包括：①污染物排放情况，包括排放总量及其所含的污染物质含量以及对环境和经济的危害；②环境质量指标的达标率；③发生的污染事故情况，包括污染性质、对环境和经济的危害；④环境资源，包括水、电、煤、石油等的消耗用量；⑤有毒有害材料、物品的使用和保管情况；⑥厂区绿化率以及有偿或无偿承担的其他绿化任务。

第三，环境治理和污染利用情况。包括：①污染治理项目完成数，污染物处理能力，污染物治理设施运行状况；②从事环境治理、检测、研究的机构和人员情况；③本企业所建立的环境管理制度和管理体系的情况；④污染物回收利用情况，包括对各种污染物回收利用的总量，回收利用的产品产量、产值、收入、利润等指标；⑤其他污染治理措施和事项，如企业制定的环保规定、职工的环保培训、本企业取得的环保技术成果等。

7.5.3 环境会计信息特征

环境信息是公司环境经济核算活动和环境管理控制活动的反映形式，又因为环境活动的特殊性，因此，这种信息具有明显的特征。表现在：

（1）信息的综合性。环境信息是一种以经济信息为主的综合信息，这种信息能够有助于表达企业的经济效益、环境效益和综合效益，有助于信息使用者对企业做出全面的评价。

（2）信息的商业性。环境信息具有价值性并能为信息使用人所利用，不仅可用于环境会计核算，而且还可用于环境经济核算及其经济和管理预测、决策和评价。

（3）信息的通用性。对外提供的环境信息考虑了各种信息使用者的需要而成为一种通用的信息。

（4）信息的多样性。环境信息既有定量的信息，也有定性的信息；既有财务信息，也有非财务信息；既有货币计量信息，也有实物、技术等指标表达的非货币信息。

（5）信息的隐蔽性和间接性。它既有对已发生的环境活动所反映出的信息，也有对未来会发生或有可能要发生的环境活动所产生的潜在影响的信息；既有可以给企业自身带来直接环境收益或损失的信息，也有可以给周边利益主体带来间接环境收益或损失的信息。

7.5.4 环境信息披露质量特征

按照“受托责任”基本理论，现代会计的目标要体现并能满足社会资源配置的需要和反映代理人履行受托责任的情况，以利于委托人进行评价并做出决策。审计的目的就是认定或解除代理人受托责任，并向受托人提出审计报告和评价意见。诚如王光远教授（1996）所指出的，任何会计、审计问题都离不开受托责任。就环境会计而言，这种受托责任是指环境资源的使用者必须对其受托使用和管理的环境资源承当起良好的经营之责，并妥善地向委托人报告职责的完成情况。环境受托责任最基本的含义就是建立环境信息披露或者报告制度（孟凡莉，1999），这种责任可能来自环境法律、法规、契约和惯例，环境准则和审核指南，以及环境道德义务等。为了实现上述目的，一般来讲，公司向外披露的环境信息质量应符合以下基本要求：

（1）有用性。环境信息本身具有价值性，其披露应能够为信息使用者使用并带来现实的或潜在的价值影响。

（2）相关性。环境信息披露者应通过所能接触的信息了解企业环境绩效和与环境有关的财务信息，至少应能够为了解受托责任的履行情况的信息使用者提供相关环境信息，并以此作为相关决策基础。

（3）可靠性。环境信息披露应能够真实地反映企业与环境有关的各种情况，如实地反映环境本来面目并具有可验证性，对于诸如环境或有事项等隐性信息，应建立在科学地估计或者合理的职业判断之内。

（4）可比性。环境信息在不同企业、不同时期披露的程序、内容、方法和形式应当一致，在同一企业、不同时期披露的程序、内容、方法和形式也应当一致。

（5）明晰性。应当对环境信息披露的专业性和技术性方面的概念、公式和数据，做出恰当的和可理解的解释或说明，其表达应简洁明了。

（6）重要性。环境信息的披露应考虑对信息使用者当前和未来的决策足以产生重大的影响，在全面披露和披露成本权衡的基础上进行重点揭示。

上述环境信息披露质量的基本要求是缺一不可的，它是确定环境信息披露方法、披露方式的基本前提，也是确定环境审计的基本内容、环境审计报告形式和审计意见表达方式所必须遵守的基本原则。

7.5.5 环境会计信息披露要求

（1）信息社会性。企业的环境会计应该站在全社会的角度来评价企业的经营业绩，以社会效益与社会成本相配比的原则评价企业的经济活动，这样才能准确地揭示一个企业的环境责任履行情况。企业的管理层应该以社会性原则考虑社会总体的利益而不是仅仅局限在一个企业的范围内考虑自身的利益。

（2）允许偏差。企业环境会计计量的对象在边界和形态方面的不确定性，导致了其计量结果也有一定的不确定性和模糊性，不可能是完全精确的，所以对于环境会计的计量允许在一定范围内存在误差。

（3）强制与自愿相结合。强制是指企业的会计核算和报告应该遵守国家统一的会计准则和相关法律的规定；自愿是指企业根据社会公认的责任标准和企业自身应该承担的环境义务主动披露环境信息的意愿，这是在没有法律强制规定时企业负有的推定义务。由于我国企业的环境会计还处于建立的初期阶段，没有统一的报告准则，加上环境因素本身就具有复杂多样性，所以在我国适用环境会计报告的强制与自愿相结合的要求。

【辅助阅读 7－1】

日本三菱电机的环境信息披露

在国际社会上，日本企业环境信息公开透明，在发行环境报告书方面也最积极。三菱电机作为专业的功率模块、光模块和高频模块生产商，在生产经营过程中难免会造成不少环境问题。但是在日本政府的重视、社会公众的监督和多数日本企业进行环境信息披露的背景下，三菱电机积极地披露了其环境信息。三菱电机秉持“精于节能，尽心环保”的绿色宣言，通过一系列减排措施，致力于削减生产过程中和产品使用过程中的排碳量，促进资源与废旧产品的循环利用，并对这些环境信息进行了披露。

1. 披露的形式

三菱电机在其中国官方网站上，设置了“节能环保”专栏、在该栏下的“三菱电机的技术实力介绍”模块中，介绍其环保产品，进行绿色营销；在“环境行动实际效果”模块中介绍公司参加环保论坛和展览会的情况，说明其对环境问题的重视；在其《环境行动报告2012》中系统地公布了具体的环境信息，包括第7次环境计划、2011年的节电活动、绩效数据、物料衡算和环境会计五部分。

2. 披露的内容

(1) 环境计划。三菱电机第7次环境计划（2012~2014年）从建设低碳社会举措、建设循环型社会举措、扩大环境相关业务三方面对企业产品生命周期的各个阶段提出了具体的环境管理目标。

(2) 节电活动。2011年，由于福岛第一核电站在日本大地震中遭到重创，致使电力短缺，政府下令东京和东北电力管区在夏季、关西和九州电力管区在冬季设定节电目标，号召全民通年节电。2011年7月，经济产业省也发出了“基于电气事业法第27条的使用限制”命令。据此，三菱电机则单独地介绍了其2011年采取的节电措施和成果绩效数据。该部分，三菱电机披露了其为了达到第6次环境计划中的环境管理目标，2011年各部门采取的减排措施和取得的效果。此外，还披露了各层管理人员对下级组织的计划和执行情况及环境绩效进行监督管理的环境管理模式。

(3) 物料衡算。三菱电机在此部分分别披露了其在制造、运送和客户使用阶段的资源消耗和废弃物排放量以及废旧产品和资源的回收量。

(4) 环境会计。三菱电机的环境会计由“环保成本”和“环境效果”组成。“环保成本”的类别不仅包含了业务领域中的活动、绿色采购、产品相关活动、管理活动和减轻环境负荷的研发活动中的成本，还按照《环境会计指南2005年版》的要求加入了社会活动成本；“环境效果”不仅包括“环保绩效（物质量)”和“环保活动带来的经济效果（金额)”，还对“环境改善效果”以及产品与服务的环保活动带来的“顾客经济效果”进行推算和评价。从以上信息来看，三菱电机集团披露的环境信息内容全面，格式也比较规范。

——李美琴. 三菱电机环境信息披露的案例分析及启示［J］. 绿色财会，2013 (4).

7.6　环境会计信息披露发展现状

7.6.1　国际环境会计信息披露发展情况

(1) 国际环境会计报告。1989年3月，在国际会计和报告准则政府间专家工作组第七次会议上，首次对有关环境会计及环境信息披露在全球范围内的进展情况进行了讨论。此后，许多国际组织都设立了机构或工作组，主要通过调查的方式专门研究环境及其信息披露问题。

在1998年，第十五届国际会计和报告标准政府间专家工作组会议召开，集中讨论了《企业环境会计和报告》的工作文件。该文件包括两部分内容：第一部分是《实现环境业绩与财务指标的结合：最佳实用技术调查》，主要分析了常规财务会计模式相对于环境会计目的的局限性及目前一些企业在反映环境业绩方面的做法，并提出了在企业年报中披露环境业绩的建议；第二部分是《企业环境会计和报告最佳实务的中期报告》，这是关于环境会计和报告的一份系统文件，它包括了与环境有关的主要会计概念的定义，环境成本和环境负债的确认、计量和披露。经过充分讨论，大家一致赞成将这份工作文件称为《环境会计和财务报告的立场公告》，使其起到系统、完整、权威性的国际指南的作用。

（2）美国。从欧美整个情况来看，环境会计信息披露研究已深入各行业和各个相关领域。在美国，环境健康与安全政策报告的发展已经有很长的历史。早在1974年，伦德（Lund）对516家公司研究发现，有40%的公司有正式的环境报告，而切尼（Cheney）于1995年的研究报告揭示，几乎50%的财富500强企业陈述了其在环境上的处境，披露了在环境负债上的信息，并逐步地提供了有关公司管理层寻找通过减轻环境压力来增加利润的方法。一些其他调查也显示，与欧洲和亚洲的公司相比，美国很大一部分公司的政策公告中为将来的环境表现设定了精确的目标。但在大多数情况下，环境政策是由于诉讼或犯罪起诉的威胁或恐惧所驱使，而不是由于从环境政策能增加收益的这种可能性。

美国环境会计信息的披露有3个来源——环保机构（EPA）、新闻媒介和各个公司，而公司的环境信息披露包括强制性的和非强制性两种。强制性的为公司按照证券交易委员会的要求，需披露联邦和州环境法规规定的一切重要影响。而一切环保设施的重要开支必须披露。但不管是自愿的还是强制性的，环境披露在形式上可以是定量的也可以是定性的，这取决于管理层的决定和有关法规对披露的要求。在环境报告的编制方面，会计人员和审计人员较多地依据FASB第5号——“或有事项会计”，但估计的差异性较大。尽管美国会计学会下设的组织行为影响委员会建议在利润表中揭示用于环境控制的费用和支出，在资产负债表中单列用于环境控制的资产和相关折旧，每一个公司都在选择自己的方法来向公众报告这种信息，从而影响信息的质量，环境会计尚在发展之中。随着互联网的迅速发展，许多公司开始在其公司网页发布环境报告。这种环境报告与传统的年度财务报告相似，其内容包括报告范围、公司环境价值和承诺、与环境目标相联系的有形目标和行为、环境管理系统、实施行动和责任、特殊工业的环境问题、媒介对公司环境行为的评价、与环境问题和第三方审计或评论相联系的金融数据等。

【辅助阅读7-2】

美国康菲国际石油溢油事件

美国康菲国际石油有限公司是一家综合性的跨国能源公司。公司以雄厚的资本和超前的技术储备享誉世界，与30多个国家和地区有着广泛的业务往来，并与中海油合作开发蓬莱19-3油田。2011年6月，该合作项目发生溢油事故，康菲被指责处理渤海漏油事故不力。12月，康菲公司遭到百名养殖户的起诉。2012年4月下旬，康菲支付10.9亿元用以赔偿溢油事故。是谁放纵了康菲？中南大学商学院教授肖序告诉《中国会计报》记者，康菲事件再一次证明，石油钻井平台等高污染风险企业必须履行“合理审慎作业”的义务。由此，这类企业的信息披露要更加充分，环境风险的揭示也要更加全面。恰恰相反的是，康菲事件后，漏油事件的具体情况及善后处理等问题却始终处在迷雾之中。国务院针对康菲事件召开的专门会议中，提出的五项措施中有“要全面及时准确发布事故信息，真诚回应社会关切”这么一句话。在肖序教授看来，这也反映出了国家层面对环境信息披露的诉求。而由于目前缺乏相关的信息披露制度，在披露事故的预防、处置及赔偿等方面信息的有关规定都是空白，使得社会和公众很难获得一手的资料。康菲事件给环境会计提出了一个新的课题。企业不仅需披露资产弃置义务负债，还应承担及时揭示环境风险防范、诊断、控制、评估的信息，以告知与此利益相关的社会公众。

——于濛. 环境信息披露倒逼“康菲们”亮家底［N］. 中国会计报，2011－10－28（010）.

（3）英国。英国公司最常见的环境问题披露形式是良好意向的简单声明。罗斯管理顾问公司（1991）提供了对32家大型英国公司对环境问题态度的研究结果，发现有一半的公司在他们的年报中投入一定的篇幅说明环境问题。另外，罗伯茨（Roberts，1991）使用了方差分析以分析测算各种公司群披露模式的显著差异达到了什么程度，研究揭示公司披露有关环境问题的信息归因于多种媒体和其他原因。比如自愿披露也许是为了打消地方和国家的公众和政府的疑虑，改变他们的感觉以及减少潜在的政治资本。后来的一些学者研究表明，英国大多数公司认为环境是一个很重要的问题，环境披露的总体水平有所提高，但年度报告还是仅提供了极少量的详细环境信息，且很大一部分披露表现为一种与形象的发展相联系的事务，以表明公司有环境意识，而不是代表对公众责任的一种承诺。

（4）加拿大。加拿大各行业对环境问题都非常重视。多年来，加拿大特许会计师协会（CICA）对环境会计和审计方面的问题进行了许多积极的探索。他们不仅讨论了企业环境影响和环境绩效上的受托责任，分析了建立在受托责任这一基础之上的环境管理、信息系统审计和执业会计师如何提供环境审计服务的问题，而且还讨论了环境成本与损失的认定，以及企业对外报告环境绩效应考虑的主要因素。加拿大公司披露环境信息最主要的原因是在社会上改变公司的形象，其内在促进因素则是国家法规对环境保护的强烈要求。但从整体上看，公司汇报只是机构和业务人员从事环境报告编制，显然环境业绩报告缺少一定的规则，并且独立审计人员也无法运用标准的方法对它们进行验证，所以加拿大企业的环境报告更像是对外公布的一种公司宣传品。

（5）亚太和中东地区。在亚太地区，一些研究已经回顾了公司所采用的环境报告实务，随着时间的推移，公司结合在年报中的环境信息披露在增加，公司为了自身的形象而提供有利的信息却遗漏不利信息。环境信息的披露通常在本质上是定性的并经常局限于有良好意愿的、几乎不提供信息的报告。公司、国有企业管理层对环境会计披露重视程度不高，环境会计水平较低。不过，在澳大利亚，如股东、会计学者和评论组织的确需要来自年报的环境信息以帮助他们做出决策。东盟五国的自愿环境会计披露的单变量分析得出有显著差异，形成了两个群体。来自第一个群体的公司（泰国和菲律宾）总体上比来自第二个群体（新加坡、马来西亚和印度尼西亚）的公司从总体上在年报中提供了更多的信息。独立变量（例如，规模、行业、获利能力和国家的起源）的影响结果与过去的文献相一致。

日本环境规则相对是比较合作与自愿性的。早在1992年，有超过70%的受调查日本公司应用了国际环境宪章。公司的社会披露实务主要可分为环境、社区和雇员关系。从1999年开始，日本环境厅展开了“关于环境会计系统”的研究工作，并于2000年3月发布了正式的《环境会计指南》，以此指导企业进行环境信息披露。在日本，企业编报的环境报告是独立于年度财务报告之外、由企业自愿编报的。其基本内容是“企业的环境保护措施＋环境会计”，而环境会计主要指描述企业环境投入与产出的图表，有货币单位和实物量单位的数据。近年来，日本企业披露环境会计信息无论从数量上还是在内容上都有了较快的增长，绝大多数公司已经实施环境会计指南规定。

从上述分析可以看出，国外的部分国家和地区对环境会计信息披露的研究与尝试已取得了一定的成果，但仍然存在一些不可忽略的问题，如环境信息披露缺乏统一的规范、定量披露偏少、会计人员参与程度过低，致使环境报告难以突出环境会计信息的特点，特别是有的信息甚至与环境会计无关等。因此，我们不能盲目照搬国外的做法。但我们认为，西方国家的某些环境信息披露的形式（如通过网络披露）以及企业自愿披露环境信息的做法，是我们应当借鉴的。

7.6.2 我国环境会计信息披露现状

（1）政府环境信息公开。我国对环境保护的重视始于1978年，国务院提出中国应制定环境保护政策；1984年，中央将环保提到了“基本国策”的地位；1994年，中国确立“可持续发展战略”；1997年，《中华人民共和国刑法》增加了“破坏环境资源保护罪”；1999年，中国将“国家保护和改善生活环境和生态环境、防治污染和其他公害”写入了《中华人民共和国宪法》；2003年，中央提出以人为本，全面、协调、可持续的科学发展观，提出城乡、区域、经济社会、人与自然和谐、国内发展和对外开放五个统筹发展，环境保护越来越占有重要的战略地位。2008年5月1日，环境保护总局的《环境信息公开办法（试行）》开始实施，其中的第二条明确规定：“本办法所称环境信息，包括政府环境信息和企业环境信息。”这是我国最早关于环境信息公开的主要法规。2011年6月国家环境保护部出台了《企业环境报告书编制导则》，2014年我国修订了《中华人民共和国环境保护法》，明确提出环境信息披露制度，使环境信息披露真正走上了法制化轨道。

（2）企业环境信息披露。我国于20世纪90年代末在世界银行的帮助下，在镇江市和呼和浩特市试点研究和探索企业环境信息公开化制度，主要是进行企业环境行为信誉评级和公开。它的设计是按照“浓度达标→污染治理→总量达标→环境管理→清洁生产”这一思路进行的。考虑到反映企业环境行为等级的评价标识应当简单明了和易于记忆，同时考虑到大众对环境问题的认识和习惯，该制度将企业的环境行为分为5类，分别用绿色、蓝色、黄色、红色和黑色表示，并在媒体上公布。

从2003年起，我国陆续出台了一系列环境法律、法规和政策，对企业环境信息披露进行了不同程度的保障和规范。除了法规外，推动我国企业环境信息披露的主要举措有：环境影响评价、产品环保标识和上市公司环境信息披露。

为督促上市公司严格执行国家环保法律、法规和政策，避免由于上市公司环境保护工作滞后或募集资金投向不合理对环境造成严重污染和破坏而带来的市场风险，保护广大投资者的利益，监管部门专门出台了针对上市公司环境信息披露的一系列规定。

2001年，中国证监会在《公开发行证券的公司信息披露内容与格式准则第12号——上市公司发行可转换公司债券申请文件》中明确要求，股票发行人对其业务及募股资金拟投资项目是否符合环境保护要求进行说明，如三年是否违反环境保护方面的法律、法规等。2001年，国家环境保护总局发布了《关于做好上市公司环保情况核查工作的通知》，2003年将其修改为《关于对申请上市的企业和申请再融资的上市企业进行环境保护核查的规定》，规定要求对申请上市的企业和申请再融资的上市企业的环境保护情况进行核查，并将核查结果进行公示。2005 年，颁布的《国务院关于落实科学发展观加强环境保护的决定》要求企业应当公开环境信息，引导上市公司积极履行保护环境的社会责任，促进上市公司重视并改进环境保护工作，加强对上市公司环境保护工作的社会监督。2006 年，深圳证券交易所发布了《上市公司社会责任指引》，在第五章“环境保护和可持续发展”中，就上市公司环保政策的制定、内容和实施等方面提出了指导。该指引指出，公司应按照指引要求，积极履行社会责任，定期评估公司社会责任的履行情况，自愿披露公司社会责任报告。自此，在深交所上市的部分公司相继开始披露社会责任报告，并在其中披露环境信息。

2008 年，上海证券交易所公布了《上市公司环境信息披露指引》，以指导上交所上市公司的环境信息披露。指引规定，上市公司发生文件中的六类与环境保护相关的重大事件，且可能对其股票及衍生品种交易价格产生较大影响的，上市公司应当自该事件发生之日起两日内及时披露事件情况及对公司经营以及利益相关者可能产生的影响。指引还规定，上市公司可以根据自身需要，在公司年度社会责任报告中披露或单独披露国家环境保护总局令第 35 号文中提及的九类自愿公开的环境信息；被环保部门列入污染严重企业名单的上市公司，应当在环保部门公布名单后两日内披露主要污染物情况、环保设施情况、环境污染事故应急预案以及公司为减少污染物排放所采取的措施及今后的工作安排等四类环境相关信息。2009 年，中国证监会在《公开发行证券的公司信息披露内容与格式准则第 29 号——首次公开发行股票并在创业板上市申请文件》公告中，除了要求发行人提交公司财务会计相关资料外，还要提交关于与环境保护的其他文件，包括生产经营和募集资金投资项目符合环境保护要求的证明文件，其中重污染行业的发行人需提供符合国家环保部门规定的证明文件。2010 年，环境保护部出台《上市公司环境信息披露指南》（征求意见稿），首次规定向公众披露环境信息，明确突发环境事件下的环境报告制度，首次要求下属企业中有国家重点监控企业的应公布一年四次监督性监测情况；明确规定，上市公司应当准确、及时、完整地向公众披露环境信息。上市公司信息披露对象不再局限于有关政府部门而扩大到公众，以满足公众的环境知情权，敦促上市公司积极履行保护环境的责任。该指南同时要求，火电、钢铁、水泥、电解铝等 16 类重污染行业上市公司应当发布年度环境报告，定期披露污染物排放情况、环境守法、环境管理等方面的环境信息；对于非重污染行业的上市公司，则鼓励披露年度环境报告；依法应开展强制性清洁生产审核的企业且已被环保部门公布的上市公司，其年度环境报告应披露主要污染物的名称、排放方式、排放浓度和总量等环境信息。在定期环境报告之外，该指南还规定临时环境报告制度，要求发生突发环境事件的上市公司，应当在事件发生 1 日内发布临时环境报告。2015 年，中国证监会修订了《公开发行证券的公司信息披露内容与格式准则第 1 号——招股说明书》，进一步要求上市公司采取的环保措施以及环保设备和资金投入情况应视实际情况并根据重要性原则进行披露。2020 年，中国证监会在修订后的《公开发行证券的公司信息披露内容与格式准则第 28 号——创业板公司招股说明书》中明确规定，发行人应清晰、准确、客观地披露包括生产经营中涉及的主要环境污染物、主要处理设施及处理能力。

7.6.3 环境会计信息的利用

（1）绿色投资。绿色投资是当代经济中一种新型投资模式。这种投资模式是顺应可持续发展的要求，以实现生态系统良性循环、社会经济可持续发展、人与自然和谐为目的，通过贯彻生态理念和环境保护思想，达到人类与自然环境共赢的理财活动。绿色投资适应绿色经济发展的要求，有利于解决资源瓶颈和环境恶化问题，有利于推动经济和社会发展的和谐。人类社会在面临经济增长与自然资源和自然环境矛盾日益加剧的情况下，通过绿色投资选择，对转变各个国家和地区的经济增长方式，对保护自然和环境，对人类的健康生活和社会经济的持续发展都将产生积极的影响。以绿色为导向的资本市场是成熟的市场经济，它将培育造就担当绿色责任的企业；以绿色为导向的社会是成熟的公民社会，它将培育造就担当绿色参与的公民；以绿色为导向的政府是成熟的执政体，将培育造就担当绿色执政的官员，并由此构建绿色责任、绿色参与、绿色执政的有机主体，形成落实科学发展的巨大合力。在建立创新型国家，发展循环经济，走可持续发展之路的今日之中国，绿色投资理应成为必然选择。

（2）利益相关者的环境信息关注。企业各个利益相关者与企业之间在环境会计信息方面是一种相互影响的关系：一方面，企业的行为、决策方案、政策活动会影响利益相关者的利益；另一方面，这些利益相关者也会影响企业的行为、决策方案和政策制度与执行。企业因追逐利润最大化需要而放弃环境信息的提供。与其利益相关方对环境会计信息需求的矛盾的焦点源于对环境会计信息的不同立场和动机，并由此引发不同的环境信息观下的行为选择。环境会计信息提供既要满足利益各方需求，使企业经济不断发展，又要符合环境保护基本要求。利益相关者之间各持价值取向及彼此间的博弈始终没有停滞，但又在一定的条件下彼此坚守或放弃，最终实现环境会计信息利用的均衡状态和环境利益双赢效应，并进一步实现经济的可持续发展目标。

（3）环保视角下的社会责任确立。企业社会责任会计的本质是在经济全球化背景下对自身经济行为的道德约束，它既是企业的宗旨和经营理念，又是企业用来约束内部生产经营行为的一套管理和评价体系，更是保护环境的超强手段。它包括企业对利益相关者的一系列社会责任的承担和为此而建立的社会责任计划体系、核算体系、报告体系和评价指标体系。企业社会责任会计的建立，能够提高企业的价值，企业的价值越高，企业给予其利益相关者回报的能力就越高，生态环境就能得到更好维护，核心竞争力就会越强。建立我国企业的社会责任会计是一项重要而紧迫的任务，尤其是松花江水污染事件、太湖蓝藻污染事件、三鹿奶粉伤人事件、天津港大爆炸等一系列重大责任事故的发生，再一次提醒我们对企业社会责任的关注，同时也对我国企业社会责任会计的尽早建立提出了迫切要求。为此，应当从意识上重视，从制度上完善，从会计技术水平的提高和社会责任评价标准的制定与考核方面，向西方国家主动借鉴，积极而稳步地推进，发展和完善中国企业的社会责任会计，实现我国经济的可持续发展战略和生态文明建设工程。

（4）公司治理下的社会责任会计。公司治理是现代公司制企业在决策、激励、监督约束方面的制度安排，涉及利益相关者之间在权利与责任方面的分配、制衡以及效率经营与科学决策。社会责任会计作为内部控制的一个新增加的环节，它与公司治理是密不可分的。因此，需将社会责任会计纳入公司治理框架之中，即在公司治理过程中，通过建立、完善并运行良好的公司治理结构，对于企业履行社会责任和社会责任会计建立都具有十分重要的意义。建立、完善和运行良好的社会责任会计系统，建立完善内部环境控制体系，改进内部控制评价体系及内部控制报告等方法和手段，履行企业环境保护责任，具有十分重要的意义。

而目前我国所采用的公司治理模式奉行股东至上理念，忽视了利益相关者对包括环境因素在内公司的社会责任会计的信息需求，导致了公司治理行为的严重扭曲，内部控制低效，会计信息失真。为实现经济社会的和谐发展，我们应从中国国情出发，强化企业社会责任意识，倡导利益相关者治理理念，重构和完善我国公司的治理机制，加快社会责任会计建立和运行。

本章练习

一、名词解释

1. 环境信息披露　2. 环境会计报告　3. 环境会计信息　4. 环境管理信息系统
5. 企业环境责任　6. 环境信息利益相关者　7. 可持续发展报告　8. 环境资产负债表
9. 环境利润表　10. 独立式环境报表　11. 补充式环境会计报表　12. 绿色投资
13. 环境绩效指标　14. 自然资源　15. 自然资源资产负债表

二、简答题

1. 简述环境信息披露对企业的影响。
2. 简述环境会计报告的分类。
3. 非独立式环境资产负债表的编制方法与传统财务报告有什么不同?
4. 独立式环境利润表结构，能够提供哪些环境会计信息？如何编制独立式环境利润表?
5. 非独立式环境利润表如何在传统的财务报告基础上进行调整?
6. 现有的现阶段我国环境信息披露存在哪些问题？简述我国完善环境信息披露制度的政策。
7. 在财务综合报告的国际大背景下，你认为如何发挥独立环境会计报告优势?
8. 简述环境信息可以利用在哪些方面。
9. 简述编制自然资源资产负债表的必要性。

三、计算题

A企业按现行的会计制度编制的利润表如表7－14所示。全部已知资料见本章【例7－2】。

要求：

（1）编制各项业务的会计处理分录；

（2）在传统的利润表基础上进行改进，对【例7－2】中的表7－10采用加注法（增加报表项目）编制含有环境信息的补充式的利润表（见表7－13）。

表7－13　利润表（项目调整后——加注法）

20×4年度　单位：万元

项目	金额
一、主营业务收入	
减：营业成本	
其中，环保设备折旧费	
营业税金及附加	
其中，由于控制污染少缴税款及附加	
二、主营业务利润	
加：其他业务利润	

续表

项目	金额
减：销售费用	
管理费用	
其中，排污费	
财务费用	
三、营业利润	
加：投资收益	
营业外收入	
其中，由于控制污染收到政府补助	
减：营业外支出	
其中，由于超标排污罚款	
四、利润总额	
减：所得税	
其中，由于利用“三废”减免所得税	
五、净利润	

四、阅读分析与讨论

为A公司签订环境报告

中国A公司是一家生产化工产品的跨国公司。该公司产品的内销与外销比例分别为45%和55%。公司的管理层注意到投资者和社会公众对于公司年报中环境信息披露的需求日益增加。在研究了多家外国竞争对手的财务年报之后，他们发现环境信息披露的内容具有多样化的特征，具体内容包括：实际和潜在的环境成本与负债；公司的环境保护计划和方针；有关公司环境保护措施与目标的自我评价报告。他们还发现，有的公司直接在公司财务年报中披露环境信息，而有的公司则是编制独立的环境报告披露环境信息。公司的管理层计划在明年的公司年报中披露环境信息，但环境信息披露的内容和范围却让他们伤透脑筋。他们聘请您为公司的顾问，为他们确立环境报告方针。

讨论要点：

（1）结合自己的观点分析，在公司年报中披露环境信息是否有必要？请解释。

（2）分别选择两家在化工制造行业中的中国公司和外国公司的年报，并根据这些年报，提出您对A公司环境信息披露的内容和范围的建议。

第 8 章

环境成本管理会计

【学习目的与要求】

1. 了解环境管理会计与管理会计、环境成本管理的关系；

2. 理解企业环境成本管理的意义，理解和掌握环境成本管理的内容；

3. 掌握作业成本法、产品生命周期法、完全成本法，理解清洁生产、企业社会责任成本概念，了解流量成本会计、总成本评价；

4. 了解和掌握环境成本控制目标、原则与措施，掌握环境成本的控制模式；

5. 理解环境成本效益内涵，掌握环保项目成本效益决策方法；理解和掌握环境成本效益分析模式与评价指标。

8.1 环境成本管理概述

8.1.1 环境管理会计及其实质

环境管理会计是在传统的企业成本会计的基础上，将环境因素纳入管理会计职能的实施过程，以便能够为企业在面临环境挑战的前提下实现可持续发展目标提供依据。因此，环境管理会计不是对传统管理会计的否定，而是一种扩展和补充。

企业范围内的环境事项主要包括两部分：第一是企业一般经济活动对环境产生的影响，第二是企业出于各种动机对环境产生的反应。对应这两类环境事项进行事前预计，并对其结果进行管理控制，构成了环境管理会计的两个基本组成部分。

（1）环境影响。企业对环境的影响产生于企业生产经营活动的全过程。一方面企业生产要消耗资源，另一方面生产过程要向环境排放残余物，二者合起来形成对环境的压力。传统会计关注企业生产经营流程，从经济投入与经济产出之间寻求对应关系，没有专门关注企业的资源消耗和污染物产生量。环境管理会计沿着企业生产经营链条完整追溯其物质流循环过程，对企业的资源消耗量和废弃物产生量进行核算。企业环境管理会计不仅可以计量消耗与废弃所带来的环境影响，而且可以考察企业的生态效率。

（2）环境反应。企业在生产经营过程中，会对环境耗费经济资源，这些耗费构成了企业费用、支出的一部分。传统会计中已经包含对这些费用、支出的核算，但只是简单地将其处理为一般费用和支出，不做专门列式。环境管理会计突出对环境的认知并在环境资源约束的前提下，对这些费用和支出作专门归集分类核算，显示不同费用和支出类别以及各自发生的数额，在此基础上，进行环境实际成本核算和管控，显示其对企业财务状况所造成的影响，并对不同的结果做比较分析。

为实现对企业上述两个环境事项的核算和控制，环境管理会计一方面沿用传统会计尤其是管理会计所运用的方法，同时还要从环境科学等领域引入新的方法。其中，企业环境影响核算主要采用基于企业物质流循环的实物量核算方法，环境反应对企业财务影响核算主要运用管理会计中提出的作业成本法以及完全成本法等。在进一步评价、分析过程中，还要更广泛地引入环境评价以及相关方法。所以，环境管理会计实质就是环境成本管理。

8.1.2 环境成本管理的内涵

环境成本管理是在传统成本管理的基础上，把环境成本纳入企业经营成本的范围，从而对产品生命周期过程中所发生的环境成本有组织、有计划地进行预测、决策、控制、核算、分析和考核等一系列的科学管理工作。企业环境成本管理从组织管理角度看是一系列的预测、决策、控制、核算和分析的过程，同时从生产、技术、经营的角度看，它又是一种成本形成全过程的管理。

环境成本管理属于环境管理会计范畴，其环境成本又可称为广义上的环境降级成本，它是指由于经济活动造成环境污染而使环境服务功能质量下降的代价。环境降级成本分为环境保护支出和环境退化成本。环境保护支出指为保护环境而实际支付的价值，环境退化成本指环境污染损失的价值和为保护环境应该支付的价值。

如同成本会计具有双重目标——既为财务会计计算盈亏也为管理会计考证责任与业绩提供基础（成本）数据一样，环境成本信息也是既服务于财务会计也服务于管理会计，并且应当为企业环境管理提供尽可能充分的信息，有效管理建立于信息充分性基础之上。可见，环境成本会计与环境成本管理存在着密切的关系。

8.1.3 环境成本管理的目标

企业环境成本管理的总体目标是以最优的环境成本取得最佳的环境效益与经济效益的统一。一方面，企业不能盲目地为追求经济效益，忽视企业经济活动所产生的环境污染及破坏的“外部成本”，不对企业环境污染及环境破坏所带来的“外部不经济成本”进行合理估计确认和计量，从而导致虚减企业成本虚增经济利益；另一方面，企业也不能硬性地规定企业增加环境成本的投入，在实践中反而影响企业环境成本管理的效果。企业环境成本的管理目标不是简单地增加与减少环境支出的问题，而是一个不断优化的过程。不同的企业在总体目标基础上，可根据自身的实际情况，选择适合自己的具体环境成本管理目标。

8.1.4 环境成本管理的内容

（1）企业环境成本预测。环境成本预测是建立环境成本对象和环境成本动因之间的适当关系，用以准确预测环境成本的过程。环境成本预测既是环境成本管理工作的起点，也是环境成本事前控制成败的关键。实践证明，合理有效的环境成本决策方案和先进可行的环境成本计划都必须建立在科学严密的环境成本预测基础之上。通过对不同决策方案中环境成本水平的预测与比较，可以从提高经济效益和生态效益的角度，为企业选择最优环境成本决策和制定先进可行的环境成本计划提供依据。

（2）企业环境成本控制。企业环境成本控制是指企业运用一系列的手段和方法，对企业生产经营全过程涉及有关生态环境的各种活动所实施的一种旨在提高经济效益和环境效益的约束化管理行为和政策实施。它以企业环境成本管理目标为前提，以环境成本预测为依据，采用适合的模式与政策，控制环境成本形成的全过程。

（3）企业环境成本核算。企业环境成本核算的目标是向信息使用者提供对决策有用的环境成本信息。它对企业环境成本的发生过程进行反映，描述企业生产经营全过程发生的环境负荷及治理数据信息，并按成本核算原则确认和计量环境成本费用，衡量评价环境成本投入所带来的环境效果与经济效益，编制出环境成本绩效报告书对外公布，接受外部环境评价，并为内部决策提供参考依据。

（4）企业环境成本监测预警。企业应当采取一系列的方法和手段对环境成本进行监测和控制，建立环境成本监测预警系统。运用企业在环境成本控制和环境成本核算中积累的环境成本数据和信息，摸索环境成本的变化规律，预测企业环境成本变化的趋势。当企业环境成本达到临界值时，提供预警信息，提前实施控制措施。

（5）企业环境成本的评价与应用。企业环境成本评价是依据经济效益与社会效益两方面的相互关系，借助两者之间的动态变化，分析出影响环境成本变动的因素，比较得出评价结论，借以制定或修改新的环境成本控制方案。同时，将企业环境成本信息应用于企业战略管理中，参与企业战略决策。

以上企业环境成本管理的五个内容是一个有机整体，其各组成部分之间相互联系，相互制约。企业环境成本管理目标统驭企业环境成本管理目标，从而形成企业环境成本管理的总体框架。

企业环境成本预测是企业环境成本管理的起点，预测指导企业环境成本的控制与核算。企业环境成本的控制需要企业环境成本核算的反映与监督，企业环境成本的核算为控制提供相关的成本信息。通过企业环境成本控制和企业环境成本的核算，对环境成本进行监测，若遇预警，应及时施加调节和控制，以避免风险。企业环境管理效果通过企业环境成本评价来评析，并为企业战略管理提供环境成本信息和可借鉴经验。如在评价与应用中发现问题，反馈至目标确定部分，如此反复，从而达到优化企业环境成本的目的，最终实现企业成本管理的总体目标。

企业环境成本管理是科学发展观的一个微观实现途径，企业环境成本管理是一项复杂的系统工程，其中企业环境成本管理框架的构建是企业环境成本管理的基础和关键，该框架还必须在企业管理的实践中不断得到丰富与完善。

8.1.5　环境成本管理的形成

20 世纪 90 年代以后，随着可持续发展理论的提出，各国政府的环境管理都强调与企业之间的合作，推进预防性的综合环境成本管理手段，对企业决策中如何考虑环境因素，如何实施与环境有关的成本管理等问题逐渐为人们所重视。1999 年，联合国的“改进政府在推动环境成本管理中的作用”专家工作组，与30多个国家的环境成本管理部门和国际组织、会计组织、企业组织和学术界，综合各国实践，首次提出了环境成本管理（environment cost management）的概念。其后各次会议就建立环境成本管理的一般原则和指南，就环境成本管理的必要性、环境成本管理与公司环境报告等方面的联系进行了研究，并讨论了政府在推动环境成本管理中的作业及各种推动手段等，讨论结果形成了几份报告，至此环境成本管理的研究逐渐形成和完善。

20世纪末，随着对环境成本管理研究的不断深入，人们对企业与环境管理的关系、环境管理会计如何服务于企业的环境成本管理，已经形成了比较成熟的技术与方法，并且积累了不少成功的经验。这些研究与经验，为企业有效推行环境成本管理体系创造了良好的条件，并在提高经济效益的同时降低对环境的影响以及促进企业的可持续发展等方面，提供了有益的借鉴。到20世纪末，作为一门学科的环境成本管理已经形成。

8.1.6 环境成本管理的意义

环境成本管理对企业的意义主要有以下几方面：

（1）有助于企业管理者做出正确决策。环境成本是企业管理者做出正确决策时必须要考虑的相关成本的一部分，与其他成本一样，是流经企业的物质的价值表现。环境成本的投入与企业收益具有密切的关系，为达到环境保护标准而投入的环境成本将对企业的利润产生一定的冲击。因此，对环境成本进行科学合理的管理与控制，将会为企业发展与环境保护进行协调和科学决策，以及合理规划生产方案提供有力的支持。

（2）有助于企业进行环境成本效益考核与评价。随着环境问题的日益加剧以及环保法规的强化，企业在环保方面的费用支出越来越大，能否充分发挥环境成本的效率，使得一定的环保支出尽可能多地为企业带来经济效益，越来越引起企业的关注。通过对环境成本进行科学合理的管理与控制，可以实现环境成本与环保效果的最佳配比，从而有助于分析和评价环保工作业绩，满足环境成本效益考核与评价的需要。

（3）有助于企业降低环境风险。世界各国对于环境问题的重视，使得环境风险成为企业风险管理工作中必须要考虑的内容。科学合理的环境成本管理与控制，可以反映企业履行环境责任、预防和治理自身所产生环境污染的资源投入与绩效信息，从而保证企业不受或者少受来自环境风险的威胁，为企业正常有序地生产经营创造良好的条件。

（4）有助于完善现代企业制度。企业作为市场主体，为追求自身利益最大化，往往忽视社会利益。现代企业制度要求企业由生产型向生产经营型转化，要求企业追求自身效益最大化和社会可持续发展相统一。科学合理的环境成本管理与控制，一方面，使得企业站在自身的角度上考虑环境问题，降低资源消耗，减少环境污染，在一定程度上降低产品成本，增加企业利润，增强市场竞争力，从而有利于现代企业制度的建立与完善；另一方面，资源环境的有效利用与保护，必将促进整个社会经济的可持续发展。

8.2 环境成本管理方法

环境成本管理方法是指以环境成本核算的信息和其他环境管理信息，经过一系列整理、归类、分析和对比后得出新的结果，借以寻找对未来环境成本进行测算或对现有成本施加影响的成本管理技术和方法总称。环境成本管理方法的选择是环境成本核算过程中的重要环节，也是环境成本管理的基础。现行主要的环境成本核算方法除了现有的制造成本法外，还有一些特殊的成本计算方法，如作业成本法、生命周期法和完全成本法。之所以说其特殊，就在于它们不仅体现在对环境成本发生的记录与反映上，而且更多的是将其记录的结果用于环境成本管理和控制上。当然，无论是成本核算还是成本控制，这些方法的选择并不是相互排斥的，如很多环境成本管理的研究者就把生命周期法和作业成本法结合在一起使用。

作业成本法、产品生产周期法和完全成本法等是与传统环境成本核算方法相对的几种方法，也是环境成本管理方法。这些成本管理方法是对传统的产品制造成本核算方法的改进和创新，也是一种现代成本控制方法和手段，其直接目的是要真实反映成本会计信息，并通过对环境成本信息的分析，提出控制环境成本的措施，最终目的是实现环境保护的根本目标。

8.2.1　作业成本法

（1）作业成本法定义。作业成本计算的思想形成于 20 世纪 30 年代末 40 年代初，直到 80 年代中期才得到西方会计界的普遍关注和深入研究。作业成本法（activity based costing，ABC）是以作业为核算对象，通过成本动因来确认和计算作业量，进而以作业量为基础，并借以对所有作业活动追踪进行动态反应，计算作业成本，评价作业业绩和资源利用情况的方法。这一方法运用的原理是：产品消耗作业，作业消耗资源，资源消耗影响环境并导致成本的发生，通过对作业成本的确认和计量，提供一种动态的成本信息。

（2）作业成本法的特点。作业成本法的特点表现在以下三个方面：

①成本计算要分为两个阶段。第一阶段，确认耗用企业资源的所有作业，并将作业执行中耗费的资源追溯到作业中，计算出作业成本并根据作业动因计算作业成本分配率；第二阶段，根据第一阶段的作业成本分配率和产品所耗作业的数量，将作业成本追溯到各有关产品。

②成本分配强调可追溯性。作业成本法认为将成本分配到成本对象有三种不同的形式：直接追溯、动因追溯和分摊。作业成本法的一个突出特点就是强调以直接追溯或动因追溯的方式计入产品成本，尽量避免分摊的方式，因为分摊虽然是一种简便易行且成本较低的分配方式，但是必须建立在一定的假设前提之下，不然就会扭曲成本，影响成本的真实性。

③追溯使用众多不同层面的作业动因。作业成本法的独到之处在于它把资源的消耗首先追溯到作业，然后使用不同层面和数量众多的作业动因将作业成本追溯到产品，将众多的成本动因进行成本分配，比采用单一分配基础更加合理，更能保证成本的准确性。

（3）作业成本核算的步骤。作业成本核算具体有两个步骤：

步骤一，环境成本认定和环境成本分配率的计算。这个阶段的成本计算工作可再分三个具体步骤进行。第一步，环境成本认定和归集。生产过程中会发生许多耗费，作为生产过程中发生的环境成本必须要与发生的作业有关，并符合可计量性、相关性、真实性、可靠性特征。识别和认定环境成本是分配成本的前提。第二步，环境成本的分配。首先，确定环境成本所耗的作业，并建立各作业单元或称作业组，将间接成本从中分离出来加以计量，利用作业动因，将环境成本分配给不同的成本计算对象。如果环境成本可以直接归属于某个产品，就应该直接计入该产品的成本；如果环境成本不能够直接归属于某个产品，则需将环境成本进行作业分类，其分类标准可以使用同水准或大致相同的消耗比例。其次，确定环境成本的动因。环境成本动因是导致环境成本发生的决定性因素，是将作业成本库的成本分配到产品环境成本中去的标准。确定的标准是成本动因应与环境成本的发生相关，如排污费可能与排放量、排放的有毒物含量等相关，则可将排放量、排放的有毒物含量等作为成本动因。第三步，计算作业成本分配率。作业成本分配率既可以采用实际成本法计算，也可以采用预算成本法，须根据具体情况来定。实际作业环境成本分配率根据实际作业环境成本和实际作业产出计算得出；而预算环境成本分配率根据预算年度预计的环境成本和预计作业产出（即作业需求）计算得出，但此方法需要进行差异调整。计算公式如下：

实际环境作业成本分配率 = 当期实际发生的环境成本 ÷ 当期实际作业产出

预算（正常）环境成本分配率 = 预计环境成本 ÷ 预计（正常）作业产出

步骤二，将作业成本库的环境成本追溯到各产品，然后计算产品成本。凡可以直接追溯到产品的原材料等直接成本，将其直接计入产品的成本。对于环境成本，运用第一阶段计算得出的环境成本（成本库）分配率和各产品所耗用的作业量指标（即耗用的作业动因数量），将环境成本追溯到各产品。

在这里，要清楚地理解成本动因、成本单元或成本组。如火力发电厂，对外部环境产生影响的作业主要有除尘、废水处理和厂区绿化美化三部分。除尘作业主要是由于企业的燃煤而发生的，所以可以选择燃煤的数量作为其成本动因，同时废水处理和厂区绿化美化这两项作业可以选择废水处理数量和二氧化碳排放量来分别作为其成本动因，构成各项作业的成本单元或成本组。企业要将各个作业成本单元或成本组中已经发生的费用分配到具体的产品中去，这种分配的实现可以通过先确定每个作业成本库的动因分配率，然后再分别计算每种产品应当分配到的成本数额。

【例 8－1】 假如某公司生产两种类型的环境产品，与环境相关的作业成本为：工程设计费 15 万元，处理废弃物支出 60 万元，检验费 12 万元，清理湖泊支出 20 万元。其他资料如表 8－1 所示。要求：计算两种产品的单位成本。

表 8－1　　成本资料

项目	A 产品	B 产品
产量（千克）	1 000 000	20 000 000
工程设计总时长（小时）	1 500	4 500
处理废弃物数量（千克）	30 000	10 000
检验总时长（小时）	10 000	5 000
清理总时长（小时）	8 000	2 000

①计算作业成本分配率：

工程设计 = 150 000/(1 500 + 4 500) = 25（元/小时）

处理废弃物 = 600 000/(30 000 + 10 000) = 15（元/千克）

检验 =120 000/(10 000 +5 000) =8 (元/小时)

清理湖泊 =2000 00/(8 000 +2 000) =20 (元/小时)

②计算各产品的总成本:

A 产品 =25 ×1 500 +15 ×30 000 +8 ×10 000 +20 ×8 000 =727 500 (元)

B 产品 =25 ×4 500 +15 ×10 000 +8 ×5 000 +20 ×2 000 =342 500 (元)

③计算产品单位成本:

A 产品 =727 500/1 000 000 元 =0. 7275 (元/千克)

B 产品 =342 500/2 000 000 元 =0. 17125 (元/千克)

(4) 作业成本法优点。采用作业成本法进行企业的环境成本计算和控制具有三个方面的优点：第一，提高了环境成本信息的可靠性。作业成本法建立在传统成本核算方法的基础上，对环境成本进行作业层次上的分析，并选择多样化的作业动因进行环境成本的分配，从而提高了环境成本的对象化水平和环境成本核算信息的准确性。第二，满足环境成本信息的相关性要求。作业成本法在作业层次上对环境成本进行了动因分析，保证环境成本分配准确地追溯到各个产品，揭示了环境成本发生的原因，有利于企业管理部门加强环境成本控制，挖掘成本降低的潜力及准确计算产品的盈利能力。第三，专业成本法能帮助企业了解与每种产品有关联的经营活动过程。这样，可以体现生产流程中哪里增加了价值，哪里减少了价值，从而使环境成本的信息更准确更真实，还能让企业管理人员通过对各种产品的作业流程进行追踪记录，更好地进行产品定价，提高市场的占有率。

(5) 作业成本法与环境成本管理。作业成本法是依据作业制管理建立并运行起来的。作业制管理 (activity-based management, ABM) 是一个更为广泛的范畴，它是建立在作业分析基础上的一种管理体系。一般认为，作业制管理包括：①关于作业种类、作业过程及成本动因的分析；②作业制成本计算；③作业过程的持续改进；④管理重组。由此可见，作业成本法是作业制管理的一个重要组成部分，为作业制管理提供最基础的数据信息。

鉴于环境成本、费用发生起因的复杂性，将 ABC 和 ABM 引入环境成本核算和环境管理中具有重要的意义。以作业或活动作为成本动因，有利于更具体地识别环境成本动因，更准确地对环境费用进行分析和归集，更有效地追溯环境成本的来龙去脉并实施控制。

【例 8 -2】 假设某化工企业在生产结束污染治理阶段，污染物的处理成本为：运输费用 30 万元，设备启动费 18 万元，设备维修费 20 万元，设备运转费 32 万元。作业成本动因分析如表 8 -2 所示，由此计算的产品分摊污染物处理成本如表 8 -3 所示。现采用作业成本法对污染物处理成本进行分配。

表 8 -2　　作业动因分析

成本动因	产品种类和成本动因值				动因比率
	A	B	C	合计	
运输次数	30	50	40	120	2 500
设备启动次数	6	8	6	20	9 000
设备维修小时	6	8	6	20	10 000
设备运转直接工时	100	150	150	400	800

注：动因比率 = 成本总额 ÷ 各产品成本动因值。

表 8-3　污染物处理成本计算

污染物处理成本	A 产品	B 产品	C 产品
运输费用（元）	75 000	125 000	100 000
设备启动费（元）	54 000	72 000	54 000
设备维修费（元）	60 000	80 000	60 000
设备运转费（元）	80 000	120 000	120 000
合计（元）	269 000	397 000	334 000
成本占比（%）	26.90	39.70	33.40

由表 8-3 看出，以 B 产品为例，其中运输费用和设备运转费占比大，可考虑提高每次运输的效率，适当减少污染物的运输次数；另可以考虑更新污染物处理设备，扩大废水处理容量，提高处理效率（见表 8-4）。

表 8-4　制造成本法和作业成本法差异对比表

产品	制造成本法		作业成本法		差异	
	成本（元）	成本占比（%）	成本（元）	成本占比（%）	成本（元）	成本占比（%）
A	230 769	23.08	269 000	26.90	-38 231	-3.82
B	538 462	53.85	397 000	39.70	141 462	14.14
C	230 769	23.08	334 000	33.40	-103 231	-10.32
合计	1 000 000	100	1 000 000	100	0	0

通过表 8-4 的计算对比看出，原来按照产量分配的 A、C 两种产品污染物的处理成本是相同的，B 产品由于产量多故分配的污染物处理成本也多；而如按照作业成本法分配，根据不同的作业动因，使得成本的分配更合理一些。

在现代经济环境下，迫于资源环境的约束和企业经营环境的改变，竞争压力的加大，组织结构和业务流程复杂化，高新技术应用带来的间接成本的急剧增加，以及信息技术的发达会使会计系统的信息处理成本下降等原因，污染企业尤其是重污染企业应当从宏观和微观两个方面进行考虑，基于达到环境保护和污染控制预期的、理想的效果，越来越多地采用作业成本法。

8.2.2　产品生命周期法

（1）产品生命周期法定义。产品生命周期法（LCA）是在 20 世纪 60 年代末和 70 年代初提出的，它是绿色设计的基础，应用在环境成本核算中，则是对作业成本法的扩展。产品生命周期法是一种针对产品生命周期的归结和分配环境成本的会计核算方法。所谓产品生命周期是指从产品最初的研发到不再向顾客提供技术支持和服务的期间。对于机动车，这一期间可能要 12～15 年；对某些药品，这一周期大概为 15～20 年。

（2）产品生命周期法特点。对环境成本的作业成本分析不再局限于生产过程中所发生的环境成本，而且包括了产品开发、销售直至淘汰、弃置整个生命周期过程的环境成本。产品生命周期法使得产品成本项目更为完整，从而满足企业管理对产品成本核算的需要。因而，采用生命周期法对企业的环境成本进行核算和控制是对作业成本法的补充和深化。

(3) 产品生命周期法类型。采用这种方法，环境成本可以分为以下三类：第一类是普通生产经营成本。它是指在生产过程中与生产直接有关的环境成本，如直接材料、直接人工、能源成本、厂房设备成本等，以及为保护环境而发生的生产工艺支出、建造环保设施支出等。这类成本通常可以直接从账簿中取得实际反映的数据。第二类是受规章约束的成本。它是指由于遵循国家环境法规而发生的支出，如排污费、监测监控污染的成本等。这类成本则可以根据成本动因进行归集分配。第三类是潜在成本（或有负债）。它是指已对环境造成污染或损害，而法律规定在将来发生的支出。这类成本需要采用特定的方法进行预测，如防护费用法、恢复费用法、替代品平价法等。企业可以根据产品的生命周期，在产品形成的各个阶段分别核算上述三类成本。

(4) 产品生命周期法优点。采用生命周期法控制环境成本的优点在于它把产品整个生命周期中的成本都考虑在内，从产品的孕育、诞生到无使用价值的全过程，包括了产品设计阶段污染预防以及产品售后阶段产品回收可能发生的环境成本，把分散或隐藏在传统会计系统中的环境成本数据进行了汇总，以此计算产品的盈利能力。产品生命周期成本法克服了传统成本制度下企业仅考虑产品生产过程中发生环境成本的缺点，补充计算了潜在成本，使得产品成本信息更为准确完整，环境成本信息更具有可靠性。

(5) 产品生命周期法与环境成本管理。由上可知，产品生命周期分析，就是运用系统的观点，根据产品的分析或评估目标，对产品生命周期的各个阶段进行详细的分析或评估，获得产品相关信息的总体情况，为产品性能的改进提供完整、准确的信息。

将产品生命周期分析运用到环境成本管理中，其目标在于将环境施加的负面影响减小到最低限度。一种产品从设计研发，经过生产销售使用到最终报废的各个阶段都会对环境产生影响，针对这些影响所采取的措施而发生的支出，都将属于生命周期环境成本的一部分。对于这些成本，企业需要对其进行跟踪、计量、记录并加强管理。作为一种环境影响评估体系，产品生命周期法包含四个组成部分——设立目标、存量分析、影响评价、改进分析；而作为一种实施系统，产品生命周期法由三个阶段组成——存量分析、影响评价、改进分析。但无论是评估体系还是实施系统，自始至终都体现对环境成本的管理设计和控制要求。比如企业在采购阶段，事前对所需采购原料进行预算时，不仅考虑了采购环节的价格，还综合考虑后续污染治理环节的废弃物处置成本，从而达到采购整体成本最小化。

【例8-3】 假设企业生产阴离子树脂中的一种原料有A、B、C三种材料可供选择，价格分别为2万元/吨、1.6万元/吨、1.2万元/吨，由于质量和耗用效率有所不同，三种材料全年耗用量分别为1 400吨、1 700吨和2 200吨，从采购价格考虑应该选择C材料。由于产品生产过程中有废弃物产生，企业有专门的处理设备进行处理并成立了污染处理中心，假设每吨废气物的处理成本都为3 000元/吨，每百吨A材料在生产过程中产生6吨，每百吨B材料在生产过程中产生15吨，每百吨C材料在生产过程中产生30吨。则：

A废弃物处理成本 = 1 400 ÷ 100 × 6 × 3 000 = 25.2（万元）

B废弃物处理成本 = 1 700 ÷ 100 × 15 × 3 000 = 76.5（万元）

C废弃物处理成本 = 2 200 ÷ 100 × 30 × 3 000 = 198（万元）

表 8-5　　原料采购成本计算　　单位：万元

原料	采购成本	废弃物处理成本	合计
A	2 800	25.2	2 825.2
B	2 720	76.5	2 796.5
C	2 640	198	2 838.0

从表 8-5 测算结果来看，在综合考虑了废弃物处理成本后，选择 B 材料才能达到整体成本最小化，成本可节约 41.5 万元（2 838-2 796.5），其属于环境材料。当然，由于具体数据情况的不同，也可能得出选择 C 材料或 A 材料是最优的，但这不影响在这里所要传达的意思，即企业应该综合考虑产品从采购、生产、污染处理等各环节的成本，将环境要素纳入考虑范围之类，从而进行整体规划，以达到总体成本最优。

（6）产品生命周期成本预算。运用产品生命周期进行环境成本预算，必须考虑产品从最初研发到最后为顾客提供服务与支持对环境的影响。管理人员可以先估计分配给每一种产品的收入和单独的价值链成本，然后用产品生命周期成本制度追溯并归集分配给每一种产品单独的环境成本。

为了控制产品的环境成本，需要对产品的生命周期进行评估，据此确认产品在整个生命周期中对环境的影响，并采取控制和改善措施。例如，美国的《清洁空气法》（Clean Air Act）、《超级基金修正案》（Superfund Amendment）等，都已经引入了严格的环境标准，加强对污染空气、地表土壤和地下水的罚款和其他惩罚。因此，往往在产品和流程设计阶段，环境成本已经被锁定。要避免这些环境责任，公司就必须实行价值工程并对产品和流程进行设计，以防止和降低整个生命周期的污染。像美国便携式电脑的生产造商，如康柏（Compaq）和苹果（Apple）已经引入昂贵的再循环系统，以保证镍镉电池在产品生命周期的最后能够以对环境安全的方式进行处理。

除了在环境成本预算上的运用以外，产品生命周期成本预算还可以为产品定价决策提供重要的信息。产品生命周期预算与目标价格及目标成本密切相关，以汽车工业为例，产品生命周期很长，在设计阶段，总生命周期成本的很大部分都被锁定了。设计决策影响到多年的成本，一些公司，如戴姆勒（Daimler Chrysler）、福特（Ford）、通用汽车（General Motors）以及丰田（Toyota），均在所预计的数年内收入与成本的基础上确定其各种车型的目标价格和目标成本。

【例 8-4】 假设某软件公司生产的一种会计软件包在 6 年的产品生命周期内的预算如表 8-6 所示。

表 8-6　　某会计软件包产品生命周期成本预算　　单位：元

第 1 年和第 2 年		第 3~6 年	
成本项目	成本	一次性安装成本	每套软件的变动成本
研发成本	240 000		
设计成本	160 000		
生产成本		100 000	25
营销成本		70 000	24
分销成本		50 000	16
顾客服务成本		80 000	30

为获得盈利，该公司要产生足够的收入以弥补所有 6 个业务职能中的成本。尤其是其较高的非生产成本。表 8－7 列示了该公司的会计软件包三种可选择的价格－销量组合的生命周期预算。

表 8－7 会计软件包产品生命周期收入及成本的预算

项　目	各种可选择的价格—销量组合		
	A 产品	B 产品	C 产品
每套软件销售价格（元）	400	480	600
销售量（套）	5 000	4 000	2 500
生命周期收入（元）	2 000 000	1 920 000	1 500 000
生命周期成本			
研发成本（元）	240 000	240 000	240 000
产品流程及设计成本（元）	160 000	160 000	160 000
生产成本（元）	225 000	200 000	162 500
营销成本（元）	190 000	166 000	130 000
分摊成本（元）	130 000	114 000	90 000
顾客服务成本（元）	230 000	200 000	155 000
生命周期总成本（元）	1 175 000	1 080 000	937 500
生命周期营业利润（元）	825 000	840 000	562 500

表 8－7 中，生产成本＝一次性安装成本＋销售量×单位变动成本，经计算后可见，应选择 B 产品生产为好。计算如下：

A 生产成本＝100 000＋5000×25＝225 000（元）

B 生产成本＝100 000＋4000×25＝200 000（元）

C 产品成本＝100 000＋2500×25＝162 500（元）

但表中数字在计算生命周期收入和生命周期成本过程中没有考虑货币的时间价值，实际应用中应当予以考虑。

运用产品生命周期进行预算时，一些特征使得生命周期预算特别重要：

①非生产成本很大。产品的生产成本在大多数的会计账簿中一般是可以看得出来的。但是，一些与研发、设计、营销、分销和顾客服务相关的成本在以产品为基础时可视性很差。当非生产成本很大时，就像【例 8－4】，确定这些成本对目标价格、目标成本、价值工程和成本管理是很重要的。

②研发和设计的过程很长且代价很大。在【例 8－4】中，研发和设计的时间跨度为 2 年，占价格—销量三个组合中每个组合总成本的 30% 以上。在开始生产之前或获得收入之前发生的成本占总生命周期成本的比例越高，企业就越需要更为精确的收入和成本预测。

③许多成本被锁定在研发和设计阶段——特别是当研发与设计成本很小时。在【例 8－4】中，如果设计的会计软件包很差，既不方便安装，也不方便使用，将会导致更高的营销成本、分销成本和顾客服务成本。如果产品没有达到所承诺的性能水平，这些成本将会更高。

生命周期收入与成本预算可以避免在决策中忽略这些成本之间的相互联系。生命周期预算更强调产品生命周期内的成本，更注重成本被锁定前在设计阶段运用价值工程。表 8 - 7 中所列示的数据是价值工程的结果。

④以生命周期为基础的定价策略。比如【例 8 - 4】，该公司决定将这种会计软件产品以每套 480 元的价格卖出，因为这个价格可以使公司的生命周期营业利润最大化。表 8 - 7 假定每套会计软件卖出的价格在整个生命周期中是一样的。出于战略考虑，该公司可能决定对市场撇脂——当产品第一次生产时，对于急于购买这种会计软件的消费者索要更高的价格，随后再降低价格。生命周期预算包括这种战略。

许多会计系统，包括在一般会计准则下财务报表的编制都以公历年度为基础（按月、季、年），但产品生命周期报告不以公历年度为基础。公司每种产品的生命周期报告往往跨越多个公历年度，因此应以产品为基础来追溯其收入和成本。当在整个生命周期中追溯价值链中的业务职能成本时，我们可以计算分析单个产品的总成本。将预算的生命周期成本和发生的实际成本进行比较，可以提供反馈和学习，并运用在以后的生产中。

除了以上产品生命周期成本预算外，另一种提法是顾客生命周期成本。顾客生命周期成本把重点放在顾客从获得产品或服务到该产品或服务被取代这一期间之内的总成本。一部汽车的顾客生命周期成本包括该车的买价，加上运行及维护费用，减去最后的处理价格。顾客生命周期成本在价格决策中是一个重要的考虑因素。例如，福特汽车公司的目标是设计一种汽车，它在 100 000 英里行程内维护费用最小。福特希望索取一个较高的价格，并且（或者）通过销售这种汽车获得更高的市场份额。同样的，洗衣机、干衣机和洗碗机的制造商均为其可以减少用电量和较低的维修费用的模式索要更高的价格。显然，预算方法落实在环境领域可称为环境预算。在管理会计领域，预算是对经营活动规划的货币计量，反映经济组织在一定时期内怎样获取并运用财务资源，以实现预期营运成果和达到预定目标。这就是说，预算是将目标和策略表达为营运方案的一种管理手段。由此引申，环境预算就是将预算手段运用于环境管理问题。例如，企业为了实施环境管理体系（国际标准 ISO14000）认证，就必须在管理制度、技术设备、材料耗用、工艺流程、成本核算、作业控制、现场管理等许多方面制定改进策略，并编制相应的财务预算。预算的一般原则和方法亦适用于环境预算，只是要对环境问题的特定因素加以特别考虑。

8.2.3 完全成本法

（1）完全成本法含义。完全成本法又可称为全部成本会计（FCA），可用于核算企业的环境总成本，它是将企业内部和外部所有的环境成本都分配到产品中去的一种环境成本会计核算方法。完全成本法将产品带给环境的未来成本（如废弃后的处理）纳入会计核算范围，并追溯分配给各产品。作为一种全新的成本跨级架构，在处理成本时，不仅考虑企业的私人成本，而且延伸到了社会成本领域。

（2）完全成本法特点。完全成本法相比较传统成本核算方法，它扩大了成本核算的范围。其主要特点在于：针对传统管理会计方法难以准确辨别影响企业外部产生环境问题的产品、服务、流程或投入，通过多种方式收集相关成本信息，以达到更有效核算内部环境成本的目的。对于外部环境成本信息的取得，则主要通过环境科学中环境影响评价方法，同时采用控制成本法或损害函数法对其进行货币量化。所以，内部环境成本和外部环境成本有机结合，体现了完全环境成本的指导思想。

另外，从完全成本核算方法上来讲，为了提供由于环境影响，比如生态破坏、污染损失、治理和预防与保护支出、环境诉讼、损害评估等环境期间费用增加等而导致的企业对内和对外全部环境成本支出，完全成本可以将企业发生的一切环境成本、费用支出进行打包核算，以便从环境事项对企业环境整体影响上考核和分析各种环境负担情况，而不是从成本和费用类别进行环境成本的管理和控制。

（3）完全成本法作用。从远期看，完全成本法为公司发展战略提供完整的成本信息基础，让企业管理者对本企业生产经营活动的现时环境成本和未来环境成本有清醒的了解和认识；从近期看，完全成本法为企业产品定价及生产经营调整，提供成本信息基础。而从核算方法来看，完全成本法可以掌握企业环境支出的总体数据。

在企业会计实务中，尽管已有企业接受完全成本概念（如英国石油公司年度报告），但是显然还看不到全面运用完全成本法的案例。因为企业在产品定价中心以完全成本信息为基础，显然不利于自身的竞争地位，且完全成本需要增加对传统财务核算系统有较多的改进投入成本和较高能力的财务人员对环境事项判断处理成本，所以完全成本法作为企业制定长期发展战略中的一种信息工具可能更为现实。这时完全成本可以从几个角度分析：内部成本和外部成本，现时成本和未来成本，生产成本与环境成本，直接成本和间接成本。

作为FCA的一种替代，遗留物成本（LC）计算出现在成本会计领域。LC是对企业产品及生产经营活动之外环境影响（后果）的专门核算。遗留物成本包括：①为了将负面环境影响降低到最低程度而发生的预防性费用；②评估环境影响程度的评估费用；③修复环境损失的费用。这里，第三种涉及的环境损失，又可以分别为两种情况，一种是本来可以通过产品设计、生产、工艺使用等环节的预防措施而避免的损失（但未能避免）；另一种是由意外因素导致的损失。

8.2.4　清洁生产法

（1）清洁生产含义。清洁生产（clean production）产生于20世纪70年代，在工业领域得到了广泛的应用，中国石化系统开展了多年的“清洁生产审计”。联合国环境规划署于1989年首次将其定义为“在生产过程、产品寿命和服务领域持续地应用整体预防的环境保护战略，增加生态效益，减少对人类和环境的危害”。清洁生产实际上是研究如何达到在特定条件下满足使物料消耗量最少，使产品产出率最高的一种最优成本状态。在我国，陈瑞安主编的《石油化工企业清洁生产审计工作指南》（中国石化出版社，1998年版）中，对清洁生产定义为：清洁生产是指将整体预防的环境战略持续应用于生产过程和产品中，采用先进的工艺和设备，不用或少用有毒的原材料，减少污染物的排放量，从而达到节能、降耗、增效、减污的目的。

（2）清洁生产作用。从企业自身发展和社会责任来看，在推选清洁生产过程中适时引入环境会计，反映和控制企业与生态环境的关系，计算和记录企业的环境成本和环境效益，向外界提供企业社会责任履行情况的信息，将有利于企业健康发展。倘若企业在生产经营活动中所造成的污染，不计入经营成本，而由国家和社会用全体纳税人的纳税来负担，无疑是损公肥私，严重违背法律的公平精神，从而使得有些企业盲目生产不重视污染，而导致环境污染和破坏越来越严重。企业发展过程中，减少对环境影响成为企业技术创新和改革的一项重要任务，环境技术创新、成熟为环境标准建立和完善提供引领，也为环境管理会计的建立创造了条件。

治理环境污染会增加企业的生产成本，而清洁生产有可能减少企业的生产成本，满足消费者的环保需求，实现企业经营和环境保护的双赢。中国企业建设中实行“三同时”，即主体设施与污染治理设备同时设计、同时施工、同时投产，这就是从企业的选址、工艺和原材料的确定，到企业运营的全过程中，考虑环境保护问题。这是清洁生产理念的体现。

（3）清洁生产与环境成本管理。清洁生产方式作为一种全新的污染治理方式与生产方式，需要企业在技术、观念、组织等方面有较大的突破。开发清洁生产管理信息系统，组建企业清洁生产审计小组对企业生产过程进行清洁审计，首先需要发现排污部位和排放原因，然后利用存放输入的数据库系统选择消除和减少排污的措施，最后再结合 ISO14000 环境管理体系标准实施清洁生产。

就企业而言，环境活动是一项经济活动，它对企业的生产经营和财务成果会产生影响；同时，清洁生产又是一项企业管理活动，涉及企业管理系统的方方面面。企业在经营活动中不消耗自然资源、不排放污染物，是难以做到的，但要求企业少消耗自然资源、少排放污染物，则有可能实现。因此，企业在环境保护方面的第一选择，不应该是终端治理，而是清洁生产。

采用清洁生产而额外增加各种成本费用支出，就是清洁生产成本，这项成本会体现在企业生产的各个过程、各个工序，并以各种费用形式表现出来，其成本预算方法与企业生命周期成本、完全成本法类似，并应与生命周期成本、完全成本法结合，才能达到良好的应用效果。清洁生产成本更多的是一种管理思想和理念，全过程控制、全方位控制以减少环境对企业影响是清洁生产成本预测和决策的核心。

【辅助阅读 8－1】

企业清洁生产成本控制思路

企业清洁生产成本控制的内容框架包括成本控制的程序和层次两部分内容。成本控制的程序部分是基于 PDCA 技术建立的，PDCA 即制定标准—执行—分析—评价，其基本思路是建立一个周而复始、不断改进的清洁生产成本控制程序，并反复循环。制定标准阶段属于预防控制，又叫事前控制、前馈控制，即在开发设计阶段就充分考虑生产对环境的影响，并对可能采取的清洁生产方案和完全成本进行预算控制；执行和分析阶段属于过程控制（事中控制），即在生产阶段考虑清洁生产工艺的改造及其成本投入和可能带来的环境效益，对环境成本进行核算、控制、分析；评价阶段属于反馈控制（事后控制），这一阶段主要考虑对污染物治理、回收利用等，对于标准不合理者可重新返回制定标准，通过不断循环反复，促使企业不断调整资源配置，实现清洁生产成本控制，如图 8－1 所示。

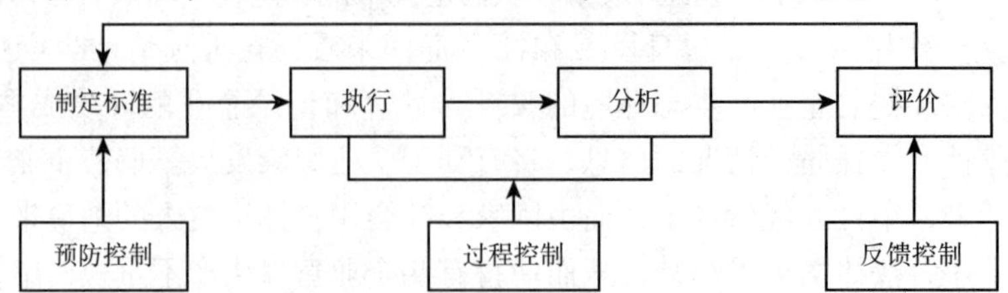

图 8－1　基于 PDCA 的清洁生产成本控制程序

成本控制的层次部分是建立基于价值的成本控制层次，成本控制的根本目的在于提升企业价值，有时看似增加了短期成本，但可能带来长期的价值增值，则这一成本的增加是有意义的。该体系分为战略层、管理控制层和作业层三个层次，通过战略地图、价值链分析等工具连接这三个层次，其中战略层是制定企业清洁生产成本控制的战略定位；管理控制层是对生产中成本改善方案进行决策；作业层是通过作业链分析实施具体的成本控制措施，属于操作层（见图 8-2）。

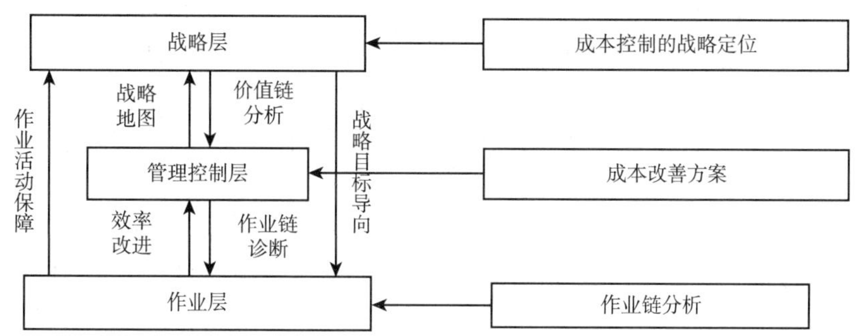

图 8-2　基于价值的企业清洁生产成本控制层次

——赵息，齐建民. 清洁生产条件下企业成本控制问题研究 [J]. 求索，2012 (4).

8.2.5　企业社会责任成本

(1) 从社会责任到社会责任会计。企业社会责任（companies' social responsibility，CSR）最重要的一个方面就是在为大众提供产品和服务的同时，主动承担人与资源环境的和谐和可持续发展的责任，真正造福于人类。众所周知，企业生产任何产品都需要耗能、耗材，影响环境、影响生命安全，尤其高额耐用的特殊商品，投入使用以后还需要庞大基础设施支撑，在创造财富、提高人类生活环境质量的同时，也可能成为消耗资源、污染环境、威胁生命的罪魁。

与社会责任相关联的一个词就是社会责任投资（social responsible investment，SRI）。CSR 是指企业要成功，不仅应当遵守法律规定，而且应当以有利于市民、本地区以及全社会的形式，在经济、环境、社会问题等方面做到不失衡，在此过程中促使企业走向成功。而 SRI 则指能够以股票投资、融资等形式为那些承担了社会责任的企业提供资金支持。一般意义上的社会责任投资又叫道德投资，对于环境保护而言，可称为环境保护投资或环境道德投资，意指企业在努力实现组织业绩目标的同时，管理者应该时刻意识到他们的环境和道德责任。比如在美国，破坏环境（如水和空气污染）和不道德的、不合法的环境行为（如贿赂和腐败）都会受到国家法律的严厉罚款和处罚。同样，运用会计学的基本原理与方法，采用多种计量手段和属性，对企业的环境活动和与环境有关的活动所做出的反应和控制，就是社会责任会计，它意味着会计在社会学、政治科学和经济学等社会科学中的应用。

(2) 从社会责任会计到企业环境责任成本。企业社会责任产生于市场失灵的外部性存在，包括企业社会环境责任。企业社会责任成本是指企业从事谋利经营活动而消耗的并未计入自身成本费用中的社会资源或给社会带来的损失，即企业经营活动带来的消极外部效应。一个企业由于自己的经济行为产生了两部分成本费用：一部分称为企业成本或私人成本，由企业自己承担；另一部分称为企业外部成本，由社会承担。这两部分之和称为社会成本。对于后者，可称为社会责任成本，尽管企业成本是企业在实现一项计划时进行最优化选择而必须付出的代价，但企业的活动常常超过自己的财产权利界限，发生一些并不计入自己成本而是由他人或社会承担的成本费用，这就形成了外部性问题。尽管社会责任成本因各种原因未能构成责任企业的成本要素，但从社会整体来看，承受这部分成本（损失）的人们或社会需要得到补偿，因而它也是一种伴随着社会财富生产过程的一种社会成本要素。社会责任成本理论要求企业计量这一部分成本并加以内部化，从而外延出诸如社会环境责任成本概念。这种开放的多维成本思维模式，将企业成本放入整个社会成本之中，从企业社会责任的高度研究企业的“外部成本”，完善了成本构成项目，既能反映企业是否履行社会责任，又能全面评价企业的真实成本和收益。

什么是企业的环境责任成本？这可能不像一般成本项目那样容易给出定义和界定，将社会责任成本直接接嫁到环境责任成本也不妥，因为社会责任成本大于环境责任成本，它还包括人力资本、公益活动和社会福利等支出。但从环境会计的角度考量，环境责任成本占社会责任成本相当大比重。我们认为，一个有社会责任感的企业，必然会在节能、替代能源、环保、生态安全等方面进行大量投入，主动承担起企业的社会环境责任。那么，企业环境责任成本就是指企业自己提供资金或服务用于劳动环境的改善、外部环境治理和对外环境捐赠等各种可货币量化价值的环境努力行为。更广义地说，它是计量企业根据法律明确规定应当承担的环境保护义务，且这种义务不因企业的终止而立即消失。如企业为防治环境污染、恢复生态环境而购置环保设备、污染赔偿费等发生的各项支出。

（3）用“三重底线”来考核企业社会责任成本。由于企业社会责任成本是企业从事谋利经营活动而消耗的并未计入自身成本费用中的社会资源或给社会带来的损失，这就决定了企业社会责任成本具有间接性、潜在性和成本负担主体不明的特点。这些特点也就决定了用货币形式计量企业社会责任成本的难度，但它并不是不能计量。林万祥教授（2001）在其专著《成本论》中对社会责任成本的计量方法进行了介绍，认为社会责任成本的计量方法一般来说有调查分析法、替代品评价法、历史成本法、复原或避免成本法、法院裁决法和影子价格法等。而对企业环境社会责任成本的会计核算，许多学者认为目前比较通行的做法是应用传统的会计计量、修正的评价计量和未修正的评价计量方法三种模式来进行。

长时间以来，作为经济人的企业往往只注重财务报表的“底线（bottom line）”，就是企业的财务利润；之后有人提出财务状况、环境表现以及社区表现并重的“三重底线（triple bottom line）”理论；再后来甚至扩展为财务、顾客、雇员、环境及社区“五重底线”理论。简言之，就是综合衡量企业的业绩。

8.2.6 流量成本会计

流量成本会计（FCA）是由德国的经营环境研究所（IMU Augsburg）开发的，目前已在数十家不同规模和不同行业的企业中试行，并积累了一定的成功经验。流量成本会计通过对物料运动从实物标准和金额标准两个方面的把握，将物料成本和系统成本分配到物流中。流量成本最明显的作用是它能够显示哪些成本的降低可以通过减少或更有效使用原材料及能源的方法，以开发需要更少原料的产品及产品包装，并减少物料损失和最后废弃物的排放，促使企业活动更加全面。为提高物流的透明度，便于成本效果的计算和评估，流量成本会计将整个流程中存在的物流价值与成本分为三类：原料价值与成本；系统价值与成本；传递及处理成本。

8.2.7 总成本评价法

总成本评价（TCA）在 1989 年美国环境保护署（EPA）和 Tellus 研究所合作完成的《预防污染效益手册》中首次被提出。这种方法主要是对清洁生产、能源消耗等内部环境成本与节约进行分析，企业在进行资本预算分析时就可通过该方法将环境成本纳入其中。TCA 中通常涉及四个层次的环境成本：①直接成本，包括基建费用、原材料、运行和维护费用等；②例行成本，如检测、报告和审批费用等；③偶发负债，如企业所在的被污染场地的恢复费、相应的罚款等；④不明显成本和效益，如企业的市场形象因环境改善而提高所带来的无形资产等。可见，总成本评价法与完全成本法的区别在于，前者的成本范围只限于企业内部成本，但其对内部成本的划分更细致，也便于环境成本的考核，更因为企业不考虑外部成本，比较容易操作和执行。环境总成本评价法，就是通过对现行制造成本进行改进，从而比较改进前后成本的差异以便确定环境成本管理的重点和技术。

8.3 环境成本控制与成本管理

8.3.1 环境成本控制的目标

企业在追逐利润的同时，不仅应考虑自身的经济效益，更应该考虑社会效益和环境效率，积极承担社会责任。所谓社会效益是指某一件事件、行为的发生所能提供的公益性服务的效益。为此，环境成本控制目标在政府和企业两个层面表现。政府应扶持环保工业的发展并为之提供发展的宏观环境；企业应从内部控制环境污染并避免污染的扩散，充分考虑企业的外部环境成本并从整个社会的角度出发治理污染，以便改善环境，为社会提供环境友好的产品，最终实现企业经济效益、社会效益和环境效益共同达到最优。而企业要实现环保效果最优的目标，一方面企业应努力实现自然资源与能源利用的最合理化，以最少的原材料和能源消耗，提供尽可能多的产品和服务；另一方面企业应把对人类和环境的危害减少到最小，把生产活动、产品消费活动对环境的负面影响减至最低。在致力于减少生产经营各个环节对环境负面影响最小的前提下，企业才能追逐尽可能大的经济效益。

8.3.2 环境成本控制的原则

考虑到环境因素后，环境成本控制与传统成本控制存在较大差异，需要遵循以下原则：一是兼顾经济效益和环境效益。可持续发展要求企业在追求经济效益的同时，必须处理好与环境之间的关系。二是外部环境成本内部化。该原则要求企业的成本控制体系确认和计量外部环境成本，并积极把外部环境成本内部化，以缩小社会成本与私人成本的差距。三是遵守环境法规。企业的环境成本必须严格遵守国家有关法律法规，并以这些法规为行为的准绳。企业一旦违反环境法律法规，就有可能被法律追溯承担相关环保责任，那么企业潜在的环境负债问题极有可能使企业陷入巨额的财务困境，甚至破产境地。

8.3.3 环境成本控制的过程

（1）事前控制。事前控制是指综合考虑整个生产工艺流程，把未来可能的环境支出进行分配并进入产品成本预算系统，提出各项可行的生产方案，然后对各项可能的方案进行价值评价，从未来现金流出的比较中筛选出环境成本支出最少的方案并加以实施，以达到控制环境成本的目的。事前控制注重从产品设计开始，直至最后废弃物处理，都采用对环境带来最小负荷的控制方案，注重对产品寿命周期的全过程进行控制。事前控制通过对资源能源减量消耗、资源能源节约与循环、废弃物再利用并资源化、污染物排放的减排和无害化等方式，有效优化环境成本结构，扩大环保效果和效益，促使企业经济效益的实现与环境协调发展。企业通过事前控制模式控制环境成本，可以谋求环保效果和效益最优，进而提高企业绿色形象，促进企业的良性发展。

（2）事中控制。事中控制是事前控制的延伸，也称过程控制，是在实施所确定的方案过程中，确定合理的生产经营规模，采用对环境有利的新技术和新工艺，选择对环境影响低的替代材料。同时，跟踪监测企业各个生产环节的负面因素，处理好企业生产中产生的废水、废气、固体废弃物等对环境的影响，以避免发生企业环境或有负债。企业对各种污染处理系统项目进行可行性分析，控制污染处理系统的建造运营成本，以降低企业环境成本，提高效率。

（3）事后控制。事后控制通常采用末端治理方式来对环境质量进行改善，企业通常在污染发生后采用除污设施和方法消除环境污染，在此过程中企业把发生的支出确认为环境成本。事后控制并未改变大量生产、大量消费和大量废弃的生产和消费基础。事后控制作为传统的环境成本控制模式，只侧重控制现行生产过程中发生的环境成本，没有从原材料投入、产品生产、产品销售、产品消费等会产生环境负荷的源头阶段改良生产工艺流程，该模式下企业控制环境成本的成效并不明显。在环保法规日益完善的今天，如果企业被确定为某一环境领域的可追溯的主要责任者，对环境资源的事后处理方式往往会使企业陷入环境支出困境。

8.3.4 环境成本控制的措施

（1）实行环境管理目标责任制，健全环境管理制度。企业环境成本控制的目标首先是降低当前由于产业发展的不合理，以及意识淡薄所造成的对于环境的压力，以求实现资源最高效的利用和最少的污染物排放。当然企业控制的也不仅仅是内部成本，对于外部可能发生的环境成本也应当运用现有的成本控制方式进行成本控制。当然行业内的每一位成员应当充当好自己的角色，通力合作，以自身以及行业的长远发展为己任，以此来促进行业的发展。具体是，在企业经营管理中，实行环境管理目标责任制，做到“一个杜绝，两个坚持，三个到位，四个达标”，即：杜绝发生重大环境污染与破坏事故；坚持环境“三同时”制度，坚持建设项目环境影响评价制度；环境工作必须责任到位，投入到位，措施到位；做到废水、废气、废渣、噪声达标排放。在实行环境管理目标的同时，建立健全环境管理制度，真正做到有章可循，有法可依。

（2）构建环境成本控制系统。在按照产品和部门构建成本控制系统的基础上，考虑产品生产和运行过程中所发生的环境成本，包括主动性支出（污染预防和污染治理支出等）、被动性支出（排污费、罚款、赔偿金等）、已发生的支出和将来发生的支出，将它们作为产品成本和部门运行成本（管理费用等）的组成部分，运用现有的成本控制方式进行成本控制，并在成本预测、计划、核算中充分考虑环境支出。同时，设立专门化的成本控制系统，主要涉及能源、废弃物、包装物、污染治理等方面的成本控制。

（3）大力推行无污染的清洁生产工艺。对于那些资源消耗较大、污染严重、环境成本较高的必需品的生产项目，除加强企业管理以及最大限度地提高资源、能源的利用率外，最重要的是淘汰那些落后的技术工艺而采用先进清洁的生产工艺。

（4）积极争取政府对环境成本控制的相关政策支持。积极与政府汇报沟通企业发展战略部署。政府可以通过环境区域治理规划，采用集中排污治理的方式来降低区域内各个企业的环境成本支出。同时，积极创造条件，完善配套办法。按照政府的总体环境规划，企业相关的经济政策必须完整、配套。不论是环境保护方面的新建项目审批，资源、能源的配置和利用，还是经济领域内的产值统计、利税计算、资产评估、成本核算、物价核定以及内外贸易等重大经济活动，都应该将企业环境成本的因素考虑在内。

8.3.5 企业环境成本控制与会计制度建设

环境成本管理重点在于成本管理制度设计和执行，制度设计中一项重要内容是成本控制制度的设计，环境成本管理体现的是一种循环经济思想和理念，而循环经济在我国作为一种新的经济发展模式有待积极推行。企业环境成本管理中，尽管也会关注企业如何适应经济发展转型的核算以及计量其产生的经济效益、环境效益，但现实中普遍存在的财务监管机制、惩罚机制、预警机制的空缺使得循环经济在实际运用和操作过程中出现了许多不规范的行为，尤其是会计机构的设置不合理，业务操作流程的不规范，难以适应环境成本核算和管理的新要求。发达国家大多制定了相关的环境会计准则以规范会计核算，比如日本环境省编写出版的《环境会计指南手册》中专门对环境会计的三个结构要素（即环境保护成本、环境保护效益和与环境保护活动相关的经济收益）的定义、分类及其核算进行了详细的规定，但我国目前还没有专门的环境会计准则，而传统的企业会计核算体系对于企业资源的开采、利用和环境费用的核算反映得既不充分也不系统、准确和全面，而企业内部也未建立起与循环经济相匹配的环境管理会计信息系统。

就企业而言，加强与环境成本控制相适应的制度建设，应当着手于以下几个方面：

（1）组建集团公司企业环境成本控制的中心。首先，目前许多企业在进行成本控制的过程中只是将成本控制的责任看作是一个财务上的工作，并没有看到成本控制牵涉到的不仅仅是财务部门，进行成本控制也不仅仅是财务部门的责任，所以在进行企业环境成本控制的过程中，首要工作是要组建一个责任中心部门，实行部门责任制，这个中心应当以企业的管理者为中心，以企业财务人员为佐，在运作的过程中要把企业的每一位成员都纳入当中，只有这样才能形成很好的合力，做出一个详细有效的环境成本控制规划方案，提高环境管理效益。比如，设立环境保护与资源利用委员会，负责制定环境保护和资源利用方针，指导、研究和确定公司环境保护和资源利用发展规划和计划，协调各分（子）公司、事业部之间的关系及资源分配，对环境保护及资源利用等重大项目进行决策等。其次，在控制理念上应当有一个中心，始终围绕循环经济这个视角，在成本控制的全过程都要始终坚持走在循环经济这条正确的道路上。只有这样才能够更加明确地进行环境成本的控制工作，对于组织内每一个成员所扮演的角色以及所需要做的工作能够有一个很好的定位。当前企业的决策几乎都是一个人或几个人的决定，这种不合理的决策方式会降低企业内大部分基层员工对企业文化的认可度。基层员工大部分是一线的工作人员，他们对于工作流程更加熟悉，了解产品线上哪里有可以改进的空间。

（2）制定企业环境成本控制的具体办法。首先，进行企业环境成本控制的制度约束。无论是在企业的治理还是在国家的治理过程中，制度设计和约束都是非常重要的，某种意义上讲，世界上一切问题的产生都源于没有制度或不合理的制度。在企业环境成本控制方面的制度约束主要体现在对于企业环境职责的法律确认和强制执行上。当然制度上的约束需要政府环保部门认真履行好自己的职责，联同行业内部的部分企业加入制度的设计过程当中来，同时在制度设计时要做好信息的公开和预案的调整工作。其次，进行企业环境成本控制的技术改良。在当前各种生产要素中，技术和科技因素已经占据了主导地位。企业再不能通过廉价劳动力成本和土地资本等生产要素来获得长足的发展。在企业环境成本控制的过程中也需要企业进行环境技术上的投入，这样的投入一方面是生产技术方面的投入，这样的投入能在源头上减少企业在生产过程中对于原燃料和原材料的需求，另一方面是企业在节能减排方面的投入，这能够直接减少企业用于环境保护的成本。综合以上两个方面能够让企业在很大程度上降低环境成本和提高经济效益。最后，重视企业环境成本控制的人力因素。企业的每一项活动都少不了人的决策和参与，所以作为企业的组成主体，企业的管理层和员工需要共同担当起自己的责任。当前大部分的企业在进行决策时都是几个人甚至一个人进行决策，而企业进行环境成本控制绝不是一个人或几个人的事，所以针对当前的这种不合理状况，需要企业从以下两个方面进行改进：一方面，企业的管理层应当转变自身的管理理念，更多地去听取一线员工的意见和看法，把好的意见真正落实好以促进企业的发展；另一方面，企业应当多进行相关的培训，提高整个企业员工的基本素质。

（3）建立适应环境成本控制的内部会计控制制度。企业要建立循环经济下包括成本核算和管理在内的会计控制制度。控制制度分为外部控制制度和内部控制制度两个部分。外部控制制度主要针对企业外部的约束，主要是指政府部门，特别是环保部门应该对企业的资源循环利用状况进行定期的检验，对企业的污染排放物指标进行测定，对企业降低污染物排放的能力进行测试。内部控制是企业的自我约束，重点在完善会计机构设置、规范业务操作流程以及人员分工。例如，在会计机构设置方面，企业可以在财务部门设立专门的“循环经济”相应职能科室，单独对循环经济的相关内容进行核算和考核。对于自然资源的开采成本也可以成立专门成本机构进行核算。业务操作流程方面，企业应该建立与循环经济相适应的“开采（采购）→入库→生产→销售”的一整套控制制度，如销售环节可以就绿色包装、废物弃置、售后服务方面等制定相应控制办法。人员分工方面，对循环经济会计规范执行效果安排专人进行监督检查。在信息发布方面，建立会计信息披露责任制，将会计信息的可信度与企业负责人责任紧密结合，以防止循环经济会计信息报告中出现的人错报、漏报、瞒报等现象。

8.4 环境成本效益分析

8.4.1 环境成本效益内涵

为了使信息使用者更好地把握企业的财务状况和经营成果，企业有必要对外提供环境成本效益方面的信息，并进行环境成本效益评估。构建全面有效的企业环境成本效益评价体系，有利于激励企业把环境保护纳入企业核心运营和战略管理体系，明确今后改进的方向，实施环境管理的技术创新和管理创新，减少环境污染和环境破坏，促进企业获得更多的环境效益，实现企业、社会、经济、生态的可持续发展。因此，研究建立科学客观的环境成本效益评价体系，具有重要的理论意义和实际应用价值。

广义的环境成本效益包括社会环境成本效益和企业环境成本效益。基于企业社会价值衡量，两者应该是一致的。当企业实现了环境外部成本内部化，企业的环境成本效益就是外部环境成本效益，也即环境成本的社会效益，因为环境成本会计建立的目的就是达到企业效益和社会效益均衡。不过，社会环境成本效益首先是通过微观层面的环境成本效益反映出来的。在此我们只对狭义层面的企业环境成本效益评价进行阐述。

从直观上来看，直接将企业环境影响的测量值（如污染负荷率、排污量、单位产品能耗等）中的一个或少数几个指标的组合作为环境成本效益的衡量指标，能够在一定程度上较为准确地度量企业环境管理对自然环境的影响及企业环境合法性程度，因为它是环境成本效益的外部表现（显性绩效），并基本符合环境主管部门及企业外部利益相关者要求。但是这没有考虑企业环境管理的隐性绩效，没有揭示企业环境管理对企业运营能力的影响，没有从企业环境管理的终极目标——企业的生存和发展来进行分析，还不能满足企业内部利益相关者的要求，因此也具有片面性、不完整性。因此，构建全面的企业环境成本效益评价指标体系，要从对自然环境的影响与对企业运营能力的影响两个维度对企业的环境成本效益进行全面的评价，才能符合企业环境管理的最终目标要求。尽管环境成本效益现今具有较强隐形性，但今后可以通过环境成本会计制度，以及环境信息披露规范的建立和实施，实现外部信息使用者对企业环境成本效益的全面了解。

8.4.2 环保项目成本效益决策方法

投资环保项目评价使用的基本方法是现金流量折现法，包括净现值法和内含报酬率法两种。此外还包括一些辅助方法，如回收期法。

（1）净现值法。净现值是指特定项目未来现金流入的现值与未来现金流出的现值之间的差额，它是评价项目是否可行的最重要的指标。按照这种方法，所有未来现金流入和流出都要用资本成本折算现值，然后用流入的现值减流出的现值得出净现值。如果净现值为正数，表明投资报酬率大于资本成本，该项目可以增加股东财富，应予采纳。如果净现值为零，表明投资报酬率等于资本成本，不改变股东财富，没有必要采纳。如果净现值为负数，表明投资报酬率小于资本成本，该项目将减损股东财富，应予放弃。计算净现值的公式：

$$\text{净现值} = \sum_{k=0}^{n} \frac{I_k}{(1+i)^k} - \sum_{k=0}^{n} \frac{O_k}{(1+i)^k}$$

式中，n 为项目期限，I_k为第 k 年的现金流入量，O_k为第 k 年的现金流出量，i 为资本成本。

【例8－5】甲企业的资本成本为10%，有三项环保投资项目。有关数据如表8－8所示。

表8－8　　环境保护项目资料　　单位：万元

年数	A环保项目			B环保项目			C环保项目		
	净收益	折旧	现金流量	净收益	折旧	现金流量	净收益	折旧	现金流量
0			(20 000)			(9 000)			(12 000)
1	1 800	10 000	11 800	(1 800)	3 000	1 200	600	4 000	4 600
2	3 240	10 000	13 240	3 000	3 000	6 000	600	4 000	4 600
3				3 000	3 000	6 000	600	4 000	4 600
合计	5 040		5 040	4 200		4 200	1 800		1 800

注：表内使用括号的数字为负数，表示流出现值。

设 $i=10\%$，以后的三年内的回收情况如下：

A 项目净现值 =（11 800 ×0.9091 +13 240 ×0.8264）－20 000

=21 669 －20 000 =1 669（万元）

同样计算可知：

B 项目净现值 =（1 200 ×0.9091 +6 000 ×0.8264 +6 000 ×0.7513）－9 000

=10 557 －9 000 =1 557（万元）

C 项目净现值 =4 600 ×2.487 －12 000 =11 440 －12 000 = －560（万元）

可见，A、B 两项目投资的净现值为正数，说明这两个项目的投资报酬率均超过10%，都可以采纳。C 项目净现值为负数，说明该项目的报酬率达不到10%，应予放弃。

（2）内含报酬率法。内含报酬率是指能够使未来现金流入量现值等于未来现金流出量现值的折现率，或者说是使投资项目净现值为零的折现率。

$$\text{净现值} = \sum_{k=0}^{n} \frac{I_k}{(1+\text{内含报酬率})^k} - \sum_{k=0}^{n} \frac{O_k}{(1+\text{内含报酬率})^k} = 0$$

净现值法虽然考虑了时间价值，可以说明环保投资项目的报酬率高于或低于资本成本，但没有揭示项目本身可以达到的报酬率是多少。内含报酬率是根据项目的现金流量计算的，是项目本身的投资报酬率。

内含报酬率的计算，通常需要“逐步测试法”。首先估计一个折现率，用它来计算项目的净现值；如果净现值为正数，说明项目本身的报酬率超过折现率，应提高折现率后进一步测试；如果净现值为负数，说明项目本身的报酬率低于折现率，应降低折现率后进一步测试。经过多次测试，寻找出使净现值接近于零的折现率，即为项目本身的内含报酬率。

【例 8-6】 根据【例 8-5】资料，已知 A 环保项目的净现值为正数，说明它的投资报酬率大于 10%。因此，应提高折现率进一步测试。假设以 18% 为折现率进行测试，其结果净现值为 -499 万元。下一步降低到 16% 重新测试，结果净现值为 9 万元，已接近于零，可以认为 A 环保项目的内含报酬率是 16%。B 项目用 18% 作为折现率测试，净现值为 -22 万元，接近于零，用 17% 作为折现率测试，净现值为 338 万元。可认为其内含报酬率为 18%。如果对测试结果的精确度不满意，可以使用插值法来改善。

A 项目内含报酬率 = 16% + [2% × 9 ÷ (9 + 499)] = 16.04%

B 项目内含报酬率 = 16% + [2% × 338 ÷ (22 + 338)] = 17.88%

C 环保项目各期现金流入量相等，符合年金形式，内含报酬率可以直接利用年金现值表来确定，不需要进行逐步测试。

C 项目内含报酬率 = 7% + [1% × (2.624 - 2.609) ÷ (2.624 - 2.577)] = 7.32%

其中（P/A，内含报酬率，3）= 2.609，（P/A，7%，3）= 2.624，（P/A，8%，3）= 2.577。

（3）回收期法。回收期是指投资引起的现金流入累计到与投资额相等所需要的时间。它代表收回投资所需要的年限。回收年限越短，项目越有利。

在原始投资一次支出，每年现金净流入量相等时：

回收期 = 原始投资额 ÷ 每年现金净流入量

如果现金流入量每年不等，或原始投资是分几年投入的，则可使下式成立的 n 为回收期：

$$\sum_{k=0}^{n} I_k = \sum_{k=0}^{n} O_k$$

【例 8-7】 接【例 8-6】，C 环保项目的回收期（C）= 12 000 ÷ 4 600 = 2.61（年）。A 项目和 B 项目的回收期分别为 1.62 年和 2.30 年，显然应选择 A 投资项目。计算过程如表 8-9 所示。

表 8-9　环境项目投资计算　　单位：万元

A 环保项目：	现金流量	回收额	未回收额
原始投资	-20 000		
现金流入：			
第一年	11 800	11 800	8 200
第二年	13 240	8 200	0
回收期 = 1 + (8 200 ÷ 13 240) = 1.62（年）			
B 环保项目：			
原始投资	-9 000		
现金流入：			
第一年	1 200	1 200	7 800
第二年	6 000	6 000	1 800
第三年	6 000	1 800	0
回收期 = 2 + (1 800 ÷ 6 000) = 2.30（年）			

（4）会计报酬率法。这种方法计算简便，应用范围很广。它在计算时使用会计报表上的数据，以及普通会计的收益和成本观念。公式为：

$$会计报酬率 = 年平均净收益 \div 原始投资额 \times 100\%$$

【例8-8】接【例8-7】，计算三个项目各自的会计报酬率。

$$会计报酬率(A) = \frac{(1\ 800 + 3\ 240) \div 2}{20\ 000} \times 100\% = 12.6\%$$

$$会计报酬率(B) = \frac{(-1\ 800 + 3\ 000 + 3\ 000) \div 3}{9\ 000} \times 100\% = 15.6\%$$

$$会计报酬率(C) = \frac{600}{12\ 000} \times 100\% = 5\%$$

8.4.3 环境成本效益分析模式与评价指标

（1）环境成本效益分析模式。一般来说，企业投入环境成本至少要考虑：①在制定环境目标或开展环境保护活动时需要决定投入多少环境成本？其成本结构应如何分布？②投入的环境成本可取得多大的效果？③如何扩大环境成本的投入与产出比？综合这三点，其实质就是一个环境管理的成本效益分析问题。由于企业环境管理与一般经营管理不同，其效益并不能仅以未来经济利益的流入为唯一标志，而是环保效果与经济效益并重，使得环境管理的成本效益分析有其独特之处：先应对环保项目进行投资决策，以决定是否值得投资，然后再对企业整体的环境成本效益进行分析，分析模式如图8-3所示。

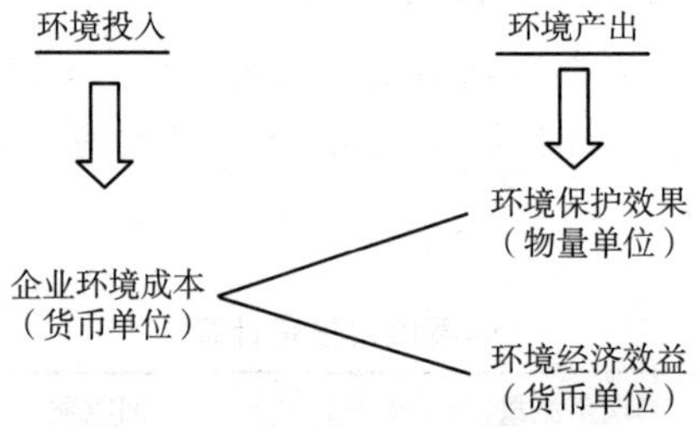

图8-3 企业环境成本—效益分析模式

由图8-3可见，企业在投入环境成本时需要考虑其产出的效益。在环境成本投入方面，企业需要考虑其投入的方向、规模和成本结构的分布状况，即如何划分环境成本的项目和数额。一般说来，按效益收益期限的长短不同，企业将其分为资本性环境成本支出与收益性环境成本支出，分别简称为环保投资成本、环保经常费用。在环境成本的产出方面，其效益表现为两种：一是为达到国家环境标准或企业环境目标而取得的以物量单位计量的环境保护效果，即以降低环境负荷为标志，比如环境污染物质排放量的减少，废弃物的削减量，资源和能源消耗量的节约；二是运用环境成本管理，采用资源综合利用对策而获得的以货币计量的经济效益，包括伴随企业环保活动而带来的资源和能源成本的节约、废物再利用产品的销售收入、排污费和诉讼赔偿金的减免以及企业开发设计环保产品收入等方面，以增加企业利润为标志。综合当前发达国家许多环保先进企业的案例来看，较多的是应用这种成本效益观来进行环境管理。通过实践表明，环境成本效益一般呈现如图8-4的趋势：

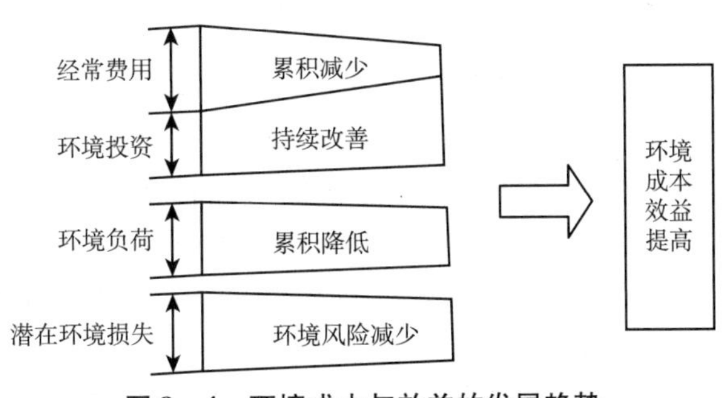

图8-4 环境成本与效益的发展趋势

由图8-4可见，企业进行环境管理一般采用增加环保投资的方法，保持环保效果的持续改善。这带来了两方面的效果：一是环境负荷的累积降低，使其达到或优于国家有关环境标准；另一方面是经常性费用累积减少，从而使得环境总成本得以降低。此外，它还减少了潜在环境损失。

（2）环境成本效益评价指标。可以采用下列五个指标直接进行企业内部环境成本效益的评价，进而达到环境绩效的考核目的。

①环境支出占营业成本的比例。计算公式为：

环境支出占营业成本的比例＝环境支出÷营业成本

环境支出是指从事与环境有关的活动势必发生的支出。这类支出的形态多种多样，从现有的环境法规和目前企业的环境活动实践来看，由于环境问题导致的支出的具体形态至少包括以下项目：企业专门的环境管理机构和人员经费支出及其他环境管理费用；环境监测支出；政府对正常排污和超标排污征收的排污费，政府对生产可能会对环境造成损害的产品和劳务征收的专项治理费用；超标排污或污染事故罚款；对他人污染造成的人身和经济损害赔付；污染现场清理或恢复支出；矿井填埋及矿山占用土地复垦复田支出；污染严重限期治理的停工损失；使用新型替代材料的增支；现有资产价值减损的损失；目前计提的预计将要发生的污染清理支出；政府对使用可能造成污染的商品或包装物收取的押金；降低污染和改善环境的研究与开发支出；为进行清洁生产和申请绿色标志而专门发生的费用；对现有设备及其他固定资产进行改造、购置污染治理设备支出等。

②环境收入占营业收入的比例。计算公式为：

环境收入占营业收入的比例＝环境收入÷营业收入

环境收入是企业积极参与保护和改善生态环境有可能会直接或间接产生某种经济收入。可能的收入主要有：因通过了环保认证而成功打入某个市场，从而扩大了销售额，增加收入；利用“三废”生产产品将会享受到流转税、所得税等税种免税或减税的优惠政策；从国有银行或环保机关取得低息或无息贷款而节约利息所形成的隐含收益；由于采取某种污染控制措施而从政府取得的不需要偿还的补助或价格补贴；有些情况下，企业主动采取措施治理环境污染所发生的支出可能会低于过去缴纳排污费、罚款和赔付而赚取机会收益等的支出。

③环保净收益占营业利润的比例。计算公式为：

环保净收益占营业利润的比例 = 环保净收益 ÷ 营业利润

环保净收益是企业发生的与保护环境有关的净收益。环保净收益指标可以根据它的特征加以认定。主要体现在：环保净收益应该能够使企业当期的净收益增加，并增加所有者权益；环保净收益当然是与环境保护和污染治理密切相连的；环保净收益的形式不仅体现为资产的增加和负债的减少，还由于问题的特殊性而体现为资产减少数额的降低，如少缴的利息、税金。在环境投资方面可以考察环境保护项目资金投入的使用效益、环境保护的能力建设、环境保护管理的监督和社会效益等。

④所耗用各种类型能源的成本占营业成本的比例。计算公式为：

所耗用各种类型能源的成本占营业成本的比例 = 耗用能源成本 ÷ 主营业务成本

能源是人类活动的物质基础，是经济发展的原动力，也是工业经济高速增长的基础，能源在很大程度上驱动着经济发展速度和规模，但能源使用也带来诸多问题。资源的合理使用和污染排放对环境影响，尤其是高耗能的粗放型经济增长方式，必然导致能源短缺，这种能源短缺反过来又会制约经济增长。在当今世界，能源的发展、能源和环境是社会经济发展的重要问题。能源使用状况，特别是化石能源的数量越来越多，能源对经济社会发展的制约和对资源环境的影响也越来越明显。因此，就企业而言，能源消耗成本占企业主营业务成本的比例越低，表明能源使用的节制和减少，污染和排放性可能就越小，对环境保护就越有利。企业尤其是能源生产和能源使用的制造型企业和服务性企业，如发电、采掘、石油、化工、制药等行业企业，对能源的节约和有效使用，对节能减排贡献，首先可以通过能源的成本占营业成本的比例指标加以衡量。

⑤排放废物总量与销售净额的比值。计算公式为：

排放废物总量与销售净额的比值 = 废物排放量 ÷ 销售净额

为了准确评判环境成本效益，需要对各项指标进行量化，而具体的环境成本效益评价（如好、中、差）又是一个模糊性的问题，因此可以用模糊数学的方法加以解决。现行的环境成本效益评价体系中对于各项评价指标的权重比例分配都缺乏令人信服的理论基础，而运用模糊聚类分析的方法来进行环境成本效益评价可以在一定程度上避开这一问题。而且，评价标准值可以根据各个地区的实际情况分别制定，充分考虑地区差异，这使整套评价体系具有更好的地区适用性。基于上述原因，我们可以设立基于模糊聚类分析方法的环境财务绩效与环境成本效益评价体系。

【辅助阅读 8－2】

A 公司环境成本管理分析

A 公司从 1999 年起就一直使用环境管理会计跟踪实物和货币信息，现已构筑了一个良好的环境成本管理系统，收集的相关信息被用于与环境管理及产品有关的内部决策。它每年均要在环境报表中计算环境相关成本，如表 8－10 所示。

表 8－10　　A 公司环境成本　　单位：%

环境相关成本种类	空气气候	废水	废弃物	土壤地下水	其他	合计
产品的原材料采购成本	不考虑					
NPOs 的原材料采购成本						
原材料			15.2			15.2
包装物			0.1			0.1
辅助材料			2.7			2.7
经营性材料	0.1	42.2	0.5			42.8
能源	19.8					19.8
水		0.0				0.0
NPOs 的原材料处理成本		0.2	1			1.2
总计	19.9	42.4	19.5			81.8
废弃物、排放物控制成本						
设备折旧	0.1	2.8	0.4			3.3
经营性材料和服务	0.2	5.5		0.1		5.8
内部员工	0.7	1.0	0.1			1.8
佣金、税收和罚款	0.9	2.7	6.0			9.6
总计	1.9	2.0	6.6	0.1		20.5
预防性环境成本						
环境管理的外部服务					0.4	0.4
环境保护的内部员工	0.1				0.3	0.4
总计	0.1				0.7	0.8
研发成本	不考虑					
不确定性成本	不考虑					
环境相关的成本总额	21.9	54.4	26.0	0.1	0.7	103.1
环境相关的收益总额			－3.1			－3.1
环境相关的成本与收益总额	21.9	54.4	22.9	0.1	0.7	100.0

如表 8－10 所示，A 公司环境成本采用追踪分配法，并按上述成本分类，划分对应百分比，如 NPOs 的原材料平均成本为 81.1%，而后再将这种百分比内容分别按照环境污染的污染物物质项目进行分配，以揭示成本与其比例的对应关系。这种以百分比来追踪环境成本的分配，不仅可反映各成本大类之间所占比重，而且每一类成本相对于污染物质项目也有比例，便于企业发现环境成本管理中的缺陷所在。如与废弃物、排放物所消耗的原材料采购成本比重 81.8% 相比，公司预防性环境管理成本所占比重实在太低，有必要调整这两者之间的关系；另外从各废弃物所占成本比重分析，废水成本高居不下，占到成本总额的 54.4%，显见其应是下一期环境管理的重点。相对于此类分析，可广泛采用。

——第五届会计与财务问题国际研讨会论文集［C］，2005.

本章练习

一、名词解释

1. 环境管理会计　2. 环境成本管理　3. 环境降级成本　4. 环境成本管理方法
5. 作业成本法　6. 产品生命周期法　7. 流量成本会计　8. 总成本评价
9. 清洁生产　10. 社会责任成本　11. 社会责任投资　12. 社会责任会计
13. 企业社会责任成本　14. 环境成本效益

二、简答题

1. 环境成本管理包含哪几方面？
2. 环境成本管理的方法有哪些？各有什么优缺点？
3. 环境作业成本方法程序有哪些？其在环境成本核算时关键要注意什么？
4. 用产品生产周期法对环境成本进行预算，其要点是什么？
5. 清洁生产制度下环境成本法应如何进行核算？
6. 你认为清洁生产下的环境成本管理应怎样组织？
7. 企业环境成本控制模式有哪些？
8. 环保项目成本效益决策方法有哪些？
9. 企业可以采用何种方法来评价环保投资项目的成本效益？
10. 简述企业社会责任与企业环境社会责任、企业社会责任成本与企业环境社会责任成本的关系。

三、计算题

1. 企业生产甲、乙两种产品，每年产量分别为 1 000 吨和 2 000 吨，生产过程中都会产生有毒废弃物。有毒废弃物需要经过焚化炉处理后弃置。每年与废弃物处理的相关总成本 38 150 元，具体成本为：废弃物搬运费 5 000 元，焚化炉启动调整费 6 000 元，焚化炉运转费 24 000 元，废弃物弃置费 3 150 元。作业动因资料如表 8 - 11 所示。

表 8 - 11　　作业动因分析

成本动因	甲产品	乙产品
废弃物搬运次数（次）	30	20
焚化炉启动调整次数（次）	8	4
焚化炉运转时间（小时）	250	150
废弃物弃置量（吨）	15	6

要求：

（1）计算环境作业成本分配率。

（2）分配环境成本。

（3）计算甲、乙两种产品的总成本和单位成本。

2. 甲公司 20×2 年要投资建设某项污水处理工程项目，使用期限为 10 年。基于环境风险考虑，有 A、B 两个方案可供选择：A 方案需投资 1 000 万元，在市场好的情况下，可获利 500 万元，概率度为 0.7；在市场不好的情况下，要亏损 100 万元，概率度为 0.3。B 方案需投资 900 万元，在市场好的情况下，可获利 400 万元，概率度为 0.6；在市场不好的情况下，要盈利 250 万元，概率度为 0.4。要求：分析为什么甲公司最终选择了 B 方案作为投资？其投资的环境绩效是多少？

3. 某化工企业对在生产过程中发生的员工身体健康伤害赔偿费用现行的财务处理方法是在发生时直接

计入期间费用，该部分的费用约为 30 万元/年，表现在产品生产过程中粉尘、化学气体等对员工的身体危害。如果按照环境会计核算要求，财务部门这笔原计入期间费用的资金改为计入产品成本，由此影响到产品成本金额，就需要对其进行成本改进和调整。假设将此费用按生产职工的人数进行分配（聚合车间 20 人，阳树脂车间 58 人，阴树脂车间 33 人）。请将计算改进后的产品总生产成本填入表 8－12。

表 8－12　　**改进前后产品成本对比**　　单位：元

项目	改进前制造成本	增加员工健康损害赔偿费	改进后完全成本
聚合车间白球	14 628		
阳树脂车间的阳离子交换树脂	5 298		
阴树脂车间的阴离子交换树脂	10 385		
	30 311	300 000	

4. 为了遵守国家有关环保的法律规定，某公司年初拟投产环保新产品，需要购置一套专用环保生产设备，预计价款 200 万元，同时需要投入无形资产投资 25 万元，产品研发需要 2 年时间，公司预计第一年现金流量为 0，第二年现金流量－20 万元（为投入资本），第三年现金流量 18.4 万元，第四到第六年环保产品销售将趋于稳定，预计每年现金流量均为 88.4 万元，第七年现金流量 184.8 万元。该项目的年平均净收益为 24 万元，公司加权平均资本成本为 10%。

要求：

（1）计算该项目的会计报酬率。

（2）计算该项目包括研发期的静态回收期。

（3）计算该项目的净现值。

5. 企业年生产甲、乙两种玻璃各 50 000 块，每块甲玻璃耗用 0.4 机器工时，每块乙玻璃耗用 0.6 机器工时，生产玻璃时会排放出镉。为了获得镉排放许可，企业支付 10 万元排放许可费，该许可批准企业在规定限度内排放，如果超标排放将被罚款 5 万元，实际企业当年就承担了罚款支付责任。要求：按照机器工时分配甲、乙两种产品的镉排放环境成本。

四、阅读分析与讨论

M 公司环境成本管理

M 公司有一项产品为安全牌锁具，该锁具的生产工艺流程如下：首先由工人伐木打磨，打磨时采用液化石油气系统清理金属废屑和冷却伐木器械。其次将金属薄片附上木具模型，结束后在锁具半成品上留下一定量的油脂残余物，为了保证锁具成品的坚固性必须将这些残余物重新脂化并去除。公司采用一种蒸汽式脂化系统（简称 TCE）作为去除工序。TCE 会产生一种废气，该废气被鉴定为有毒废气，相关法规规定产生该废气的生产过程要受到严格的管制，以达到一定的安全标准。为达到安全标准，公司发生了一系列环境支出，管理层针对这些支出采用事后规划管理方法进行了分析。

针对事后处理法的支出，公司认为可以实施事前规划以减少环境成本。于是，公司成立了一个独立的环境成本管理部门，该部门负责收集其他部门的生产信息并提出可能的管理方案，以选择最优的方案。方案一：继续每年购买 TCE 原料，但预期原料购买税率的增长会使购买成本逐年增加，其他各项成本也会有变动，未来 5 年的支出预算数据见表 8－13。方案二：考虑采用类似 TCE 工艺流程的碱式工艺流程，其特点是仅产生含碱废料而不释放任何残余物，该含碱废料可以被一定的回收系统转化成肥料和制皂用碱，回收系统的投资成本包含在每年的设备投资中。此外，回收碱辅料及免去原有的培训和监督管理费用会给企业带来现金流入，未来 5 年的支出预算见表 8－14。

表 8-13　　TCE 系统的年度支出预算　　单位：美元

年数	TCE 购买	TCE 排污	培训成本	监督成本
基期数	80 000	22 000	8 000	5 000
1	83 000	28 000	8 000	22 000
2	123 000	34 000	10 000	8 000
3	170 000	40 000	12 000	10 000
4	270 000	65 000	20 000	15 000
5	270 000	65 000	20 000	15 000

表 8-14　　碱式生产方案支出预算　　单位：美元

年数	追加投资	新原料购买	回收碱辅料收入	直接人工减少
1	185 000	60 000	-3 000	-50 000
2	185 000	63 000	-3 000	-50 000
3	185 000	65 000	-4 000	-50 000
4	185 000	65 000	-4 000	-50 000
5	185 000	65 000	-5 000	-50 000

此外，公司出于清洁生产方案的考虑，进行了相应的无污染规划，得到了绿色主意者的支持。但立即采用清洁生产必须采用非 TCE 原料，也就意味着产品的重新设计，然而有关新产品的研制、检测与投放市场的工作量繁重，加之未来收益的不确定性很大，因此，在没有技术支持的情况下，公司将清洁生产方案摆在公司的长期经营战略上，一旦有了确信程度较高的详细规划时，该方案将被执行。

——王跃堂，赵子夜．环境成本管理：事前规划法及对我国的启示［J］．会计研究，2002（8）．

讨论要点：

（1）结合所学知识，比较事前环境成本控制与事后环境成本控制的优缺点。

（2）假定税前成本的贴现率为 15%，运用净现值法比较两方案，并进行决策。

（3）什么是清洁生产？你认为如何才能更好地保障清洁生产的实施？

第9章

环境风险管理

【学习目的与要求】

1. 理解和掌握环境会计信息与风险评价的关系；

2. 理解环境风险评价中的信息公允与标准公允；

3. 理解会计信息系统中的环境风险分析程序，熟悉和掌握环境会计信息相关的环境风险控制方法；

4. 了解和掌握环境灾害成本内部化理论系统及管理路径；

5. 掌握环境灾害成本核算方法系统，理解灾害成本核算支撑系统。

9.1 环境风险管理的会计视角

9.1.1 环境风险管理定义

从本质来说，环境风险管理就是对环境成本管理，环境成本的形成是环境资产不断消耗或价值转移的过程，也是环境负债成本的表现形态，并由此减少环境权益。环境风险管理的目标就是减少潜在环境成本发生，提高环境收益，增加环境所有者权益。研究环境风险管理必须围绕会计系统中环境会计信息来展开，评价环境风险程度和发生的可能性，并进而寻找环境成本降低的路径，这就是环境风险管理。

所谓环境风险管理，它是指根据环境风险评价的结果，按照恰当的法规条例，选用有效的控制技术，进行削减风险的费用和效益分析，确定可接受风险度和可接受的损害水平，在进行政策分析及考虑社会经济和政治因素前提下，决定适当的管理措施并付诸实施，以降低或消除事故风险度，保护人群健康与生态系统安全。

环境风险管理侧重于环境风险评价，环境风险评价属于环境评价范畴，环境风险控制建立在环境风险评价基础上。国际上一般所指风险评价包括概率风险评价、实时后果评价和事故后果评价三个方面，相对应的评价过程就是事前评价、过程评价和事后评价。从评价范围上可分为微观风险、系统风险和宏观风险三个等级（胡二邦，2004）。对环境风险事前预测与控制理论的研究，最为著名的是美国核管会于1975年完成的对核电站进行的系统安全研究，在其研究成果《核电厂概率风险评价指南WASH－1400》报告中，系统地建立和发展了所谓概率风险评价方法（PRA），且具有里程碑的标志（USHRC，1975）。其后，印度博帕尔市农药厂事故和苏联切尔诺贝利核电站事故大大刺激与推动了环境风险评价的开展

(S. Contini, A. servida, 1992)。同时，世界银行、联合国环境规划署、欧盟、世界卫生组织、亚洲开发银行等一些国际性组织也相继制定和颁布不同形式的环境风险评价与风险管理的文本，对环境影响及其评价做出规定。到20世纪80年代环境风险评价成为环境评价的重要内容，亚洲开发银行于1990年出版了《环境风险管理》一书。

9.1.2 环境风险管理的会计缺失

我国环境风险评价与管理，自20世纪90年代开始受到重视，青藏铁路、秦山核电站、三峡工程、北京奥运会等一系列重大工程和项目均做了环境评价。2004年，中国环境风险评价专业委员会组织编写的《环境风险评价实用技术和方法》是新中国环境风险评价与管理的最新研究成果。但这些研究及其成果的特点集中体现在环境工程或项目实例的物量计算和化学分析与方法应用，较少涉及环境价值信息和价值管理层面，存在明显缺陷与不足。国内外研究学者将环境信息纳入会计信息系统而非国民经济核算系统，并从会计信息角度和管理控制方面来分析企业环境风险致因和控制方法也并不多见，这不仅因为风险评价的复杂性，更因为上层管理者缺乏足够重视和环境会计制度的滞后。

应当看到，环境问题就其实质还是经济问题（姚建，2001），环境风险评价与管理控制是21世纪实现可持续发展的重要手段之一，是环境评价中一门崭新且日益重要的管理学科。而自20世纪90年代，以“产权为本”向以“人权为本”会计思想的转变过程中所确立的会计思想演进的“第三历史起点”中（郭道扬，2009），全球会计界已经将参与解决全球性可持续发展问题，放在未来会计控制思想与行为变革的重要方面，这就需要当代和未来的决策层以环境管理视角重视并主动利用环境会计信息，充分认识会计、审计乃至财务控制在公司经济活动过程控制、节能降耗、解决与生态环境治理直接相关的“三废”排放控制方面的基础管理作用。显然，从环境会计信息的视角透视环境风险评价与风险控制机理，对提高会计信息质量和环境风险管理能力，拓展环境风险评价与风险管理思路，丰富环境会计和环境管理的内涵，激发管理层对环境会计的重视，均具有一定积极作用和现实意义。

9.2 会计信息与环境风险管理的关系

9.2.1 环境风险与环境会计信息

现代企业生产经营面临着各种各样的风险，环境风险也是其中之一，并越来越影响和制约企业经营风险、投资风险、财务风险、管理风险及社会和道德风险。所谓风险一般是指损失、灾害事件发生的可能性和概率程度，在词典中被定义为“造成生命或财产损失或损伤的可能性”，通常用事故可能性与损失或损伤幅度来表达经济损失与人员伤害。

从上述风险的基本概念，我们将企业环境风险定义为，企业背离政府既定的环境保护目标，违背环境保护责任与道德义务，以致造成环境破坏，发生对健康或经济突发性灾害事件的可能性。这种灾害事件后果能导致对环境的破坏，对空气、水源、土地、气候和动物等造成影响和危害，且一般不应包括自然灾害和不测事件。那么，企业环境风险评价则是指依据既定的政策标准，辨认、分析和评价影响企业目标达成的各种环境不确定因素，并在此基础上建立风险预警机制，采取科学的风险控制对策，以实现最大安全效果的努力过程。

环境会计信息是会计信息中含有自然资源要素，经过会计计量，具有其独特表达方式和方法，并构成一个有机整体并能反映环境财务信息和环境管理信息的系统构件。

其一，就本质而言，环境会计信息所要反映的是在可持续发展背景下对企业自身财务行为的道德约束，它既是企业的宗旨和经营理念，又是企业用来约束内部生产经营行为的一套管理和评价体系，目的是向环境利益的相关者提供企业环境责任履行情况和环境业绩报告，借以反映管理者社会责任、环保意识、环境道德水平和可持续经营成败，以利于利益相关者进行道德投资、公正评判和谨慎管理，实现企业的经济价值、环境价值和社会价值的有机统一。

其二，企业经营存在着环境活动，也就存在着环境管理行为，并构成现代企业管理的重要方面。这些活动和行为产生的信息即是企业环境管理信息。企业环境会计和报告使许多事项进入财务信息，由此引致环境审计（世界资源研究所，2003）。环境活动的经济性决定环境管理控制活动信息是环境会计信息的另一组成内容。可见，环境会计的信息容量和信息内容反映在会计系统中是包容环境信息载体的系统集成，它包括两大系统构建成的有机整体或框架：环境会计核算信息系统和环境管理控制信息系统（袁广达，2002）。这种划分与环境信息利益相关者的划分相一致，并与企业组织所从事的环境发展最显著的两个方面，即环境财务报告系统和环境管理系统都需要会计师的全力支持才能有效是一致的，并且它具有一般的、普遍的和基础性意义上的特征。总之，环境财务核算信息和环境管理控制信息构成了环境会计信息的基础性内容。

9.2.2 环境会计信息与环境风险管理

我们知道，信息对组织及其各层管理者都具有十分重要的价值，特别是管理循环中的各个步骤都要应用相关信息。企业有效经营离不开管理，而管理需要信息（杨周南，2006），显然，环境风险管理需要环境会计信息，并且这种信息提供及信息质量（或风险程度），常常成为判断企业竞争实力的重要标准。原因在于：第一，可持续发展是企业持续经营和稳定发展的内在要求，是企业社会责任的精髓所在，环境会计信息反映了企业的发展理念与发展结果。第二，社会经济高速发展和企业社会化大生产，要求企业减少对自然资源的过度依赖和消耗，合理考虑利用这些资源所带来的后果，考虑物料和能量的平衡，经济效益和环境效益并举，环境会计信息为研究这些问题研究积累了基本素材。第三，绿色投资者对环境会计信息及其管理业绩的关注，成为企业进行环境风险管理的逻辑起点，同时也为公司进行环境风险管理提供了源动力。第四，环境会计信息披露是公司改善环境行为和进行环境管理决策与风险控制的手段。提供环境信息是环境会计的最终目的，环境会计核算系统中反映的大量企业环境信息，会进一步激发其改善环境行为的主动性，通过实施环境管理，环境保护技术、措施与方法可以提高环境资源利用率，减少排污，提升企业形象和核心价值，进而提高应对未来环境风险的能力。

从经济价值和管理控制角度讲，环境会计信息是环境风险评价中的重要和基础性数据，并构成这种评价的最基本要件。按照亚洲开发银行推荐的环境风险评价应遵循的一般程序——“风险甄别、风险框定、风险评价、风险管理”，风险评价最基本方法和路径应是“风险识别—风险评价—风险控制”。我们以为，企业环境风险评价是决定风险应如何控制的基础，风险信息是风险评价的先决条件和基本要素，风险评价的目的是为了控制风险，以便在行动方案效益与其实际或潜在的风险以及降低风险的代价之间谋求平衡，实现企业环境资源效用的最大化，这与环境会计的宗旨是完全一致的。

9.2.3 环境风险评价中环境“信息公允”和“标准公允”博弈机理

利用会计信息对企业环境活动实施管理可以说就是对环境信息管理，并涉及企业管理方方面面，几乎成为现代公司制企业管理水平的衡量标准。环境会计信息利用要涉及以下三方：信息制造者——公司管理层；信息监管者——政府；信息质量鉴定者——职业评估师。他们共同构成环境会计信息的利用方（当然还包括社会公众），并各持不同的环境会计信息立场与行动，但又在发展经济和保护环境的前提引导下，不断协调和磨合，实现环境信息和标准的“公允”。

（1）企业。首先，一方面基于受托责任理论，环境会计信息制造者负有履约责任并承担环境道德义务，有必要适时向环境信息利益相关者公开企业环境会计信息。而社会也需要一个质量较高的环境信息，并通过它来改进公司环境业绩、可持续发展政策、生态经济效益和更加广泛的信息披露。另一方面通过提高信息透明度，将有助于企业的真实价值被市场发现和认可，降低其在市场中运行的各种成本与风险。经济学家罗滨斯（2004）的研究结论表明，公司承担社会责任与其经济绩效之间存在着正相关关系。其次，从强化管理的角度解决环境外部成本内部化，能够反映出一个国家的政治特征和发展理念及发展战略。然而，发达国家尤其是发展中国家大多数公司如今并没有促进环境影响在会计信息系统中得到全面的反映并引起足够的重视，导致企业环境信息披露步履维艰。环境信息披露既可能带来巨大的经营风险，也可能因此而减少公司价值被低估的可能甚至增加公司的价值。而企业经济人性质和利益驱动，表现在环境道德上的劣向选择不可避免，其缘由在于企业对私人成本外在化选择的可能空间，这与科学发展观相背离，与资源环境的社会、经济和生态“三维盈余”（Elkington J. Parterships，1998）相冲突。

（2）政府。环境经济学理论告诉我们，环境问题主要表现为外部不经济，进而出现市场资源配置的不合理导致市场失灵，而市场失灵为政府干预提供了机会和理由。新福利经济学代表人庇古在1920年《福利经济学》提出了“外部效应”一词，他指出，某一生产者（或消费者）的行动直接影响到另一生产者（或消费者）的成本（效用）。有害的外部效应称为“外部不经济”，有益的外部效应称为“外部节约”。

那么，政府的职责就是要制定有利于环境资源合理使用和保护的政策，使市场环境资源达到有效配置，促使企业合理利用环境资源，保障企业生产经营的可持续性。政府应当也能够通过制定环境会计信息披露政策，以引导投资者投资方向和减少投资风险，并降低企业经营风险，在保护环境和减少污染方面，充分发挥政府环境政策的功效。同理，环境会计信息风险管理是政府的基本职责，是实施预防性政策的基础工作。为此，政府首先必须清楚环境会计信息披露政策导向，这种导向应能够引导投资者进行道德投资，维护生态资源的平衡，推动环境保护措施的实施进程，促进企业经营战略的调整，实现社会经济利益而非单纯会计利润，履行企业环境责任；其次是规范环境会计信息披露制度内容，包括界定环境会计信息披露的行为主体，建立信息披露机制，统一披露方式和方法，明确信息披露内容和要求，强化监督办法和奖惩措施等；最后是认识环境会计信息披露效应。从宏观上讲，环境政策是为了保护环境，建立绿色 GDP 核算体系，重视和关注组织的“三维底线”——社会影响、经济影响和环境影响。而从微观上讲，环境政策是为了减少公司环境约束成本或违规成本，压缩环境遵循成本，获取环境机会收益，避免环境经营风险。

（3）环境评估师、环境会计师。企业环境活动也是一项经济活动，它对企业的生产经营和财务成果会产生影响，由此产生的人流、物流、资金流信息成为职业评估师环境评价的客体；又因为环境活动又是一项企业管理活动，涉及企业管理的方方面面，影响和抑制公司治理架构、流程再造、业务安排、制度设计和企业文化锻造，是环境管理控制和环境绩效评价的重要内容。基础性环境会计信息包括环境财务和环境管理两个会计意义上的范畴，并形成有机统一体。基于此，企业环境风险评价的基本内容也应包括两个方面：环境会计核算信息系统评价和环境管理控制信息系统评价（袁广达，2009）。对这些信息进行验证和测试，主要由审计师、职业会计师、环境评估师及其相应的职业组织承担，他们出具权威性的真实而公允的环评报告并承担相应的评价责任，以有助于利益关系人决策或作为反映公司受托管理使用或管理环境责任的一种途径，满足利益各方对公司经营活动对环境享有的“知情权”。

根据上述论述，显然环境会计信息是有用且有益的，这种有用或有益可称为“环境信息利益”。对环境会计信息利用有关各方分析表明，环境信息质量直接影响到环境风险的评价及风险管理和政策设计与方法应用，并且在企业既要发展也要保护生态环境的双重责任下，环境信息时空界限和宽度、纬度界定实际上是多方博弈的结果，最终实现多方约束机制下的“信息公允”和“标准公允”。一方面，企业从追逐利润目标和对股东承担经济责任向对所有利益相关者和广大公众承担全面社会责任演进是一个被动且缓慢的过程。在一个没有外来压力、可以逃避处罚和不被发现的情况下，环境道德准则就极有可能不被环境污染制造者遵循。为此，政府基于维护环境公共利益和保护社会公众权益的目的，制定包括污染排放标准和信息披露内容在内的相关环境保护法规，以约束和限制排污者在环境上不道德行为和劣向选择，并作为环境执法者或评价者评判环境责任的重要尺度，此所谓“环境信息公允”。另一方面，也应当承认，政府和社会公众对环境要求是严格的、理想的且永远没有止境的，而环境职业评价师会提供理性且恰当的评价意见，并会在改善环境会计信息的公允性方面做出努力，使得政府制定的环境规制最终建立在企业应遵守的最低标准水平，此所谓“环境标准公允”。“环境信息公允”和“环境标准公允”是多方博弈的结果，且这种博弈是动态和永续的，其频率主要取决于社会经济发展水平和人类“生态文化”的积淀，因而不同时期的环境会计信息披露容量、内容、方式乃至信息质量也不尽相同是完全能够理解的。所以，逐步增加环境会计信息披露容量、内容和提高环境信息质量，规范信息表达方式和方法，是未来必然的趋势。正是从这个意义讲，企业环境会计制度建立就显得十分重要，尤其对环境资源有着过度依赖的发达国家和发展中国家的企业更是如此。

9.3 会计系统的环境风险识别与评价

9.3.1 会计系统环境风险管理的基本流程

环境会计信息及其信息管制政策为环境风险评价提供基础性数据和标准，也为环境风险控制提供了前提条件。企业环境风险评价首先是建立在评价者充分理解和掌握环境信息政策与标准的前提下，在对企业环境风险认知的基础上，运用恰当的评价方法，对企业环境状况实施评价分析，并提出公正或公允的评价结论和评价意见。

一般认为，预防性环境风险评价涉及定性和定量两个方面，其依据的资料无非源于财务会计报告中环境价值量和经济量信息，以及与财务会计报告有密切关联的环境管理控制质量性和技术性信息。当然，基于我国现行的会计报告还没有改进含有公允环境信息内容框架，更没有在会计系统内或系统外独立且统一的环境会计报告系统，这就需要环境风险评估者以会计和非会计的两重视角去利用环境会计信息，以便做出恰当的判断并保持应有的职业谨慎。其实，现代工业文明带来有害污染物的存在是一个不争的事实，“零承受”和“零存在”事实上是不存在的，而评价者合理关注的应该是未被有效控制就容易发生重大灾害或产生严重污染事故的环境风险的会计信息。一个完整的风险定量和定性分析和评价应当由四个阶段组成：风险识别、事故频率和后果计算、风险计算和分析、风险减缓管理控制，由此设计出风险管理流程图（见图9－1）。从中，我们不仅可以

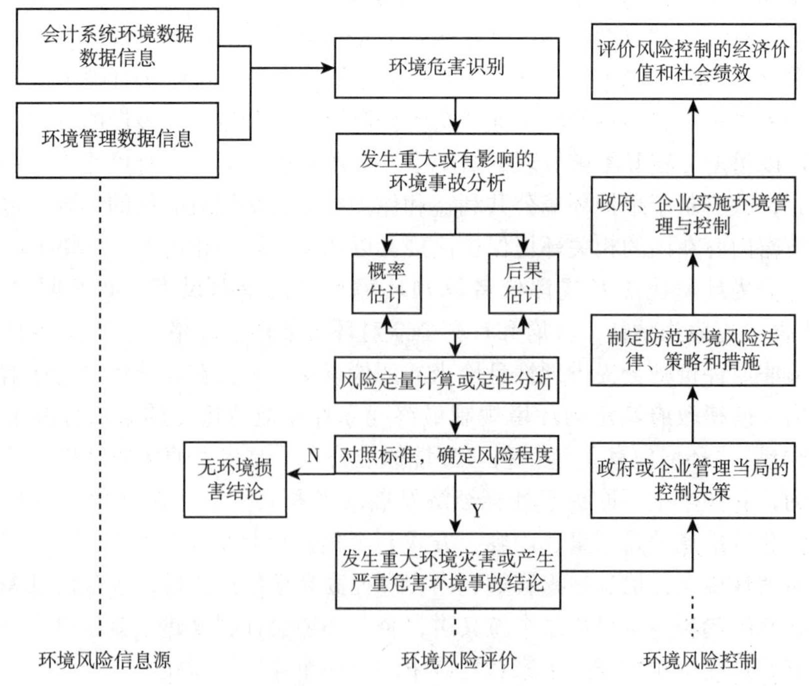

图9－1　环境风险管理基本流程

对环境风险评价与控制程序有一个清晰的了解，更能从中了解到环境风险信息源（环境会计信息和环境管理信息）、控制要素（信息、方法、对象）和控制主体（政府、企业、评价者）三者之间的相互关系。

9.3.2 识别风险：公司环境风险客观存在性

环境会计信息及其披露政策为环境风险评价提供了标准和基础性材料，也为环境风险控制提供了前提条件。企业环境风险评价首先是建立在评价者充分理解和掌握环境披露政策与标准的前提下，在对企业环境风险认知的基础上，运用恰当的评价方略，对企业环境状况实施评价分析，并提出公正或公允的评价结论和评价意见。

（1）识别政策本身的局限性。比如就信息披露而言，政策不管设计得多么妥当，仅就为实现公众利益和引导道德投资、减少环境污染目标而言，只能提供合理保证而非绝对保证，它既不能减轻公司环境责任，更不能代替环境管理。以此政策标准进行的环境评价既可能会给环境风险评价者带来评估风险，导致评价失败，也可能会给公司带来经营风险，导致经营失败和财务失败。因为政策可能会受制于如下因素：①制定环境披露政策的环境限制；②环境披露政策内容所体现的是基本要求而非特殊要求；③披露政策制定成本和公司执行政策成本考虑；④环境政策执行者和监督者社会责任感和诚信正直程度；⑤披露政策理解上的偏差和信息操作上的失误；⑥执行环境信息披露政策的内外环境，如公众环境信息需求程度和披露法律管制严格强度。

（2）识别被扭曲的环境会计信息。环境信息私人占有的优势人极有可能通过转为公有性信息而使其公开化，但在此过程中他们往往会以降低整个社会福利为代价进行逆向选择，即便在政府有强制性信息披露情况下，信息内容被信息制造者修改、筛选以及信息公开的时间、对象、方式被人为选择都可能会发生，从而导致环境信息的重大错报和漏报，这就需要职业评估师恰当地识别公开的环境信息的及时性、相关性与可靠性。而环境风险在时空上的不确定性、隐蔽性和潜在性的特点（比如需要会计师专业判断的环境或有负债、环境成本等会计信息），以及基于信息处理人的道德水平或技术水准因素而被人为操纵或错误记录的可能性将更会加大。

9.3.3 风险判断：有效环境会计信息的标准

不仅我国，即便是在全球范围，环境会计的滞后与环境污染严重也是不争的事实，国际会计准则中环境会计方法和报告规范也见之甚少，对环境信息政策及信息披露的要求，目前更多见之于环保部门的政策法规和证券监管部门对信息质量的设定中。作为环境管理的一种约束性规范和衡量标准，环境信息不仅是环境评价所必须，也是环境经济核算和环境管理的必然。环境风险评价是对环境风险管理成效的核查与鉴定，通过评价来衡量公司环境管理是否有效及能否促进公司有序地安排并实施环境经营战略，这其中包含价值量的有效环境会计信息，对环境风险评价的深入、评价结果公信力起着重要作用。有效环境会计信息是可接受环境风险的会计信息，具体应体现在：

（1）环境资源达到合理利用。如：环境事故减少或被避免，资产减值降低，环境排污费、罚款和赔付支出减少，或有负债和或有损失下降，机会收益增大。

（2）环境的“帕雷托效率”实现，环境绩效达到最佳。环境“帕雷托效率”是指环境政策能够至少使一人受益的同时至少不使任何人受损的政策改进，其经济状态起码达到这样一种程度：任何人的境况都不可能更好，同时也不使其他人境况变坏。

（3）环境管理制度建立、健全并达到一贯、有效地执行。环境管理制度能使企业的环境损失所承担风险的可能减少并预防和发现偏差或错误行为。

（4）市场环境信息不存在非对称性。公司通过一定媒体对社会公众披露的环境信息，没有隐匿和内幕操纵，披露市场公平，信息呈对称性状态。

（5）环境会计信息及与其相关的信息载体具有可信性和可靠性。这里是指公司会计账簿和财务报表及与其相关数据所反映的环境信息具备全面、充分、客观、真实的特征，并被如实地反映。

（6）环境法定责任达到较好履行。承载环境保护和环境资源利用及管理责任的企业或企业当局，能经得起环境责任审计并获得无保留的审计结论或肯定的评价意见，进而实现公司的环境目标。

9.3.4 风险评价：环境风险评价目标和重点的规划

企业环境风险评价方略包括许多层面的内容，但最重要的是在评价方案对风险评价目标和评价重点的规划与把握上，这是决定环境风险评价成败的关键。

（1）明确环境风险评价的一般目的。环境风险的评价者对公司环境风险评价的一般目的，是为了提出环境会计信息中环境风险程度及其控制政策符合标准的公允性评价意见，最终为环境风险管理与控制提出建设性的意见与建议。公允性是指公司环境会计信息披露在所有重大方面是否公正、公允地对待了环境信息的利益各方。为此，在环境评价时，评价者应考虑以下几方面因素：

①企业管理当局对环境信息认定的性质。

②法律法规对环境信息管理的基本要求。

③环境质量和数量控制标准及执行的结果。

④环境评价范围和所需信息量受到的主观和客观限制。

⑤环境信息使用者的要求和期望。

⑥企业管理层面的环境管理风格、管理哲学、管理意识，以及企业文化等“软控制”环境作用发挥程度。

⑦特定项目环境评估的复杂性和风险控制评估的成本与效益原则。

⑧环境评价者的专业素质和胜任能力。

（2）把握环境风险评价的重点。

①投资风险，主要评价企业投资行为是否属于既关心企业目前的环境保护活动和获利能力，又关心企业未来发展前景的绿色投资，这些投资于保护环境活动所花费的成本是否合理恰当，以及能否承受因投资而可能导致股票价格或收益波动所带来的投资损失。

②信贷风险，主要评价企业环境污染治理的负担是否会导致收益大量减少而影响企业的偿债能力，进而造成不良贷款。

③营销风险，主要评价绿色消费者群体购买和消费的产品或商品，能否满足对人体健康不造成损害，这些商品或产品是否能长期使用和循环使用，废弃时易于处理，不造成环境污染。

④财产风险，主要评价因环境污染对企业财产物资造成毁损、灭失和贬值的状况和程度。

⑤研发风险，主要评价企业在确定目标市场和市场空位的基础上的新产品研制和开发过程中，是否考虑了新产品符合国内和国际正在实施的产品环境质量标准要求，并确实根据市场竞争、消费者需求和企业资源实际情况进行新产品的研制和开发。

⑥人身风险，主要评价企业是否提供了有利于职工身体健康的安全工作环境，以防止环境污染事故产生，以及反映企业环境状态的雇员报告的经常性和被认知程度。

⑦责任风险，主要评价企业是否有因违背法律、合同或道义上的规定，形成侵权行为而造成他人财产损失或人身伤害需负法律责任和经济赔偿责任的可能性。

(3) 树立环境风险评价的正确态度。一般来说，环境风险在所有行业和企业都存在，只不过在化工、石油、天然气、制药、酿酒等行业，比银行、保险行业、医疗保健业、政府机关和学校会有较高的环境风险。但环境风险的程度和大小不仅仅与企业所在行业有关，更与企业环境管理控制状况和会计计量方法有关。为了保证环境风险评价结论的可信赖和公正性，评价者在评价过程中自始至终应保持应有的职业谨慎态度，在履行职责时应当具备足够的专业胜任能力，具有一丝不苟的责任感，并保持起码的谨慎态度。

(4) 坚持环境风险评价的最基本方法。环境评价者在环境政策评价时应采取“一张白纸法”（袁广达，2002），侧重对企业环境政策符合性评价。所谓“一张白纸法”，就是指环境风险评价者不事前假设公司环境风险程度的一种评价方法，这种方法能最大程度上保证环境风险评价结论的公正和公平。

9.4 会计系统环境风险控制

所谓环境风险控制，是指根据环境风险评价结果，按照适当的法律、政策与方法，选用有效的管理技术，削减风险费用，进行效益分析，确定可接受风险度和可接受的损害水平，进行政策分析和执行可能分析，并考虑社会经济和政治因素，决定适当的控制措施并付诸实施，以降低或消除风险，保证人类健康和生态系统安全。

就此处而言，环境风险控制就是指与环境会计信息相关联，为达到环境风险预防和避免而采取和实施的系统控制政策和控制方法。一个好的环境管理控制系统要求对环境影响会计信息的因素能够被成功地预测到，并能得到有效的控制。预测是一种事前的管理，控制是贯穿始终的制度安排和控制手段、技术、方法的统一。

环境风险控制包括原则控制、立场控制、条件控制、方法控制、制度控制、成本控制、文化控制七个方面。按照控制基本内容和要素，分为控制政策、控制方法和控制环境三大部分。

9.4.1 控制政策

(1) 政府层面的环境信息标准的建立与执行系统。这里的信息标准包括信息本身和信息标准两个方面。

①环境风险控制离不开基础性信息，这些信息是环境风险控制的最基础性材料，也是实现环境管理现代化的保障和前提条件。为此，政府应要求企业建立企业环境管理的信息系统，包括环境数据的统计和分析，情报文献的检索和分析，环境预测和决策等方面系统。要明确统一该系统环境信息的标准，包括企业环境核算标准、评估标准、绩效考核标准、信息披露标准等方面在内的强制执行标准，并形成体系，以保证不同企业的环境信息在内容上一致，在质量上可比，在表达格式上规范。比如，上市企业最基本限度强制环境信息披露，以及在利用投资和购买决策方面有明确表示对环境信息需求的信息均应公开。

②标准执行系统主要包括信息评价、公布、监管三个方面。建立环境会计信息事前风险评估制度。要明确规定由职业评估师对照相应的标准，对企业尚未公布的环境会计信息进行评估，以鉴定信息风险程度并形成书面报告，以督促企业按照规定的标准化水平，表达企业的生产经营对环境影响的真实状况和公正见解，陈述企业对环境所负的责任。

搭建公平的环境会计信息市场平台，包括环境信息中介组织及职业评估师的资格准入市场、政府环境信息政策公布市场、企业环境信息披露市场、社会信息需求市场等，使不同利益主体地位平等。

监督到位。真正实现环境风险管理目标，监督是不可忽视的关键环节。一方面要对企业环境管理者政策透明和信息对称进行监督，对职业评估师评估的执行程序和手段合法合理性进行监督；另一方面应建立和健全环境管理监督机制，从组织上、人员上、经费上和精神上保证环境监督工作的正常开展，同时采取一定的信息披露奖励和惩戒措施，加大对企业信息披露的压力，防范环境道德风险，以实现投资人、消费者、社会公众权利和需求的平衡。

（2）企业层面的环境信息处理政策设计。政策是规制和为了达到某个目的的制度安排，包括目标、原则、方法和条件等方面。体现在环境会计信息的风险管理上，主要有：

①要围绕可持续发展总目标，以实现企业环境最大安全效果为主要原则，考虑社会公众在可接受的环境风险水平，并尽量客观、公正地记录和分析环境会计信息。

②企业在对自然资源的保存、开发和利用过程中，既要使社会经济发展的物质基础逐步得到巩固和发展，又要使人类的生存环境得以不断改善，在强调不断增加社会物质财富价值总量的同时，更要关心社会财富的价值质量，以优化环境会计信息。

③在企业环境风险客观存在的现实状况下，环境管理者要尽可能采取一切能够降低风险程度的办法，最大限度减少环境风险对企业造成的负面影响，以管理环境会计信息。

④企业经营者应承担相应的环境保护和环境污染治理的义务，并对其所应承当的环境受托责任的履行情况向社会进行说明和报告，使环境会计信息透明。

9.4.2 控制方法

（1）政府环境风险管理体制创新。建立环境风险管理的经济组织及市场管理体制，用经济手段和方法来保证环境风险管理目标的实现，能起到事半功倍的效果，这至少是我们未来必须努力的方向和重点，而环境问题的经济性决定了价值手段在环境管理中的重要地位。

第一，建立环境权益代理公司，由那些熟悉环境保护法规，又懂得法律诉讼程序，拥有一定环境检测手段的专门人才组成，其业务由企业委托，代为办理环境权益诉讼所需的一切手续，依法进行辩护，既要求环境破坏方停止环境权益侵害，又索取因侵权而造成的经济赔偿，这样可以最大限度地防止和避免“政府失灵”和“市场失灵”。除此，环境权益代理公司还可以实施环境风险评价与咨询，政府和企业进行环境风险管理，从而使评价职能和管理职能相分离，有利于提高管理的公正性和全面性。

第二，建立环境银行，专司发行、经营排污指标，充当排污权交易中介调节者，它将使公司能够依法律保护的形式，将多余的、可实施的、永久的以及可定量的节能减排量作为资产存入银行，并通过环境银行在排污交易中有偿贷给超标排污公司。环境银行事实上就成为污染减排者的奖励源和超排者减压地，凸现了环境管理的激励和调节功能。

第三，建立环境责任保险，通过保险业的机制创新，单独设置环境保险组织或在现有的责任险中增加险种办法，以聚集巨额的保险金，应付环境事故的赔付。随着社会经济的发展和环境风险加大，现代保险业应当在非自然环境灾害和防治中发挥作用。

第四，完善环境税制，通过设定环境税，以政府的名义刚性地向公司收取环境税收，并可以将单一的排污收费转变成较为综合的税制（杨金田，葛察忠，2000），以减少环境补偿资金因交纳上的人为障碍而没有保证的困境，并通过环境税收杠杆保护环境，合理使用生态资源。

第五，实施环境财政。环境财政是国家为保护生态环境和自然资源、向社会和公众提供环境服务、保障国家生态安全所发生的政府收入与支出活动以及政府对环境相关的定价。环境资源是稀缺资源，也是公共性物品。环境财政实施就是要协调环境与经济发展的关系，整合环境财政资源和政策资源，建立国家环境财政体系，将环境财政收入和支出以及政府定价纳入公共财政框架，以筹集环保资金，实现保障政府相关部门履行保护生态环境，提供社会公共环境服务，推动循环经济发展，提高环境保护政策的执行效果和效率的目标。同时，通过环境财政制度安排设计环境税收改革，进而推进我国税制绿化。

（2）企业环境风险控制方法的采用。

①反映在技术方法设计方面。第一，风险控制的目的是，在发现、评价基础之上，在行动方案效益与其实际或潜在的风险以及降低风险的代价之间寻求平衡，以选择较佳的管理方案。根据环境风险呈现的不同状态，可以选择风险避免、风险减少、风险自留、风险转嫁等不同的风险规避技术，其实质是采用相应方法对风险进行管理的过程。

第二，关注环境风险信息的层级和质量，包括：数量信息和质量信息；内部信息和外部信息；显形信息和隐蔽信息；已有信息和或有信息；管理信息和会计信息；技术信息的量化和价值信息的陈述。

第三，采取恰当的环境管理控制措施，包括：对可能出现和已出现的风险源开展评价，并事先拟定可行的风险控制行动方案；由专家参与风险管理计划的评判和负责行动计划的执行；对潜在风险的状况及其控制方案和具体措施公之于众；风险控制人员队伍训练及应急行动方案的演习；风险管理计划实施效果的规范化核查。

②反映在成本管理安排方面。一切环境活动都会产生相应的环境费用支付或成本支出，这些环境成本支出发生在企业生产经营的相应环节，我们可以根据这些环境成本发生源，按照其人流、物流、资金流和信息流加以分类，通过建立企业环境成本库，设立成本控制中心，实施环境目标成本管理来进行过程控制。

第一，在研发设计阶段，做好企业行为对环境的影响评价和规划。研发设计的行为目的是从源头上合理规划出企业全过程的管理行为的环境成本，锁定生产和销售环节可能发生的成本，使企业在以后环节的环境成本管理行为有了可以遵循的框架。在此环节，应尽可能地采用资源消耗的减量化、材料及包装的无害化、废弃物的可回收利用化的研发思路，开发和设计出使企业环境成本符合整体社会经济利益和企业经济利益均衡的产品，从而在源头上控制企业的环境成本，并合理规划企业价值链以后各环节的环境成本支出，使企业整体环境成本最小化，最终使企业环境成本管理能够发挥最大的效用。

第二，在生产制作阶段，抓好环境设备与材料采购和清洁生产。在生产环节利用环境材料进行清洁生产的模式是从资源保护、合理利用、持续利用的思路出发，充分考虑生产前、中、后的节能、降耗、减污，寻求资源和能源的废物最小化的一种先进的企业环境成本管理的模式，它将企业的目标很好地导向了可持续发展的方向。

第三，在营销服务阶段，企业通过环境成本管理谋求环保效果和效益的最优化。在此环节，企业应该树立绿色营销和绿色服务的观念，在整个销售服务活动过程注重产品的环境质量，强调产品本身的无害性，加强产品的环保宣传，合理估计潜在环境损害未来修复成本，并在包装、运输、交易、推销等一切营业活动中注重环保。

(3) 运用环境风险评估程序。环境风险评估先后过程可概括为以下方面：

①环境风险资讯的了解。

②环境风险资料的收集与整理。

③辨识环境风险源，包括整体层级风险和作业层级风险两个方面。

④分析和判断环境风险，包括发生的概率、危害的程度、损失的大小、耗用的成本等。

⑤做出环境评价结论。

⑥提出环境保护意见。

⑦总结评估过程的工作。

环境评估的一般步骤如图9－2所示。

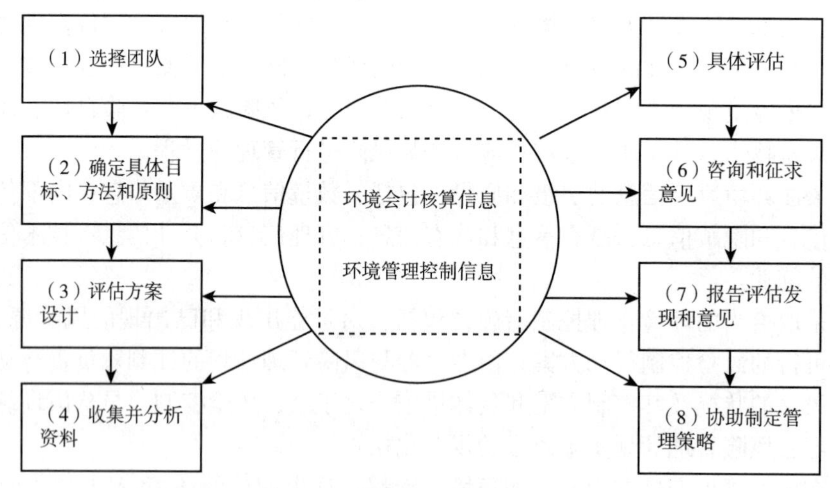

图9－2 环境风险评估的一般过程

9.4.3 控制环境

(1) 内部控制平台建设。加强环境风险管理的基础性工作。包括：完善公司治理结构，建立有效信息产出机制，为信息披露的充分、客观和及时提供保障；推进环境绩效多维型的管理机制、价值观念和传统的企业文化体系建设；建立风险责任追究制度、预警系统、巡查体系、事故处理机制、培训制度和环境灾害保险制度。当然，环境风险控制很大程度上会涉及对公司现有既定政策进行调整，对公司制度进行创新，对工艺流程进行再造，对财务运作方法进行改进，对环境管理系统进行开发。其实际涉及对现有企业所有资源的整合，应当建立在环境边际效用最优状态，理性地关注成本和代价。

（2）生态文化锻造。传统的企业文化沿着人统治自然的方向发展，很少涉及人类文化对环境的作用。现代工业文明的发展和全球环境议题隆重推出，自然孕育了一种新的企业文化——生态文化，这种文化应当代表人和自然关系的新价值取向，本质上是一种整体文化理念和环境思维方法。生态文化认为，自然资源不能在一代人身上穷尽使用，而应当持续利用，人与自然界是一个整体，人与自然应当和谐相处。所以，企业生态文化特别是文化价值的选择，是检验增长和发展目标是否合理的基础。为此，企业生态文化要特别强调人与环境相互关系的优化和人对自然行为的科学化。它包括环境管理的文化价值、科学精神、道德伦理、保护观念、风险意识和公众参与等方面，借以引导企业维护有关保护环境的政策、法律，唤起关心社会公共利益与长远发展，履行企业社会责任，将环境风险意识和环境管理方面的要求变成企业自觉遵守的道德规范。

（3）会计人员素质提高。由于环境会计方法体系的多元化，核算对象的复杂化，尤其是在计量环节上尚未突破，环境或有负债估计难以把握，使得环境会计缺乏与实务相结合的理论支点。会计职业判断的过程说是一种比较、权衡和取舍的过程，无疑在一定程度上掺杂着会计人员的主观臆断。即使会计人员有着较强的专业素质，严格按准则行事，对相同的原始数据进行处理，不同的会计人员也会得出不同的结果。另外，正确而合理的职业判断是会计人员高尚的品格、正确的行为动机、有意义的价值观念和丰富的理论知识、业务知识的综合结果，而职业道德首先依靠人们的信念、习惯以及教育的力量维持存在于人们的意识和社会舆论之中，而这些只发生在法规和准则对会计人员行为限制的边缘地带。同时，职业判断的合理程度也取决于这种以道德为基础的行为自律程度，只有具备高的职业道德，在环境会计信息披露时会计人员才会站在全社会未来利益角度上出发，而不单单是企业短期利益。所以，在目前企业及会计环境道德水平还不高的情况下，技术层面的环境核算固然重要，但提高人们的环境意识、社会责任意识更重要。因此，为了有效地制约和防止利用会计职业判断操纵会计核算、粉饰环境报告，必须加强会计人员的培训，提高会计人员的会计职业判断能力和综合素质，保证企业的环境会计信息质量的真实可靠。

以上分析涉及的控制政策、控制方法和控制环境是相互关联、相互影响又相互制约的。

【辅助阅读9－1】

企业环境风险内部控制模式

零和博弈理论认为参与博弈的各方，在严格竞争下，一方的收益必然意味着另一方的损失，博弈各方的收益和损失相加总和永远为零，各方不存在合作的可能。企业的生产总是能构成一个循环。如果让后一环节的人检查前一环节的工作成果是否达到要求，若不达标，就扣取前一环节人的工资或奖金，并把同等金额奖励给后一环节发现问题的人，那么前一环节的人必定不敢有任何疏漏，对自己的工作会再三从严，而后一环节的人必定要瞪大眼睛对前一环节的成果进行审核，以避免因为前一环节的问题而导致自己受到处罚。

企业的生产活动、采购活动、销售活动、进出口贸易、现金和商品与资产管理、人力资源管理及其他活动都离不开财务活动。因此，各个部门的负责人需要对下属上传的环境信息进行审核。财务部门的基础财务人员需要和业务层面的人对接，审查其上传的环境信息并就其工作做出评价，使得平台在打通整个企业信息流的同时，实现对业务层面职员的控制。在此基础上，可以适当加大财务部门的权力。根据财务基层人员对相应人员所提交的信息，财务部门需要对该员工的职业胜任能力做出评价，评价不达标者需要离岗就接受培训，受培训后依旧不能胜任者将被辞退。同时，为了防止徇私，企业应当赋予员工申诉的机会。申诉审核职权应当归属于与财务相互牵制的内审部门。因为内审部门受公司董事会审计委员会领导，其独立性和专业性较强，环境审计、内审部与财务部本就是牵制关系，其复核结果较为客观公正。

企业环境风险整个内部控制模式如图9-3所示，显然，每一个环节都被四面八方的人所监督。对于整个企业而言，该方式付出的成本远远少于重新安排监管人员。

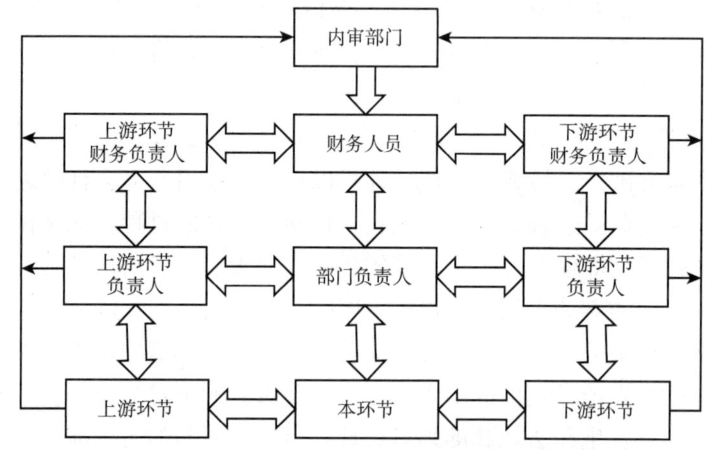

图9-3 企业环境风险内部控制模式

——袁广达，裘元震. 公司环境风险管控的财务共享平台研究——基于重污染公司财务战略的思考［J］. 会计之友，2019（6）.

9.5 环境灾害成本内部化管理系统

9.5.1 环境灾害成本与环境灾害的应急管理

这里定义的环境灾害是指人为因素造成的灾难性、严重性较大的损害和损失事件，有别于自然灾害，由这种损害和损失事件而导致的显性和隐性的损害和损失的货币化价值形式就是环境灾害成本。事实上，众多环境专家、学者研究表明，现代人类不当的生产和生活行为对自然和生态的累积影响也会造成一定程度灾难性、严重性损害和损失，这种损失和损害也应该是环境灾害成本的范畴。

环境问题包括环境灾害问题，从本质上说还是经济问题，用经济手段解决环境问题无疑是最重要也是最有效的途径。为此，环境应急管理首要的是对环境灾害管理，从会计手段上来说，就是应构建环境灾害成本内部化管理系统。

9.5.2 环境灾害成本内部化理论系统

（1）环境灾害及其特性需要进行环境风险管理。环境灾害是由于人类活动影响，并通过自然环境作为媒体，反作用于人类的灾害事件。这种灾害不限于各种自然现象，同时包括那些被打上人类活动烙印的类似事件以及有损于人类自身利益的社会现象；它也不同于一般环境污染现象，在某种程度上具有突发性，而且在强度与所造成的经济损失方面远远超过一般环境污染，对人类身心健康与社会安定的影响不亚于自然灾害。另外，环境灾害不同于自然灾害，是因为它不仅具有灾害的共性，还具有特性，在于它的发生不仅取决于自然条件，在很大程度上更是人为因素造成的。环境灾害具有的被动诱发性、群聚性、突发性与影响的持续性、多样性和差异性、可控性与不可完全避免性，表明了这种灾害存有较大风险，需要我们从探索环境灾害的发生、发展与演变的客观规律出发，研究其成因机理与致灾过程，并据此确定科学有效的防灾、减灾和抗灾对策，建立和应用包括价值手段在内的规避、防范和控制环境风险机制，最终将达到减轻环境灾害所造成的损失、造福人类的目的。

（2）环境灾害外部成本的内部化需要进行环境灾害成本核算。环境灾害成本会计与环境成本会计不完全是同一个概念。一般环境问题不一定使客体带来灾害性的损失或伤害，并且其损失和伤害在程度上也有区别，但两者共性之处多于异性之处，不加以严格区别更有利于深入讨论。

通过灾害成本的会计核算，最终实现以保护环境为目的的环境成本的内部化，可以刺激企业为了追求利润最大化而努力约束自己的污染物产生与排放行为，控制环境灾害损失，降低环境成本。可见，环境灾害成本的预防性、补偿性、治理性、约束性作用十分明显，其实物量和价值量的计量属性又为环境灾害成本核算和成本分析提供了前提条件。另一方面，绿色 GDP 是价值量核算，需要从微观层面的各实体环境成本会计启动，遵循具体路径和方法，有根有据，循序渐进，水到渠成，汇总为绿色 GDP 总量。宏观层面的社会成本内部化，也需要微观层面的企业环境成本会计支持（王立彦，2006）。

（3）管理决策和控制需要环境灾害成本信息，以帮助管理者改善其环境行为。提供环境灾害成本信息是环境灾害成本会计的目的，通过灾害成本核算，将使企业得以发现不良环境行为导致的成本远高于其当前会计处理所揭示的金额，发现企业大量的资源耗用事实，进而激发其改善环境行为，并采取环境友好行动。企业通过实施环境管理，使用清洁生产技术，提高资源的回收利用率，减少排废、排污等以降低环境成本，提升企业价值，并进而提高其应对未来环境灾害风险的能力，同时也在行业内树立其绿色形象，提升其竞争力，从而使外部信息使用者了解企业环境业绩并确信社会责任的切实履行。

总之，环境风险管理、环境成本内部化和环境管理决策与控制，是环境灾害成本核算的理论依据，三者构成环境灾害成本核算的基础性理论体系，并通过环境灾害成本核算，以实践验证环境灾害成本核算具体方法与步骤，补充、完善丰富和发展这一理论系统的框架。

9.5.3 环境灾害成本核算方法

（1）环境灾害成本的归集与分配。就企业内部环境成本而言，合理地将各种环境灾害成本归集并分配给各种产品（或产品组合），对于企业的环境业绩优化来说十分关键。一个企业的内部环境成本事实上就是一般费用，可以作为一般费用中的制造费用，以产品产量为基础进行分配。众所周知，制造费用是一种直接费用，可以直接计入生产成本，但由于企业的生产与消费并不是同一过程，期初或期末存在在成品、产成品和已销存货，存在着生产费用在销售成本与产成品之间、完工产品成本与在产品成本之间的分配问题，其成本核算较为复杂。如果简单地以企业产品产量为基础在各生产车间之间进行分配，其结果将是污染轻的车间可能分配到超过与其实际排污量相适应水平的环境成本，而污染重的车间可能分配到低于其实际排污量相适应水平的环境成本，即发生环境影响的不同车间之间在环境成本方面的交叉补贴，其结果会使决策者无法获得环境灾害成本的真实信息，不利于做出符合获得最佳效益的生产经营决策。针对这种实际可能发生的情况，通常可以采用作业成本法对企业的产品成本进行计算，将产生环境灾害影响的作业专门设立各排放点源作业成本库（程隆云，2005），同时确定成本动因，对环境作业成本分别在各作业成本库之间进行分配，以此实现内部环境成本在各车间的合理分配。

在对环境灾害成本进行核算时，可以基于环境灾害成本的属性划分如下内容，并通过设置“环境成本——环境灾害成本”总账科目按照各作业成本库设置明细进行核算，同时设置相应的成本项目。其形式如：“环境成本——环境灾害成本——A 作业成本库——资源耗减成本——材料费”等。其主要项目有：自然降级成本、资源维护成本、环境保护成本（监测、管理、治理、修复、补偿、损害等）。最终归集到“环境灾害成本”账户的总额，就是企业负担对受害方补偿、赔偿数额或是自身灾害的损失金额。这样，企业由环境灾害发生一切费用通过财务会计系统就一目了然。当然，也可以按照环境财务会计账户体系将“环境灾害成本”作为明细在各二级科目下进行核算，不过它提供的环境灾害损失、成本和管理费用比较分散。所以，一般而言，灾害相对于损害更为严重，为了体现重要性原则，基于对环境灾害成本的全面管理和控制，设置一级或二级账户“环境灾害成本”用以归集和分配环境灾害成本费用更适当。

（2）环境灾害费用的资本化和收益化。

①费用的资本化会计确认。环境灾害成本应在其首次得以识别时加以确认。解决与环境灾害成本有关的会计问题，其关键在于：成本是在一个还是几个期间确认，是资本化还是计入损益。如果环境灾害成本直接或间接地与通过以下方式流入企业的经济利益有关，则应当将其资本化：第一，能提高企业所拥有的其他资产的能力，改进其安全性或提高其效率；第二，能减少或防止今后经营活动造成的环境污染；第三，起到环境保护作用（一般是事前实施的并具有预防性）。此外，对于安全或环境因素发生的成本以及减少或防止潜在污染而发生的成本也应予以资本化。

本书将“环境灾害成本”视同环境成本的独立项目进行费用的归集与分配。其账务处理分为两种：

第一，将企业为实施环境预防和治理而购置或建造固定资产的支出作为资本性支出。

借：环境资产——环境固定资产

贷：环境在建工程——环保工程物资

银行存款

每期计提折旧时：

借：环境成本——环境灾害成本——污染治理成本

——环境补救成本

贷：环境资产累计折旧折耗

第二，将其他环境预防、治理费用和环境破坏需要资本化的赔付费用，作为递延费用。

借：环境递延资产——环境灾害损失

贷：银行存款

应付资源补偿费

每期费用摊销时：

借：环境成本——环境灾害成本——资源降级成本

——资源维护成本

——环境保护成本——环境治理成本

——环境支援成本——环境补偿成本

贷：环境递延资产——环境灾害损失

②费用的收益化会计确认。许多环境灾害成本并不会在未来给企业带来经济利益，因而不能将其资本化，而应作为费用计入损益。这些成本包括：废物处理，与本期经营活动有关的清理成本，清除前期活动引起的损害，持续的环境管理以及环境审计成本，因不遵守环境法规而导致的罚款以及因环境损害而给予第三方赔偿等。其账务处理分为两种。

第一，直接发生的环境灾害成本直接计入成本、费用项目。

当费用发生时：

借：环境成本——环境灾害成本——污染治理成本

——环境修复成本

——环境补偿成本

——环境管理成本

环境管理间接费用——环境灾害费用

贷：银行存款

第二，估计发生的环境灾害成本在将来很可能发生支付的费用并能够被合理可靠地计量时，计入预计负债项目。

借：环境成本——环境灾害成本——环境赔偿成本

贷：预计环境负债——环境灾害损失——灾害损失赔偿

（3）或有环境负债是环境灾害成本管理重点。或有环境负债或称潜在的环境负债是指过去和现在的环境行为按现行的行为规范无须企业承担任何责任，然而未来可能会为之承担的责任。例如，按照现行的环境保护法规，企业的废弃物排放等指标均已经符合国家标准，但是随着环境保护标准的进一步严厉或者环境保护法规的修改，企业现行的各种生产指标可能不再符合不关环保法规的规定，由此可能会受到罚款、诉讼等，这些均构成企业的或有环境负债。

环境灾害成本是由于环境灾害的发生而使企业所致的经济耗费和损失，而环境灾害的发生具有突发性和不确定性，因此，环境灾害会计成本一般都被列为环境会计的或有成本，也有的称为或有负债或或有费用。比如，事故发生后导致的污染物质的排放，对此进行污染治理和补偿的费用，违反法规所缴纳的罚款或排污费，以及预料外的将来费用等都属于此类。环境灾害成本计入的或有成本当然还包括其他的方面，如未来依法律必须追溯支付的费用、未来可能必须支付的罚款、未来的排放控制费用、未来补救费用、设备损坏维修成本、人员伤害补偿费用、法律费用、自然资源破坏、其他经济损失等。

（4）环境灾害成本信息的披露。第一，环境成本信息披露。环境成本信息主要是企业发生的经常性环保支出，包括：按企业实际排放的污染废弃物的数量和浓度征收的排污费；厂区环境绿化及维护费；专业环保机构经费；废弃物处理费；矿产资源补偿费；土地损失赔偿费摊销；污染治理费；环境恢复费或预提环境恢复费；环保设施折旧费；绿色产品和环境保护认证费；计提环保设备减值准备；资源及环境税、城市建设维护税；维持环保设施运行的物料费等。第二，环境负债信息披露。环境负债信息包括：每一类重大负债项目的性质、清偿时间和条件；或有环境负债，当负债的金额或偿还时间很难确定时，应对其加以说明；任何与已确认环境负债计量有关的重大不确定性及可能后果的范围，宜采用重置价值作为计量的基础，应披露对估计未来现金流出和确认环境负债起关键作用的所有假定，包括清偿负债的现实经济利益流出的估计金额、计算负债所使用的预计长期物价上涨指数、预计清偿负债的未来经济利益的流出等。第三，环境灾害成本会计政策的披露。环境灾害成本会计政策包括：企业可能将法律规定的标准作为既定政策，企业管理部门应做出负担有关环境成本的承诺。如果日后确实发生了不能履行承诺的情况，企业应在财务报表附注中披露这一事实和原因。在企业根本无法全部或部分地估计环境负债的金额时，企业应在财务报表附注中披露无法做出估计的理由，并在财务报表附注中披露由于存在不确定因素而难以估计环境负债的事实。还应披露政府对企业采取环境保护措施给予的鼓励，如拨款和税收减免、贷款优惠等。

9.5.4 环境灾害成本核算支撑系统

（1）可行的环境会计准则的制定。环境成本会计是建立在批判现行财务会计理论的基础之上的，尽管尚不成熟，但因为其涉及的是一个关系到人类社会生存发展的重大课题，所以日益受到会计理论界的重视，而要真正落实到会计实务中，还需要一整套完备的理论支持，并成为可操作的会计规则和方法。从发达国家和地区目前的实践情况看，资源环境项目的会计核算内容还很有限，数据信息只能出现在管理报告中，还没有出现在正式的财务报表和报表附注中，环境披露也是盲点，最主要的原因就在于缺少可执行的会计规则。因此，制定环境成本会计具体准则是必要的，也是紧迫的。

（2）宏观层面的绿色 GDP 政策的推动和挤压。资源环境问题的严重性在于社会整体，而不在于某个社会个体。事实上，就会计工作而言，环境成本会计实践，对每一个企业来说都无直接和现实益处，只会是新增加的负担，因而推进环境成本会计核算在微观单位内部缺乏原动力。离开来自社会的、公众的、道义的、政府的压力和推动力，环境成本会计核算不可能像其他经济核算项目那样，首先在每一个社会个体基于内在需要而展开，然后上升为社会化的共同会计范畴。也就是说，尽管环境会计能够在理论上和专业中建立起来，但环境成本会计要想落实到经济核算实践中，一定需要由宏观推向微观。

(3)“货币”和“价格”两个市场经济要素的界定。成本的确定和价值核算都离不开“货币”和“价格”这两个市场经济要素（王立彦，2006）。为此，环境灾害成本核算和研究的重点应该首先考虑将环境因素引入企业会计体系的框架中，规范环境成本项目的确认、计量、计价及计算方法，并通过一定的报告系统，将财务的和非财务的、对内的和对外的环境成本信息加以揭示。其中，环境要素的计量标准及环境成本会计资料在资源、环境要素中的定价处于重要地位，而揭示的信息至少是不会导致社会对企业产生重大误解的重要的环境成本会计信息。

(4) 会计职业判断能力的提升。由于环境会计方法体系的多元化，核算对象的复杂化，尤其是在计量环节上尚未突破，且环境或有负债估计难以把握，使得当前环境会计缺乏与实务相结合的理论支点。会计职业判断的过程可以说是一种比较、权衡和取舍的过程，无疑在一定程度上掺杂着会计人员的主观臆断。即使会计人员有着较强的专业素质，严格按准则行事，对相同的原始资料进行处理，不同的会计人员也会得出不同的结果。因此，为了有效地制约和防止利用会计职业判断操纵会计核算、粉饰环境成本报表，必须加强会计人员的培训，提高会计人员的综合素质，保证企业的环境会计信息质量的真实可靠。

(5) 全社会的环境成本核算的道德约束和环境意识提升。正因为我国目前还没有环境灾害成本核算的架构，即便每一场环境灾害后都有某些部门或媒体及时披露其损害价值大小，人们还是认为那也只是非会计核算出来的带有人为倾向性和极大模糊性的估算，至少是在诸如因自然灾害对公众产生影响方面的情况下是这样。只有当环境污染直接侵害个人利益时，才有较多的人愿意采取行动，维护自己合法权益。所以，在目前企业及其会计环境道德水平还比较低的情况下，技术层面的环境灾害成本核算固然重要，但提高人们的环境意识、社会责任意识更为重要。要使人们，特别是地方政府官员，清楚地认识到，GDP 的上升是政绩，而实现绿色 GDP 的发展，保护了绿水青山同样是政绩，而且是落实科学发展观的政绩。

(6) 环境会计的启动和实施与政府各部门间的行动协调一致。环境成本核算的宗旨是在降低成本的基础上将外部成本内部化，实现生态环境的保护，而不是为成本计算而核算环境成本。要实现成本降低，就要求与环境成本相关联的社会各界及管理部门一定要与环境会计、审计工作密切地配合，在事前控制和事后控制方面发挥作用。比如，环境保护部门应当制定严格的、可以实际操作的对污染环境行为的惩处条款，使环境会计、审计工作有据可依；财政税收部门要有完善的对违反环保法规行为的罚款、加收税金等的规定，并要求会计人员严肃认真地记录，审计人员出具客观、公正的审计意见；银行等金融机构在发放贷款时，将企业、单位的环境保护会计记录及其审计结果作为必要的审核程序，加强金融控制和企业对环境保护的意识。

9.5.5 环境灾害成本内在化管理路径

(1) 微观环境会计核算与宏观绿色 GDP 核算中，环境成本是关键。与经济发展相联系的资源环境的核算研究，分为宏观和微观两个层面。由此，按照会计核算的对象特点和核算范围，通常将环境会计划分为宏观环境核算和微观环境核算。

在宏观层面，体现为建立环境核算指标体系，集中体现在联合国“国民经济账户体系SNA”上，以及与之相应的统计方法的发展，并最后集中体现为“绿色 GDP”。核算绿色GDP，就是要既能看到 GDP 增长数据，又能看到这一数据背后的资源与环境成本。

在微观核算领域，联合国国际会计和报告标准政府间专家工作组对跨国公司环境报告进行了多年的考察。从 1990 年起，环境成本会计问题就成为其每届会议的主要议题之一。在每一个社会单位，环境成本会计又分别融入财务会计和管理会计两个分支。在企业的业绩报告中既能看到财务指标，又能看到环境业绩指标。这其中，环境成本是核心和焦点。绿色GDP 是价值量核算，需要从微观层面的环境成本会计启动，循具体路径和方法，汇总为绿色 GDP 总量。

（2）环境成本内在化路径的选择。当今企业经营活动中污染物排放过量，所造成的经济损失成为社会大众的共同成本或政府的负担，即所谓的外在化环境成本或社会环境成本。一方面，如果能够有效地将外部环境成本由社会负担转为企业的成本，即实现外部成本的内部化，就能够刺激企业为了追求利润最大化而努力约束自己的污染物产生与排放行为，降低环境成本。另一方面，由于环境成本的内部化，使得其生产过程中造成污染的各种产品的生产成本相对于其他产品的生产成本增高，从而降低其相对于其他产品的市场竞争力。

①内在化外部环境成本的行为主体是企业。要想使企业承担环境责任，可行的路径只有两条：

第一，对企业进行有关的知识传播与社会道德的启迪，使其在自觉自愿的基础上，主动承担其造成环境影响的行为的责任。目前在主要发达国家，很多企业尝试实施社会责任会计。然而并非所有国家、所有企业对于社会责任的承担都具有高度自觉性。在广大发展中国家的企业，往往有意逃避所应承担的各种社会责任（包括环境保护责任）。现阶段在我国，教育宣传的手段难以成为规范企业环境行为的主要手段。

第二，以法律、法规、行政规章制度等强制性的行为规范，对企业的环境行为进行规范。包括我国在内的世界各国都从各自的实际出发制定了各种相应法规体系。这样做的确较前一种做法更能收到立竿见影的效果。为执行这种强制性的环境行为规范，企业纷纷建立起各种环境管理系统。而这种环境管理系统必不可少的子系统之一就是环境信息系统。环境管理系统的正常有效运行，需要有足够的有关信息作为其信息输入，而这些信息中最重要的当属环境成本与环境收益（可视为负的或节约的环境成本），即以专门的会计方法加以确认并加以货币计量的环境信息。只有这样的信息才可以被纳入现行的企业会计信息系统中，使企业了解其经营中由于低效使用资源、排污排废等带来的巨额环境成本对其利润的负面影响，并促使企业重视改变环境行为，并采取措施控制这部分成本。推广环境成本核算，最终能够影响到企业（对内和对外的）会计信息报告与披露，即实现将企业生产经营活动所形成的环境影响内部化，并将其作为企业的经营成果和财务成果。

②内部环境管理会计要先行。由于在财务报告体系中推广成本会计，存在着种种理论和现实的障碍，因此，各国将推广环境成本核算的突破点放在内部会计上，以促进企业在经营决策和控制中考虑经营行为带来的环境影响和环境成本问题。环境管理会计通过确认、收集、计量、分析和报告实物流动（如水、能源、材料等）信息、环境成本信息和其他货币信息，为组织管理者提供环境决策和其他决策的相关信息。各国开展环境成本会计研究，以

及制定的环境管理会计或环境成本会计指南，都是指管理会计（内部会计）这一层面，因此，都不是由其外部的会计准则制定机构来颁布的，而是由环境管理部门为了促进企业重视环境保护，重视控制污染保护环境削减环境成本而帮助企业制定的，以促成有关环境保护措施的落实。也有的是通过管理会计协会（即内部会计协会）等制定的。这类准则的制定，不会影响对外财务报告的收益确认和国家税收。

③环境成本内在化核算注意事项。第一，综合素质的专业核算队伍的组成。成本核算本身就是一种带有综合性和技术性的管理工作，何况环境成本核算。为此，环境成本内部化更具有较高的综合性、专业性和实践性，因此需要组成有多种专业背景的学者、企业管理人员以及管理部门官员参加的综合性队伍，进行成本的核算和实验准备工作。

第二，主动借鉴发达国家的经验。由于我国环境成本会计制度的确立属于探索性课题，原有的基础十分薄弱，所以在尝试环境成本内部化核算前，应对有关的专业问题进行必要的研讨，这些问题包括：如何借鉴外国及国际组织既有的环境成本会计系统，并在此基础上整合成适合我国环境成本会计的试行规范？在我国企业中建立怎样的环境成本会计制度？环境成本会计如何与现行的会计体系相结合（或配合）？对外披露的形式应是怎样的，以及对披露和报告信息的审计鉴证是怎样的？环境成本会计的要素应包括哪些项目、环境成本与环境受益的概念定义及确认计量的方法是什么？等等。

第三，多层面选点进行实证分析和试点。在理论研讨、理清问题和建立分析逻辑的基础上，选择建立环境成本会计制度的试点单位。一是区域选择。为了获得较好的效果，选择的试点单位应当具有较好的代表性，比如我国可在东、中、西部选点，以东部为主。中西部地区也可以选择，但不应过多。因为中西部地区经济发展较为落后，目前所面临的首要任务是发展经济、增加 GDP，到这些地区的企业中试行环境成本会计制度，在短期内无法给企业带来收益，反而会起到反作用，容易引起不必要的抵触、抵制或消极应付。二是行业选择。由于产生环境影响最重大的企业是制造业企业，因此建议大部分试点（65% ~85% 或更高些）应为制造业企业，其他的企业应为采掘业、能源工业或交通运输业企业。商业、服务业由于所产生的环境影响较小，可不包括在试点内（但也有例外，如酒店也是用水大户，所以在严重缺水地区，也可以选择个别酒店业企业作为试点）。三是企业的选择。确定了进行试点的行业后，在各行业中如何选择试点企业也十分重要。为了能够充分调动所涉及的企业自觉参与的积极性，除进行必要的宣传、教育、解释工作之外，应主要选择环保成效显著的企业进行试点。其结果可以彰显其环境保护工作的成就，提高其知名度，从而有利于提供其市场竞争力。四是企业规模的选择。初次尝试，缺乏经验，故应首先选择中小规模、工艺流程比较简单、产品品种比较单一、投入产出要素种类较少的企业，以便能够把握。这样做并不意味着完全排除大型企业，但大型企业的比重不应过高。

【辅助阅读 9 – 2】

突发生态环境事件应急处置阶段直接经济损失核定

重大突发公共事件所特有的紧迫性与不确定性为全球经济的发展带来了极大的挑战，截至 2020 年 3 月 21 日，我国各级财政已安排新型冠状病毒肺炎疫情防控资金 1 218 亿元，而 2020 年一季度的财政收入也在突发公共事件的冲击下受到了阶段性的影响，增幅有所放缓，导致财政收支缺口进一步加大。为做好较长时间应对外部环境变化准备、确保财政可持续发展，规范突发生态环境事件应急处置阶段直接经济损失评估工作，生态环境部制定了《突发生态环境事件应急处置阶段直接经济损失核定细则》。

（1）污染处置费用。这指从源头控制或者减少污染物的排放以及为防止污染物继续扩散，而采取的清除、转移、存储、处理和处置被污染的环境介质、污染物和回收应急物资等措施所产生的费用，主要包括投加药剂、筑坝拆坝、开挖导流、放水稀释、废弃物处置、污水或者污染土壤处置、设备洗消等产生的费用。污染处置费用的计算方法有两种。

方法一：污染处置费用=材料和药剂费+设备或房屋、场地租赁费+应急设备维修或重置费+人员费+后勤保障费+其他。

方法二：对于工作量能够用指标进行统一量化的污染处置措施，可以采用工作量核算法，根据事件发生地物价部门制定的收费标准和相关规定或调查获得的费用计算。

（2）应急监测费用。这指应急处置期间，为发现和查明环境污染情况和污染范围而进行的采样、监测与检测分析活动所产生的费用。应急监测费用的计算方法有两种：

方法一：应急监测费用=材料和药剂费+设备或房屋租赁费+应急设备维修或购置费用+人员费+后勤保障费+其他。

方法二：样品数量（单样/项）×样品检测单价+样品数量（点/个/项）×样品采样单价+运输费+其他。

（3）财产损害费用。这指因环境污染或者采取污染处置措施导致的财产损毁、数量或价值减少的费用，包括固定资产、流动资产、农产品和林产品等损害的直接经济价值。

财产损害费用=固定资产损害费用+流动资产损害费用+农产品损害费用+林产品损害费用+其他。

固定资产损害费用=固定资产维修费+固定资产重置费。

流动资产损害费用=流动资产数量×购置时价格-残值，其中残值应由专业技术人员或专业资产评估机构进行定价评估。

农林产品损害费用=农林产品损害总量×（正常产品市场单价-工业原材料市场单价）。当农林产品质量受损，但不影响其作为工业原材料等其他用途时，计算其用途变更后造成的直接经济损失。

（4）生态环境损害数额。突发生态环境事件对生态环境造成损害，不能在应急处置阶段恢复至基线水平需要对生态环境进行修复或恢复，且修复或恢复方案及其实施费用在环境损害评估规定期限内可以明确的，生态环境损害数额计入直接经济损失，费用根据修复或恢复方案的实际实施费用计算。具体核算说明包括：

第一，环境介质中的污染物浓度恢复至基线水平，且在没有产生期间损害情况下的生态环境损害量化费用以及后期预估的修复费用，不计入直接经济损失。

第二，需要对生态环境进行修复或恢复，但修复或恢复方案不能在应急处置阶段生态环境损害评估规定期限内完成的修复或恢复费用，不计入直接经济损失。

——杨子晖，陈雨恬，张平淼. 重大突发公共事件下的宏观经济冲击，金融风险传导与治理应对［J］. 管理世界，2020（5）；生态环境部. 关于印发《突发生态环境事件应急处置阶段直接经济损失评估工作程序规定》和《突发生态环境事件应急处置阶段直接经济损失核定细则》的通知.

本章练习

一、名词解释

1. 环境风险　2. 环境风险管理　3. 环境会计信息　4. 环境风险控制
5. 帕累托效率　6. 环境管理信息率　7. 环境标准公允　8. 环境信息公允
9. 道德投资　10. 生态文化　11. 生态效益　12. 环境灾害成本
13. 或有环境负债

二、简答题

1. 为什么说环境风险管理就是环境成本管理?
2. 如何认识和理解环境风险管理与会计信息系统之间的密切关系?
3. 环境风险评价的一般步骤是什么? 企业环境风险控制方法有哪些?
4. 简述会计系统环境风险控制的“三要素”。
5. 说说环境灾害成本内部化管理的系统框架，并进行适当的描述。
6. 环境灾害成本核算系统包括哪些主要内容? 其成本核算需要哪些支撑系统?
7. 怎样实现环境灾害成本内在化?

三、计算题

某企业生产A、B两种产品，需要经过三个生产步骤连续作业加工最终形成产成品，加工过程每经过一个生产步骤都要排放废弃物，这些废弃物都要通过管道送入一个焚化炉集中焚烧处理。假如焚烧工程中废弃物直接处理费为1 600元，焚烧工程行政管理人员工资等费用为9 000元。其投入产出资料如表9-1所示。

表9-1　**某企业投入产出资料**　单位：千克

项目		第一步骤	第二步骤	第三步骤
一次性原料投入		1 000		
总加工量		1 000	900	850
产出	废弃物	200	100	50
	半成品和产成品	800	800	800

要求：按照作业成本法对该焚烧工程发生的直接费用和管理费用进行分配，并将结果填入表9-2。

表9-2　**成本计算**

项目	第一步骤	第二步骤	第三步骤	合计
加工的原料量（千克）	1 000	900	800	2 750
原料比重（%）				100
各步骤分配的管理费用（元）				9 000
废弃物量（千克）	200	100	50	350
废弃物比占原料比重（%）				100
废气物负担的管理费用（元）				
直接处理费用（元）				1 600
废弃物总成本（元）				

四、阅读分析与讨论

A 企业在环境成本控制过程中相关措施

A 企业在环境成本控制方面的做法可以概括为全过程的控制。其首先在产品生产之前对于产品原料采用绿色采购方式，接着对于在产品生产过程中通过技术改良和设备升级将污染物排放和环境成本降到最低，最后对于废弃物回收利用。

（1）绿色采购和长效采购供应链的构建。所谓绿色采购是指通过相关采购政策的制定，并且在政策制定的过程中把资源的节约等相关理念融入采购的全过程中的一种采购方式。而绿色采购对于企业进行环境成本控制也是非常必要的，以 A 企业所处在的钢铁行业为例进行分析：钢铁企业进行日常生产必须要使用大量煤炭，而作为原料的煤炭在工业生产过程中会产生大量的二氧化硫、二氧化碳、粉煤灰、煤矸石等废弃物，也会给环境带来很大的影响。而企业在采用绿色采购之后就会进行适度的转变，就拿煤炭的采购来说，企业在采购时可以采购品级较高的煤炭以此来减少对于环境的污染和环境成本投入。不仅如此，A 企业对于供应商实施环境管理体系认证资格，新供应商的进入必须要通过该体系的认证。A 企业通过这样的"硬杠杠"能够有效地约束供应商所提供原料的质量，并以此来达到控制环境成本的目的。

绿色产业链通俗意义上说就是在整个产业链的全过程中都要将环境效益和经济效益做到最大限度的统一。从 A 企业所披露的可持续发展报告的内容来看，其在原材料的采购、产品生产、产品销售、废品回收利用等各个方面都做得很完善。2013 年公司总部资材备件废旧回收总数量 14.5 万吨，其中锌渣、锡泥 6 283 吨、废油 547 吨，回收金额 14 486 万元。在废旧物资循环利用方面，推进轧辊集团内循环利用，废旧冷轧辊（含硅钢辊）由 B 轧辊厂进行循环利用，部分热轧辊由 N 轧辊厂循环利用。特别是冷轧辊在实现了专业厂回收利用后，回收量与销售金额都有了较大的提高，回收量与金额分别是 2012 年的 2.3 倍和 2.7 倍。

（2）研发技术的改进。在当前技术因素愈发凸显其重要性的情况下，不进行技术研发和投入必将被社会所淘汰。A 企业 2013 年研发（R&D）投入率 1.92%，新产品销售率 20.32%，新试产品 Best 比例 30.6%；专利申请量 1 093 件，其中发明专利比例 55.%；国际专利申请 31 件。进行这样大量的研发投入，可以在一定程度上减少企业对于原燃料的需求量进而减少污染物的排放。不仅如此，A 企业在环保设备的改进和建设方面也进行了大量的投入，2013 年，该企业通过各种技术手段工实现技术节能量 10.8 万吨标煤，实施 67 项环保项目，其中，55 项为环保技改项目，12 项为维修工程项目。这样的投入不仅能够减少钢铁生产过程中产生的各种废弃物，同时也能够提高所生产产品的质量。

（3）内部环保教育和外部多方合作。A 企业在进行环境成本控制的过程中将企业员工放在一个很重要的位置上，企业员工在得到完善的技术培训的同时，还能够有机会参与企业厂区的环保绿化活动，从思想上提高企业员工的环保意识。2013 年，该企业围绕能源环保管理体系能力提升、清洁生产与节能减排项目实施、碳管理与碳减排技术准备、环境经营与社会责任和能源环保队伍建设五方面开展各类培训。除此之外，在进行企业环境成本控制的研究过程当中，A 企业通过多方的合作发挥着自己在专业领域内的作用。这样的合作不仅仅体现在与环保部联合制定行业标准以及与国际钢协等的合作上，更体现在 A 企业与下游企业以及中小企业的合作上。A 企业积极参与国际组织的峰会，及时地将国际最新的行业动态和技术带到国内，以促进国内行业的发展，让国内对于环境成本控制的研究能够更加深入地推进。而其与中小企业的合作能够在一定程度上让中小企业意识到进行环境保护投入的重要意义，最终能让整个行业都加入这样的行动当中来。

讨论要点：

（1）根据你的理解，A 企业的环境成本控制措施是基于哪些环境风险考虑？

（2）A 企业的环境成本控制措施有哪些特点？取得了哪些成效？

（3）为什么说成本控制是一个系统工程？在实际工作中，要遵循哪些原则？

第 10 章

环境绩效评价

【学习目的与要求】

1. 理解环境绩效的定义，了解环境绩效指标的设置依据；

2. 理解环境绩效的内容及其基本分类；

3. 了解国内外环境指标体系的发展进程，总结经验教训；熟悉构建能够反映企业生态文明建设能力的财务评价指标体系；

4. 掌握不同环境绩效指标评价的方法，并理解各个方法的使用步骤、适用范围和优缺点；

5. 理解环境财务报告和环境质量报告的异同，了解环境绩效报告的编制方法。

10.1 环境绩效定义与指标设置

10.1.1 会计视角的环境绩效

企业对环境绩效进行评价，有利于激励企业把环境保护纳入企业核心运营和战略管理体系中，以明确今后改进的方向，实施环境管理的技术创新和管理创新，减少环境污染和环境破坏，促进企业获得更多的环境效益，实现企业、社会、经济、生态的可持续发展。因此，研究建立科学客观的环境绩效评价体系，具有重要的理论意义和实际应用价值。

绩效是一个比较宽泛的概念，包括“行为和结果”（陈浩，2005）。我国学术界对绩效的定义尚没有统一，欧美国家对绩效的理解主要有三种观点：

第一种观点认为绩效是行为。坎贝（Campben，1993）认为绩效是行为，应该与结果区分开。因为结果会受系统因素的影响，它是人们实际的行为表现并能被观察到的。就定义而言，它只包括与组织目标有关的行动或行为。

第二种观点认为绩效是结果。伯南丁（Bernadin）等指出，绩效应该定义为工作的结果，因为这些工作结果与组织的战略目标、顾客满意度及所投资金的关系最为密切。

第三种观点认为绩效包括行为和结果两个方面，行为是达到绩效结果的条件之一。行为不仅仅是结果的工具，行为本身也是结果，是为完成工作任务所付出的脑力和体力的结果，并且能与结果分开进行判断（Brumbrach，1988）。这种观点将绩效视为能够从结果和行为两个方面来全面衡量，而且行为和结果在某种程度上说是互为因果的，因而此观点更符合绩效评价的要求。

会计角度所说的环境绩效是从外部信息使用者角度而言的。管理是行为过程，财务则是表现形式和结果。因此，会计视角的环境绩效是指企业应用创新的知识和绿色生产技术、绿色工艺，采用绿色生产方式和经营管理模式，开发生产新的绿色产品，以减少企业生产活动对生态环境的不利影响，进而取得相应的经济和社会效益，符合生态文明价值的要求。

10.1.2 环境绩效评价指标设置依据

（1）指标设置的一般原则。包括以下一些原则要求：第一，全面性与重要性相结合的原则。全面性原则是指所建立的指标体系要能全面反映企业的生态文明建设能力。重要性原则是指所建立的指标要精炼，能切中要害，各个指标的功能要尽量避免重复。过少的指标不能全面评价企业生态文明建设能力，过多的指标会导致指标体系过于烦冗，不利于企业评价工作的展开，还会增加分析评价成本。因此，建立环境绩效指标时要做到全面性与重要性相结合。第二，层次性原则。一堆杂乱的指标不利于使用者了解各个指标的功能，在使用时必然会造成效率低下。合理的指标体系应该具有层次性。层次性的划分不是随意的，而是要建立在科学分析的基础上，在对影响企业生态文明建设能力的各项内容进行合理分类与归纳的基础上，将综合指标与分类指标有机统一，最终形成结构清晰的指标体系。第三，简便易行原则。建立指标时固然要考虑其功能性，然而指标是建立在数据的基础上的，获取不同的数据的难易程度不同。有些指标尽管能很好地反映出企业生态文明情况，但所需的数据搜集成本太高，导致指标不具有使用性，因此指标的建立应该遵循简便易行的原则。第四，关联性原则。一是要与环境财务会计报告关联。本书对企业生态文明建设能力指标架构切入点是以传统财务报告数量信息为基础，并通过融入环境数量信息对传统财务报告进行改进，不仅数据收集的成本大大降低，还能与传统的财务指标体系融为一体，起到相互补充、协调一致的作用。二是环境行为与结果关联。既遵循财务学基本原理又符合简便易行原则，同时，借鉴期望理论和 PSR 模型，将 PSR 概念模型中“原因—状态—响应”的思维模式与期望理论中“预期到行动可以带来收益是采取行动的必要条件”这一观点相结合，采用了“现状—反应—成果”这一模式。

（2）指标设置的具体依据。企业环境绩效评价指标是按照系统论方法构建的，由一系列反映被评价企业环境管理各个侧面的相关指标组成的系统结构，评价指标是企业环境绩效评价内容的载体，也是企业环境绩效评价内容的外在表现。环境绩效评估指标体系不是大量指标的简单堆砌，其完善与否关键在于所选指标的质量，而非指标的数量。构建科学、合理的指标体系是一项难度较大的工作。

在选取或设置环境绩效评价指标时的主要依据包括：第一，环境绩效评价的理论基础。环境绩效指标的选取应该以可持续发展理论、循环经济理论和利益相关者理论等相关理论作为指导思想，将相关理论的思想内涵融入环境绩效评价指标体系中去。第二，环境绩效评价指标选取要依据一定的原则。环境绩效评价指标的选取应该兼具科学性、可行性、简洁性和适应性等特点，应该遵循客观全面、最大限制性和可操作性、定量与定性相结合、财务与非财务相结合、动态性与静态性相统一、与其他指标体系相结合等原则。第三，满足信息使用者信息需求。环境绩效评价指标的设置应该满足环境信息使用者对环境信息的各种需求，在充分了解政府部门、行业主管部门、社会公众、投资人、媒体等企业利益相关者的环境信息需求的基础上，构建能够满足这些需求的环境绩效指标。第四，考虑国内外企业环境绩效评价指标体系的经验和做法。在现有国际标准的基础上，结合国家颁布的法律法规、政策，针对我国企业的实际，建立一套规范的环境绩效评价指标体系，对企业加强环境管理具有重要的现实意义。第五，把握通用指标，细化附加指标。对环境成果进行考核，无论考核对象或类型，以下均是共同指标，只不过作为比较值的具体内容不同而已：一是反映“三废”排放的情况的环境质量指标，包括废气，废水和固体废弃物；二是反映环保效率的资源利用情况指标，包括能源、水以及材料；三是反映环境管理努力程度的一些指标。

【辅助阅读10－1】

百威英博全球统一管理体系——工厂最优化管理（VPO）

2013年世界水日到来之际，全球领先啤酒酿造商百威英博宣布全球环境三年目标顺利达成。通过全球130座绿色工厂和118 000名员工的不懈努力，百威英博在四大环境绩效领域都取得了实质性的成果。①节水：平均用水量成功降至3.5百升/百升产品。对比2009年水耗降低18.6%。相当于节约了生产约250亿罐啤酒所需用水量，约等于年生产总量的20%。②节能：每百公升能源消耗减少了12%，超额完成减少10%的节能三年目标。③减排：二氧化碳减排15.7%，超出10%的既定目标。百威英博三年累计减排约700 000吨，相当于28 500亩阔叶林一年所吸收的二氧化碳量。④减少填埋：固体废物回收利用率增至99.20%，超过99%的设定目标。百威英博一直遵照国际联盟关于“零废弃”的定义——大于90%的废弃物不进入废物垃圾填埋厂，即为“零废弃”。

该企业的成功归因于许多因素，特别值得一提的是百威英博全球统一管理体系——工厂最优化管理（VPO）。它根据啤酒行业的具体生产流程量身定制，包含了严格的、可持续性的质量、安全、环境管理等7个方面的具体标准要求及管理措施，并将它们融入生产运行中，如同国际通用的ISO14001环境管理体系。截至2012年，百威英博95%的酒厂都通过了该体系认证，中国酒厂全部获得认证，100%的达标率领先于全球水平。

——殷丹丹. 领军啤酒业环保绩效，百威英博宣布全球环境三年目标顺利达成［N］. 湖北日报，2013－4－7.

10.1.3 环境绩效评价指标框架

企业环境绩效分类是为了解决用什么标准对企业环境绩效的边际进行界定。这个分类从内容、范围和环境绩效信息使用者来看，环境绩效有内外之别。社会环境效益通常指的是外部，相反企业环境绩效就称为内部。前者是指环境管理对自然环境的影响，而后者是指环境管理对企业运营能力的影响。基于企业社会价值衡量，两者应该是一致的，或者说是内外博弈后的一个结果，尽管对这种博弈行为还一直会继续下去，但总会在一定时间和空间有个界定。在此，为区别企业内部环境绩效，我们可将企业外部环境绩效视为社会环境绩效。

但无论社会环境绩效还是企业环境绩效，它们都应该体现在环境财务（数量）绩效和环境管理（质量）绩效两个方面。外部环境财务绩效是企业环境管理直接体现的外在结果和成效，是企业对外披露环境影响信息的重要内容，是环境管理的显性绩效，也是环境主管部门及企业外部利益相关者对企业的环境管理及环境影响进行考核的一种手段。内部环境效益则针对企业环境管理的全过程，不仅包括企业环境管理的显性绩效，也包括环境管理的隐性绩效。

环境绩效的分类如图 10－1 所示。

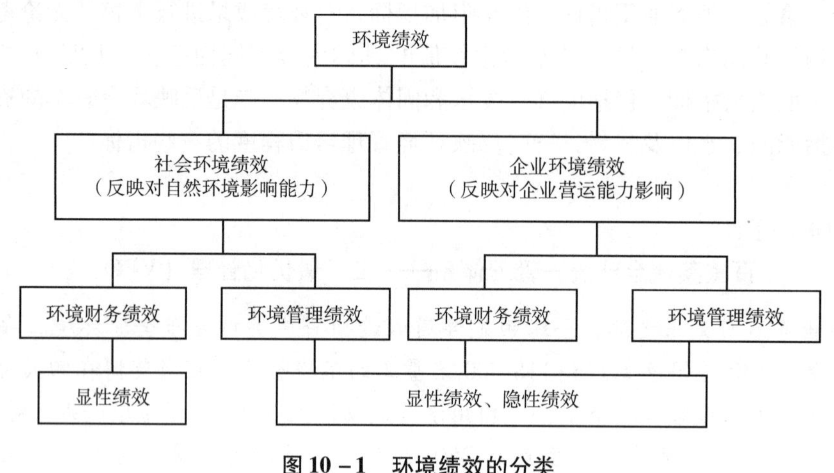

图 10－1　环境绩效的分类

10.2　环境绩效的具体内容与层次

10.2.1　环境财务绩效

企业在从事生产经营活动的过程中，经常会对生态环境造成这样或那样的影响甚至是损害。无论是从法律的角度来说还是从道德的角度来看，只要对环境产生不利的影响，企业终究要为此付出代价；只要对环境产生有利的影响，企业就会从中受益。总之，在市场经济体制之下，企业只要对生态环境造成某种影响，那就势必会反过来影响到企业的财务反应，虽然这种影响未必能全面地体现出来。由于过去和现在损害生态环境或者是参与保护和改善生态环境而对企业过去、现在和今后的财务成果所产生的影响，就是本章所说的环境财务（数量）绩效。企业的环境财务绩效主要是通过两个方面的对比来反映的：一是环境支出和损失；二是环境收益。

（1）环境支出和损失。按照环境责任原则的要求，企业的生产经营活动对生态环境所造成的损害需要以污染后的某种支出作为赔付和补偿；按照预防为主的原则，企业也有可能会在生产经营过程之中或之前采取积极的措施，在污染发生之前或之中进行主动的治理。无论如何，从事与环境有关的活动，势必招致某种支出的发生，而且支出的形态多种多样。从各国现行法律法规的要求和目前企业的环境活动实践来看，由于环境问题导致的支出的具体形态至少包括以下 15 个项目：①企业专门的环境管理机构和人员经费支出及其他环境管理费；②环境检测支出；③政府对正常排污和超标排污征收的排污费，政府对生产可能会对环境造成损害的产品和劳务征收的专项治理费用，政府对使用可能造成污染的商品或包装物的收费；④超标排污或污染事故罚款，对他人污染造成的人身和经济损害赔付；⑤污染现场清理或恢复支出；⑥矿井填埋及矿山占用土地复垦复田支出；⑦因污染严重而限期治理的停工损失；⑧实用新型替代材料的增支；⑨现有资产价值减损的损失；⑩目前计提的预计将要发生的污染清理支出；⑪政府对使用可能造成污染的商品或包装物收取的押金；⑫降低污染和改善环境的研究与开发支出；⑬为进行清洁生产和申请绿色标志而专门发生的费用；⑭对现有机器设备及其他固定资产进行改造，购置污染治理设备；⑮政府或民间集中治理污染而建造污染物处理设施和机构的支出。

上述列示这些支出的发生，势必会影响到当期或者是多期的损益，影响到各期报表所反映的财务状况特别是经营成果。其中：①～⑩项目会直接影响到当期经营成果，⑪～⑬项目既可能会影响当期经营成果，也可能影响会像第⑭和第⑮项目一样转化为长期资产而在以后会影响到企业的多期经营成果。这其中的第⑪项，又可能会因及时处理而作为应收款的收回而不会成为支出。

（2）环境收益。企业积极参与治理污染也有可能会直接或间接产生某种经济收益。就常见的形式来看，这些可能的收益主要项目为：利用“三废”生产产品将会享受到对流转税、所得税等税种免税或减税的优惠政策，从而增加税后净收益；从国有银行或环保机关（周转金）取得低息或无息贷款而节约利息形成的隐含收益；由于采取某种污染控制措施（如环保技术研究、购置设备等）而从政府取得的不需要偿还的补助或价格补贴；有些情况下，企业主动采取措施治理环境污染发生的支出可能会低于过去缴纳排污费、罚款和赔付而赚取的机会收益；等等。在试行排污总量控制和排污权交易的地区，企业之间有可能会以市场手段转移排污权，于是，有的企业可能会因为购进排污权而发生支出，而另外的企业则会因为出售自己所结余下来的排污权而发生收入，因而也会对企业的净损益产生一定的影响，并使净损益中出现新兴的构成项目。

10.2.2　环境管理绩效

根据我国关于环境管理方面的法律法规的精神，以及我国各级环保机关对企业的各种要求，特别是多年来环境统计报表中的要求，反映企业环境管理（质量）绩效的内容主要体现在以下三个方面：

（1）环境法规执行情况。环境法规执行情况好坏，既是一个环境业绩问题，事实上同时也是一个涉及财务效果的问题，当然应列为环境质量绩效信息披露的首要内容。它主要包括 9 项内容。①“三同时”制度的遵守情况。如果没有遵守，原因何在，已经或将要受到何种惩罚。②环境影响评价制度的执行情况，包括主要环境经济指标和结论。③污染源情况及排污收费的缴纳情况。④环境目标责任制的落实和执行情况，包括责任指标的完成情况和受到的奖励和惩罚。⑤被纳入城市环境综合治理的事项、原因、分配的责任指标及完成情况，以及在城市环境综合整治定量考核工作中的成绩和问题。⑥参与或承担的污染集中控制情况，包括环境与财务效果，以及自身在集中控制之外所从事的分散治理情况。⑦排污申报登记情况，取得的排污许可证情况以及排污许可证的交易情况。⑧如果被列报为限期治理的对象，关于列入的原因、要求的标准及期限、预计完成时间以及目前的进度。⑨其他的由国家、地方法规或行业标准要求的有关事项。

（2）生态环境保护和改善情况。对生态环境进行保护，对相对较差的自然环境或受到损害的生态环境进行改善，是企业环境质量绩效中的重要内容。考核并披露这样一些质量指标是外界了解企业的环境质量绩效的关键所在。反映企业对生态环境保护和改善情况的主要内容包括如下项目：主要环境质量指标的达标率，包括环境检测项目的达标率、主要污染物排放达标率等；污染治理情况，包括污染治理项目完成数、污染物处理能力、污染物治理设施运行状况、主要污染源治理情况等；污染物回收利用情况，包括对各种污染物回收利用的总量、回收利用的产品产量、产值、收入、利润等指标；厂区绿化率以及有偿或无偿承担的其他绿化任务；本企业清洁生产的情况；所建立的环境管理制度和管理体系的情况；从事环境治理、检测、研究机构和人员情况，包括有关的开支；其他污染治理措施和事项，如企业制定的重要的环保规定、职工的环保培训、本企业取得的环保技术成果、对污染治理和环境保护和改善的捐助情况。

（3）生态环境损失情况。对生态环境的破坏是企业在生态环境方面不作为和故意损害的结果，因而应该被列为考核企业环境质量绩效的重要内容。反映企业对生态环境损失的主要内容应该包括下列项目：污染物排放情况，包括水、废气、废渣、废液、噪声等的排放总量及其所含的污染物质含量，包括这些污染物对环境和经济两方面的危害；发生的污染事故情况，包括污染性能、环境和经济的危害、主要的生态环境损失；环境资源的耗用量，包括水、电、煤、石油等的耗用量；有毒、有害材料物品的使用和保管情况；其他损害生态环境的有关事项。

除了上述三个方面的主要内容外，纳入环境质量绩效报告中的内容还可以有环境审计和未来展望两部分，这两部分在短时间内还难以形成某种模式，企业可以选择对待。

需要特别说明的是：第一，环境质量绩效设计的内容和事项有很多，在此只是对主要的事项举例加以说明；第二，除少数项目外，大多数项目都是可以通过一定的指标量化的，包括环境技术指标、财务（经济）指标和经济技术混合指标（如万元产值排污量、单位产品能耗量），也包括绝对数指标和相对数指标（如达标率），对环境项目的列报指标化，将大大提高环境质量绩效信息的质量；第三，上述事项并不是每个企业都存在的，因此，大可不必担心披露这些内容对企业和信息使用者造成多大的负担。不过，凡是与企业的环境质量绩效有关的具备重要性特征的事项都应列入环境质量绩效披露的内容之中，以便信息使用者能够根据这些信息对一个企业的环境质量绩效得出全面的和正确的结论。

10.2.3 环境绩效层次

企业环境绩效评价体系还可以按照详细程度分为三层，即：目标层、准则层、基础层，这是对环境绩效指标的逐渐细化，从不同层面上反映企业的基本环境绩效。

（1）目标层。企业环境绩效评价体系的总目标是在企业经营模式下环境绩效效果水平的量度，也就是说在一定的经营期间内，在实现经济发展和环境保护“双赢”的基础上，企业环境绩效能达到的水平。

（2）准则层。准则层是目标层的细化，也就是能够反映目标层的基本方面。从准则层可以看出企业从哪几个方面实现自己的环境绩效。

（3）基础层。企业绩效评价的基础层指标是指影响企业环境绩效的最基本因素，它提供了收集信息的基本框架，一般不需要综合，反映的往往是影响企业环境绩效的某一方面的基础信息。

根据环境绩效评价指标体系建立的理论基础和基本原则，深入研究国内外企业环境绩效评价的经验和做法，本书提出适应我国企业现状的环境绩效评价指标体系（见表 10－1）。在建立的环境绩效指标评价体系当中，准则层一共有六块。首先是 IS014031 中的四块，分别是企业的合法性、企业的外部沟通、企业的内部环境管理以及企业的安全卫生；除此以外，还有两个新增内容，分别是企业的财务环境以及企业的生产经营绿色度。除此以外，在 6 个准则层下，分别选取了可以衡量准则层状况的基础层。

表 10－1　企业层环境绩效评价体系

目标层	准则层	基础层
企业环境绩效评价体系	合法性	排污超标频率
		新改扩建项目的制度执行率
		排污费用交纳情况
		工业固体废物和危险废物安全处置率
		行业行规的达标情况
	外部沟通	环境报告公开形式与信息量
		政府环境信息的接收情况
		资助社会环保活动经费
		相关投诉件数
	内部环境管理	环境教育培训情况
		建立环境管理系统
		环保奖项数目
		环境产品标志个数
	安全卫生	环境事故发生次数
		环境事故赔偿金额
		员工职业病的人数
		员工受辐射程度
	财务环境	环境支出/营业成本
		环境收入/营业收入
		环境收益/营业收益
	生产经营绿色度	原材料利用率
		生产过程的单位耗能
		单位产出的废弃物量
		运输过程的单位耗能
		产品包装的单位废弃物量
		剩余物料的回收利用率

10.2.4　基本指标内涵的解释

（1）合法性指标。2003 年，国家环保总局下发的《关于对申请上市的企业和申请再融资的上市企业进行环境保护核查的通知》中，针对申请上市的重污染行业企业的八项核查规定是所有上市企业必须达到的最基本要求。因此，可以根据这八项要求制定合法性指标。具体指标有：①排污超标频率。国家和地区都会对企业的排污设置标准，企业的排污最起码必须符合国家和地区制定的标准，不然，就是违反了相关的法律法规，企业的环境绩效必然受到影响。②新改扩建项目的制度执行率。它是指政府规定的新建、改建、扩建、停产复建的制度执行情况。在这里特指与环境相关的新改扩建的制度的执行率，这些项目都是经过有关部门商议得出的制度，都是有助于具体地方环境的制度，企业必须严格执行，执行率低下代表了企业的环境绩效不佳。③排污费交纳情况。它是政府直接向环境排放污染物的单位和个体工商户收取的规定费用，排污费收缴以后，主要用于环境保护的相关工作，企业如果没有按规定缴纳排污费用，就阻碍了环境保护的工作，环境绩效评价就会受到不良影响。④工业固体废物和危险废物安全处置率。工业固体废弃物需要按照政府的指引进行处置，这样才能最大限度地减少对周边环境的影响，工业固体废弃物可以衡量企业这方面的完成情况。危险废物之所以被列为危险废弃物，肯定存在某些破坏环境的隐患，这些废弃物必须按照指引处置。⑤行业行规的达标情况。国家或者地区规定的法律法规，都需要顾及所在实施区域以内的所有企业，制定的标准不可能很高，同时制定的标准不一定足够细致，此时就需要行业行规辅助。行业行规的达标情况，可以很好地衡量企业在行业当中的绩效水平，如果不能达到行业的标准，就证明环境绩效还有待改进。

（2）外部沟通指标。外部沟通是指与政府的沟通以及与公众的沟通。沟通的效率体现在信息的发送与信息的接收两方面。因此与政府的沟通当中，环境报告公开形式与信息量是信息的发送，对政府环境信息的接收情况是信息的接收，两者共同衡量外部沟通当中与政府的沟通情况。同样，衡量与公众的沟通情况也是通过体现信息发送的资助社会环保活动经费以及通过体现信息接收的相关投诉件数共同评价。具体指标有：①环境报告公开形式与信息量。针对特定的企业，例如严重污染行业当中的企业以及上市公司，政府都会需要其提供环境报告，以评价其对周边环境的影响状况，根据环境报告的公开形式、获取的方便性、公开的信息量等进行综合评估，就可以得出企业环境报告的发布情况。②政府环境信息的接收情况。它包括接收速度以及接收内容的全面性。政府向企业发布信息，但是由于各个企业对环境的重视程度或者信息接收技术水平的差异，企业接收政府环境信息的速度以及内容的全面性都会有所差异，接收信息的速度越快，接收的内容越全面，就越有利于企业进行环境管理工作，环境绩效也会有所提高。③资助社会环保活动经费。它是指企业以资金或者其他物质方式支持环保组织的活动，或者企业亲自参与环保宣传，分享防治污染的科学技术、知识和方法等。资助社会环保活动的经费越多，就越有利于社会的环境保护工作，同时也可以提高企业的环境绩效。④相关投诉件数。它是指企业在环境保护方面，收到的来自公众的投诉次数。收到的投诉多，证明企业的环境保护工作做得不够完善，企业的环境绩效评价自然而然也会有所降低。

（3）内部环境管理指标。内部环境管理是对企业内部环境管理运作情况的反映。它考核的是企业环境管理过程中，企业内部的配合程度，以及企业内部运作的效率，是企业环境绩效评价的主要因素之一。内部环境管理绩效最终需要检验，其中：环境教育培训情况和建立环境管理系统的情况两个指标为检测过程的指标；所获得环保奖项数和环境产品标志个数两个指标为检测结果的指标。具体指标有：①环境教育培训情况。它是指企业聘请相关的环境专家，对企业员工进行环境保护方面培训，或者组织员工进行国家环境保护法律法规的学习等的情况，主要通过企业内接受培训员工的小时数、培训使用的费用作为数据，进行综合评价。环境教育培训情况理想的企业，员工的环保技术以及环境意识都会有所提高，自然对企业的环境保护工作有利。②建立环境管理系统。目前 ISO14001 是环境管理体系的规范化标准，根据其规定，就能促使组织完善各项管理措施。如果企业建立了环境管理体系，就能得到严格的监控，有关环境方面的工作也会做得更好。③环保奖项数目。它是企业获得的国家或者地区颁发的关于环保方面的奖励个数，是衡量企业的环保工作在行业内领先水平的重要标志。获得越多的环保奖项，证明企业在环境方面的成效越好，企业的环境绩效当然也会更加理想。④环境产品标志个数。它是指企业的产品当中，拥有环境产品标志的数目。中国环境标志产品认证是目前国内最权威的绿色产品、环保产品认证，又被称为“十环认证”，代表官方对产品的质量和环保性能的认可，通过文件审核、现场检查、产品检测三个阶段的多准则审核，来确定产品是否可以达到国家环境保护标准的要求。获得了此认证的产品，一定在生产过程中做好了各种环境保护工作，因此，也是衡量企业环保工作水平的重要标准。

（4）安全卫生指标。安全卫生指标可能是公众最关心的指标之一。安全卫生指标衡量了企业生产运作当中的安全性，如果违反了这个指标，出现了不安全事件，就直接对公众有极大的威胁。安全卫生指标主要包括环境事故发生次数、环境事故赔偿金额、员工职业病的人数和员工受辐射程度四项。具体指标有：①突发性指标，包括环境事故发生次数、环境事故赔偿金额。环境事故发生的次数以及赔偿金额，是衡量企业环境事故发生的频率以及影响大小的指标。企业环境事故是重大的企业环境管理方面的过错行为，无论是对企业还是对个人，都有着严重的危害，这些指标的确立，可以时刻提醒企业，注重预防环境事故的发生。事故发生的频率就是企业环境工作做得不够的表现，会影响企业的环境绩效。②员工职业病的人数以及员工受辐射程度。环境事故的发生，有一定的偶然性，并不能全面地表达企业的安全卫生情况，相对来说，员工职业病的人数、员工受到各种辐射影响程度的深浅就是一个长期的过程，是企业没有做好环境工作的必然结果。职业病是指企业、事业单位和个体经济组织的劳动者在职业活动中，因接触粉尘、放射性物质和其他有毒、有害物质等因素而引起的疾病。由于职业病的定义严格，有些情况下，员工已经受到了环境问题的影响，受到了各种辐射的侵袭，但是又没有染上相应的职业病，或者尚未发病，因此，需要一个指标测量员工受到的辐射影响程度，如果员工受到了辐射影响，而且程度比较严重，那么企业的环境绩效肯定不高。

（5）财务环境指标。财务环境指标，是为了企业能够把环境绩效与经济绩效相融合而设立的指标。具体指标有：①环境支出/营业成本。环境支出是指从事与环境有关的活动发生的支出。营业成本，也就是经营成本，是企业维护日常生产，销售商品或者提供服务的成本。由两者的比值可知环境投入在企业总投入当中所占的比例，衡量出企业对环境保护的重视程度。②环境收入/营业收入。环境收入是企业积极参与保护和改善生态环境有可能直接或者间接产生的某种经济收入。营业收入，是指企业在从事销售商品、提供劳务和让渡资产使用权等日常经营业务过程中所形成的经济利益的总和，分为主营业务收入和其他业务收入。两者之比反映了企业在环境保护方面获得的收入占总收入的份额。③环境收益/营业收益。环境收益是环境收入与环境支出的差额，营业收益是营业成本与营业收入的差额。两者的比值反映了企业在环境保护方面获得的收益份额，这个数值越大，证明企业环境方面的经济成效越大，也就是企业从事环境保护工作获得的利益越大，企业也会更加积极地参与环境保护工作。企业的环境绩效三个指标的综合，可以很好地体现环境保护在企业中的盈利能力。

（6）生产经营绿色度指标。企业生产经营绿色度是衡量企业整个生产经营的总过程的指标，因此指标的设置需要覆盖整个生产经营过程。原材料的利用率、生产过程的单位耗能、单位产出的废弃物量三个指标共同衡量了企业生产绿色度。产品包装的单位废弃物量以及产品运输过程的单位耗能衡量了企业销售绿色度。使用过后剩余物料的回收利用率衡量了企业回收绿色度。具体指标有：①原材料利用率。它是指生产企业加工成品中包含原材料数量占加工该成品所消耗原材料的总消耗量的比例，这个比例越大，证明原材料的利用越高，也就越能充分地利用原材料。②生产过程的单位耗能。它是生产出一个产成品需要的能量值，对于生产同一种产品而言，单位产品耗能越少，生产越环保，能源就越能够被充分地利用，环境绩效也会有所提升。③单位产出的废弃物量。它包括固体废弃物、废水、有毒排放物以及噪声，这些都是严重影响环境的物质，产生得越少，企业越环保。④运输过程的单位耗能。它是指为购买材料和销售产品在运输过程中消耗的汽油、柴油等燃料量。显然，耗油量直接与废气排放有关，应当消耗得越少越好。⑤产品包装的单位废弃物量。它是指产品为了销售，进行包装的过程中，导致的废弃物量。废弃物料包括纸张、金属、木质材料、塑料等，废弃物量越大，造成资源的浪费就越严重，环境绩效越差。⑥剩余物料的回收利用率。产品消费过后，会产生剩余物料，这些剩余物料有些是可循环再造的，有些是不能循环再用的。剩余物料当中，经过回收处理，最终可以投入下次生产过程当中的物料占总剩余物料的比值，就是剩余物料的回收率。回收率越高，产品越环保，企业的环境绩效也会越好。

10.3 企业环境绩效指标体系

环境绩效评价指标是一个平台，它承载着环境绩效评价的重要内容，也是企业环境绩效评价内容的外在表现，在企业的管理中发挥着重要的作用。原有的财务指标单纯追求经济增长，没有考虑企业应该承担的社会责任和与环境有关的问题导致的财务影响，环境绩效评价指标将企业各种环境数据综合起来，使企业能追踪环境方案的相关成本和收入，在提高材料利用率方面很有作用。环境绩效评价体系使企业更加清楚地了解自己的环境效率和效果，通过控制环境绩效的改进，能增加企业改进技术的机会，合理的、操作性强的环境绩效指标体系还能使企业制定出更适合自身的可持续发展战略目标，并根据指标不间断的反馈结果及时修正原有计划，使企业获得长期的可持续发展。

10.3.1 国外环境绩效指标

（1）国外环境绩效指标研究进展。国外学者对环境指标的全面系统研究始于20世纪80年代。在宏观层面，1995年加拿大政府、经济合作和开发组织（OECD）与联合国环境规划署（UNEP）共同提出了PSR模型，他们采用了“原因—状态—响应”的逻辑思维方式，对每一个环境问题的分析都从三个方面着手——发生了什么、为什么发生和人类如何做，分别建立压力指标（表征人类活动给环境造成的压力）、状态指标（表征环境与资源状况）、行为指标（表征人类正在做什么来保护环境）。随着人们对环境与经济发展的关系认识越来越深刻，人们开始对原有的国民经济指标进行修正，采用了诸如绿色GDP这样的连接宏观经济与环境的指标。绿色GDP，国际上简写“GGDP”，是指用以衡量各国扣除自然资产损失后新创造的真实国民财富的总量核算指标。这些指标在很大程度上纠正了传统经济计量学对社会经济发展的误导性。

在微观层面，1996年促进持续发展全球企业委员会（WBCSD）首次提出“生态效率”的概念，核心指标有：能源消耗、水资源消耗、原材料消耗、温室气体排放、破坏臭氧层的气体排放。联合国国际会计和报告标准政府间专家工作组（ISAR）在联合国贸易与发展会议上发布的《企业环境业绩与财务业绩指标的结合》中，认为生态效率指标是环境业绩变量和财务业绩变量的比率。全球性报告促进行动（GRI）于1997年开始，制定了包括环境、经济和社会各方面的企业可持续发展报告。GRI推荐的指标有：使用的总能量、总燃料、水总量、其他能源、废弃物数量等。国际标准化组织（ISO）颁布的ISO14031环境业绩评价体系，包括环境状况指标和环境绩效指标。其绩效指标包括管理绩效指标和经营绩效指标；经营绩效的具体指标又包括与材料能源有关的场地设施、产品、组织的服务、废水和土地的排放等。

（2）国外环境绩效主要指标。自企业环境报告和环境绩效评价标准发展以来，各国一直没有形成统一的指标体系，但是许多国家或国际组织积极投身于环境绩效评价的研究，并发布了自己的环境报告指南，对环境绩效评价研究做出了重要贡献。经过20多年的发展，逐渐形成了几种国际影响较大的环境绩效评价标准。目前国际影响较大的环境绩效评价标准有三类，分别为国际标准化组织（ISO）的ISO14031标准、世界可持续发展工商理事会（WBCSD）的以生态效益为核心的环境绩效评价标准、全球报告倡议组织（GRI）的《可持续发展报告指南》。

①ISO14031环境绩效标准体系。国际标准化组织于1999年11月发布环境绩效评价标准（ISO14031）的正式公告，该标准应用较广，它将企业的环境绩效评价指标分为两部分：组织外和组织内的环境状态指标。组织外的环境状态指标可以帮助组织了解其生产活动会对周围的环境产生什么样的影响，对组织制定战略目标有较大帮助，通常被公共机构所采用；组织内的环境状态指标帮助组织内部主要是企业衡量环境影响程度，又细分为管理绩效指标和操作绩效指标。管理绩效指标侧重于组织内部，它能展示管理者为改善环境绩效所做的努力，主要体现在计划和决策的实施、财务业绩、合法性、与居民的友好相处等方面。操作绩效指标，顾名思义，指组织生产操作中的环境绩效，包括企业的整个流程，从原材料输入、生产到废弃物的排出，指标包括回收和再利用的材料数量、单位生产所需用水量等。

上述指标涵盖了资源的消耗总量及废弃物的排放总量，因而有利于环境控制。但从环境绩效评价角度看，上述指标也有不足之处。各指标间单位不同，不能直接加减，大部分为绝对指标，因此还需要在其基础上计算相对指标，这样才能将环境绩效指标与财务绩效指标结合起来。另外，该指标没有完全考虑企业内部管理者与外部利益相关者之间的联系，以及环境绩效评价与可持续经营目标之间的联系。

②世界可持续发展工商理事会生态效益指标。世界可持续发展工商理事会提出的生态效益指标的基本公式为：

生态效益 = 产品或服务价值 ÷ 环境影响

上述公式的被除数与经济效益有关，如产能、产量、总营业额等；除数与环境效益有关，如资源/水消耗总量、每单位产品的废水排放量、温室效应气体排放总量等。WBCSD 将指标分为核心指标和辅助指标，前者是通用的，适用于大多数企业，而后者仅适用于个别企业。

③《可持续发展报告指南》环境绩效指标。全球报告倡议组织发布的《可持续发展报告指南》反映了组织对各个自然系统的影响，包括对生态系统、空气循环系统和水循环系统等方面的影响，共有 16 个核心指标和 19 个附加指标。该指南中的指标很详细，几乎每一方面都有指标，并将其细分为核心指标和附加指标，前者与大多数利益相关者有关，而后者只与部分重要的信息使用者有关，组织只需向这少数使用者提供信息即可。

以上三类环境绩效评价指标的指标构成与内容比较如表 10－2 所示。

表 10－2　　三类主要的环境绩效指标的比较

ISO14031 环境绩效标准	WBCSD 生态效益指标	GRI 可持续 发展报告指南
· 组织周边的环境状态指标（ECIs）：提供组织周边的环境状况，反映组织对当地、区域性、全国性和全球性的环境状况的影响，如污水排放对生产地点附近水域的影响，废气排放对当地空气质量的影响等 · 组织内部的环境状态指标（EPIs）：（1）管理绩效指标（MPIs）。评估组织的环境管理效能，它主要表现在环境守法、环境内部管理、外部沟通、安全卫生等方面。（2）操作绩效指标（OPIs）。企业运作的整个操作过程，从资源能源输入、经内部生产工序转移变化到最终废弃物和污染物的排出	· 核心指标（通用指标为生态效益）：它与全球的环境问题或企业的价值有关，几乎适用于所有企业，其计量方法已经得到公认，如销售净额、温室效应气体的排放量等 · 辅助指标（企业特定指标）：它是不同性质的企业因产品和生产流程不同而存在不同的环境问题和价值。同时，WBCSD 认为特定企业可利用 ISO14031 的指南协助选择具有参考价值的辅助指标	· 核心绩效指标：它对于大多数组织及其利益相关者有关，共计 16 个 · 附加指标：要求报告单位只向重要的利益相关者提供相关信息，共计 19 个

资料来源：甘昌盛. 我国企业环境绩效评价指标体系的研究现状与建议［J］. 中国人口·资源与环境，2012（S2）.

环境绩效指标设置的共同点都包含：①排放的指标，尤其是温室气体的排放、废水和固体废弃物，这一指标可以看作是环境质量指标；②资源利用情况指标，包括能源、水以及材料，反映的是部分环保效率的指标；③反映管理努力程度的一些指标，以及环境处罚、环境投入等，既有效率指标也有业绩指标。

除了上述有比较大影响力的评价指标外，部分研究将环境指标纳入平衡计分卡（BSC）和价值链理论进行结合研究，如结合平衡计分卡研究的可持续平衡计分卡方法。这些方法应用的关键还是选择好适当的环境绩效指标，将反映企业的环境绩效指标纳入现有的管理方法中，从而体现出给定环境质量的约束。

10.3.2　国内环境绩效评价指标

（1）国内环境绩效指标研究进展。目前，国内外学者对环境绩效评价已有了广泛而深入的研究。在评价理论上，主要是从环境绩效评价的动因、指标体系的构建、评价方法以及现状评析四个方面展开的，且大多以指标体系的构建和评价方法为主。在评价动因上，部分学者（胡曲应，2010）从企业可持续盈利能力的追求、受托责任的解除和评价资源的有效利用三个方面分析了企业进行环境绩效评价的动因。在评价指标设计上，许多学者基于不同的视角进行了研究，例如，林逢春等（2006）在借鉴国际环境绩效评估标准的基础上，结合我国国情，建立了我国企业环境绩效评价指标体系，并通过对一个企业的实证阐明了该指标体系的适用性；陈璇等（2009）回顾了环境评价标准发展的历程，在已有研究的基础上，加入价值链理论，构建了包含上下游企业环境因素的综合环境绩效评价体系，并提出了指标权重的确定方法；张艳等（2011）基于 ISO14000 系列，将绿色供应链的特点和平衡计分卡的思想相结合，构造出了环境绩效评价指标体系，并用层次分析法确定了权重。

除此以外，学者曹颖、曹东从国家宏观层面提出环境业绩指标由三级构成。他们以云南省为研究对象从土地退化、生物多样性、自然资源等七个方面建立了压力指标、状态指标、响应指标。微观层面，陈静提出了一套企业环境业绩指标体系，分为环境守法、内部环境管理、外部沟通、安全卫生和先进性五大指标。徐利飞、安明莹两位学者根据循环经济的 3R 原则，即减量化原则（reduce）、再利用原则（reuse）、再循环原则（recycle），设计了反映企业环境活动总体情况的指标、反映企业资源利用减少量的指标以及反映企业资源再利用再循环情况的指标。有些学者从界定低碳经济条件下的企业财务目标着手，对企业财务评价指标进行了扩充，增加了碳能力指标。此外还在偿债能力指标中添加了资产碳负债率，在营运能力指标中添加了碳资产周转率，在盈利能力指标中添加了碳资产净利润率，在发展能力指标中添加了碳资产增长率。

（2）国内环境绩效主要指标。我国已有一些关于企业环境绩效评价的法规。2003 年，国家环保总局发布了三个重要文件，分别为《关于开展创建国家环境友好企业活动的通知》《关于对申请上市的企业和申请再融资的上市企业进行环境保护核查的规定》《关于企业环境信息公开的公告》，随后的 2007 年 4 月发布了《环境信息公开办法（试行）》，该《办法》是我国第一部关于信息公开的部门法规，自 2008 年 5 月 1 日期施行。2020 年 4 月，中国标准化研究院发布关于对《〈资源综合利用业环境绩效评价导则〉国家标准征求意见的通知》，将资源和能源消耗指标、资源综合利用指标、环境排放指标等一级指标纳入资源综合利用企业环境绩效评价指标体系，且每类一级指标由若干个二级指标组成。目前，我国正在启动生态文明效率开设指标科研攻关，对地方政府及其党政干部的环境绩效指标将在不久将来形成，对资源环境有效使用和环境保护将产生重要影响。

除上以外，还有企业制度中的环境绩效评价指标。由于企业、行业管理部门及政府部门进行环境管理的角度不同，评价的职能不同，可以获取的信息不同，所以部门规章、行业法规、企业制度中关于环境绩效评价的指标也各不相同。表 10－3 归纳总结了我国企业制度中绩效评价指标，这些指标大多是我国各级环保部门对企业进行环境核查和企业根据自身情况进行环境自我检查时总结出来的。

表 10 - 3　　我国企业的环境绩效评价指标体系

评价内容	具体指标
环保设施指标	废弃物治理设施的数量 环保设备的运转费用 废水处理能力 废气处理能力
环境污染及资源耗费指标	单位产品能源消耗量 温室气体排放量 不可再生资源使用量 单位产品危险废弃物产生量 废水排放总量 水土流失总面积
企业自主治理指标	环保技术研发费用 水污染治理投资 实施减排对策的积极性 环境管理者的数量 环境事故应急预案
循环利用指标	废水重复利用率 废弃物无害化处理效率 废物再处理的比重
法规制度遵循指标	执行环境法律法规的自觉性 及时缴纳排污费 排污许可证的及时申报 违法排污的次数
社会反响指标	周围河流水质情况 群众投诉数 环境信访事件数 周围群众满意度 获得政府或环保组织的认可程度

10. 3. 3　企业环境财务绩效评价指标设置

（1）环境财务指标的会计视角。众所周知，生态环境与经济发展之间的矛盾越来越突出，要求企业不仅要重视眼前利益，更要重视长远利益，将现有的“高能耗、高污染”的发展模式转为资源节约、环境友好的可持续发展模式，注重生态文明建设。企业发展模式的转变对传统的财务分析提出了新要求。传统的财务分析并没有考虑到企业的会计系统反映的环境信息，然而在可持续发展模式下，这些环境信息对企业财务分析将产生很大影响。从会计角度来看，企业因履行环保义务、承担环保责任而产生的环境成本与环境收益就是与环境保护有关的财务信息，因此企业可以将这些信息纳入财务范畴进行企业环境绩效的构建，建立一套评价企业生态文明建设能力的财务指标既是必要的也是可行的。

但前文国内外学者对环境指标研究成果表明：第一，学者们在建立企业环境指标时大多采用定性指标与定量指标相结合的方法，并且定量指标中财务指标严重不足。定性指标和非财务指标虽然可以很好地评价企业的环境绩效，但财务分析主体无法直接通过这些指标判断企业环境状况对企业财务的影响，因此这些指标对企业财务状况的警示作用不大。第二，在现有评价指标体系的构建中，一些研究虽对指标进行了全方位多角度的选取和构建，但缺乏实际应用价值，很难落实到对具体行业或企业的评价上去；而有的虽进行了实证研究，但由于数据的可得性较弱，所选取的评价指标大多为绝对数，分析结论易片面。第三，目前多数有关环境绩效的评价视角主要局限于单一环境因素，未与行业或企业的财务会计数据联系，虽然已有一些针对个别企业的个案研究成果，但不同行业的比较研究较为少见用于综合评价，有关环境绩效评价的实证研究还有很大的发展空间。第四，就目前的实证研究来看，大多研究仅应用某个行业或某个企业某年（最多也不超过 3 年数据）的环境绩效进行静态评价，这使得动态分析的结果不具有较强的说服力。

所以，我们在此仅讨论企业环境财务绩效设置，而不包括环境质量绩效。

（2）企业环境财务指标设计依据。目前我国大力推进生态文明建设，建设美丽中国有必要将企业生态文明建设能力纳入财务考核范围。

①财务学理论为建立的环境财务绩效评价指标内容和指标解释提供了依据。财务分析目的是对企业过去和现在的各种活动状况进行分析与评价，以了解企业的过去，评价企业现状，预测企业未来，做出正确决策，提供准确信息。财务分析假设主要有：产权清晰的企业制度、主体多元化、经营连续性、完善的信息披露体制。财务报告能够体现财务分析的目的和假设，并且是进行财务分析的重要信息载体。由于传统的财务分析以财务报告为依据，对企业过去和现在的各种活动状况进行分析与评价，因此，企业生态文明建设能力财务指标的数据来源应该是财务会计报告。但由于传统的财务报告不能明确反映出建立指标必需的生态信息，比如，传统资产负债表中的资产与负债项目并不包含环境资产与环境负债，传统的利润表中营业收入、营业成本项目并未明确其包含的绿色营业收入、绿色成本是多少，而这些信息对环境财务指标的建立至关重要。因此，建立环境财务分析指标应当对传统的资产负债表与利润表进行改进，并要求在财务报告补充说明中增加相关的、基础性的环境物量信息，如废物回收量等。

②期望理论为设计企业环境财务层次指标提供了技术支持。由期望理论可知，只有当一个人预期到某种行为的结果能够给其带来满足时才会采取相应的行为。期望理论强调两个方面：第一，目标是有能力达到的；第二，目标的实现是可以给行动者带来满足度的。因此，一个企业只有在某种环保行为可以给其带来利益时才会付诸实施。这样就给我们建立指标体系提供了一种思路，即首先评价企业的生态现状，再评价企业的环保行为，最后评价企业的环保成果。这一设计思路最主要的特点是突出了企业环境管理中的行为导向性，其本身也符合环境管理的特点。在环境管理实践中，企业的环境管理系统设计指导着人们的环境保护实践，同时只有人们随时保持环保意识并付之于具体的行动，环境保护的目的才能达到，环境保护效果才会实现。

③生态经济学理论为环境财务指标建立提供具体方法上的指导。生态学的物质循环转化与再生规律告诉我们生态系统中植物、动物、微生物以及非生物成分借助能量的不停流动，一方面从自然界摄取并合成新物质，另一方面又随时分解为简单物质来实现“再生”，这些物质重新被植物所吸收，由此形成不停顿的物质循环。能量每流经一个营养级就会有部分被损耗，无法继续循环利用，因此要提高物质闭环流动系统的能量利用率来充分利用能量。把生态学这一规律运用到经济活动中就表现为“资源—产品—再生资源”的反馈式流程。以

这一规律为指导对生态经济提出“减量化、高利用、再循环”的要求，即3R原则。具体地说包括三方面：减量化指是从生产的源头做到减少物质的使用，选取的材料尽量清洁环保；高利用指在生产过程中要提高资源能源的利用效率；再循环指在产品被使用后产生再生资源并被回收利用重新用于产品生产，通过废物利用来减轻对资源能源的压力。这三个要求是评价企业产品生产是否清洁环保的标准，更是企业生态文明的重要方面，它为产品改进、指标建立提供了具体指导方法。

（3）企业环境财务绩效指标体系。基于上述分析，现提出能够反映企业生态文明建设能力的财务评价指标体系。

①现状指标。现状指标是指反映企业当前生态文明质量的指标，是静态指标。可以用于不同企业间横向比较，也可以用于同一企业不同时刻的纵向比较。考察企业当前生态质量可以从企业的环境清洁现状和环境资产负债结构两个方面入手。

第一，环保设备投资比率。

$$环保设备投资比率=\frac{环保设备资产总额}{固定资产总额}\times 100\%$$

环保设备投资比率用来反映企业环境保护设备的投资力度。环保设备是专门用于环境保护的固定资产。固定资产主要用于流水线生产，这些生产必然会产生固体、液体、气体污染物。按国家相关要求，企业购买环保设备应对这些污染进行内部处理后再排放。常见的企业环保设备有垃圾处理系统、酸雾净化塔等。固定资产总额反映企业的规模，用环保设备资产总额除以固定资产总额得出的环保设备投资比率可以用于不同规模企业间的比较。如果这个比例过小，说明企业环保设备投资不足，其生态绩效必然受到影响。如果这个比例过大，固然能说明企业在提高生态绩效方面比较积极，但是过多的环保设备投资占用企业的资产也会降低企业的盈利能力，因此企业应该找一个适中的比例。

第二，环境负债比率。

$$环境负债比率=\frac{环境负债}{流动负债}\times 100\%$$

环境负债比率表明企业的流动负债中环境负债所占的比重。环境负债是企业由于对生态环境产生不良影响而要承担的责任，比如应付超排罚款、应付环保费和损失费及或有负债等。一般情况下环境负债流动性比较强，因此用环境负债与流动负债相比，而不是与企业的总负债相比。环境负债比率反映企业因破坏环境而产生的负债情况，这一比值越大说明企业对环境的污染和破坏越严重，企业存在的环境风险越大。当这一数值超过一定值时，说明企业生态状况存在很大隐患，很可能在国家环保检查时被处以巨额罚款甚至被迫停产。因此，这个指标数值越小说明企业生态文明绩效越好。企业应该合理调整负债结构，使环境负债比率保持在较低水平。

②反应指标。评价一个企业的生态文明情况不仅要考察企业当前的生态质量，还要评价企业为提高生态文明绩效做出的反应。反应指标是动态指标，用来衡量企业某一会计期间的环保行为。企业为了提高生态绩效，一方面会从产品的生产流程入手使产品本身更加环保，比如采用更环保的原材料，增强资源的回收利用程度；另一方面会从整个企业的财务管理入手，使企业的环保投资、环保支出变得更加合理，以增强企业的可持续发展能力。

生态经济学中提出的“原材料—产品—再生材料”的反馈式流程为我们建立产品改进指标提供了完整的思路。本书用产品绿色成本投入比率评价绿色资源的使用。用产品原材料投入产出效率评价“原材料—产品”过程是否实现了减量化、高利用，用产品材料回收利用率评价“产品—再生材料”过程是否实现了再循环。

第一，产品绿色成本投入比率。

$$\text{产品绿色成本投入比率} = \frac{\text{绿色成本}}{\text{营业成本}} \times 100\%$$

产品绿色成本投入比率，表明在企业的经营中绿色成本占总成本的比重。绿色成本包括构成产品原材料及包装物的绿色资源，以及经过折旧计入产品成本的环保设备金额。如果这个比值比较高，说明企业的绿色成本相对于整个企业的营运成本比较高，这个比值高可能是由于企业选择的原材料虽然环保但是价格太高造成的。企业绿色成本太高则产品的市场竞争力就会降低。然而这个比值也不是越低越好，因为过低的绿色成本可能是因为环保投入不够造成的。因此企业应该通过选取更合适的绿色替代品来降低绿色成本。

第二，产品原材料投入产出效率。

$$\text{产品原材料投入产出效率} = \frac{\text{直接材料成本}}{\text{营业收入}} \times 100\%$$

产品原材料投入产出效率，反映单位收入所耗直接材料成本。用于考察生产过程中原材料利用率。这里产品原材料指的是用于产品生产、构成产品实体的原料。这个指标越高说明单位营业收入所消耗的资源成本越高。企业可以拿这个指标进行纵向比较，如果本年该指标数值比上一年降低，说明企业本年实现了减量化，企业的生态文明绩效有所提高。该指标也可以用于同行业企业间的横向比较，该指标数值越低说明企业资源利用率越高，企业生态文明绩效越好。

第三，产品材料回收利用率。

$$\text{产品材料回收利用率} = \frac{\text{单位产品回收材料价值}}{\text{单位产品价值}} \times 100\%$$

产品材料回收利用率，反映单位价值的产品中含有多少可循环利用材料价值。这个指标用于考察企业对资源的循环利用程度。如果企业选取的原材料大部分都是可重复利用的环保材料，那么产品的回收利用率自然会高。另外，企业较高的材料回收利用率必然是采取了积极行动的结果，因此该指标也能反映出企业提高生态绩效的积极性。该比值越高说明企业循环利用资源程度越高，生态文明绩效越好。

第四，环境资产投资增长率。

$$\text{环境资产投资增长率} = \frac{\text{环境资产年增长额}}{\text{年初环境资产数额}} \times 100\%$$

环境资产投资增长率，反映了企业环保投资增长幅度。比值大说明企业加大了环保投资力度。一般在企业刚开始采取环保措施的几年，这个比值会很大，随着企业环保投资的完善，这个比值会越来越小。

第五，获益性环境支出比率和惩罚性环境支出比率。

$$获益性环境支出比率=\frac{获益性环境支出}{环境支出总额}\times100\%$$

$$惩罚性环境支出比率=\frac{惩罚性环境支出}{环境支出总额}\times100\%$$

获益性环境支出比率与惩罚性环境支出比率两个指标，反映企业的环境支出结构，分别用于考察企业环保行为的正、负效应。企业的环境支出分为两类，一类是获益性支出，这类支出可以使企业在当期或者以后获得收益，比如企业购买环保专用设备、购买排污权、环境监测支出、付给环境人员的工资。这些支出会影响企业的长期经营，增强企业的可持续发展能力，从而提高企业的生态文明绩效。另一类是惩罚性支出，这类支出是由于企业违反了国家相关规定，对生态环境造成破坏而引起的，主要包括应付环境罚款、赔款等。惩罚性支出不仅会对企业的资金流动产生压力，更严重的是会给企业带来负面影响，从而会给企业带来难以估量的损失。惩罚性环境支出通常是由企业被动执行相关环保要求引起的，因此这个比值高说明企业在生态文明保护方面积极性低。获益性环境支出比率与惩罚性环境支出比率之和恒等于1。获益性环境支出比率越大，则惩罚性环境支出比率越小，企业环境支出的结构越好，生态文明绩效越好。

③成果指标。反应指标可以评价企业为提高生态绩效做出的行动，却无法评价这些行动的结果。两个不同的企业即使采取了相同的环保材料，进行了同样多的环保投资，但由于其营运情况不同产生的效果也不尽相同。评价企业环保成果可以从三个方面进行。一是评价环境优化成果，二是评价环境资产的营运成果，三是评价环境资产的盈利成果。

第一，单位收入污染排放量减少率。

$$单位收入污染物排放量减少率=\frac{单位收入污染物排放减小量}{上一年单位收入污染物排放量}\times100\%$$

单位收入污染物排放量减少率，反映企业污染程度好转情况，用于评价环境优化成果。可以分别计算气体、液体、固体污染物的单位收入污染物排放量减少率。该指标数值越高说明企业生态文明绩效提高越快。

第二，环境资产收益率。

$$环境资产收入率=\frac{绿色收入}{平均环境资产总额}\times100\%$$

其中，$平均环境资产总额=\frac{期初环境资产总额+期末环境资产总额}{2}$。

环境资产收入率，反映每1元环境资产所产生的收入，用于评价企业整个环境资产的营运能力。绿色收入主要指由于产品采用环境资产，产品质量得到提高，从而产品价格被提高，由此而产生的比原产品多出来的收入，即环保增值。该指标越高说明企业环境资产的投入产出率越高，即环境资产营运能力越强。

第三，环保设备收入率。

$$环保设备收入率=\frac{绿色收入}{平均环保设备总额}\times100\%$$

其中：$平均环保设备总额=\frac{期初环保设备总额+期末环保设备总额}{2}$。

环保设备收入率，反映每 1 元环保设备投入所产生的收入，用于评价环保设备的运营情况。该指标值越高说明企业环保设备投入产出比例越高，即环保设备营运能力越强。

第四，环境资产报酬率。

$$环境资产报酬率 = \frac{环保利润}{平均环境资产总额} \times 100\%$$

其中：环保利润 = 绿色收入 - 绿色成本 - 环境税费 - 环境管理费用 - 环境资产减值损失 + 绿色投资收益。环境资产报酬率，反映每 1 元环境资产所产生的环保利润，用于评价企业利用环境投资获利的能力。该指标越高说明企业单位环境资产获利越多，企业生态绩效越好。

以上较为完整的企业生态文明建设能力财务评价三级指标体系，能够与企业原财务分析指标融为一体，形成对企业包括环境财务绩效在内的完整统一的综合财务指标体系（见图 10 - 2）。

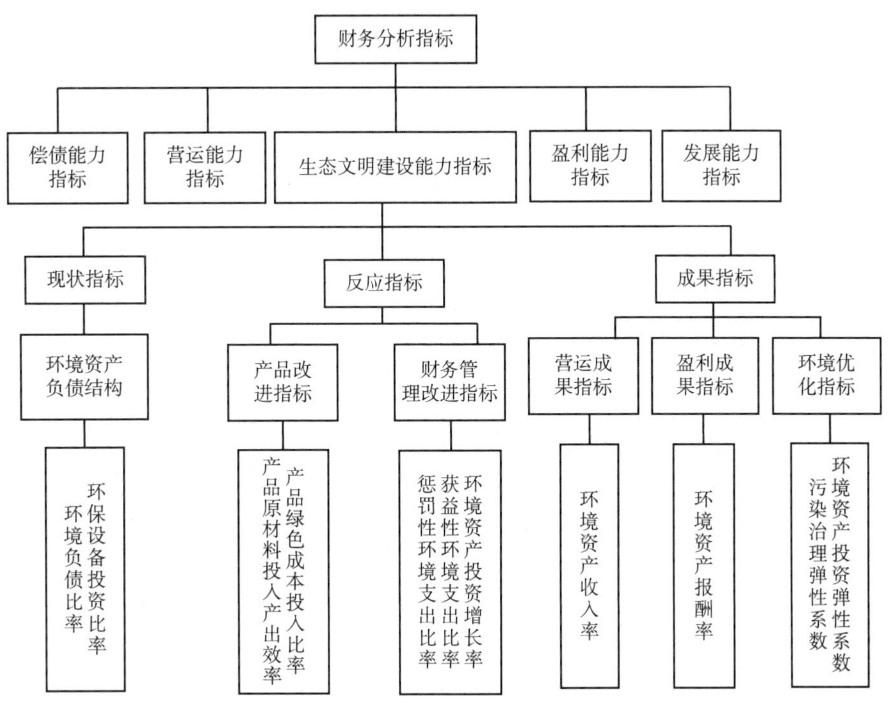

图 10 - 2 企业环境财务评价指标体系

10.3.4 工业制造行业（企业）环境财务绩效指标

（1）工业行业（企业）投入、产出总指标。根据世界可持续发展工商理事会（WBCSD）提出的环境绩效评价原则，将评价的指标分为投入指标和产出指标。投入主要包括能源的耗用和治理费用两个方面；产出主要包括污染物的排放和治理量两个方面。其中，污染物排放属于消极产出，即它会对环境造成破坏；治理量属于积极产出，即它有利于环境保护。因此，根据数据的可得性和评价指标全面性权衡考虑，本书建立的是主要污染物的投入量和产出量指标，具体内容如图 10 - 3 所示。

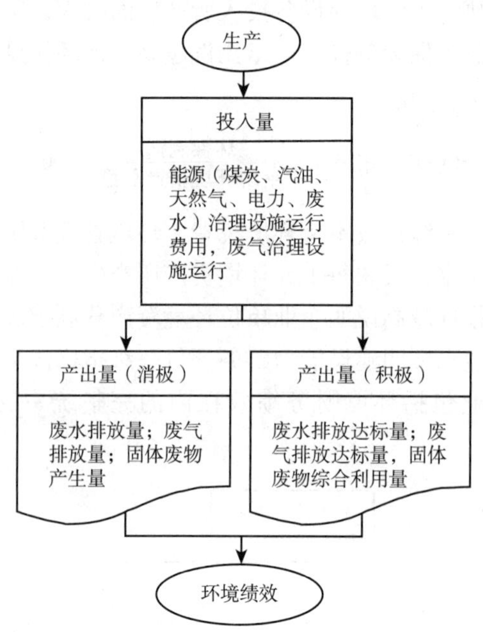

图 10－3 环境绩效投入产出量

（2）工业行业（企业）投入、产出具体指标。研究制造业不同子行业的财务环境绩效，还不能将上述投入产出总指标直接拿来做比较，否则会存在以下问题：第一，缺乏可比性。一些制造业中的欠规模行业虽然能耗和污染较少，但其经济总量也很小。对于这样的小规模行业，它们产生的能耗和污染在总数上可能比大规模行业稍小，但这并不能说明其财务环境绩效就一定是好的；一些制造业规模行业虽有较大的能耗和污染，但这可能是其庞大的经济规模所造成的必然结果，对于这样的经济规模行业，如此多的能耗和污染可能还并不一定证明其财务环境绩效差。因此，直接用能耗和排污量等数量进行比较是不合适的，并不能反映出各行业真实的财务环境绩效。第二，一般意义上环境绩效包括社会环境绩效、生态环境绩效、财务环境绩效、管理环境绩效诸方面，本书研究的是财务环境绩效，而非单纯的笼统意义上的环境绩效。所以，仅仅用能耗和污染数量进行比较并不能反映出这些行业的环境财务情况，而应加入货币量。以上两个问题也正是目前环境绩效评价研究者所存在且尚未解决又迫切需要解决的主要问题，也是本书新意所在。从本质上讲，环境活动也是经济活动，可以也能够应用价值量化方法，通过会计特殊手段加以解决，清晰地反映其经济活动中环境投入和环境产出所带来的效果。

基于上述分析，同时考虑指标选取的合理性和评价可操作性，可将上述投入量和产出量均除以其相应行业的总产值，这样既能剔除行业规模因素对评价结果的不利影响，又能将经济因素和会计思想融入环境绩效评价中去，从而最终实现财务环境绩效评价的目的。

具体指标的构建和计算式如表 10－4 所示。其中，投入指标和消极性产出指标值反映的是各行业当年对环境的破坏程度，因此越低越好；积极性产出指标反映的是各行业对环境的治理力度，因此越高越好。

表 10－4 财务环境绩效评价指标体系

一级指标	二级指标	三级指标	计算公式
财务环境绩效评价指标	投入指标	单位产值煤炭消费量（万 t/亿元）	$单位产值煤炭消费量=\frac{煤炭消费总量}{行业总产值}$
		单位产值汽油消费量（万 t/亿元）	$单位产值汽油消费量=\frac{汽油消费总量}{行业总产值}$
		单位产值天然气消费量（万 m^3/亿元）	$单位产值天然气消费量=\frac{天然气消费总量}{行业总产值}$
		单位产值电力消费量（万 kw・h/亿元）	$单位产值电力消费量=\frac{电力消费总量}{行业总产值}$
		单位产值废水治理费用（亿元）	$单位产值废水治理费用=\frac{废水治理设施本年运行费用}{行业总产值}$
		单位产值废气治理费用（亿元）	$单位产值废气治理费用=\frac{废气治理设施本年运行费用}{行业总产值}$
	产出指标（消极）	单位产值废水排放量（万 t/亿元）	$单位产值废水排放量=\frac{废水排放总量}{行业总产值}$
		单位产值废气排放量（亿 m^3/亿元）	$单位产值废气排放量=\frac{废气排放总量}{行业总产值}$
		单位产值固体废物产生量（万 t/亿元）	$单位产值固体废物排放量=\frac{固体废物排放总量}{行业总产值}$
	产出指标（积极）	单位产值废水排放达标量（万 t/亿元）	$单位产值废水排放达标量=\frac{废水排放达标总量}{行业总产值}$
		单位产值废气排放达标量（亿 m^3/亿元）	$单位产值废气排放达标量=\frac{废气排放达标总量}{行业总产值}$
		单位产值固体废物综合利用量（万 t/亿元）	$单位产值固体废物综合利用量=\frac{固体废物综合利用总量}{行业总产值}$

10.4 环境绩效评价技术

10.4.1 环境绩效指标评价技术

企业环境绩效评价就其技术来讲，首先是对环境指标的计算和量化，也可以说是对环境业绩的计量，然后根据指标的量化值采用一定的方法加以评价。本节主要介绍环境绩效评价的相关方法。

在对企业进行环境绩效评价时，首先要做的就是对行业进行分类。不同行业的企业由于政策、目标和结构的不同，所面临的环境问题不同，环境绩效评价的重点也不同，如果使用统一的指标就会使环境绩效评价失去意义，其结果也会失去参考性，所以有必要对行业进行合理的分类。其次，在对企业进行环境绩效评价之前，还应该对评价指标进行分类。

环境绩效评价的本质还是评价，所以一般的评价方法对环境绩效评价仍然适用，如新审计准则对审计方法进行新的归纳之后形成了传统审计的八大类方法：检查记录或文件（审阅法）、检查有形资产（监盘法）、观察、询问、函证、重新计算（复算法）、重新执行、分析程序。而环境绩效评价的目的重在审查此项目的经济性、效率性和效果性，这些方法在环境绩效评价中相对运用较少。除此之外，还可以借鉴和应用环境经济学、发展经济学、环境统计学等学科的方法，如目标导向法、环境成本费用效益分析法、环境成本费用效益分析法等。

也正因为环境影响产生的信息多样性和环境影响因素的复杂性，这些方法在评价环境绩效时就有了合理的基础。不过，选择这些方法来评价环境绩效应当考虑其适用性，同时，任何评价方法的选择都不是孤立的，基础方法是前提，复杂方法是补充。在分析时，既不要把简单问题复杂化，也不要把复杂问题简单化，关键是要看所要分析的具体对象是一个简单系统还是复杂系统。

10.4.2 环境绩效评价指标量化方法

ISO14031 根据指标计算的基础和复杂性，将环境业绩指标分成五种：绝对指标、相对指标、指数指标、加总指标和加权指标。本章所指的我国工业企业生态文明财务绩效评价指标也是可供借鉴使用的环境绩效评价指标。在对某一特定的企业进行环境绩效评价时，首先要找准其对应的行业，选择适合自身生产特点的评价指标，然后再利用定量的分析方法对具体指标进行计算。

（1）比率分析法。在财务分析中，比率分析法应用比较广泛，它使用同一期财务报表上的若干数据互相比较，用一个数据除以另一个数据求出比率，以说明财务报表中有关项目之间的联系，分析和评估公司的经营活动。比率分析法是财务分析最基本的工具，但在分析企业的环境绩效时要注意所分析项目的可比性、相关性，将不相关的项目进行对比是没有意义的，例如用环境成本除以产品数量能表示每一单位产品所负担的环境成本，而用环境成本除以利息费用则没有意义。另外还要注意选择比较的标准要具有科学性，要考虑行业因素、生产经营情况差异性等因素。

在财务分析中，比率分析用途最广，但也有局限性，突出表现在：比率分析属于静态分析，并不能完全准确地预测未来；比率分析所使用的数据为账面价值，没有考虑通货膨胀、时间价值等因素。因此，在运用比率分析时，要注意将各种比率有机联系起来进行全面分析，不可孤立地看某种或某类比率，还要着眼于财务报表之外的信息，这样才能对企业的历史、现状和将来有一个全面而详尽的分析和了解，从而为经营决策提供正确的信息。

（2）趋势分析法。趋势分析法又叫比较分析法、水平分析法，它是根据企业连续几年或几个时期的分析资料，运用指数或完成率的计算，确定分析期各有关项目的变动情况和趋势的一种财务分析方法。通过将财务报表中各类相关数字进行对比，得出它们的增减变动方向、数额和幅度，以揭示企业的财务状况和经营情况。

趋势分析法在计算指数时通常有两种方法：定比法和环比法。定比法是以某一时期为基数，其他各期均与该期的基数进行比较，例如，以 2010 年末的营业收入为基数，将 2011 年末、2012 年末、2013 年末的营业收入都与 2010 年末的营业收入进行比较。而环比法是分别以上一时期为基数，下一时期与上一时期的基数进行比较，例如，2014 年同 2013 年比较，2015 年同 2014 年比较，2016 年同 2015 年比较。通过定比法得到的指数叫定基指数，通过环比法得到的指数叫环比指数，趋势分析法通常采用定基指数。管理者通过指数计算的结果判断企业各项指标的变动趋势，还能根据企业以往的变动情况，研究其规律，从而预测出企业的未来发展情况。

趋势分析法能使管理者确定引起企业财务状况和经营成果变动的主要原因，帮助其改进管理办法，外部投资者还能根据计算指标确定公司财务状况和经营成果的发展趋势对自身是否有利。但是采用趋势分析法时要注意：必须使用日常的生产项目，剔除偶然项目，使数据结果能反映正常的经营状况；对有显著变动的指标做重点分析，找出其产生原因，并及时做出对策。

（3）层次分析法。层次分析法（analytic hierarchy process，AHP）是将决策相关元素分解成目标、准则、方案等层次，在此基础之上进行定性和定量分析的决策方法。这种方法的特点是在对复杂问题的本质、影响因素及其内在关系等进行深入分析的基础上，利用较少的定量信息使决策的思维过程数学化，从而为多目标、多准则或无结构特性的复杂决策问题提供简便的决策方法。

运用层次分析法解决问题，大体可以分为四个步骤：第一，建立问题的递阶层次结构；第二，构造两两比较判断矩阵；第三，由判断矩阵计算被比较元素相对权重；第四，计算各层次元素的组合权重。在企业的清洁生产中，往往同一个目标会有多种解决方案，不同的方案间存在相互关联、相互制约的关系，但是这种关系又缺少定量数据来描述，这时就可以运用层次分析法建立层次结构，通过构造判断矩阵计算出各方案中不同因素的重要程度，这些数值能客观地反映不同方案在性质上的差异，可以为管理者提供客观依据，选择对企业更合适的方案。层次分析法不仅适用于存在不确定性和主观信息的情况，还允许以合乎逻辑的方式运用经验、洞察力和直觉。

（4）模糊评价法。模糊评价就是利用模糊数学的方法，对受到多个因素影响的事物，按照一定的评判标准，对事物做出评价。实际应用时，它往往又是聚类分析和综合评价的结合应用。环境资源价值系统是一个复杂且模糊的系统，它是自然系统、社会系统、经济系统的和谐统一，而且每个系统又是复杂因素共同作用的复合模糊体。当一个系统的复杂性日益增大时，对其精确化计量的能力将会降低，在超过一定限度时，复杂性和精确性将互不相容。一般情况下可以采用模糊数学模型来计量诸如土地、树木、水体等可再生性环境资源的价值。将模糊评价方法用于环境绩效评价，可以综合考虑影响环境绩效的众多因素，根据各因素的重要程度和对它的评价结果，把原来的定性评价定量化，较好地处理绩效评价多因素、模糊性以及主观判断等问题。模糊综合评价是对受多种因素影响的事物做出全面评价的一种十分有效的多因素决策方法，其特点是评价结果不是绝对肯定或否定，而是以一个模糊集合来表示。

按照模糊综合分析法对企业的绩效进行评价时，一般的程序是：首先，设定一个因素集 F：$F=\{f_1, f_2, \cdots, f_n\}$，因素 $f_1, f_2, \cdots, f_n$ 的值根据我国现行评价体系和企业特点选择，例如，f_1 为净资产收益状况，f_2 为市场占有能力，f_3 为污水治理成本，等等。其中，f_1，f_2，…，f_n。有一部分是财务业绩方面的指标，原来都用精确的比率指标反映，但对它们适当地模糊化更能客观真实地反映企业绩效。其次，设立评价集 $V=\{v_1, v_2, v_3, v_4\}$，假设 v_1 表示优，v_2 表示良，v_3 表示平均，v_4 表示差，然后选取熟悉企业情况的专家组成评判组，得到评价矩阵。最后，根据专家意见，确定对企业的评价。假如评定为“优”，说明企业的环境保护措施及时，取得了较好的成果，假如评定为“差”，则企业需要加大对环境治理的投入。

在应用模糊识别与模糊聚类模型计量环境会计的费用与收益要素时，还应具备以下条件：一是会计人员要有一定的模糊数学知识，因此有必要对会计人员进行短期的专门培训，避免因缺乏相关知识而导致不必要的失误；二是企业要配有环境专家组，能够较准确地判别环境等级，从而为会计要素的计量作铺垫。模糊识别与模糊聚类都是建立在环境细分标准的基础上的，但目前我国环境标准体系比较宽泛，不太适用于企业进行绿色会计要素的计量。要想细致准确地进行计量，首先要形成一套环境细分标准，要划分数十个等级，等级越多，越有利于绿色会计计量。

（5）专家意见法。专家意见法也称德尔菲法（Delphi method），是一种常用的市场调查定性方法，它依据系统的程序，采用匿名发表意见的方式，规定专家之间不得互相讨论，不发生横向联系，只能与调查人员保持联系，调查人员采用函询或现场深度访问的方式，反复征求专家意见，经过客观分析和多次征询，逐步使各种不同意见趋于一致，一般要通过几轮征询，才能达到目的。这种专家征询意见的方法，能够真实地反映专家们的意见，并能给决策者提供很多事先没有考虑到的丰富的信息，具有广泛的代表性，较为可靠。同时，不同领域的专家可以从不同的角度提出自己极有价值的意见，为决策者决策提供充分依据。

德尔菲法的具体步骤是：根据预测课题选定合适的专家组成专家小组，然后向所有的专家提出所要预测的问题及有关要求，并附上相关材料，然后由专家做书面答复。各专家根据他们所收到的材料，提出自己的预测意见，并说明理由。将各专家第一次的预测意见汇总、列表、对比，再分发给各专家，让专家比较自己同他人的不同意见，修改自己的意见和判断。将专家第二次的意见汇总、对比，再次分发给各专家，逐轮收集意见并为专家反馈信息是德尔菲法的主要环节。在向专家进行反馈的时候，只给出各种意见，但并不说明发表各种意见的专家的姓名。这一过程重复进行，直到每一个专家不再改变自己的意见为止，一般要经过三四轮。

德尔菲法简便易行，具有一定科学性和实用性，能使各位专家充分表达自己的看法，集思广益，准确性高，能把各位专家意见的分歧点表达出来，取各家之长，避各家之短。同时，相对于面对面的群体决策来说，德尔菲法能避免专家的意见受权威人士意见的影响，还能避免有些专家碍于情面，不愿意发表与其他人不同的意见。德尔菲法的主要缺点是过程比较复杂，花费时间较长。另外还需要注意的是，对专家的挑选应基于其对企业内外情况的了解程度，决策时要为专家提供充分的信息，并允许其粗略的估计数字。在最后一轮结束后，专家对各事件的预测也不一定都达到统一，这时候也可以用中位数来作结论。

（6）数学模型法。环境价值的量化可采用项目构成法，即按照生态资源所能创造收益的不同方面的价值分项加总计算。例如提供水源的收益价值可用每一单位体积水源的价格与河流的总流量相乘求得，再把各项收益价值加总即得河流生态资源价值。

数学模型法，又称价值形式法，认为资源成本一般包括生产成本、再生成本、恢复成本、替代成本、服务成本。

生产成本的计量采用标准价格法，其公式为：

$$C_{生} = C_{标} \times (1 \pm R_1 \pm R_2 \pm \cdots \pm R_n) \times Q \tag{10-1}$$

其中：$C_{生}$表示某项资源的生成成本；$C_{标}$表示某种资源的标准生成成本或价格，由国家特定机构确定；R_1，…，R_n表示特定资源的质量、开发难易程度、稀缺性等系数；Q 表示资源的数量。

再生成本的计量采用平均累计计量方法，数学公式为：

$$C_{再} = s.\,t.\,p.\,(1 \pm R_n)\,Q_l/Q_0 \tag{10-2}$$

其中：$C_{再}$表示某项资源的再生成本；s 表示所占空间面积；t 表示占用时间；p 表示单位时间、空间应计量的机会成本或价格；R_n 表示再生所需要的种植、保护费用等系数；Q_0表示自然资源消耗的数量；Q_1表示补偿数量。

从上述数学模型法看出，尽管数学公式并不复杂，但是其中各项系数的项数和数值的确定却是极不容易的，目前还缺少一套完善的理论体系和可操作的确定系数的方法。但实际上很多生态资源价值难以量化，有关数据不准确，自然资源的计价问题较为复杂。

环境绩效评价要解决的问题重点有两个，一是科学地建立评价指标，二是指标的量化方法。同时，这也是目前我国乃至世界在环境绩效评价中最难掌握的，因而成为研究环境绩效评价问题重点和难点，专家和学者需要不断的探索。一旦这个问题得到解决，即使实践验证结果是可行的，但随着环境问题的复杂化和具体个案特点，应用一般方法和复杂方法、传统方法和现代方法在进行环境绩效评价时，还需要根据具体情况加以考虑，比如不同环境影响种类、不同区域或地域、不同环境受害客体、不同行业企业。当然，从目前来看，这种考虑仅仅是部分创新或修正，而不可能是对原有方法的推翻。

10.5 环境绩效指标评价方法

10.5.1 目标导向法

所谓目标导向法，就是对被评价事项事先分析，分解为多个目标，多层目标，然后依照一定的标准，采用一定的评价方法进行评价，从而提出评价建议的一种方法。环境绩效评价目标有利于环境绩效评价方法的改进，增强环境绩效评价的实践性、计划性，从而使环境绩效评价能够更好地发展。环境绩效评价目标的形成解决了环境绩效评价的动力源泉，并通过目标的层层分解及目标之间的逻辑关系，将环境绩效评价理论与环境绩效评价实践有机地结合起来。

目标导向法分为几个步骤。第一步，确定评价目标及目标的分解。进行评价前首先要根据环境绩效评价项目分析本次环境绩效评价的目标是什么，然后针对具体评价项目进行层层分解。注意的是，分解的评价目标要具有可行性。第二步，评价目标的实施。结合环境绩效评价的其他方法，确定通过怎样的实践活动达到所分解的目标。第三步，进行目标检查，根据一定的评价标准，查找差距，提出改进意见与建议。该方法适于在目标明确且易分解，客观条件和投入变动不大的情况下，对政府环境绩效进行粗略评价时使用。

目标导向法的优点在于，具有层次性、全面性、具体化和动态性。具体来说，层次性是指目标分解时，应该做到从微观入手，立足宏观，以点带面，层层分析。在评价和综合分析的基础上，查出问题后将改善管理、提高投资绩效、完善政策法规和推进改革机制加以结合，以达到更好的绩效评价目的。涵盖全面、重点突出则是全面性的显著表现。对目标进行分析时，应该注意评价内容不仅要有实现总体目标的全面性，还要做到突出重点，在把握评价重点的时候，要以评价内容的关键环节和项目管理实际状况的专业判断为基准。分析时尽量做到具体化，从而使评价人员容易理解和把握，便于实际操作，这样不仅提高了评价效率，还能及时对目标完成情况进行检查。

10.5.2 环境费用效益分析法

环境费用效益分析，是指将费用效益分析理论和环境科学相结合从而评价某项活动、项目的一种方法。它的根本目的是在现有的经济技术条件下，实现利益的最大化，其基本原则是效益必须大于费用。

环境费用效益分析法评价指标有两个：一是总效益与总成本之比；二是总效益与总成本之差。

$$\text{环保设施投资收益率} = \text{因采用环保设施带来的收益} \div \text{环保设施投入总额} \times 100\%$$

$$\text{环保设施投资收益} = \text{因采用环保设施带来的收益} - \text{环保设施投入总额}$$

这是不考虑货币时间价值的环境成本（费用）的效益分析，在实际操作过程中往往还要考虑到资金的时间价值。

环境费用效益分析法具体的方法主要有：

（1）直接市场价值评价法，即指把环境质量作为一个生产要素，因其变化而影响生产率和生产成本乃至导致产品价格、水平的变化可以用货币测算出来。

（2）偏好价值评估法，即指通过对居民表现出对环境的偏好来估算环境质量变化引起的经济价值。

（3）意愿调查法，即指通过直接向有关人群提问，发现人们是如何给一定的环境变化定价的，以直接询问的方式调查人员是否愿意支付。

环境费用效益分析法的主要步骤是：首先，将所有费用和效益罗列出来，以货币形式进行定量；其次，使用贴现率，把不同时间段的费用和效益全部折算成现值；最后，用各方案净效益的现值作为评价方案优劣的依据，同时选出净现值最大的方案。此法可以借鉴价值评估法对环保项目及各种污染方案的环境成本和环境效益进行分析计量，再结合财务管理学的有关知识，进行环境绩效评价以确定该项目的经济性、效率性及效果性。

环境费用效益分析法，是环境决策分析法中的一种，主要适用于环境规划绩效评价、分析拟建项目或已建项目对环境质量的影响、前期调查等。该方法充分考虑了项目的社会效益和环保效益，符合经济可持续发展的需要，并且该方法充分考虑了货币的时间价值，不仅从社会效益、环境效益，而且从经济效益上均具有可行性。此外，该方法降低了评价风险。对具体的环境项目或环境政策进行评价时，当从环境部门获取一些数据信息或是利用外部专家时，评价人员可利用该价值评估方法加深对环境项目或环境政策的了解，这有助于降低利用外部资料或外部专家而可能产生的评价风险。该种方法的缺点是对环境影响的费用和效益较难计量，尤其是环境效益中的间接效益和间接成本，较难用定量的方法计量出来。此外，环境费用效益分析所采用的价值评估方法基本上是由西方经济学家根据发达国家的具体情况开发出来的，其理论和框架分析技术必然深受发达国家政治、经济、社会和文化条件的影响，所以我们在选择使用价值评估方法时具有一定的难度。

10.5.3　环境费用效果分析法

环境费用效果分析法是在环境费用效益分析法的基础上产生的一种新的方法，可以看作是环境费用效益分析法的一种补充，是在缺乏量化的基础上进行环境绩效评价一种方法，也即当环境成本或环境效益不能计量时，可采用此法。

环境费用效果分析法，是将环境保护和治理费用与其达到的效果进行多方案比较的一种经济评价方法。它是以环境费用效益分析法为基础，通过选择最低的费用方案，达到某一预期的环境目标；或者，在费用确定的情况下，选择能最大可能改善环境水平质量的方案。实质上是依据费用与效果的相关关系，借助两者之间的动态变化，比较得出结论。也就是说，当拟建项目所产生的环境影响难以用货币单位计量时，我们可以通过费用效果分析进行非完全货币化的计量。在费用效果分析中，费用以货币形态而效益以其他单位来衡量。

应用环境费用效果分析法的优点是可以不需给每一效应赋予货币计量，可用非货币计量单位计算，在环境绩效评价中具有很大的实用性和灵活性。这在一些具体的环境绩效评价项目中可以应用，例如，政府在建造新的环境公共设施以取代随时可能发生坍塌的老设施的项目中，如评价发现建设工程被拖延，就可以将工程延长的项目的建设成本与老设施坍塌所造成的或有损失进行对比，比较哪种方法费用最少，根据对比情况，提出评价建议。其缺点是，因为环境绩效评价的项目具有较强的专业性，环境费用效果的测试标准如何确定，误差究竟有多大，对效果的分析有一定的难度。

10.5.4　模糊综合评价法

（1）模糊综合评价法是在模糊数学和层次分析法基础之上经过改进得出的评价方法。该评价法根据模糊数学的隶属度理论把定性评价转化为定量评价。其特征是，对评价因素进行相互比较，以评价因素最优的为评价基准，评价值为 1（若采用百分制，评价值为 100 分），其余欠优的评价因素依据欠优的程度得到响应的评价值。该综合评价法在综合性、合理性、科学性等方面得到了改进，使定性评价与定量评价能很好地结合，并能较好地控制人为的干扰因素。简单地说，模糊综合评价就是要构造出一个运算公式，将指标值与权重融入其中，经过模糊综合分析得出评价值。即：

$$F = V_1 W_1 + V_2 W_2 \tag{10-3}$$

（2）模糊综合评价法的一般步骤是：第一步，设定各级评价因素（F）；第二步，设定评语等级集（V）；第三步，设定各级评价因素的权重（W）分配；第四步，进行复合运算得到综合评价结果，这是模糊综合评价法的核心；第五步，对评价结果进行归一化处理。

模糊综合评价法的优点体现在两个方面。一是使用模糊综合评价法对环境绩效进行评价，不但将定性评价指标和定量评价指标融合到一起，而且还可以将许多难以定量化的指标转化为可计量的评价值。由于增加了定性指标，从而评价时将短期利益和长期利益相结合，经济利益和社会利益相结合，评价更倾向于公众的价值取向，同时，与定量指标相比，定性指标值不易被人为修改。虽然是主观赋值，但定性指标的源信息来自专家咨询，即利用专家群的知识和经验，经过科学的多次反复论证，弱化了人为因素，增强评价结果的客观性，结论的可靠性很高。二是与其他方法相比，模糊综合评价法不但能确定各个评价点，即终极评价指标的权重，而且模糊综合评价分析法内部严密的运算合成方法，使得评价结论具有可验证性。总之，模糊综合评价方法评价过程逻辑严密，能够比较客观全面地反映各评价要素之间的内在关系，将定性问题定量化，把评价方法与审计活动紧密结合起来，增强评价过程的透明度。

当然，模糊综合评价分析法缺陷也是明显的，采用这种方法数据处理烦琐，特别是当评价对象多、评价因素众多时，手工数据处理工作量大，并且难以保证计算的准确性。另外，由于客观环境的变化，相同的评价对象在不同时期可能会得到不同的评价结果，在评价时对不可比因素的把握比较困难。

（3）评价指标模型。首先是评价模型的建构基础。综合比较以上几种评价方法，我们在构建环境绩效评价体系工作中采用模糊综合分析评价方法和层次分析法，主要基于以下几方面的考虑：一是环境绩效评价指标体系中有许多定性指标，而且这些定性指标所描述的评价范围具有模糊性，将定性的问题转为定量问题正是模糊综合评价的一个基本职能；二是环境绩效评价标准的多维性和动态性恰好是模糊性的一种表现，运用模糊综合评价法更具有针对性；三是环境绩效评价具体评价对象可比性差，不容易像普通项目一样做出决策，而且其评价指标体系层次多、评价内容涉及面广，不能简单地将定性指标进行定量然后综合，而是应该用系统性的、科学严谨的理论、程序进行综合评价，所以，模糊综合评价法是最佳选择。

由此，应用模糊综合评价法构建的评价指标模型分两种情况：单指标评价模型和多指标评价模型。

模型1：单指标评价模型。在进行环境绩效评价时，对单个指标进行评价和比较是容易的，只要用定量指标的实际值或者定性指标的得分值与标准值进行对比即可，也可对多个样本的同一指标数值直接进行排序，找出研究对象在多个样本中所处的位置，从而看出研究对象在该项指标上的实际水平。如果只有一级指标，那么可以直接计算评价指标值。如要评价的指标设有分级指标，那么在计算政府环境绩效评价指标值的时候，将次级指标的得分乘以各自的权重得出的加权平均数即为上级指标的评价值。假设要评价的目标指标下面分设一级、二级和三级指标，则指标评价值的计算公式如下：

$$EPI = \sum_{t=1}^{n} W_i P_i \qquad (10-4)$$

其中，$P_i = \sum_{j=1}^{m} W_{ij}P_{ij}, P_{ij} = \sum_{k=1}^{j} W_{ijk}P_{ijk}$。$P_i$反映企业环境绩效水平的一级指标得分值；$P_{ij}$反映企业环境绩效水平的二级指标得分值；$P_{ijk}$反映企业环境绩效水平的三级指标的分值；$W_i$反映一级指标的权重；$W_{ij}$反映二级指标的权重；$W_{ijk}$反映三级指标的权重；$EPI$ 为加权平均下的环境绩效指标值。

上述各级指标的权重值设置是否合理直接关系到评价结论的准确性。目前确定指标权重的方法较多，专家意见法和层次分析法是确定指标权重的两个常用的方法，它们属于客观判断法，根据专家对各指标重要程度的判断，实现定性到定量的转化，得到各指标的权重。其中，专家意见法是多轮征求专家意见，具有匿名、反复和结果收敛的特点。而层次分析法是根据评估目的，将指标层层细化，由专家对各指标进行两两比较，判断低层各指标对其上层指标的相对重要性，并将其相对重要性赋予一定数值，构造两两比较判断矩阵，然后通过若干步骤，计算求得各指标权重的数值。

模型 2：多指标评价模型。上述确定指标权重的层次分析法在建立判断矩阵时，只需将各方案的单个指标值进行比较，没有考虑指标间的相互联系；而该指标体系内各指标之间并不是相互独立的，它们之间存在着相互联系，有必要建立一个多指标综合评价模型。环境绩效多指标综合评价模型的建立包括指标筛选、指标权重和环境绩效指标值的计算。其大体步骤如下：

第一，对影响环境绩效评价的各个指标进行筛选、分级，其步骤已经在式（10 - 4）中完成。根据指标分级设定各级评价因素（F）和评价等级集（V），式（10 - 4）选取的一级指标共有三个，分别记作 F_1，F_2，F_3，这三个指标构成一个评价因素的有限集合 $F = \{F_1, F_2, F_3\}$。其中 F_1 又包括四个二级指标，这四个二级指标又构成一个评价因素的有限集 $F_1 = \{F_{11}, F_{12}, F_{13}, F_{14}\}$，同理可构建有限集合 F_2 和 F_3。根据实际需要建立四个评语等级，分别为好、较好、一般、差。则评价因素集和评语等级集分别为：F = ｛职能指标，效益指标，潜力指标｝，V = ｛好，较好，一般，差｝。

第二，对影响环境绩效的各个指标进行全面分析，对照评价标准值进行打分，并确定各指标权重（W）。在多指标综合评价中，指标权重的确定是一个基本步骤，权重值的确定直接影响着综合评价的结果，权重的变动可能引起被评价对象优劣顺序的改变。因此，科学地确定指标权重在多指标综合评价中是举足轻重的。

层次分析法是将评价目标分为若干层次和若干指标，依照不同权重进行综合评价的方法。用层次分析法确定权重大体要经过以下五个步骤：建立层次结构模型、构造判断矩阵、层次单排序、层次总排序、一致性检验。构建层次结构模型就是对总目标进行层次细分，形成“树形图”；构造判断矩阵就是运用 1—9 标度对每一层次指标的重要程度进行排序，从而形成用数值表示的判断矩阵。层次单排序就是根据判断矩阵计算对于上层某因素而言与之有联系的因素的重要性次序的权值，层次单排序可以归结为计算判断矩阵的特征根和特征向量问题，即对判断矩阵 B，计算满足 $B \cdot W = \lambda_{max} W$ 的特征根与特征向量。式中，λ_{max} 为 B 的最大特征根，W 为对应于 λ_{max} 的正规化特征向量，W 的分量 W_i 就是对应元素单排序的权重值。为了检验矩阵的一致性，需要计算它的一致性指标 $CI = (\lambda_{max} - n)/(n-1)$，为了检验判断矩阵是否具有令人满意的一致性，需要将 CI 与平均随机一致性指标进行比较；最后根据各“比较判断矩阵”，计算被比较审计评价指标对于该准则的相对权重 W_t。

第三，通过专家打分等方法获得模糊评价矩阵 R。假设 15% 的人认为“很好”，28% 的人认为“好”，47% 的人认为“一般”，10% 的人认为“差”。则评价矩阵 R_i = {0.15，0.28，0.47，0.10}，它是 R 的一个子集，同理也可以得到其他评价因素的评价矩阵，从而得到模糊评价矩阵 R：

$$R=\begin{bmatrix} R_1 \\ R_2 \\ R_3 \\ \vdots \\ R_n \end{bmatrix}$$

第四，进行复合运算得出综合评价结果，并将评价结果进行归一化处理。得到模糊评价矩阵 R 后，与权重集相乘，得判断矩阵 B，即 $B=W\cdot R$，然后将评价结果进行归一化处理。上一步所得的结果是 n 行 m 列的向量，每一行各数之和不等，不能进行比较，进行归一化处理后，每一行的数字之和为 1，各列对应的数字则代表评价值。以矩阵 R 为例，评价结果第一行经归一化处理后为 {0.16，0.27，0.42，0.15}，则结果可评定为“一般”。

综上所述，在运用该模型中，要科学合理选择评价因素集。所选因素应尽可能全面反映被审计评价对象的全貌，并且所选因素含义要明确清晰。模糊综合分析评价法不能解决评价指标间相关性造成的评价信息重复的问题，因而在进行模糊综合评价前，一定把各评价因素之间的界限区分清楚，减少各评价因素之间的相关程度，剔除不可比因素的影响，以保证评价结果的准确性。此外，模糊综合分析法在进行单因素评价时，要特别注意专家打分法的运用。在打分之前一定要统一对定性和非财务指标打分的口径，通过调查限定评价范围。

以下是某钢铁企业环境绩效指标、指标权重表（见表 10-5）和隶属度表（见表 10-6）。其隶属度是根据选定的五位专家打分后采用专家意见法计算得出。根据这两表和相关信息，就可以运用模糊综合评价方法评价该钢铁企业的环境绩效。

表 10-5　某钢铁企业环境绩效各级指标权重

序号 I	一级指标 U_I	权重 A_I	序号 ij	二级指标 U_{ij}	权重 A_{ij}
1	环境守法（U_1）	0.580	1	排污费交纳情况（U_{11}）	0.11
			2	新建、改建、扩建项目的环境保护手续完备性（U_{12}）	0.23
			3	排污许可证的合法性（U_{13}）	0.28
			4	禁用品的杜绝（U_{14}）	0.20
			5	危险固体废弃物处置率（U_{15}）	0.18
2	内部环境管理（U_2）	0.101	1	环境教育培训人时数（U_{21}）	0.25
			2	环境管理系统（U_{22}）	0.42
			3	环保投资比例（U_{23}）	0.33

续表

序号 I	一级指标 U_I	权重 A_I	序号 ij	二级指标 U_{ij}	权重 A_{ij}
3	外部沟通（U_3）	0.032	1	相关投诉件数（U_{31}）	0.32
			2	资助社会环保活动资金（U_{32}）	0.33
			3	环境报告的发布（U_{33}）	0.25
			4	用户认同度（U_{34}）	0.07
			5	社会美誉度（U_{35}）	0.03
4	安全卫生（U_4）	0.068	1	电磁辐射（U_{41}）	0.15
			2	职业病件数（U_{42}）	0.28
			3	环境事故发生件数（U_{43}）	0.31
			4	环境事故赔偿金额（U_{44}）	0.26
5	先进性（U_5）	0.219	1	单位能源消耗的产量（U_{51}）	0.36
			2	单位水污染物排放的产量（U_{52}）	0.21
			3	循环用水率（U_{53}）	0.38
			4	单位气污染物排放的产量（U_{54}）	0.08

表 10-6　某钢铁企业环境绩效指标隶属度

一级指标 U_I	二级指标 U_{ij}	隶属度 R_i				
		很好	好	一般	差	很差
环境守法	排污费交纳情况	0.3	0.25	0.2	0.15	0.1
	新建、改建、扩建项目的环境保护手续完备性	0.2	0.2	0.35	0.25	0
	排污许可证的合法性	0.3	0.2	0.4	0.1	0
	禁用品的杜绝	0.2	0.3	0.3	0.2	0
	危险固体废弃物处置率	0.2	0.25	0.3	0.25	0
内部环境管理	环境教育培训人时数	0.3	0.2	0.3	0.2	0
	环境管理系统	0.2	0.35	0.2	0.25	0
	环境投资比例	0.25	0.4	0.25	0.1	0
外部沟通	相关投诉件数	0.1	0.3	0.4	0.2	0
	资助社会环保活动资金	0.2	0.4	0.2	0.2	0
	环境报告的发布	0.15	0.25	0.3	0.2	0.1
	用户认同度	0.2	0.2	0.3	0.2	0.1
	社会美誉度	0.2	0.3	0.3	0.2	0
安全卫士	电磁辐射	0.2	0.3	0.3	0.2	0
	职业病件数	0.2	0.3	0.3	0.2	0
	环境事故发生件数	0.2	0.2	0.3	0.3	0.1
	环境事故赔偿金额	0.25	0.35	0.2	0.2	0.1
先进性	单位能源消耗的产量	0.2	0.3	0.3	0.2	0
	单位水污染物排放的产量	0.3	0.2	0.3	0.2	0
	循环用水率	0.2	0.25	0.4	0.15	0
	单位气污染物排放的产量	0.25	0.35	0.2	0.1	0.1

10.5.5 灰色关联度分析法

（1）灰色关联度分析法是将研究对象及影响因素的因子值视为一条线上的点，与待识别对象及影响因素的因子值所绘制的曲线进行比较，比较它们之间的贴近度，并分别量化，计算出研究对象与待识别对象各影响因素之间的贴近程度的关联度，通过比较各关联度的大小来判断待识别对象对研究对象的影响程度。对于两个系统之间的因素，其随时间或不同对象而变化的关联性大小的量度，称为关联度。在系统发展过程中，若两个因素变化的趋势具有一致性，同步变化程度较高，即可谓二者关联程度较高；反之，则较低。

（2）灰色关联分析程序分为以下五个步骤。

第一步，确定分析数列。确定反映系统行为特征的参考数列和影响系统行为的比较数列。反映系统行为特征的数据序列，称为参考数列。影响系统行为的因素组成的数据序列，称为比较数列。

设参考数列（又称母序列）为 $y = \{y(k) \mid k = 1,2,\cdots,n\}$；比较数列（又称子序列）$X_i = \{X_i(k) \mid k = 1,2,\cdots,n\}, i = 1,2,\cdots,m$。

第二步，变量的无量纲化。由于系统中各因素的物理意义不同，导致数据的量纲也不一定相同，不便于比较，或在比较时难以得到正确的结论。因此在进行灰色关联度分析时，一般要对参考数列和比较数列进行无量纲化处理，如式（10－5）所示。

$$x_i(k) = \frac{X_i(k)}{X_i(l)};k = 1,2,\cdots,n;i = 0,1,2,\cdots,m \qquad (10-5)$$

第三步，计算关联系数。所谓关联程度，实质上是曲线间几何形状的差别程度。因此曲线间差值大小，可作为关联程度的衡量尺度。对于一个参考数列 X_0 有若干个比较数列 X_1，X_2，…，X_n，各比较数列与参考数列在各个时刻（即曲线中的各点）的关联系数 ξ（X_i）可由式（10－6）算出：

$$\xi_i(k) = \frac{\min_i \min_k |y(k) - x_i(k)| + \rho \max_i \max_k |y(k) - x_i(k)|}{|y(k) - x_i(k)| + \rho \max_i \max_k |y(k) - x_i(k)|} \qquad (10-6)$$

其中，ρ 为分辨系数，一般在 0～1 之间，通常取 0.5。第二级最小差，记为 $\Delta\min$；两级最大差，记为 $\Delta\max$。各比较数列 X_i 曲线上的每一个点与参考数列 X_0 曲线上的每一个点的绝对差值，记为 $\Delta_{oi}(k)$。所以关联系数 $\xi(X_i)$ 也可简化为式（10－7）：

$$\xi_{0i} = \frac{\Delta\min + \rho\Delta\max}{\Delta_{0i}(k) + \rho\Delta\max} \qquad (10-7)$$

第四步，计算关联度。关联系数是比较数列与参考数列在各个时刻（即曲线中的各点）的关联程度值，所以它的数不止一个。由于信息过于分散不便于进行整体性比较，因此有必要将各个时刻（即曲线中的各点）的关联系数集中为一个值，即求其平均值，作为比较数列与参考数列间关联程度的数量表示，关联度 r_i 计算式如式（10－8）所示。

$$r_i = \frac{1}{n}\sum_{k=1}^{n}\xi_i(k), k = 1,2,\cdots,n \qquad (10-8)$$

第五步，关联度排序。因素间的关联程度，主要是用关联度的大小次序描述，而不仅是关联度的大小。将 m 个子序列对同一母序列的关联度按大小顺序排列起来，便组成了关联序，记为 $\{x\}$，它反映了对于母序列来说各子序列的“优劣”关系。若 $r_{0i} > r_{0j}$，则称 $\{x_i\}$ 对于同一母序列 $\{x_0\}$ 优于 $\{x_j\}$，记为 $\{x_i\} > \{x_j\}$；r_{0i}表示第 i 个子序列对母数列特征值。

（3）应用。灰色关联度分析意图透过一定的方法，去寻求系统中各子系统（或因素）之间的数值关系，因而对于一个系统发展变化态势提供了量化的度量，非常适合动态历程分析。其实，任何一种分析法在实际应用时可能都不是独立的，比如用灰色关联度分析法对我国工业行业的环境财务绩效进行分析时，将投入产出法有机结合起来使用，会达到最终的评价效果。

【例10-1】 利用灰色关联方法对我国制造行业财务环境绩效进行评价。

1. 具体分析步骤

灰色关联分析的主要思想是分析比较有联系的不同序列间的相关程度，这里是利用其分析相关性的特点来比较不同行业的财务环境绩效，具体讲就是：把我国26个行业对应的各指标值作为一组原始序列，共得26组原始序列；根据不同行业对应的各指标的实际值构造出一组标准序列；分别计算出这26组原始序列与所设的标准序列之间的关联度，即分析各序列与标准序列的相关性，并通过比较各原始序列与标准序列的关联值的大小来比较不同行业在各年度的财务环境绩效，值越大，说明该行业当年的财务环境绩效越好。具体步骤如下：

第一步，确定标准序列 $x_0(k)(k=1,2,\cdots,12)$。对于本书表10-4中的12个指标，取所有行业值中的最佳值作为该指标的标准值，并将各指标的最佳值组成一组序列，该序列即为所构造出的标准序列 $x_0(k)$。其中，投入指标和消极性产出指标取所有行业中的最小值作为标准值，积极性产出指标取所有行业中的最大值作为标准值。

第二步，计算所有行业各指标值与该指标所对应的标准值之间的灰色关联度，计算公式为：$\gamma(x_0(k),x_i(k)) = \dfrac{\min\limits_i \min\limits_k |x_0(k)-x_i(k)| + \xi \max\limits_i \max\limits_k |x_0(k)-x_i(k)|}{|x_0(k)-x_i(k)| - \xi \max\limits_i \max\limits_k |x_0(k)-x_i(k)|}$，其中 $\xi=0.5$，$i=1, 2, 3, \cdots, 26$。

第三步，确定权重。为了使研究结果更加客观，本例采用熵权法确定各年份相应指标的权重值 ω_k。

第四步，计算加权灰色关联度。根据公式 $\gamma(X_0,X_i) = \sum\limits_{k=1}^{m} \omega_k \gamma(x_0(k),x_i(k))(m=12, i=1,2,\cdots,12)$ 分别计算出各年份所有行业的序列与当年标准序列的加权灰色关联度。

第五步，根据加权灰色关联度值对各年份各行业的财务环境绩效进行排名。

2. 具体分析

（1）我国制造行业财务环境绩效评价的评价指标见表10-4。

（2）数据来源。我们研究的是我国26个制造行业2007~2011年的财务环境绩效。所有行业各评价指标的值均是根据2008~2013年的《中国统计年鉴》和2008~2012年的《中国环境统计年鉴》中的数据整理和计算得出的。由于废气排放数据的可得性较弱，难以找到制造业所有子行业有关这方面的完整数据，又因二氧化硫是废气中重要控制污染物，其排放达标率与废气达标情况相关性极高，因此在实证研究时用“单位产值二氧化硫排放达标量”替代之，从技术层面和分析结果来看，不仅可行也是适当的，能够体现这一指标的重要性。此外，我国2012年修订的《上市公司行业分类指引》将制造业细分为31个子行业，但由于“文教体育用品制造业”“塑料制品业”“工艺品及其他制造业”“废弃资源和废旧材料回收加工业”“金属制品、机械和设备修理业”5个行业有关部分评价指标的数据并未披露，或是披露年份较短，无法满足实证研究的需要，故本例题将它们剔除。

(3) 确定指标权重。从原始数据中确定出了每一年的标准序列 $x_0(k)(k=1,2,\cdots,12)$，并计算出每一年度所有行业的各指标值与该指标所对应的当年标准值之间的灰色关联度。

在这里需要说明的是，我国关于能源和污染物排放的标准和政策每年都在不断变化和改进，因此各评价指标每一年在评价决策中的重要程度也在不断变化。为了充分反映出这一变化，使评价结果更加客观，本例按熵权法分别确定了各年份的指标权重，每一年的指标权重具体确定步骤如下：首先，先对所有原始数据进行标准化，指标值大者为优的数据处理公式为 $r_{ik}=\dfrac{x_{(i)}(k)-\min\limits_{k}\{x_{(i)}(k)\}}{\max\limits_{k}\{x_{(i)}(k)\}-\min\limits_{k}\{x_{(i)}(k)\}}(i=1,2,3,\cdots,26)$，指标值小者为优的数据处理公式为 $r_{ik}=\dfrac{\max\limits_{k}\{x_{(i)}(k)\}-x_{(i)}(k)}{\max\limits_{k}\{x_{(i)}(k)\}-\min\limits_{k}\{x_{(i)}(k)\}}$；其次，根据公式 $H_i=-k\sum\limits_{i=1}^{n}f_{ik}\ln f_{ik}(n=26)$ 算出评价指标的熵，其中，$f_{ik}=\dfrac{r_{ik}}{\sum\limits_{i=1}^{n}r_{ik}}$，$k=\dfrac{1}{\ln n}$；最后，根据公式 $\omega_k=\dfrac{1-H_i}{m-\sum\limits_{i=1}^{m}H_i}(m=12)$ 算出各指标的熵权，计算结果如表10－7所示。

表10－7　2007～2011年我国制造业各行业财务环境绩效评价的各指标权重　单位：%

年份	投入指标						消积性产出指标			积极性产出指标		
	单位产值煤炭消费量（万t/亿元）	单位产值汽油消费量（万t/亿元）	单位产值天然气消费量（万立方米/亿元）	单位产值电力消费量（万千瓦小时/亿元）	单位产值废水治理费（万元/亿元）	单位产值废气治理费（万元/亿元）	单位产值废水排放量（万t/亿元）	单位产值废气排放量（亿m³/亿元）	单位产值固体废物产生量（万t/亿元）	单位产值废水排放达标量（万t/亿元）	单位产值废气排放达标量（t/亿元）	单位产值固体废物综合利用量（万t/亿元）
2007	8.83	8.80	8.94	8.81	8.93	8.94	8.94	8.90	8.91	6.31	6.95	6.73
2008	8.83	8.80	8.93	8.80	8.92	8.93	8.94	8.89	8.90	6.31	7.04	6.73
2009	8.83	8.80	8.94	8.80	8.92	8.93	8.94	8.89	8.91	6.31	7.00	6.73
2010	8.83	8.80	8.94	8.80	8.92	8.93	8.94	8.90	8.91	6.31	6.98	6.73
2011	8.83	8.80	8.94	8.80	8.92	8.93	8.94	8.89	8.90	6.31	7.03	6.73

从表10－7数据可以看出，虽然各指标在每一年的权重变化较小，但投入指标和消极性产出指标在进行财务环境绩效评价时的权重要明显大于积极性产出指标，即投入指标和消极性产出指标对财务环境绩效评价的影响力更大。根据实际生产经验和国家相关政策要求，要想更好地提高财务环境绩效，就必须从源头出发，在进行生产前和生产的整个过程中都要有

节能减排的意识并采取相应措施，而不应等到获得经济利益后再回过头来治理所产生的污染，即先预防后生产或是治理与生产共进的做法比先污染后治理的做法更有利于提高财务环境绩效，这正好印证我国生态环境保护“坚持生态环境保护与生态环境建设并举”的基本方针的正确性和科学性。即，在加大生态环境建设力度的同时，必须坚持保护优先、预防为主、防治结合，彻底扭转一些地区边建设边破坏的被动局面。

(4) 灰色关联度计算。根据权重计算出每一年度所有行业的加权关联度并进行排序，其结果如表10-8所示。

表10-8　2007~2011年我国制造业各行业财务环境绩效加权关联度和综合排名

序号	行业	2007年		2008年		2009年		2010年		2011年	
		加权关联度	排名	加权关联度	排名	加权关联度	排名	加权关联度	排名	加权关联度	排名
1	农副食品加工业	0.7652	12	0.7762	11	0.7487	13	0.7638	11	0.7691	10
2	食品制造业	0.7260	14	0.7253	16	0.6576	21	0.7062	18	0.7162	15
3	饮料制造业	0.6780	20	0.7044	19	0.7092	18	0.7092	17	0.7092	17
4	烟草制品业	0.8468	1	0.8503	1	0.8414	1	0.8465	1	0.8432	1
5	纺织业	0.7105	18	0.7051	18	0.6989	19	0.6807	19	0.6988	19
6	纺织服装、鞋、帽制造业	0.7989	5	0.8031	5	0.7475	14	0.8020	4	0.7617	12
7	皮革、毛皮、羽毛(绒)及其制品业	0.7979	7	0.7894	10	0.7708	11	0.7887	8	0.7851	7
8	木材加工及木、竹、藤、棕、草制品业	0.7464	13	0.7502	13	0.7535	12	0.7621	12	0.7486	13
9	家具制造业	0.8144	4	0.8151	4	0.7890	7	0.8000	5	0.8032	5
10	造纸及纸制品业	0.5901	23	0.6148	23	0.7783	9	0.6138	22	0.5829	24
11	印刷和记录媒介复制业	0.7721	11	0.7759	12	0.8018	4	0.7363	13	0.7617	11
12	石油加工、炼焦和核燃料加工业	0.6171	22	0.6383	22	0.5841	24	0.5982	23	0.5844	23
13	化学原料和化学制品制造业	0.5238	26	0.5517	26	0.5419	26	0.5622	26	0.5542	26
14	医药制造业	0.7214	15	0.7255	15	0.7140	17	0.7314	15	0.7344	14
15	化学纤维制造业	0.6783	19	0.6753	20	0.6771	20	0.6739	20	0.7109	16
16	橡胶制品业	0.7196	17	0.7228	17	0.7180	16	0.7194	16	0.6913	20
17	非金属矿物制品业	0.5711	25	0.5668	25	0.5808	25	0.5859	25	0.5812	25
18	黑色金属冶炼及压延加工业	0.5872	24	0.6116	24	0.5851	23	0.5921	24	0.6209	22
19	有色金属冶炼及压延加工业	0.6508	21	0.6558	21	0.6309	22	0.6340	21	0.6497	21

续表

序号	行业	2007年		2008年		2009年		2010年		2011年	
		加权关联度	排名	加权关联度	排名	加权关联度	排名	加权关联度	排名	加权关联度	排名
20	金属制品业	0.7206	16	0.7365	14	0.7287	15	0.7340	14	0.7041	18
21	通用设备制造业	0.7911	9	0.7895	9	0.7831	8	0.7834	10	0.7721	9
22	专用设备制造业	0.7857	10	0.7942	7	0.7775	10	0.7856	9	0.7836	8
23	交通运输设备制造业	0.7960	8	0.7940	8	0.7982	5	0.7959	7	0.7862	6
24	电气机械及器材制造业	0.8296	3	0.8294	3	0.8218	3	0.8198	2	0.8085	4
25	通信设备、计算机及其他电子设备制造业	0.8374	2	0.8448	2	0.8262	2	0.8155	3	0.8216	2
26	仪器仪表制造业	0.7988	6	0.7999	6	0.7899	6	0.7989	6	0.8142	3

（5）结果分析。根据表10－8，我们将各行业2007～2011年每年的加权灰色关联度进行平均，就可以得到每一行业5年来的平均加权灰色关联度和这5年的整体排名，其平均加权关联值的计算结果和由大到小的总体绩效排序如表10－9所示。由此表可见：①目前制造业财务环境绩效较好的行业主要是污染较少的轻工制造行业，而财务环境绩效较差的行业主要是污染和能耗较大的重工制造业行业。②从价值的角度来看，对比这5年行业总产值统计资料发现，排名较前的行业每年的工业总产值大多低于10 000亿元，而排名较后的行业每年的工业总产值大多超过了10 000亿元；而本书的财务环境绩效排名是剔除了经济规模因素后的结果。这也就是说，财务环境绩效较差的行业对环境的污染并不仅仅是因为其经济规模较大，更多的是因为其自身并没有很好地实行节能减排措施，未能正确处理行业环境保护和经济发展之间的关系而导致能耗和排污较大，从而导致行业经济和环境的失衡。

表10－9　2007～2011年我国制造业各行业财务环境绩效的年均加权关联度和5年的综合排名

行业	5年平均加权关联度	排名
烟草制品业	0.8842	1
通信设备、计算机及其他电子设备制造业	0.8670	2
电气机械及器材制造业	0.8592	3
家具制造业	0.8404	4
仪器仪表制造业	0.8361	5
交通运输设备制造业	0.8292	6
皮革、毛皮、羽毛（绒）及其制品业	0.8206	7
专用设备制造业	0.8197	8

续表

行业	5 年平均加权关联度	排名
通用设备制造业	0.8181	9
纺织服装、鞋、帽制造业	0.8170	10
印刷和记录媒介复制业	0.8028	11
农副食品加工业	0.7963	12
木材加工及木、竹、藤、棕、草制品业	0.7827	13
医药制造业	0.7542	14
金属制品业	0.7534	15
橡胶制品业	0.7410	16
食品制造业	0.7317	17
饮料制造业	0.7265	18
纺织业	0.7249	19
化学纤维制造业	0.7019	20
有色金属冶炼及压延加工业	0.6560	21
造纸及纸制品业	0.6229	22
石油加工、炼焦和核燃料加工业	0.6163	23
黑色金属冶炼及压延加工业	0.6009	24
非金属矿物制品业	0.5458	25
化学原料和化学制品制造业	0.5545	26

制造行业财务环境绩效的纵向比较。要了解各行业的财务环境绩效变化情况，从而更准确地找出影响财务环境绩效的原因，还需要对上述 26 个行业在 2007～2011 年的排名进行动态的比较和分析。

由表 10－8 知，2007～2011 年，①财务环境绩效始终保持较好的行业主要有：烟草制品业，通信设备、计算机及其他电子设备制造业，电气机械及器材制造业，家具制造业，仪器仪表制造业；这些行业的绩效基本上每年都排在前 5 位。②财务环境绩效始终较差的行业主要有：化学原料和化学制品制造业，非金属矿物制品业，黑色金属冶炼及压延加工业，造纸及纸制品业，石油加工、炼焦和核燃料加工业，有色金属冶炼及压延加工业；这些行业每年的绩效基本上都排在 20 名以后。③财务环境绩效总体呈好转趋势的行业主要有农副食品加工业、饮料制造业、交通运输设备制造业、专用设备制造业；其中，饮料制造业每一年都比前一年有所进步。④金属制品业和橡胶制造业虽每年波动不一，但总体财务环境绩效呈下滑趋势，而其他行业的财务环境绩效每年都基本维持在中等水平。⑤对比这 5 年行业总产值统计资料发现，绩效较好的行业的单位产值能耗和单位产值污染物排放总体都呈下降趋势，而绩效较差的行业在这方面控制得并不是很好，一些行业之所以绩效好转，也是因为能耗和污染得以控制。可见，造成各行业财务环境绩效变化的主要原因还是能耗和污染物排放的情况，要想提高财务环境绩效，必须首先从节能和减排两个方面入手。

10.6　环境绩效报告

10.6.1　环境财务绩效报告

企业的投资者、债权人、管理层以及其他有关方面会非常关心企业的财务成果。披露环境财务绩效主要就是基于传统会计中对财务成果的重视，为投资者、债权人等更好地理解企业的财务情况所做的披露。与此同时，那些并不非常关心财务指标但却十分关心环境贡献的信息使用者，也会从中了解企业在环境保护方面投入了多少，以及由于参与控制和改进环境污染而得到多少财务收益。

环境财务绩效主要是财务货币性信息，因而主要应该作为财务信息对外披露，那么，我们应该首先选择财务报告作为基本的披露工具。在财务报告中不宜披露时，我们可以选择年度报告的其他部分予以披露。综合起来，环境财务绩效信息的披露可以有以下四类披露工具和方式，而每一类做法中可能又有多种具体的操作方法。概括地讲，就是表内揭示和表外披露。

（1）在现有财务报表内揭示。在现有财务报表内揭示，是指利用现行制度规定的财务报表及其附表来表达环境财务绩效信息。具体有两种形式：

第一，在现有的财务报表内增加项目。比如，在利润表中增设专门的项目，可以反映全部或部分的环境支出，揭示控制环境污染和保护生态环境导致的收益。按照目前利润表的框架，稍加调整之后，在利润表中可以揭示包括环境专用长期资产的折旧和摊销费用在内的所有列为当期费用和损失的环境支出。同时，调整之后也可以反映有关的环境收益。

第二，在现有的财务报表正式项目之外设置补充资料。资产负债表、利润表、现金流量表完全可以再增加表外的补充项目。比如，我们可以在资产负债表中加注“环保资产”“环保负债”等表外补充资料；可以在利润表中加注“环境成本”“环境收益”等表外补充资料；现金流量表也可以做同样的补充。

在正式项目之外，或者说在表外设置补充资料基本不改变原有报表的框架和结构，处理比较简单。不过，这种做法也有缺点，主要体现在它将环境问题导致的财务影响与正常的财务状况和经营成果相分离，不利于融入财务问题中考虑环境问题。

（2）增加附表、补充报表和注释。除上述在财务报表内表内揭示的方式外，也可以将整个目前的财务报告框架内，稍微进行一些必要的调整来披露有关的环境财务绩效。这种思路将不调整现有的财务报表，凡与环境有关的财务问题在财务报表中依然采取传统的处理方式，只是在财务报表之外的财务报告中的其他部分进行揭示或披露。应当说，环境绩效大部分是相对指标，采用附注披露环境财务绩效最为恰当和可行，也是企业环境财务绩效信息反映的主要方式和方法。具体可包括：

第一，增加附表或补充资料。也就是说，可以根据需要将环境问题对财务状况和经营成果的影响通过单独编制一张或多张附表或补充报表的方式加以详细披露。比如，我们可以单独编制环境支出明细表，可以编制环境收支明细表等进行详细的列示。

第二，在财务报表注释中说明。这种报告方式包括文字的，或者是数字的、相互连贯的，或者是独立的、详细的，或者是简略的。

第三，在年报中其他地方披露。如上所述，除财务报告外，年报中还有其他许多部分可以披露有关的事项，这些部分中的绝大多数项目都可以用来披露环境财务绩效。不过，为了能够让信息使用者对企业的财务状况和经营成果得出整体印象，在财务报告内披露将是比较理想的。显然，环境财务绩效的质量指标远多于数量指标，并且不少指标无法货币化，更多的是采用经济技术指标、物量指标来反映，增加附表和注释是必然的。比如，环境利润表反映的是以货币单位计量和报告的环境绩效。为了让信息使用者全面了解企业在一定期间的环境绩效，企业还应编制以实物单位计量和报告的环境利润表。

第四，设计一种专门的报告形式予以披露。曾有学者提出，环境财务绩效的表现形式就是环境损益，因而可以考虑设计一种专门的表格，来总结反映企业在一定期间内的环境损益形成与结构状况，以便向信息使用者报告企业在环境保护方面取得的成果。

需要指出的是，上面我们所列举的几种备选的信息披露工具和形式是兼容的而不是排他的，几种工具和方式的共同使用将更有助于信息使用者的理解。

10.6.2 环境质量绩效报告

（1）多种形式并用的环境质量绩效报告。我们在前面已经对环境质量绩效信息披露的内容进行了概括，只要企业存在环境活动，完整的环境质量绩效报告就应该包括所提到的内容。但就目前阶段的可能性来看，我们认为环境质量绩效报告应是多种计量形式和多种报告形式并用的，而且可能是非货币的计量占据主导地位。多种形式并用的环境质量绩效报告的基本内容和形式应由如下四部分构成：

①绪言。它又可分为两个主要方面内容，可以使报告的读者在阅读更为详细的资料前先对企业的情况特别是环境情况有一个基本的轮廓和印象。一方面是本企业与自然环境的关系，以文字叙述形式对本企业的生产经营活动对自然环境的影响做出简要的介绍；另一方面是本企业历史上的环境业绩，以文字、或图形、或表格形式对过去若干年的环境质量绩效简要归纳介绍。

②主体。它是环境质量绩效报告的主体，应通过一系列合适的方式对企业的环境质量绩效做出全面和系统的介绍。

一是环境法规执行情况。以简表的方式列示企业是否已经执行了各项法规，如果没有执行，应该进一步以附注方式说明所受到的惩处和未执行的原因，如表10-10所示。当然，我们也可以直接以文字叙述方式做出介绍。

表10-10　　环境法规执行情况

20××年度

项目	执行（符合要求）	未执行（不符合要求）
1. “三同时”制度		
2. 环境影响评价制度		

续表

项目	执行（符合要求）	未执行（不符合要求）
3. 排污收费制度		
4. 环境保护目标责任制		
5.（纳入）城市环境综合治理		
6. 污染集中控制或分散控制		
7. 排污申报登记及排污许可证交易		
8.（列入）期限整理		
9. 其他		
其中：①……		
②……		

二是生态环境保护与改善情况。在这一部分中可以采取表格方式，对各项与环境保护和改善有关的技术、经济指标逐一列示。在列示指标时如有国家（或地方、行业）标准的，应该在表中一并列出标准，或者是另外注明是否达标，以便让阅读者能够知道企业的环境质量指标是否符合要求；或者是对各项指标列示出上年和本年两年的指标数值（见表10－11）。如果有些问题难以通过简单的表格列示来让阅读者理解，可以适当加注表外说明。

表10－11　　　　生态环境保护与改善情况

20××年度

项目	计量单位	上年度	本年度
1. 污染治理			
（1）污染治理投资			
①累计总投资			
②本年度投资			
（2）污染治理项目			
①累计总项目			
②本年度开工项目			
③本年度完工项目			
（3）污染物处理能力			
其中，…			
（4）污染设施运行率			
（5）污染源及其治理			
①污染源数量			
②达标数量			
（6）污染物排放达标率			
2. 环保职工人数			

续表

项目	计量单位	上年度	本年度
3. 污染物回收利用			
（1）污染物回收利用总量			
（2）污染物回收利用率			
（3）污染物回收利用生产产值			
（4）污染物回收利用收入			
（5）污染物回收利用实现净利润			
4. ……			
备注：			

三是生态环境损失情况。这一部分也采用同上一类情况相同的列报方式，个别项目也可以通过文字说明解释，如表 10 - 12 所示。实际上，如果本部分与环境保护和改善情况都不多的话，二者也完全可以合并为一张表格揭示。

表 10 - 12　　　　生态环境损失情况

20××年度

项目	计量单位	上年度	本年度	备注
1. 污染物排放				
（1）废水				
其中，主要污染因子：				
①化学耗氧量				
②……				
（2）废气				
其中，主要污染因子：				
①二氧化硫				
②……				
（3）废渣				
其中，主要污染因子：				
①……				
②……				
（4）噪声				
（5）放射性物质				
2. 主要环境质量达标率				
（1）监测项目达标率				
（2）污染物排放达标率				
3. 污染事故				
（1）数量				
（2）损失				

续表

项目	计量单位	上年度	本年度	备注
4. 能源消耗量				
（1）煤炭				
（2）石油				
（3）水				
（4）其他				
5. 有害物质使用与存储量				
（1）使用总量				
（2）存储量				
6. ……				

注：在“备注”中应注明是否达标。

③补充报告。如果企业或外部信息使用者认为有必要，也可以编制补充报告，就企业未来年度的主要环境规划和目标做一简要披露。具体披露形式可以视需要和可能而定。

④审计报告。作为一种正式的信息披露报告，同时出具具有审查验证功能的审计报告是必要的。这种报告可以由具备能力的会计师事务所、专门环境中介机构在进行审计之后提供。审计报告的格式完全可以借鉴现有的财务审计的审计报告样式。

（2）以货币指标为主导的环境质量绩效报告。由于环境会计问题的研究时间不长，我们目前很难见到关于环境问题货币化计量和报告的系统研究，不过，在社会责任会计的发展历史上，许多学者曾经对此做过努力，其中一些思路还是可以借鉴的。以前人的研究成果为基础，根据环境问题和环境会计上的特点，以货币指标反映企业的环境质量绩效，有这样几种方式可以尝试：

①简单的模式：只反映环境支出。企业在一定时期内所发生的环境支出——包括主动的支出和被动的支出，大致可以认为是企业在该时期内对自然环境所做的贡献，可以在某种程度上反映企业的环境质量绩效。鉴于此，我们可以考虑通过编制一份简单的环境支出表，对一定时期的环境支出予以列示，以此让外部有关方面了解企业的环境业绩。环境支出明细具体参见本书环境成本章节相关内容。

②一种更为复杂和高级的模式：环境质量绩效的全面货币量化。上述仅以环境支出表难以全面反映环境质量绩效，如果我们能够对所有的环境质量绩效通过某种方式进行货币衡量，将是非常理想的。事实上，将所有的环境质量绩效都囊括尚不太现实，如果能将环境质量绩效的主要方面予以包容也是完全可以接受的。借鉴社会责任会计研究的一些成果，通过创设一些新的术语和要素，并在计量和报告技术上予以创新，这种目标还是有可能实现的。现有以下两种形式可供选择：

第一，环境质量绩效——利润（货币形式）报告表。遵从传统会计中反映经营和财务绩效的思路，我们可以考虑建立环境收益、环境损失和环境净损益这样几个概念。其中，环境收益可以理解为企业的某种活动对自然环境的贡献，如企业添置的环保设施、改进产品的环境影响、提高职工的环境意识等都属于环境收益；环境损失则看成是企业的某种活动对自然环境造成的价值牺牲，如排放污染物、发生污染事故等都属于环境损失；那么，环境净损益自然就是环境受益于环境损失之差额。而且，企业生产经营中相伴发生的各种环境活动和事务、发生的每一项与环境活动有关的收支都是可以归入环境收益和环境损失之中的。建立了这样三个概念，我们就可以编制如表 10－13 所示的环境利润报告表。借鉴传统报表的习惯，该表也是可以采取两个或几个年度比较的方式列示的。

表 10－13　　环境质量绩效——利润报告表（货币形式）

20××年度　　单位：

项目	上年度金额	本年度金额
一、环境收益		
1. 构建环保设施		
2. 改进生产公益和产品的环境影响		
3. 职工环保培训		
4. 环境检测管理		
5. 清理原有污染物		
6. 降低污染物排放量		
7. 缴纳环境税费及罚款		
8. 环保研究指出		
………		
环境收益合计		
二、环境损失		
1. 本期排放污染物对环境的损害		
2. 本期超标排放污染物对环境的损害		
3. 长期累积未清污染物对环境的损害		
4. 恶劣环境对职工的危害		
………		
环境损失合计		
环境净损益		

第二，环境质量绩效——环境资产负债（货币形式）报告。既然可以创设环境收益、环境损失和环境净损益概念，那么我们当然也可以借鉴传统会计中的做法，建立环境资产、环境负债和环境产权概念。表达企业的环境质量绩效，也可以不采用环境利润表的方式，而是采用环境资产负债表的方式。不过，环境资产负债表似乎可以采用两种截然不同的方式来设计和编制。其一是只有环境资产和环境负债的环境资产负债表。在这种做法下，对环境产权的概念可以取消；而且，环境资产是一个虚拟的概念，它同前述的环境收益基本上是接近的，它表达的是企业为了保证一定的环境质量所必须具有的资源和发生的支出；环境负债则是指企业为了保证自身的生产经营活动不会对自然环境产生任何不利影响所应该承担的治理和改善责任。按照这样的理解，企业在一定时期内的环境资产、环境负债在确定的货币额上可能相等，也可能不相等。如果环境资产大于环境负债，表明企业在该时期里对自然环境的贡献高于对自然环境的损害；反之，如果环境资产小于环境负债，表明企业在该时期里对自

然环境的危害大于对自然环境的贡献，同时也意味着企业今后时期必须为过去时期对环境的损害付出代价。这种环境资产负债表的格式如表 10－14 所示。环境质量绩效——资产负债报告表，应采用编制企业传统会计报表的专门方法并按照一定标准和对环境会计信息的质量要求进行编制。其二是按照会计恒等式的结构原理编制的环境资产负债表。自然环境资源在法定权利上属于全体人民所有，国家可以替代行使这种权利。如果国家能够对每一个企业核定它可以使用的环境资源的话，那么，在国家允许企业开办时，就相当于将这种环境资源交付给企业使用，国家赋予了企业（无论这种企业是国家投资开办的还是私人投资开办的）一定的环境资源，企业就同时产生了一项环境资产和一项最终要求权属于国家的环境产权。在企业开办之初，环境资产等于环境产权。但是，在企业投入运营之后，由于生产经营活动的开展，国家原来拨给企业的环境资源质量会下降，业绩环境资产价值下降。在环境资源质量降低和环境资产价值降低的同时，企业也就产生了相应的治理污染和改善环境的义务，即形成环境负债。由此形成“环境资产 = 环境负债 + 环境所有者产权”的恒等式。

表 10－14　　环境质量绩效——资产负债报告表（货币形式）

20××年度　　单位：

项目	本期金额	上期金额	项目	本期金额	上期金额
环境资产			环境负债		
1. ……			1. ……		
2. ……			2. ……		
……			……		
差额（净环境贡献）			差额（净环境损失）		

（3）两种形式的环境绩效报告选取。财务绩效和质量绩效是环境绩效的两个重要方面。需要指出的是，以货币指标为主导的环境财务报告方式，并不排除使用文字叙述和环境技术指标对环境质量绩效的表达。不过，正像传统会计报告一样，文字叙述和技术指标的重要性退居其次，成为报告中的一种补充性说明。

本章练习

一、名词解释

1. 环境绩效　2. 环境绩效评价指标　3. 环境财务绩效　4. 环境质量绩效
5. 环境绩效评价　6. 产品绿色成本投入比率　7. 获益性环境支出比率　8. 环境资产报酬率
9. 环境费用效果分析法　10. 环境成本费用效益分析法　11. 环境绩效报告　12. 绿色 GDP（NGDP）

二、简答题

1. 什么是环境绩效？如何对其进行分类？
2. 目前国内外主要有哪些企业环境绩效评价指标体系？
3. 如何构建企业环境绩效评价指标体系？为什么既要有数量指标又要有质量指标？
4. 指出企业环境财务绩效评价指标体系特点和优点。
5. 环境绩效评价技术和方法有哪些？
6. 你认为环境绩效的两部分内容是分开披露好还是合并披露好？为什么？

7. 环境财务绩效的披露可以有哪几类披露工具和方式？具体的操作方法又是什么？

8. 对环境质量绩效报告初步设想有哪两种模式？

三、计算题

某钢铁企业环境绩效指标权重表和隶属度表如表 10 - 5 和表 10 - 6 所示，根据两表信息，运用模糊综合评价方法评价该企业的环境绩效。

四、阅读分析与讨论

广州本田的环境绩效管理

作为汽车制造企业，广州本田自 1998 年 7 月 1 日成立伊始，就以建设节约型企业、环境友好型企业为目标，秉承“成为社会期待存在的企业”的理念，在企业经营活动和企业内部实施环境绩效管理，努力成为同行业的领先者。

（1）企业内部配套环境管理。为了做好全过程的环境保护工作，广州本田于 2002 年 4 月设置了环境管理委员会，并依照 ISO14001 体系标准建立了完整的环境管理体系，编制和实施了环境手册和环境规程文件。为了实现资源的有效利用，公司员工大力开展全员性节能降耗改善活动。例如，办公时间尽量少开灯，并且养成人离关灯的习惯；在休息或就餐时间把照明电器关闭；在天气晴朗时充分利用自然采光等。每年还组织员工植树，培养员工的环保意识。

在企业内部针对员工开展的改善提案活动（针对个人）以及 NGH 活动（New Guangzhou Honda，一项针对团队的改善活动）大多是与环保、节能有关的。例如一位合成树脂科员工提出了关于“保险杠涂装排风机节能改造”的提案，通过为风机加装变频器，该系统的节电率达到 30%，一年可节约的电力达到了 425 088 千瓦时。相比 2003 年，2006 年广州本田单台产品水的消耗量下降了 47.8%，电的消耗下降了 35.7%，单台用纸量下降了 57.6%。

（2）生产过程循环经济管理。在汽车生产过程中，会产生废水、废气，如果处理不当，就会对环境造成影响。因此，广州本田在企业节能、环保的环境管理理念指导下，推行循环经济管理模式，努力创建技术含量高、能耗低的“绿色工厂”。

在成立初期，广州本田黄埔工厂就建设有完善的污水处理设备设施，对生产生活所产生的污水进行分别处理，处理合格率达到 100%；在大量的建设和改造工程中大力推广节水设备的使用，工业水循环利用率达到 95% 以上；在多个领域广泛推广中水回用，使中水回用率从 2004 年的 35% 提高到 2006 年的 60%。

另外，2006 年新投产的增城工厂在处理工业及生活废水上投入巨资，导入最先进的环境技术——“膜处理技术”。废水经过处理后，全部循环使用到厂区的各相应用水点，包括绿化、马路冲洗、涂装车间工艺用水等，在中国汽车行业中第一个实现了“废水零排放”。不但减少了污染，而且节约了宝贵的水资源。

（3）企业内部的环保、节能活动。2007 年 2 月，广州本田启动了全公司范围内的“安全、环保、节能”活动，企业内部的环保和节能，包括了产品、工厂以及企业。产品的环保和节能，主要指产品尾气排放水平提高、车内 VOC 降低、整车材料回收率提高以及油耗水平的降低等。工厂的环保和节能，主要指生产设备及厂房改造、生产排放物及废弃物削减和监测、生产过程环保工艺流程实施、现场工作环境不断改善、强化“绿色工厂”建设等。企业的环保和节能，主要包括 ISO14001 环境管理体系强化、参加中国环境会议、向国家申请各种环保认证、员工的环保节能理念培训教育以及植树等社会活动的参与。

——林海芬，苏敬勤. 引进型管理创新知识源分析——以广州本田环境绩效管理模式为例［J］. 当代经济管理，2009（9）：27 - 28.

讨论要点：

（1）广州本田内部的环境管理措施有哪些？谈谈企业如何从组织上和标准上制定内部环境管理体系。

（2）广州本田的循环经济管理取得了哪些绩效？

（3）广州本田的环保、节能活动主要内容是什么？

主要参考文献

[1] 蔡春，陈晓媛．环境审计论［M］．北京：中国环境科学出版社，2006.

[2] 陈夕红，李长青，张国荣，籍卉林，白双柱．经济增长质量与能源效率是一致的吗？［J］．自然资源学报，2013（11）：1858－1868.

[3] 陈璇，淳伟德．企业环境绩效综合评价：基于环境财务与环境管理［J］．社会科学研究，2010（6）：38－42.

[4] 陈毓圭．环境会计和报告的第一份国际指南［J］．会计研究，1998（5）：3－5.

[5] 程隆云．企业环境成本核算若干问题的思考［J］．北京理工大学学报，2005（1）：40－44.

[6] 杜祥琬，刘晓龙，杨波，王振海，康金城．中国能源发展空间的国际比较研究［J］．中国工程科学，2013（6）：4－10，19.

[7] 方耀明．全面预算在企业实务中的流程设计［J］．会计之友，2011（7）：4－9.

[8] 冯路，何梦舒．碳排放权期货定价模型的构建与比较［J］．经济问题．2014（5）：21－25.

[9] 葛家澍，李若山．九十年代西方会计理论的一个新思潮——绿色会计理论［J］．会计研究，1992（5）：1－6.

[10] 耿建新，焦若静．上市公司环境会计信息披露初探［J］．会计研究．2002（1）：43－47.

[11] 耿建新，牛红军．关于制定我国政府环境审计准则的建议和设想［J］．审计研究，2007（4）：8－14.

[12] 郭道扬．人类会计思想演进的历史起点［J］．会计研究，2009（8）：3－13，95.

[13] 郭海芳．企业绿色财务管理之探析［J］．财会研究，2011（3）：43－45.

[14] 过孝民，於方，赵越．环境污染成本评估理论与方法［M］．北京：中国环境科学出版社，2009.

[15] 胡二邦．环境风险评价——实用技术与方法［M］．北京：中国环境科学出版社，2004.

[16] 胡健，李向阳，孙金花．中小企业环境绩效评价理论与方法研究［J］．科研管理，2009（2）：150－156，165.

[17] 胡曲应．环境绩效评价的动因机理诠释［J］．财会月刊，2010（21）：9－11.

[18] 环境保护部环境规划院．我国2009年度环境经济核算研究报告［R］．2012.

[19] 黄溶冰．以审计监督守卫国家环境安全［J］．环境保护，2011（17）：34－36.

[20] 颉茂华．企业环境成本核算与管理模式研究［M］．北京：经济管理出版社，2011.

[21] 经济合作与发展组织．环境管理中的经济手段［M］．北京：中国环境科学出版社，1996.

[22] 敬采云．基于环境资本视角的现代财务学可持续发展研究［C］．中国会计学会环境会计专业委员会2013年学术年会论文集，2013.

[23] 孔祥利，毛毅．我国环境规制与经济增长关系的区域差异分析——基于东、中、西部面板数据的实证研究［J］．南京师范大学学报（社会科学版），2010（1）：56－60，74.

[24] 李国平，李恒炜，龚杰昌．矿产资源税计征公式改革研究［J］．资源科学，2011（5）：838－843.

[25] 李军．环境会计要素的确认及计量研究［J］．商业会计，2009（16）：18－19.

[26] 李心合．嵌入社会责任与扩展公司财务理论［J］．会计研究，2009（1）：66－73，97.

[27] 联合国国际会计和报告标准：环境成本和负债的会计与财务报告［M］．刘刚，译．陈毓圭，

校. 北京：中国财政经济出版社，2003.

［28］联合国国际会计和报告标准：生态效率指标编制者和使用者手册［M］. 赵兰芳，高铁文，译. 陈毓圭，刘刚校. 北京：中国财政经济出版社，2005.

［29］林逢春，陈静. 企业环境绩效评估指标体系及模糊综合指数评估模型［J］. 华东师范大学学报（自然科学版），2006（6）：59-66.

［30］林图. 政府环境审计［D］. 复旦大学，2009.

［31］林万祥，肖序等. 环境成本管理论［M］. 北京：中国财政经济出版社，2006.

［32］罗伯·格瑞，简·贝宾顿. 环境会计与管理［M］. 王立彦，耿建新，译. 北京：北京大学出版社，2004.

［33］罗杰·W. 芬德利，丹尼尔·A. 法伯. 环境法概要［M］. 杨广俊，等译. 北京：中国社会科学出版社，1997.

［34］罗素清. 环境会计研究［M］. 北京：生活·读书·新知三联书店，2014.

［35］马中. 资源与环境经济学概论［M］. 北京：高等教育出版社，2002.

［36］牛文元. 绿色变 GDP 变生态赤字为零［N］. 财经日报，2007-4-23.

［37］彭珍. 国外环境会计发展对我国的启示［J］. 财政监督，2013（26）：29-31.

［38］秦春玲. 企业可持续发展的财务路径——绿色财务管理［J］. 环境保护，2008（24）：16-18.

［39］沈洪涛. 企业环境信息披露：理论与证据［M］. 北京：科学出版社，2011.

［40］沈满洪. 资源与环境经济学［M］. 北京：中国环境科学出版社，2007.

［41］沈小袷，贺武. 企业绿色财务评价系统框架理论研究［J］. 经济与社会发展，2005（5）：58-60.

［42］史迪芬·肖特嘉，罗杰·布里特. 现代环境会计问题、概念与实务［M］. 肖华，李建发，译. 大连：东北财经大学出版社，2004.

［43］斯蒂芬·P. 罗宾斯，玛丽·库尔特. 管理学［M］. 李原，等译. 孙健敏，校. 北京：中国人民大学出版社，2012.

［44］汤姆·泰坦伯格. 环境经济学与政策［M］. 严旭阳，等译. 北京：经济科学出版社，2003.

［45］田翠香. 企业环境管理中的会计行为研究［M］. 北京：经济科学出版社，2012.

［46］王立彦. 环境成本核算与环境会计体系［J］. 经济科学，1998（6）：3-5.

［47］王立彦，蒋洪强. 环境会计［M］. 北京：中国环境出版社，2014.

［48］王萌. 资源税效应与资源税改革［J］. 税务研究，2015（5）：54-59.

［49］王守荣. 气候变化对中国经济社会可持续发展的影响与应对［M］. 北京：科学出版社，2011.

［50］王伟中，王文远. 对当前全球气候变化问题的思考［J］. 中国人口·资源与环境，2015（5）：79-82.

［51］王跃堂，赵子夜. 环境成本管理：事前规划法及其对我国的启示［J］. 会计研究，2002（1）：54-57.

［52］王志芳，王思瑶. 环境税的会计核算与处理［J］. 税务研究，2011（7）：44-47.

［53］吴德军，唐国平. 环境会计与企业社会责任研究——中国会计学会环境会计专业委员会 2011 年年会综述［J］. 会计研究，2012（1）：93-96.

［54］席卫群. 资源税改革对经济的影响分析［J］. 税务研究，2009（7）：21-24.

［55］肖序. 环境会计制度构建问题研究［M］. 北京：中国财政经济出版社，2010.

［56］肖序，周志方. 论环境管理会计国际指南研究的最新进展［C］. 当代管理会计新发展——第五届会计与财务问题国际研讨会论文集（下），2005.

［57］肖序，周志芳. 国外环境财务会计发展评述［J］. 会计研究，2010（1）：79-86，96.

［58］邢祥娟，陈希晖. 资源环境审计在生态文明建设中发挥作用的机理和路径［J］. 生态经济，2014（9）：151-157.

[59] 徐玖平，蒋洪强．制造型企业环境成本的核算与控制 [M]．北京：清华大学出版社，2006.

[60] 许家林，孟凡利．环境会计 [M]．上海：上海财经大学出版社，2004.

[61] 许家林．资源会计学 [M]．大连：东北财经大学出版社，2000.

[62] 严立冬，谭波，刘加林．生态资本化：生态资源的价值实现 [J]．中南财经政法大学学报，2009 (2)：3－8，142.

[63] 杨世忠，曹梅梅．宏观环境会计核算体系框架构想 [J]．会计研究．2010 (8)：9－15，95.

[64] 杨文举．中国地区工业的动态环境绩效：基于 DEA 的经验分析 [J]．数量经济技术经济研究，2009 (6)：87－98，114.

[65] 叶文虎．环境管理学 [M]．北京：高等教育出版社，2000.

[66] 袁皓．社会伦理和经济利益双重驱动下的环境会计与环境审计教育——对美、英两国环境会计教育的考察与思考 [J]．当代经济管理，2006 (5)：125－129.

[67] 约瑟夫·普蒂，海茵茨·韦里奇，哈罗德·孔茨．管理学精要 [M]．丁慧平，孙先锦，译．北京：机械工业出版社，1999.

[68] 张彩平．基于环境视角的财务理论与方法研究 [J]．财会通讯，2009 (21)：134－136.

[69] 张江山，孔健健．环境污染经济损失估算模型的构建及其应用 [J]．环境科学研究，2006 (1)：15－17.

[70] 张艳，陈兆江．企业绿色供应链中基于标杆管理的环境绩效评价 [J]．财会月刊，2011 (27)：51－53.

[71] 赵宝江，李江，王丽萍．污水处理厂节能减排的实现途径分析 [J]．环境保护与循环经济，2010 (11)：49－52，62.

[72] 甄国红，张天蔚．企业环境绩效外部评价指标体系构建 [J]．财会月刊，2010 (24)：23－26.

[73] 郑易生，阎林，钱薏红．90 年代中期中国环境污染经济损失估算 [J]．管理世界，1999 (2)：3－5.

[74] 周守华，陶春华．环境会计：理论综述与启示 [J]．会计研究，2012 (2)：3－10，96.

[75] 周一虹．排污权交易会计要素的确认和计量 [J]．环境保护，2005 (3)：56－61.

[76] 周志芳，李晓庆．国际环境财务会计指南与实务的历史进程、最新动态评述及启示 [J]．当代经济科学，2009 (6)：113－121，126.

[77] 朱纪红．企业环境成本与收益的确认及其对经营成果的影响 [J]．审计与经济研究，2006 (5)：71－72，90.

[78] Byington J R，Campbell S. Should the internal auditor be used in environmental accounting [J]. North American Journal of Fisheries Management，1997，8 (2)：139－146.

[79] Daniel Baker. Environmental accounting' s conflicts and dilemmas [J]. Management Accounting，1996 (10)：46.

[80] FASB. Accounting for Environmental Liabilities [R]. EITF No. 93－5. 1993.

[81] Hiroki Iwata，Keisuke Okada. How does environmental performance affect financial performance? Evidence from Japanese manufacturing firms [J]. Ecological Economics，2011 (70)：1691－1700.

[82] Hotelling H. The Economics of Exhaustible Resources [J]. Journal of Political Economy，1931 (39)：137－145.

[83] Jan Bebbington，Carlos Larrinaga-gonzalez. Carbon Trading：Accounting and Reporting Issues [M]. European Accounting Review，2008.

[84] Janek Ratnatunga，Stewart Jones. An Inconvenient Truth about Accounting：The Paradigm Shift Required in Carbon Emis-sions Reporting and Assurance [C]. American Accounting Association Annual Meeting，2008.

[85] K Johst, M Drechsler, F Watzold. An ecological-economic modelling procedure to design compensation payments for the efficient spatio-temporal allocation of species protection measures [J]. Ecological Economics, 2002 (1): 37 -49.

[86] Michael E. Porter and Claus Vander Linder. Green and competitive: Ending the stalemate [J]. Harvard Business Review, 1995 (9): 120 - 134.

[87] Nicola Misani, Stefano Pogutz. Unraveling the effects of environmental outcomes and processes on financial performance: A non-linear approach [J]. Ecological Economics, 2015 (109): 150 - 160.

[88] Richard Cowell. Substitution and scalar politics: Negotiating environmental compensation in Cardiff Bay [J]. Geoforum, 2003 (3): 343 - 358.

[89] Singh R K, Murty H R, Gupta S K, et al. An Overview of Sustainability Assessment Methodologies [J]. Ecological Indicators, 2009 (9): 76 - 82.

[90] S Pagiola, G Platais. Payments for Environmental Services: From Theory to Practice [J]. Environment Strategy Notes, 2007, 4 (2): 91 -92.

[91] Thompson D, Wilson M J. Environmental auditing: Theory and applications [J]. Environmental Management, 1994, 18 (4): 605 -615.

[92] Toshiyuki Sueyoshi, Mika Goto, Manabu Sugiyama. DEA window analysis for environmental assessment in a dynamic time shift: Performance assessment of U. S. coal-fired power plants [J]. Energy Economics, 2013 (40): 845 -857.

[93] UNEP IE. Life Cycle Assessment: What it is and how to do it [M]. Paris: UNEP IE, 1996.

[94] Villamor Gamponia, Robert Mendelsohn. The taxation of exhaustible resources [J]. The Quarterly Journal of Economics, 1985 (1): 165 - 181.

[95] Wagner, U. J, Timmins, C. Agglomeration Effects in FDI and the Pollution Haven Hypothesis [J]. Environmental and Resource Economics, 2004 (2): 231 -256.